U0262753

岩体多源声学及应用

Theory and Application of Rock Multi-Source Acoustics

董陇军 著

科学出版社

北京

内 容 简 介

"向地球深部进军是我们必须解决的战略科技问题"。地球作为岩石行星，其地壳及上地幔顶部均由岩石构成，因此，探明岩体性质是攻克地球深部战略科技难关的基础，而岩体声学特性为其提供了关键的突破口。迄今为止，地球上的诸多自然现象和人类活动中，均会释放出大量与岩体声学相关的信息，其中所蕴含着的岩体声学特征与规律对人与自然安全和谐发展至关重要。本书是一本专门介绍与研究岩体声学的专著，是作者近年来在岩体声学领域的研究成果的系统总结。书中内容教学与科研并重，理论与实践并存，突出全面性、前沿性、理论性、实用性，涵盖了岩体声波的产生机理、传播特性、波速测量、多声源定位、多声源辨识、多声源成像、岩体失稳声学前兆特征、摩擦特性等科学内容，还附有大量试验数据和工程现场应用实例。

本书可供矿业、地球物理、水利、隧道、建筑、国防、化工、石油、地热、工程地震等领域的科研、工程技术和教学人员参考，也可供高等院校相关专业的本科生及研究生教学参考。

图书在版编目(CIP)数据

岩体多源声学及应用=Theory and Application of Rock Multi-Source Acoustics/董陇军著. —北京：科学出版社，2023.3

ISBN 978-7-03-074181-3

Ⅰ. ①岩… Ⅱ. ①董… Ⅲ. ①岩石试验-声波-声学监测 Ⅳ. ①TU459

中国版本图书馆 CIP 数据核字(2022)第 234803 号

责任编辑：李 雪 李亚佩 / 责任校对：王萌萌
责任印制：吴兆东 / 封面设计：无极书装

科学出版社 出版
北京东黄城根北街 16 号
邮政编码：100717
http://www.sciencep.com

北京中科印刷有限公司 印刷
科学出版社发行 各地新华书店经销
*
2023 年 3 月第 一 版 开本：787×1092 1/16
2023 年 3 月第一次印刷 印张：30 1/4
字数：711 000
定价：248.00 元
(如有印装质量问题，我社负责调换)

作 者 简 介

董陇军 中南大学教授、博士生导师，FIMMM（Fellow of Institute of Materials, Minerals & Mining, UK），主要从事采矿岩土工程灾害防控、人机工程方面的研究与教学，作为负责人主持国家优秀青年基金项目，国家重点研发计划项目（青年科学家），国家自然科学基金国际合作项目，湖南省领军人才、湖南省杰出青年基金项目、湖湘青年英才及中国科协青年人才托举工程等项目 20 余项。针对金属矿安全开采中灾源定位、辨识、防控、机械破岩等科学问题和关键技术难题开展了深入系统的研究，发明了无需预先测速震源定位方法，创新了解析迭代协同定位技术，提出了各类主要震源的全自动识别及成像方法，创立了岩体多源声学理论，自主研发了地声监测灾害预警全套技术设备，发明了岩体声源成像环境下机械原位拉剪非爆连续开采装备，相关成果在金川集团、陕西西北有色铅锌集团等大型矿企成功应用，为资源安全高效回收提供了强有力的理论支撑与技术保障。在 *Earth-Science Reviews*, *International Journal of Rock Mechanics and Mining Sciences*, *Engineering*, *Rock Mechanics and Rock Engineering*，《岩石力学与工程学报》等国内外知名期刊上发表论文 166 篇，其中 SCI 论文 108 篇，第一或通讯作者 86 篇，ESI 高被引论文 16 篇，影响因子 10 以上论文 8 篇，谷歌学术论文总被引 5056 次、h 指数 42。授权国家发明专利 51 项（第 1 发明人 32 项），牵头制定团体标准 3 项，参与制定国家标准 1 项，出版 *Velocity-Free Localization Methodology for Acoustic and Microseismic Sources*（Springer Nature 出版社）等著作和教材 4 部。获湖南省技术发明奖一等奖 1 项（排名 2）、中国有色金属工业协会科学技术奖一等奖 1 项（排名 1）、中国职业安全健康协会科学技术奖一等奖 1 项（排名 1）、中国黄金协会科学技术奖一等奖 2 项（排名 2, 2），湖南省创新团队奖（学术带头人，排名 3），中国工程院院刊 Engineering 优秀青年专家奖，美国土木工程协会（ASCE）杰出审稿人，中国岩石力学与工程学会青年科技奖和优秀博士学位论文奖，湖南省优秀博士学位论文奖，中国有色金属科技论文特等奖 1 项（排名 1）、一等奖 3 项（排名 1, 1, 1），2022 年度中国科技期刊卓越行动计划选育高水平办刊人才子项目——*Engineering* 优秀审稿人。应邀担任国内外 10 余个权威期刊的编委和副主编，如 Elsevier 出版社 *Safety Science* 和 *Soils and Foundations*、波兰科学院院刊 *Archives of Mining Sciences*、Nature 旗下 *Scientific Reports*、《岩石力学与工程学报》等期刊编委；美国声学学会会刊 *JASA Express Letters*、*Heliyon*（Cell Press 和 Elsevier 联合出版）地球科学、*Shock and Vibration* 等期刊副主编。担任中国岩石力学与工程学会青年工作委员会副主任，IEEE Senior Member，作为执行主编和主要发起人创建 *Journal of Safety and Sustainability* 期刊（Elsevier 出版）。应邀与 *Earth-Science Reviews* 主编 Gillian R. Foulger，欧洲科学院院士 Ian Main 在 Nature 旗下 *Scientific Reports* 开设 Induced earthquake 专题。连续入选"中国高被引学者榜单（Elsevier）"与"全球前 2%顶尖科学家榜单（斯坦福大学）"。

前　言

最早有记载的"地震"科学研究工作可以追溯到东汉时期,《后汉书》中记载了关于张衡发明地动仪预报地震发生方向的典故。自 1910 年以来,广大科研工作者不断创新震源定位等方法并将其应用于监测和研究地震。1969 年,美国阿波罗号系列飞船先后多次在登月基地附近安装地震仪,人类由此开始了对月震的研究和监测工作。20 世纪 60 年代以后,南非和美国开始利用微震定位方法研究矿山开采中的岩爆和冲击地压问题,并逐渐推广到水利、土建、地质等工程领域的岩体变形破裂及其稳定性监测应用中。长期以来,岩体声学一直被作为研究地球岩石物理性质的最重要手段之一,震源定位、震源机制反演、波速结构成像等重要技术理论的出现丰富了岩石声学理论体系,并推动了岩体声学工程应用的发展。国内冯夏庭院士翻译了日本学者滕山邦久编著的《声发射(AE)技术的应用》,修济刚、秦四清、张茹等先后出版了《矿山地震学引论》《岩石声发射技术概论》《岩石声发射基础理论及试验研究》等专著,为人们研究岩石等固体介质声学性质提供了科学指引,也为后来微震、声发射等技术的蓬勃发展奠定了基础。

作者自 2010 年开始研究岩石声发射和矿山微震学,有幸得到恩师李夕兵教授的大力支持,开展了大量的岩体声发射试验,发明了无需预先测波速的震源定位方法。后来和唐礼忠教授去冬瓜山矿开展现场调研和监测系统改造,结合现场微震数据开展了深入分析,验证和优化了发明的震源定位方法。2012 年赴西澳大学开始博士联合培养阶段的学习,在国家留学基金管理委员会、澳大利亚 ACG "Mine Seismicity and Rockburst Risk Management Project" 等项目的支持下继续深入研究微震震源,提出了自动辨识微震震源的方法,提升了震源辨识精度,完成了题为"矿山微震震源的高精度定位与实时辨识方法及应用"的博士论文,其震源定位主要研究成果与在此基础上进一步完善的方法汇编成册,和导师合著 *Velocity-free Localization Methodology for Acoustic and Microseismic Sources* 一书在 Springer Nature 出版社出版。

本书的成果主要源自作者在 2015 年开始承担研究生采矿地球物理学教学工作以及指导研究生时产生的一些思考和想法,也是对博士阶段研究工作的接力延续。我下矿时很喜欢和老矿工聊天,有次就听工人谈起:"井下的老鼠打不得,能救命,它们乱窜可能是矿井内发生坍塌的预兆。"听了工人们的话后我大受启发,老鼠的耳朵能够感知比人耳更为丰富的声音,比人耳更接近大地,感知到人们听不到的大地"声音"。这一点使我坚信一定可以通过岩体声学去防控岩体失稳事故和矿压灾害。每次听到矿压灾害事故,心情都非常沉痛,这些事故给他们、他们的家庭和矿山企业带来了无法弥补的损失,让原本幸福和睦的家庭失去了欢声笑语,让原本充满生机的家庭顿感悲惨和凄凉,让原本欢快成长的孩子们失去了顶梁柱般亲人的爱,作为一名采矿与安全工程领域的科研人员,深感肩上沉甸甸的责任,这些是我坚守岩体声学研究的初心和动力。

2017 年破格晋升教授后,2017 年与 2018 年先后获得了湖南省杰出青年基金和国家自然科学基金优秀青年基金等项目的资助，不仅使得以前许多大胆的理论构思都可以通过购置实验设备和材料得以开展，而且带领工程师和研究生们自主研发了地声传感器及采集设备，独立开发了岩体声学数据处理软件。记得有次为了验证断层滑移的声学特征，和研究生孙道元、张义涵、唐正等在浏阳厂房里开展试验。为了准确有效地监测试验中的声学数据，有项试验在经历了试样切割打磨等复杂准备工作后，总是在凌晨夜深人静时开始，尽可能做到不遗漏试验中每一个关键细节，我们两班倒 24 小时全天候守在现场做着记录，这种通宵达旦的工作持续了整整一个月。正所谓，付出甘之如饴，所得归于欢喜。

书中内容涉及复杂含空区结构下无需预先测波速的震源定位方法，不同应力环境下岩体失稳破坏过程中声学特征的时空演化和前兆特征，复杂岩石结构的波速场层析成像反演，基于机器学习的岩体破裂阶段辨识及失稳预测，结合矩张量反演和声学特征参数的声发射震源类型辨识，采矿工程和地震学领域的岩体声学技术应用等方面的研究内容，这些内容的核心原理与技术都离不开岩体声学的支撑，从设备到方法、从方法到技术、从技术到应用，形成了全新完整的理论体系。与已有成果不同，本书关于岩体声学的研究更多关注多个震源信号、多类震源事件，特别是将岩体环境中的"噪声"信号也利用起来，变"噪"为"用"，比如已有的微震等监测技术通常要把爆破、凿岩等信号筛除，但本书中将其作为重要的震源在通过作者提出的定位方法定位后加以利用，在工程岩体波速成像时会大幅度提高成像精度，为此，本书书名为《岩体多源声学及应用》，旨在总结作者在岩体声学领域的最新研究成果，与同行一道共同深入研讨和交流，推动岩体声学理论与技术繁荣发展，加强学科理论和岩体工程建设融合共进，服务深地领域国家科技战略。

本书既是作者近十年研究成果的汇聚，又凝结了师生的共同智慧，撰写过程中作者指导的研究生孙道元、张义涵、裴重伟、罗乔木、黄子欣、唐正、郝晨良、陈永超、郑如剑、闫艺豪、曹恒、邓思佳、张凌云、胡清纯、舒炜炜、邹伟、童小洁、陶晴及课题组马举、刘希灵、杜坤等为本书的顺利出版做出了重要贡献。同时本书部分研究工作得到了国家重点研发计划项目(2021YFC2900500)、国家自然科学基金国际合作项目(5216113531)、国家自然科学基金优秀青年基金(51822407)、湖南省杰出青年基金(2018JJ1037)、国家自然科学基金面上项目(51774327)、中国科学技术协会项目(YESS20160175)的资助，在此表示感谢。对长期以来家人和导师的支持与帮助表示特别感谢。另外，也对本书引用参考文献的所有者表示衷心的感谢。

由于作者水平有限，书中不足之处在所难免，恳请读者批评指正。

作 者

2022 年 6 月

目　　录

第1章 绪 论

1.1 岩体声学的地位和作用

在地壳岩石层形成的漫长地质年代里，上覆岩层的自重和板块之间的相对运动在岩石层内部形成了地应力。在完整岩石层未受外界扰动的情况下，地应力处于三维平衡状态。板块运动和造山运动等地壳活动不仅影响了地球上陆地和海洋的分布，还造成了严重的地震和火山喷发等自然灾害[图 1-1(a)和(b)][1,2]。在这些过程中，储存在岩体内部的能量以声波、光波、电磁和动能等形式释放出来，严重的甚至造成了物种灭绝等毁灭性灾难。在人类进化过程中，虽未发生能够造成物种灭绝的自然灾害，但地震、坍塌和滑坡等地质灾害却一直伴随着整个人类进化史。现代人类活动，尤其是采矿、隧道、大坝、地热开发等工程的开挖与建设，也在一定程度上破坏了岩石层中原本处于三维平衡状态的地应力场，诱发了大量的岩体失稳等工程地质灾害[图 1-1(c)和(d)][3]，严重威胁着人们的生命财产安全。这些自然灾害和诱发的工程地质灾害发生前后始终伴随着声波的激发与传播。

(a) 大地震[1]

(b) 火山喷发[2]

(c) 采矿诱发地震[3]

(d) 采矿诱发岩体垮塌

图 1-1 自然灾害及采矿诱发的工程地质灾害

具体来讲，通过研究自然灾害及诱发的工程地质灾害的发生过程和机理，我们可以发现当岩石材料受到外界拉、压、剪、扭等应力扰动时，首先会在表面产生微小形变，随着外界应力的增大，应力向岩石内部传导，由于岩石组成结构的不均匀性，在岩石内部各个部分的不均匀变形中，会剪切或拉伸相邻区域，某些薄弱结构自身变形过大超过阈值则会使岩体内部产生微小裂纹。随着外界应力的进一步增大，不均匀变形和裂纹会衍生扩展，进一步导致岩石内部的开裂区域积小成大逐渐形成宏观裂纹。这些微破裂在岩石内部的薄弱结构展开，导致岩体破裂过程通常会伴随着弹性波或应力波的激发，将这种以应变能释放形式产生的应力波称为岩石声波，将产生这种应力波的现象称为声发射，微破裂产生的位置称为岩体声源或声发射震源。撞击、坍塌和树木折断等发出的声音应该是早期人类听到最早的声发射信号。随着研究的逐渐深入，人们根据信号频率以及尺度等不同还提出了微震的概念，因其研究方法、技术和理论都基本相同，国内外的研究者也习惯将它们并称为声发射/微震，本书将其统一定义为岩体声学。利用声学设备对岩石材料内部破裂信号进行监测与分析，对岩石材料内部的动态破坏行为进行无损检测的技术，称为岩体声发射/微震监测，统称为岩体声学监测技术。由于岩体声发射/微震信号中蕴含着岩体内部损伤演化过程的大量信息，因此岩体声学监测技术已被广泛应用于矿产及地热开发、隧道及桥梁工程、公路及水利工程、土木基建工程、油气藏水力压裂勘探等领域。

随着人类社会的进一步发展，人们对资源和能源的需求都在不断增大，这对资源和能源开发提出了更高的要求。人类赖以生存的大部分资源和能源都是直接或间接通过地下开采得到的。太阳能和风能的开发虽不需要开采，但其能量转换设备均依赖于开采所获取的资源。浅部资源和能源在长期的开采过程中已经逐渐趋于枯竭，资源开采正在逐步向深部转移。然而，深部与浅部开采中围岩体力学特性具有很大差异，其中最典型的特征为深部岩体受高地应力和高地温的影响极大。在高地应力的条件下，开采作业过程中的强动力扰动极易诱发岩爆和大范围垮塌等地质灾害，造成大量人员伤亡和经济损失。在高地温环境影响下，硬岩脆性破坏逐渐增强，在高地应力条件下岩爆发生时间提前，岩爆等级不断增大，岩爆烈度不断增加。近些年，发生在中国山东郓城、美国爱达荷州北部、南非约翰内斯堡等地的冲击地压事故，直接造成了重大的损失和影响。

我国油气资源相对较少，而煤炭资源相对丰富，"双碳"计划的实施，势必会增大企业节能减排的压力。因此，寻求并采用新的可替代清洁能源将是国家与企业发展的必由之路。地球上地热能资源极为丰富，其储量相当于煤炭总储量的 1.7 亿倍。作为一种新的清洁能源，地热能的开发与利用在新形势下必定会得到关注与重视。目前，地热能资源的开发利用在欧洲许多国家相当热门。然而，当前技术条件下，地热能资源开采均是通过向预先水力压裂的干热岩中注水进行热交换，然后回收热水实现的。水力压裂及注水过程对高温岩体强度及稳定性影响较大，极易诱发微地震等灾害。人们通过研究诱发地震活动的形成机理，发现多处地震活动的发生与当地地热系统工作有紧密的联系，如法国苏茨(Soultz)[4]、瑞士巴塞尔(Basel)[5]、美国哈里森(Harrison)[6]等地的地热系统均诱发了多次微地震活动。因此，地热能开发过程中岩体稳定性监测与评估至关重要。

岩体声学监测作为一种无损检测手段，通过利用声学设备对资源和能源开发过程中岩体内部的声学信号进行监测，可以有效利用资源与能源开采和地热能开发过程中的岩体震动和破裂所激发出的声发射/微震信号研究岩体损伤破裂过程，确定声发射/微震震源的空间位置及发生时间，分析震源处岩体的受力状态，进而获取岩石材料特性，判断岩石内部裂纹演化规律及结构失效情况，探究岩体失稳的有效前兆特征，为岩石的损伤破坏、岩爆和垮塌等地质灾害的预测提供指导。

1.2 岩体声学的研究现状

1.2.1 岩体声学技术的实验室尺度研究

自 1963 年 Goodman 在岩石材料中发现了声发射 Kaiser 效应后，对岩石受压破坏过程产生的声发射现象已开展大量室内试验研究[7]。随着实验室设备与方法的普及，大量学者结合声发射监测设备与常规加载设备、应力应变监测、数字散斑等技术开展了大量卓有成效的研究。

关于岩石加载过程中的声发射相关研究成果非常丰富，不同种类岩石单轴压缩下的声发射特征、应力、应变特征等被大量报道。李庶林等[8]对岩石进行单轴加载和加卸载试验，分析了岩石加载全过程声发射特性和岩石在卸载、重复加载时的声发射特性。张茹等[9]通过对花岗岩的多级加载发现，声发射事件率存在初期低，中期增加，之后下降 3 个阶段。刘保县等[10]对煤岩进行单轴压缩并采集声发射的试验，建立了基于声发射振铃计数的岩石损伤模型。赵兴东等[11]进行了花岗岩单轴加载并采集声发射，对不同应力水平下的裂隙扩展进行了定位。曾寅等[12]进行了岩盐单轴蠕变的声发射试验，发现声发射事件率随着蠕变变形阶段性变化。左建平等[13]对煤岩和砂岩组合材料单轴压缩下的声发射进行研究，并将声发射数据进行定位，发现声发射震源分布与材料类型有直接关系。Dong 等[14]通过开展单轴压缩声发射试验，研究了岩石失稳前兆与主应力方向之间的定性关系，发现波速变化的幅度与波传播路径的方位角和位置有关，并指出可以通过波速变化的各向异性特征来识别主应力方向。高峰等[15]通过岩石单轴压缩声发射试验，计算了不同应力水平下的声发射时间序列的关联维数，发现关联维数随相空间维数的增大而增大，最后趋于稳定。姚旭龙等[16]开展了不同岩性的单轴压缩声发射试验，并构建了基于声发射信号能量贡献率的岩体破裂关键信号的优选方法。Moradian 等[17]对预先存在缺陷的花岗岩的棱柱形岩样进行单轴压缩试验，将声发射信号与岩石的应力-应变图相关联，认为声发射撞击数与裂缝数量正相关，能量与裂缝事件的大小正相关。李文洲等[18]通过开展煤样单轴压缩声发射试验，采用裂纹体积应变法和声发射法共同确定了煤样单轴载荷下的起裂强度，并对煤样起裂强度的影响因素及对各因素响应的敏感度进行了探讨。田芯宇等[19]对不同饱水状态的红砂岩单轴压缩试验过程中的声电信号进行了综合监测，发现试样含水状态的变化对试样的强度和声电信号均具有明显的影响，不同损伤演化阶段中声电信号所占的比例能较好地反映岩石试样的损伤演化规律。赵奎等[20]开展了不同含水率条件下的红砂岩单轴压缩声发射试验，探究了不同含水率条件下声发射信号的时序演化规律，发现随着含水率的增加，红砂岩声发射事件活跃期逐渐后移，干燥、自然与饱水状态下的红砂岩试件声发射破坏模式分别为主震型、前震-主震-后震型和群震型。姚强岭等[21]通过监测不同含水率和不同岩性煤岩系单轴压缩试验和变角剪切试验中的声发射信号，对不同含水率和不同岩性的煤岩系力学特性和破坏机理进行了研究，发现声发射累积计数随含水率的增加而减小。Guo 等[22]通过对不同高径比的煤样进行单轴压缩试验，分析试验过程中的应力、应变和声发射信号发现，随着高径比的减小，煤样的单轴抗压强度和峰值应变均增大，且煤样破坏过程中根据声发射活动确定的平静期和快速下降期的持续时间随高径比的减小而缩短。杨文君等[23]开展了不同加载速率下的砂岩单轴压缩声发射试验，发现当加载率较高时，砂岩声发射信号的撞击幅值也维持在较高的水平，加载率越高，累积声发射计数增长越快。韩军等[24]采用不同单轴抗压强度的煤样进行了单轴压缩声发射试验，对煤样单轴压缩破坏各阶段的声发射能量、振铃计数等参数进行了分析，发现不同强度的煤样声发射特征在线弹性阶段和应力峰值阶段会发生明显的突变。康玉梅等[25]对比分析了不同配筋率和不同壁厚钢管混凝土单轴压缩试验过程中的累积能量、累积撞击数、b 值、RA 值、AF 值等声发射信号特征，认为声学特征参数的变化与混凝土试件的破坏过程各阶段具有较好的对应关系。洪铁东等[26]对不同取代率的高强自密实再生块体混凝土试件单轴压缩过程中的声发射特性进行了研究，通过引入活跃系数对声发射能量进行分析，发现随着取代率的升高，峰值应力前声发射的活动强度显著增加，基于声发射确定的活跃系数可以作为混凝土是否适合继续服役的判断标准。杨增福等[27]对煤岩单轴压缩破坏过程中的声发射信号进行了监测，并对煤岩试样单轴压缩过程中的破坏与声发射撞击曲线和能量曲线进行了对比分析，发现单轴压缩条件下中粒砂岩和煤样的破坏形式表现出明显的不同，中粒砂岩的声发射事件数远小于煤样的声发射事件数。卢蓉等[28]对预制了不同倾角裂隙的充填体试样开展了单轴压缩声发射试验，对其力学行为进行了研究，发现裂隙倾角对充填体试样的脆性及变形特性有较大的影响，随着预制裂隙倾角的增大，试样破坏类型逐渐由张拉型破坏转变为拉剪型破坏。赵康等[29]采用单轴压缩声发射试验对两种不同灰砂比的尾砂胶结充填材料试样的力学特性和协同变形特征进行了研究，认为不同灰砂比组合体的声发射活动特征同样也具有 4 个典型阶段，应力峰值相较于声发射振铃计数峰值具有一定程度的滞后，随着组合体强度的增大，声发射振铃计数整体逐渐减少。

单轴压缩试验可以在一定程度上反映岩石试样破坏过程中的力学特性，但由于其加载方式的限制，无法真实地模拟地下岩体的受力情况。当隧道、硐室、巷道和采场开挖以后，临空面的岩体不再处于三维应力条件约束，而是处于典型的二维应力状态。双轴加载试验可以较好地模拟临空面岩体的受力及破坏情况，国内外学者针对双轴压缩下岩体的声发射特征开展了丰富的研究。张晓君等[30]开展了具有岩爆倾向性的单卸压孔劈裂试样双轴压缩试验，结合应变和声发射监测，提出了在施工单卸压孔基础上将其劈裂的局部解危方法，但对于多孔劈裂的解危效应还有待研究。徐世达等[31]开展了双轴加载条件下的岩石试样破裂声发射试验，发现双轴加载试验中 b 值的变化规律与单轴加载试验中 b 值的变化规律相似，随着应力的增大，都呈现出先增大后减小的整体趋势。Dong 等[32]通过开展双轴加载条件下的声发射监测试验，发现随着中间主应力的增加，花岗岩试样的破裂特征从"突然聚集"变为"连续分散"，增大中间主应力导致试样破裂过程中高频 AE 信号和剪切裂缝的比例增加，进而促使了试样发生不稳定破坏。李建乐等[33]采用离散元数值分析软件 PFC 建立了煤样双轴加载压缩模型，对煤样整体的破坏形态、裂纹的发育、应力-应变关系及声发射事件进行了研究。魏嘉磊等[34]开展了含圆孔试样的双轴加载声发射监测试验，对试验过程中声发射能量参数、事件参数、b 值和熵值等参数与破裂前兆之间的关系进行了统计分析，发现熵值前兆出现最早，b 值前兆出现最晚，采用声发射累积参数曲线最容易对岩石破坏前兆进行识别。秦乃兵等[35]通过开展含孔洞岩石试样的双轴压缩声发射试验，研究了含水率对孔洞岩体声发射特性的影响，发现对于干燥岩石试样，岩爆发生前声发射都具有平静现象，含水试样在主破裂发生前声发射事件率具有一段相对平静期。徐世达等[36]通过改变侧向压力的大小，对花岗岩试样双轴压缩破坏过程中的声发射序列进行了研究，认为侧向压力的大小对声发射序列特征具有明显的影响，随着侧向压力的增大，声发射事件率也逐渐增大，声发射序列在应力峰值前由单峰型逐渐转变为群震型。陈崇枫[37]采用 RFPA 数值模拟软件对恒定应变率双轴试验和单级与多级应力状态下的双轴蠕变试验进行了模拟，其结果表明，相对于蠕变试验的破坏过程，恒定应变率试验最终破坏发生之前声发射集中现象不太明显，单级和分级加载对试件的破坏模式没有明显的影响。李弘煜[38]采用声发射监测设备对花岗岩试样双轴加载过程中的声发射信号进行了采集，分析了岩石试样破裂不同阶段的声发射活动特性，对不同侧向压力及破坏阶段声发射空间分布和声发射事件率的变化特征进行了对比分析。王自起[39]开展了不同角度双裂隙类岩石试样的双轴压缩试验，对加载过程中裂纹的演化过程和声发射特征进行了研究，根据声发射信号分布，将裂纹扩展过程分为 4 个阶段，并讨论了各阶段声发射信号的变化规律。

相比于单轴压缩和双轴压缩试验，三轴压缩更能真实地反映地下岩体的受力情况，广大学者采用真三轴和常规三轴设备对深部岩体的力学特性和破裂演化机理进行了卓有成效的研究。陈国庆等[40]开展了不同中间主应力条件下的红砂岩真三轴加载试验，对试样的声发射特征及破裂演化机制进行了研究，认为声发射前兆能够优先从时间上预警岩体破裂。苏承东等[41]对煤矿顶板砂岩进行了单轴压缩、常规三轴和三轴卸围压声发射试验，发现单轴压缩试验中声发射事件分布于整个加载过程，而在常规三轴试验中，声发射事件在屈服阶段逐渐趋于活跃，在破裂阶段仍有较强的声发射事件，对于三轴卸围压试验，卸围压过程中声发射事件突增。张志婷等[42]对含不同岩桥长度的花岗岩试件开展了三轴加载试验，并采用声发射监测系统和红外热像仪进行了全程采集，将温度特征粗糙度与声发射振铃计数和应力-应变曲线进行了对比分析，发现温度特征粗糙度的变化规律与声发射振铃计数和应力-应变曲线基本一致。杨永杰等[43]对灰岩进行了三轴压缩声发射试验，建立了基于声发射的岩体破裂模型，并对岩体破裂阶段声发射撞击次数进行了统计分析。苏国韶等[44]开展了真三轴加载条件下的花岗岩岩爆声发射试验，对岩爆过程中的声发射时空演化特征进行了分析，发现岩爆孕育前期，振铃撞击比较小，主频以低频为主，岩爆发生前夕，振铃撞击大幅突增，低频、中频、高频信号大量涌现，主频带由离散形态转变为连续形态。何俊等[45]对煤样进行了常规三轴和三轴循环加卸载作用下的声发射试验，对不同加载条件下煤样的声发射特征进行分析，结果表明在常规三轴压缩过程中声发射能量、累积计数和累积能量随时间变化趋势基本一致，在常规三轴循环加卸载破裂过程中声发射突变点在峰值应力的85%左右，可以作为判定煤样破裂的前兆。

从以上丰富的室内试验研究可以看出，声发射监测结果很好地反映了岩石试样破坏各阶段的损伤特征及破裂前兆，对工程现场具有一定的参考价值。然而，室内试验中通常只考虑了单一岩性，实际岩体工程中为复杂的岩石组合体，且实际工程中地质条件复杂多变，岩体破裂类型复杂，影响岩体损伤破裂各阶段参数的因素多种多样。因此，开展工程尺度的声学研究对于岩体破裂失稳灾害的预测与防控至关重要。

1.2.2 岩体声学技术的工程尺度研究

在工程尺度常用的声学监测技术为微震监测。微震监测技术是目前能实现大范围持续性监测和分析深部岩体稳定性的最有效手段之一，已经在全球各类深部矿山中展现出不俗的能力[46-50]。通过微震监测系统的实时监测，利用微震事件的位置、震级和能量等参数可为岩体的应力状态提供丰富的信息，对于认识岩体的变形破裂过程、分析岩体失稳和岩爆及评估深部矿山潜在危险区具有重要的作用[51-55]。工程尺度通常涉及的范围较广，研究方向主要包括微震震源定位、微震信号类型辨识、微震震源机制反演和潜在失稳灾害预警等。

在微震震源定位方面，研究者针对已知条件和求解方法的不同，提出了多种微震震源定位方法。一般来说，现有的定位方法可以分为两类，一类是迭代定位方法，另一类是解析定位方法。通过建立微地震事件的非线性控制方程，可以根据建立的解析公式求解震源坐标，这正是解析定位方法的主要思想。传统方法中，包括 INGLADA 和 USBM 方法在内的许多解析定位方法通常将 P 波速度作为已知参数。例如，Waldhauser 等[56]提出了不断降低观测和正演计算的双差定位方法。Lagos 等[57]利用快速模拟退火和粒子群优化技术对微地震事件进行定位。Liang 等[58]发展了适用于微地震监测的联合反演地震位置和震源机制的方法 JSSA。Zhou 等[59]提出了考虑不同介质折射效应的震源定位方法。尽管这些定位方法在很大程度上提高了微震震源定位精度，但是它们均采用一维或三维波速模型开展定位，即波速已知。然而，由于岩石工程通常为几百米至几十千米的范围，区域内波速随时空变化明显，采用已知波速模型定位必然会引起定位误差。为了突破预先测波速对震源定位精度造成影响的技术难题，Dong 等[60,61]提出了立方体和长方体两种监测网络模型下的无需预先测速震源定位方法，发现其与传统预先测波速定位算法相比，在震源定位精度方面有考虑到岩体工程实际情况，董陇军等[62]提出了无需预先测波速的矿山微震震源迭代定位方法，包括 TT 法、TD 法、TDQ 法，它们分别以到时、到时差、到时差商为因变量，综合分析表明，TD 法定位精度和鲁棒性较高。Li 和 Dong[63]通过声发射试验数据对比了迭代定位方法与解析定位方法，认为前者在工程实际中的定位精度更高。进而，董陇军等[64]讨论了监测台站、P 波波速、迭代算法对震源定位精度的影响，指出采用全局最优的定位算法可明显提高定位精度。在深部地下工程中，高地温对岩体失稳特性也有很大的影响，为了探究温度对岩体破裂信号的影响，Dong 等[65]开展了实时升温条件下的声发射监测试验，并探讨了温度对声发射定位精度的影响，发现随着热应力诱发裂纹的产生，定位误差逐渐增大。考虑到工程条件的复杂性，现场微震监测数据中通常存在大量的异常到时数据，对微震震源定位精度有很大的影响，Dong 等[66]利用解析解的高精解优势，以概率分析和相对距离为判据，对异常到时数据进行剔除，进而采用迭代算法求解震源位置，建立了无需预先测波速的微震震源解析迭代协同定位方法。在此基础上，结合改进的 A*算法提出了二维含孔洞结构中的震源定位求解算法[67,68]，并进一步改进优化，发展出了能更好地在三维复杂含空区结构中应用的震源定位方法[69]。

在微震信号类型辨识方面，Arrowsmith 等[70]利用波谱调制分析方法区分矿山爆破和微震事件。Ford 等[71]根据余震的特征来区分大爆炸和地震。Dong 等[72,73]分析得到了微震与爆破震源起始时间和起始时间差的概率密度函数，并据此建立了微震与爆破震源的全自动判别模型。李庶林等[74]基于矩张量分析方法对特大山体破坏前兆及孕震机制进行了研究。Ma 等[75,76]采用全波形分析方法对矿山不同类型微震事件的震源机制进行了分析。随着人工智能算法的兴起，众多学者将图像识别等算法应用到震源类型分析中。Pezzo 等[77]采用人工神经网络对水下爆炸引起的人工震源和天然地震进行了区分。Dong 等[78]利用卷积神经网络对爆破和微震波形图像进行识别。Dong 等[79]通过开展膨胀破裂试验和弹性波衰减试验探讨了震源尺度、触发时间、岩石试样特性对利用 RA-AF 识别岩石微裂纹类型的不确定性，发现随着震源尺度的减小，RA-AF 的分布范围逐渐扩大，因此采用固定的参考线难以匹配 RA-AF 分布的潜在变化，可能导致微裂纹类型辨识不准确，为更合理地改进和工程应用提供了理论和实验指导。

微震震源机制反演的研究在地震学领域已非常普遍。Linzer[80]建立了一种求解采矿诱发微地震事件震源机制的方法。林纪曾等[81]通过分析东南沿海地区监测得到的 70 个震源机制结果，得到了该区域现代构造应力场的主压应力轴呈扇形分布。李钦祖等[82]通过分析华北地区 48 个地震震源的震源机制，发现震级 $M \geqslant 6$ 的强震一致性较好，部分小震与强震一致性较差。杨清源等[83]通过分析长江三峡地区盐关微震群的震源机制，认为盐关微震群在矿区范围内，其类型都属于微震和极微震，成因是采矿诱发的地震活动。董积平等[84]研究了矿山地震的混合源机制问题，并根据内源矩张量分解的特点提出了一种点源混合机制。惠乃玲等[85]通过分析老虎台煤矿矿震监测数据的 P 波初动方向以及周围地区天然地震记录的 P 波初动方向，认为震级较大的矿震与天然地震所反映的应力场状况具有一定的相关性。刘杰等[86]采用地震局的监测数据计算了一些中小地震的震源机制解，并与采用 P 波初动得到的结果进行了对比。李庶林等[87]从刚度理论出发，论证了岩体发生动力破裂的条件，总结了矿山开采中常见的岩体破裂类型，并对其震源机制进行了讨论。和雪松等[88]通过研究矿山瓦斯突出和微地震事件之间的同震现象，讨论了瓦斯突出和矿震灾害动力过程的内在联系，认为较大震级矿震发生时的低瓦斯值可能是瓦斯突出的前兆信息。胡幸平等[89]利用 P 波初动数据计算了“5·12”汶川地震发生后的 44

次余震的震源机制解。Ma 等[90]应用全波形反演和统计方法研究了开阳磷矿微震事件的震源机制，并根据不同震源机制和改进的岩体质量分级结果提出了一系列针对性的支护方式。

在岩体稳定性分析与灾害预警方面，Dong 等[91]基于块体理论建立了考虑微震载荷的裂隙岩体稳定性极限平衡方程，提出了微震载荷作用下的岩体区间非概率可靠度分析方法。Morrison[92]建立了一个简易模型用于解释岩爆发生的机制，以期减弱岩爆诱发的灾害。Pastén 等[93]采用受试者工作特征曲线(receiver operating characteristic curve, ROC 曲线)分析研究了矿山诱发微地震灾害，并对随时间推移可能发生的灾害进行了预警。董陇军等[94]通过开展花岗岩失稳破裂的声发射试验，分析声发射能级频次分布和波形频谱变化两类指标在岩石破坏过程中表现出的阶段性特征，给出基于多元声发射指标的岩石失稳评估预警建议，并利用集成机器学习模型构建了岩体塑性阶段裂纹扩展状态的辨识方法。Dong 等[95]采用随机森林对地下岩石工程中是否会发生岩爆以及岩爆强度进行了分类，其结果与支持向量机和人工神经网络方法的结果进行了对比，并进一步分析了地应力、岩石单轴抗压强度和抗拉强度以及岩石的弹性能指数对岩爆倾向性的影响。Beck 等[96]通过采用矿山微震监测数据进行了建模分析，提出了一种量化评估地震灾害的方法。Dong 等[97]优选了 b 值、H 指数和累积贝尼奥夫应变三种参数进行统计分析，建立了微震大震级事件的三指标联合预警方法。地下结构中的未知空区威胁着地下岩体工程安全建设，超前探测在地下工程建设中至关重要。然而，现有的地质雷达速报等技术均为单次单点监测，对于大范围岩体工程，其应用具有一定的局限性。为此，Dong 等[98]从声学角度出发，利用改进的 A*搜索算法来搜索最短波传播路径，并与潜在的空区进行匹配来估计空区的大小和位置，为空区检测提供了一种新的思路。走时层析成像技术的发展为地下工程异常区域探测提供了新的技术手段。为了能够进一步改善层析成像技术在矿山的应用效果，Dong 等定量分析了先验模型、传感器配置、射线覆盖、事件分布和事件位置误差对走时成像精度的影响[99]，并在此基础上提出了一种将走时层析成像与阻尼最小二乘法和高斯滤波相结合的方法来识别复杂岩体结构中的异常区域。该方法克服了岩体空区检测中介质差异导致的孤立速度突变对成像精度造成的影响，为地下岩体工程中的潜在危险检测展现了新的见解与方法[100]。

工程尺度的声学研究通常受到地质条件、工程结构等诸多因素的影响，因此，其适用性通常受到局限，导致震源定位精度、震源类型辨识效率和失稳灾害预警时效性受到影响。为此，岩体声学在工程尺度的研究仍需要不断深入，提高其适用范围，为工程失稳、灾害预测和防控提供技术支撑。

1.3 岩体声学技术的未来

随着技术水平的提高和研究的深入，声学监测技术的优越性逐渐得到人们的认识，当前，我们使用声发射技术监测各种材料破裂已经是常规的操作，如利用声发射检测压力容器、桥梁、混凝土结构的声发射分布，判断其结构完整性；利用不同材料声发射信号的波速、频率等特征参数差异检测各种材料的缺陷；利用微震监测对矿山和隧道等开挖过程中的潜在失稳灾害进行预警等都已经是无损检测的重要内容。

矿山开采深度不断增大，诱发灾害发生的风险也在逐渐升高。为了加强矿山地压防治工作，我国应急管理部先后出台了一系列规章和制度，以保障矿山安全开采。其中，《金属非金属地下矿山监测监控系统建设规范：AQ 2031—2011》中指出，存在大面积采空区、工程地质复杂、有严重地压活动的地下矿山应进行地压监测；《非煤矿山企业安全生产十条规定》中也强调必须加强顶板管理和采空区监测、治理；《国家安全监管总局关于在非煤矿山推广使用安全生产先进适用技术和装备的指导意见》中指出要利用微震、声发射、光纤传感等技术实现地压实时监测监控；《防治煤矿冲击地压细则》中指出区域监测可采用微震监测法等。可以看出，随着未来矿山、隧道等岩石领域各行业建设进程的不断加快，岩体声学监测技术将具有非常可观的发展前景。

然而，我国采用的灾害防控监测设备有很大一部分仍依赖国外，我国在该领域的研究起步较晚，自主研发的岩体声学监测设备在功能性和可靠性方面与德国等先进装备还存在一定差距。为此，如何通过利用新材料、新技术和新工艺，将我国资源优势转化为技术优势，采用新型功能材料开发智能感知传感器和灾害防控监测采集处理设备，提高采集设备的精度和灵敏度，扩展新型功能材料的应用领域，实现功能材料和监测元器件的智能化、一体化、集成化和超微型化，达到灾害防控监测设备从单功能化向多功能化发展的目的，将是岩体声学监测领域的重点发展方向。

此外，岩体声学长期监测中采集了大量的岩体破裂、爆破、机械作业等声学信号，但人们在应用时，通常将爆破和机械作业等声学信号作为噪声筛除，这样尽管充分地分析了岩体破裂信号，但是舍去了数据量更加庞大、信息量更为丰富的爆破、机械作业等声源（80%以上），本书创造性地变"噪"为"用"，将这些多源声学信息在精细定位后在波速场成像中加以有效利用，大幅提升了波速场成像精度，为采区潜在危险区域的辨识和灾害超前预警提供了重要信息和支撑，这也是本书命名为"多源"即多类声源和多个声源的原因。目前，受计算能力和数据处理效率等影响，企业和科研单位仅对该数据库中非常有限的数据进行了分析，深层信息尚未完全被挖掘出来。随着计算机技术的飞速发展，大数据挖掘和人工智能技术被广泛应用于各种生产活动中，对未来可能发生的事情进行预测。因此，利用大数据挖掘和人工智能技术对岩体声学监测数据进行深入分析，获取其内部所蕴含的深层信息，为潜在发生的诱发岩体灾害进行精细化预警将大有可为。另外，目前人们对于地球内部构造及波速结构等的反演分析多是采用地震监测数据进行的。随着计算能力和数据处理效率的不断提高，利用工程岩体声学监测数据对地球内部区域构造和波速结构进行分析和反演，将是对地球构造及波速结构的有益补充与完善。

参 考 文 献

[1] 宸枫侃史. 汶川为何地震频发？08 年大地震，产生的余震为何延续至今？[EB/OL]. (2021-10-25) [2022-02-12]. https://view.inews.qq.com/a/20211025A0EPPI00.

[2] 图行天下. 火山熔岩图片[EB/OL]. (2020-03-01) [2022-04-12]. https://www.photophoto.cn/pic/36354924.html.

[3] Durrheim R J. Mitigating the Risk of Rockbursts in the Deep Hard Rock Mines of South Africa: 100 Years of Research[M]//Brune J. In Extracting the Science: A Century of Mining Research. Society for Mining, Metallurgy, and Exploration, Inc, 2010: 156-171.

[4] Baisch S, Weidler R, Vörö R, et al. Conceptual model for post-injection seismicity at Soultz-sous-Forêts[J]. GRC Transactions, 2006, 30: 601-605.

[5] Häring M O, Schanz U, Ladner F, et al. Characterization of the Basel 1 enhanced geothermal system[J]. Geothermics, 2008, 37(5): 469-495.

[6] Friberg P A, Besana-Ostman G M, Dricker I. Characterization of an earthquake sequence triggered by hydraulic fracturing in Harrison County, Ohio[J]. Seismological Research Letters, 2014, 85(6): 1295-1307.

[7] Goodman R E. Subaudible noise during compression of rocks[J]. Geological Society of America Bulletin, 1963, 74(4): 487-490.

[8] 李庶林, 唐海燕. 不同加载条件下岩石材料破裂过程的声发射特性研究[J]. 岩土工程学报, 2010, 32(1): 147-152.

[9] 张茹, 谢和平, 刘建锋, 等. 单轴多级加载岩石破坏声发射特性试验研究[J]. 岩石力学与工程学报, 2006, 25(12): 2584-2584.

[10] 刘保县, 黄敬林, 王泽云, 等. 单轴压缩煤岩损伤演化及声发射特性研究[J]. 岩石力学与工程学报, 2009, 28(s1): 3234-3238.

[11] 赵兴东, 唐春安, 李元辉, 等. 花岗岩破裂全过程的声发射特性研究[J]. 岩石力学与工程学报, 2006, 25(s2): 3673-3678.

[12] 曾寅, 刘建锋, 周志威, 等. 盐岩单轴蠕变声发射特征及损伤演化研究[J]. 岩土力学, 2019, 40(1): 61-63.

[13] 左建平, 裴建良, 刘建锋, 等. 煤岩体破裂过程中声发射行为及时空演化机制[J]. 岩石力学与工程学报, 2011, 30(8): 1564-1570.

[14] Dong L J, Chen Y C, Sun D Y, et al. Implications for Rock Instability Precursors and Principal Stress Direction from Rock Acoustic Experiments[J]. International Journal of Mining Science and Technology, 2021, 31: 789-798.

[15] 高峰, 李建军, 李肖音, 等. 岩石声发射特征的分形分析[J]. 武汉理工大学学报, 2005, 27(7): 67-69.

[16] 姚旭龙, 张艳博. 岩石破裂声发射关键特征信号优选方法[J]. 岩土力学, 2018, 39(1): 375-384.

[17] Moradian Z, Einstein H, Ballivy G. Detection of cracking levels in brittle rocks by parametric analysis of the acoustic emission signals[J]. Rock Mechanics and Rock Engineering, 2016, 49(3): 785-800.

[18] 李文洲, 司林坡, 卢志国, 等. 煤单轴压缩起裂强度确定及其关键因素影响分析[J]. 煤炭学报, 2021, 46(S2): 670-680.

[19] 田芯宇, 赵伏军, 刘永宏, 等. 单轴压缩下不同含水状态砂岩损伤演化试验[J]. 河北工程大学学报, 2021, 38(2): 38-43.

[20] 赵奎, 冉珊瑚, 曾鹏, 等. 含水率对红砂岩特征应力及声发射特性的影响[J]. 岩土力学, 2021, 42(4): 899-908.

[21] 姚强岭, 王伟男, 李学华, 等. 水-岩作用下含煤岩系力学特性和声发射特征研究[J]. 中国矿业大学学报, 2021, 50(3): 558-569.

[22] Guo Y X, Zhao Y H, Wang S W, et al. Stress-strain-acoustic responses in failure process of coal rock with different height to diameter ratios under uniaxial compression[J]. Journal of Central South University, 2021, 28(6): 1724-1736.

[23] 杨文君, 谢强, 班宇鑫, 等. 变加载速率砂岩发射特征及损伤本构模型[J]. 地下空间与工程学报, 2021, 17(1): 71-79.

[24] 韩军, 韩韶泽, 马双文, 等. 不同强度煤体声发射特征研究[J]. 地下空间与工程学报, 2021, 17(3): 739-747.

[25] 康玉梅, 张乃源, 任超, 等. 单轴压缩作用下 CFST 柱的声发射特征[J]. 东北大学学报, 2021, 42(5): 720-725.

[26] 洪铁东, 张大山, 王卫华, 等. 高强自密实再生块体混凝土单轴受压声发射特性[J]. 华侨大学学报, 2021, 42(3): 351-357.

[27] 杨增福, 杨胜利, 杨文强. 煤岩单轴压缩条件下声发射与破坏特征差异性研究[J]. 煤炭工程, 2021, 53(4): 136-140.

[28] 卢蓉, 马凤山, 赵杰, 等. 充填室内单轴压缩试验声发射指标特性分析[J]. 黄金科学技术, 2021, 29(2): 218-225.

[29] 赵康, 黄明, 严雅静, 等. 不同灰砂比尾砂胶结充填材料组合体力学特性及协同变形研究[J]. 岩石力学与工程学报, 2021, 40(s1): 2781-2789.

[30] 张晓君, 李晓程, 刘国磊, 等. 卸压孔劈裂局部解危效应试验研究[J]. 岩土力学, 2020, 41(s1): 171-178.

[31] 徐世达, 李元辉, 刘建坡, 等. 双轴加载下花岗岩破裂过程声发射 b 值特征研究[J]. 中国矿业, 2019, 28(12): 100-103.

[32] Dong L J, Chen Y C, Sun D Y, et al. Implications for identification of principal stress directions from acoustic emission characteristics of granite under biaxial compression experiments[J]. Journal of Rock Mechanics and Geotechnical Engineering, 2022, DOI: 10.1016/j.jrmge.2022.06.003.

[33] 李建乐, 郑参, 颜港, 等. 不同加载条件下的煤岩体压缩试验模拟研究[J]. 煤矿安全, 2018, 49(1): 17-20.

[34] 魏嘉磊, 刘善军, 吴立新, 等. 含孔岩石双轴加载过程声发射多参数特征对比分析[J]. 采矿与安全工程学报, 2015, 32(6): 1017-1025.

[35] 秦乃兵, 单晓云. 双轴压缩下饱和水对洞室岩体声发射的影响实验研究[J]. 矿山测量, 2000(2): 19-22.

[36] 徐世达, 姜坤序, 蔺甲. 基于声发射监测的双轴加载岩石破裂研究[J]. 金属矿山, 2013(6): 5-8.

[37] 陈崇枫. 压缩荷载作用下脆性岩石蠕变时效变形特性研究[D]. 沈阳: 东北大学, 2015.

[38] 李弘煜. 双轴加载条件下岩石破坏声发射特征实验研究[D]. 沈阳: 东北大学, 2009.

[39] 王自起. 基于声发射技术的二维应力作用下双裂隙扩展演化规律研究[D]. 青岛: 山东科技大学, 2019.

[40] 陈国庆, 张岩, 李阳, 等. 岩石真三轴加载破坏的热－声前兆信息链初探[J]. 岩石力学与工程学报, 2021, 40(9): 1764-1776.

[41] 苏承东, 翟新献, 李宝富, 等. 砂岩单三轴压缩过程中声发射特征的试验研究[J]. 采矿与安全工程学报, 2011, 28(2): 225-230.

[42] 张志婷, 潘元贵, 蒋炳, 等. 开放性裂隙岩石三轴加载破坏前兆信息[J]. 科学技术与工程, 2021, 21(6): 2202-2209.

[43] 杨永杰, 王德超, 郭明福, 等. 基于三轴压缩声发射试验的岩石损伤特征研究[J]. 岩石力学与工程学报, 2014, 33(1): 98-104.

[44] 苏国韶, 燕思周, 闫召富, 等. 真三轴加载条件下岩爆过程的声发射演化特征[J]. 岩土力学, 2019, 40(5): 1673-1682.

[45] 何俊, 潘结南, 王安虎. 三轴循环加卸载作用下煤样的声发射特征[J]. 煤炭学报, 2014, 39(1): 84-90.

[46] 姜福兴. 微震监测技术在矿井岩层破裂监测中的应用[J]. 岩土工程学报, 2002, 24(2): 147-149.

[47] 杨承祥, 罗周全, 唐礼忠. 基于微震监测技术的深井开采地压活动规律研究[J]. 岩石力学与工程学报, 2007, 26(4): 818-824.

[48] 马天辉, 唐春安, 唐烈先, 等. 基于微震监测技术的岩爆预测机制研究[J]. 岩石力学与工程学报, 2016, 35(3): 470-483.

[49] Ge M C. Efficient mine microseismic monitoring[J]. International Journal of Coal Geology, 2005, 64(1-2): 44-56.

[50] Urbancic T I, Trifu C I. Recent advances in seismic monitoring technology at Canadian mines[J]. Journal of Applied Geophysics, 2000, 45(4): 225-237.

[51] Zhang P H, Yang T H, Yu Q L, et al. Study of a seepage channel formation using the combination of microseismic monitoring technique and numerical method in Zhangmatun iron mine[J]. Rock Mechanics and Rock Engineering, 2016, 49(9): 3699-3708.

[52] Feng G L, Feng X T, Chen B R, et al. A microseismic method for dynamic warning of rockburst development processes in tunnels[J]. Rock Mechanics and Rock Engineering, 2015, 48(5): 2061-2076.

[53] He H, Dou L M, Cao A Y, et al. Mechanisms of mining seismicity under large scale exploitation with multikey strata[J]. Shock and Vibration, 2015(8): 1-9.

[54] Lu C P, Dou L M, Zhang N, et al. Microseismic frequency-spectrum evolutionary rule of rockburst triggered by roof fall[J]. International Journal of Rock Mechanics and Mining Sciences, 2013, 64: 6-16.

[55] Zhao Y, Yang T H, Zhang P H, et al. The analysis of rock damage process based on the microseismic monitoring and numerical simulations[J]. Tunnelling and Underground Space Technology, 2017, 69: 1-17.

[56] Waldhauser F, Ellsworth W L. A double-difference earthquake location algorithm: method and application to the northern Hayward fault, California[J]. Bulletin of the Seismological Society of America, 2000, 90(6): 1353-1368.

[57] Lagos S R, Velis D R. Microseismic event location using global optimization algorithms: an integrated and automated workflow[J]. Journal of Applied Geophysics, 2018, 149: 18-24.

[58] Liang C T, Yu Y Y, Yang Y H, et al. Joint inversion of source location and focal mechanism of microseismicity[J]. Geophysics, 2016, 81(2): 41-49.

[59] Zhou Z L, Zhou J, Dong L J, et al. Experimental study on the location of an acoustic emission source considering refraction in different media[J]. Scientific reports, 2017, 7(1): 1-13.

[60] Dong L J, Li X B. Three-dimensional analytical solution of acoustic emission or microseismic source location under cube monitoring network[J]. Transactions of Nonferrous Metals Society of China, 2012, 22(12): 3087-3094.

[61] Dong L J, Li X B, Zhou Z L, et al. Three-dimensional analytical solution of acoustic emission source location for cuboid monitoring network without pre-measured wave velocity[J]. Transactions of Nonferrous Metals Society of China, 2015, 25(1): 293-302.

[62] 董陇军, 李夕兵, 唐礼忠, 等. 无需预先测速的微震震源定位的数学形式及震源参数确定[J]. 岩石力学与工程学报, 2011, 30(10): 2057-2067.

[63] Li X B, Dong L J. Comparison of two methods in acoustic emission source location using four sensors without measuring sonic speed[J]. Sensor Letters, 2011, 9(5): 2025-2029.

[64] 董陇军, 李夕兵, 唐礼忠. 影响微震震源定位精度的主要因素分析[J]. 科技导报, 2013, 31(24): 26-32.

[65] Dong L J, Tao Q, Hu Q C. Influence of temperature on acoustic emission source location accuracy in underground structure[J]. Transactions of Nonferrous Metals Society of China, 2021, 31(8): 2468-2478.

[66] Dong L J, Zou W, Li X B, et al. Collaborative localization method using analytical and iterative solutions for microseismic/acoustic emission sources in the rockmass structure for underground mining[J]. Engineering Fracture Mechanics, 2019, 210: 95-112.

[67] Hu Q C, Dong L J. Acoustic emission source location and experimental verification for two-dimensional irregular complex structure[J]. IEEE Sensors Journal, 2020, 20(5): 2679-2691.

[68] Dong L J, Tao Q, Hu Q C, et al. Acoustic emission source location method and experimental verification for structures containing unknown empty areas[J]. International Journal of Mining Science and Technology, 2022, 32(3): 487-497.

[69] Dong L J, Hu Q C, Tong X J, et al. Velocity-free MS/AE source location method for three-dimensional hole-containing structures[J]. Engineering, 2020, 6(7): 827-834.

[70] Arrowsmith S J, Arrowsmith M D, Hedlin M A H, et al. Discrimination of delay-fired mine blasts in Wyoming using an automatic time-frequency discriminant[J]. Bulletin of the Seismological Society of America, 2006, 96(6): 2368-2382.

[71] Ford S R, Walter W R. Aftershock Characteristics as a means of discriminating explosions from earthquakes[J]. Bulletin of the Seismological Society of America, 2010, 100(1): 364-376.

[72] Dong L J, Wesseloo J, Potvin Y, et al. Discriminant models of blasts and seismic events in mine seismology[J]. International journal of rock mechanics and mining sciences, 2016, 86: 282-291.

[73] Dong L J, Wesseloo J, Potvin Y, et al. Discrimination of mine seismic events and blasts using the fisher classifier, naive Bayesian classifier and logistic regression[J]. Rock Mechanics and Rock Engineering, 2016, 49(1): 183-211.

[74] 李庶林, 林恺帆, 周梦婧, 等. 基于矩张量分析的特大山体破坏前兆孕震机制研究[J]. 岩石力学与工程学报, 2019, 38(10): 2000-2009.

[75] Ma J, Dong L J, Zhao G Y, et al. Discrimination of seismic sources in an underground mine using full waveform inversion[J]. International Journal of Rock Mechanics and Mining Sciences, 2018, 106: 213-222.

[76] Ma J, Dong L J, Zhao G Y, et al. Focal Mechanism of mining-induced seismicity in fault zones: a case study of Yongshaba mine in China[J]. Rock Mechanics and Rock Engineering, 2019, 52(9): 3341-3352.

[77] Pezzo E D, Esposito A, Giudicepietro F, et al. Discrimination of earthquakes and underwater explosions using neural networks[J]. Bulletin of the Seismological Society of America, 2003, 93(1): 215-223.

[78] Dong L J, Tang Z, Li X B, et al. Discrimination of mining microseismic events and blasts using convolutional neural networks and original waveform[J]. Journal of Central South University, 2020, 27(10): 3078-3089.

[79] Dong L, Zhang Y, Bi S, et al. Uncertainty investigation for the classification of rock micro-fracture types using acoustic emission parameters[J]. International Journal of Rock Mechanics and Mining Sciences, 2023, 162(Article ID 105292): 1-13.

[80] Linzer L. A relative moment tensor inversion technique applied to seismicity induced by mining[J]. Rock Mechanics and Rock Engineering, 2005, 38(2): 81-104.

[81] 林纪曾, 梁国昭, 赵毅, 等. 东南沿海地区的震源机制与构造应力场[J]. 地震学报, 1980, 2(3): 245-257.

[82] 李钦祖, 靳雅敏, 于新昌. 华北地区的震源机制与地壳应力场[J]. 地震学报, 1982, 4(1): 55-61.

[83] 杨清源, 陈献程, 马文涛, 等. 长江三峡地区盐关微地震群的成因机制[J]. 地震地质, 1993, 15(3): 247-252.

[84] 董积平, 张少泉, 张诚, 等. 用混合源模型研究矿山地震震源机制[J]. 西北地震学报, 1994, 16(2): 12-22.

[85] 惠乃玲, 刘耀权, 杨明皓, 等. 抚顺老虎台煤矿矿震震源机制的研究[J]. 地震地磁观测与研究, 1998, 19(1): 41-47.

[86] 刘杰, 郑斯华, 康英, 等. 利用 P 波和 S 波的初动和振幅比计算中小地震的震源机制解[J]. 地震, 2004, 24(1): 19-26.

[87] 李庶林, 尹贤刚. 矿山微震震源机制的初步研究[J]. 矿业研究与开发, 2006, z1: 141-146.

[88] 和雪松, 李世愚, 潘科, 等. 矿山地震与瓦斯突出的相关性及其在震源物理研究中的意义[J]. 地震学报, 2007, 29(3): 314-327.

[89] 胡幸平, 俞春泉, 陶开, 等. 利用 P 波初动资料求解汶川地震及其强余震震源机制解[J]. 地球物理学报, 2008, 51(6): 1711-1718.

[90] Ma J, Dong L, Zhao G, et al. Qualitative method and case study for ground vibration of tunnels induced by fault-slip in undergorund mine[J]. Rock Mechanics and Rock Engineering, 2019, 52(6): 1887-1901.

[91] Dong L J, Sun D Y, Li X B, et al. Interval non-probabilistic reliability of surrounding jointed rockmass considering microseismic loads in mining tunnels[J]. Tunnelling and Underground Space Technology, 2018, 81: 326-335.

[92] Morrison D M. Rockburst research at Falconbridge's Strathcona Mine, Sudbury, Canada[J]. Pure and Applied Geophysics, 1989, 129: 619-645.

[93] Pastén D, Estay R, Comte D, et al. Multifractal analysis in mining microseismicity and its application to seismic hazard in mine[J]. International Journal of Rock Mechanics & Mining Sciences, 2015, 78: 74-78.

[94] 董陇军, 张义涵, 孙道元, 等. 花岗岩破裂的声发射阶段特征及裂纹不稳定扩展状态识别[J]. 岩石力学与工程学报, 2022, 41(1): 120-131.

[95] Dong L J, Li X B, Peng K. Prediction of rockburst classification using random forest[J]. Transactions of Nonferrous Metals Society of China, 2013, 23(2): 472-477.

[96] Beck D A, Brady B H G. Evaluation and application of controlling parameters for seismic events in hard-rock mines[J]. International Journal of Rock Mechanics & Mining Sciences, 2002, 39: 633-642.

[97] Dong L J, Sun D Y, Shu W W, et al. Statistical precursor of induced seismicity using temporal and spatial characteristics of seismic sequence in mines[C]. World Conference on Acoustic Emission, Xi'an, 2017.

[98] Dong L J, Tong X J, Hu Q C, et al. Empty region identification method and experimental verification for the two-dimensional complex structure[J]. International Journal of Rock Mechanics and Mining Sciences, 2021, 147: 104885, DOI:10.1016/j.ijrmms.2021.104885.

[99] Dong L J, Tong X J, Ma J. Quantitative investigation of tomographic effects in abnormal regions of complex structures[J]. Engineering, 2021, 7(7): 1011-1022.

[100] Dong L J, Pei Z W, Xie X, et al. Early identification of abnormal regions in rock-mass using traveltime tomography[J]. Engineering, 2022, DOI:10.1016/j.eng.2022.05.016.

第 2 章　岩体声学参数测试方法及仪器

岩体声学参数测试技术是近 50 年来发展起来的一种技术, 岩石介质中传播的声学信号含有声发射源的特征信息, 岩体声学参数测试主要是研究声波的性质, 以反映岩石介质的物理力学特性及结构特征。通过声学仪器检测声波可以解决一个重要科学技术问题, 就是检查岩体内部裂纹状缺陷和亚临界扩展的可能性。在许多情况下, 裂纹发生在岩体内部, 肉眼无法观察到, 甚至在裂纹局部亚临界扩展的情况下也是如此。岩体内部裂纹扩展或变形过程中快速释放的弹性能产生瞬态应力波能量脉冲, 产生的应力波在岩体内部或者岩体表面传播, 并通过放置在岩体表面的传感器接收。岩体声学参数测试技术目前已经成功地用于部分岩体结构模型参数、岩体质量评价和岩土体动弹性参数测试等方面[1]。

岩体声学参数测试技术是在岩石介质中以应力波的传播理论为基础, 通过测定声波穿透岩石后的声波波速等一系列声学信息了解岩体的某些性质, 以满足工程地质、矿山、水电、铁道、国防工程等各部门的需要, 这就是岩体声学测试。工程岩体声学测试中需要了解的岩体尺度大多为几百米以内范围, 故而所使用的应力波的工作频率为几赫兹到几百千赫兹。

岩体声学参数测试使用的仪器为各种专用的电子仪器。虽然光学电子设备可能具有更高的精确度, 但因为对不可透视的岩体测试工作适应性较差, 无法实现普遍使用。近年来对岩体声学性质的研究越来越深入, 对仪器设备的要求越来越高。一些新的声学测试仪器已研制出来。例如, 在研究高压条件下小块岩样的声学及力学特性时, 需要具备发射脉冲宽度极小, 频率很高, 具有数字显示的测试系统。又例如, 为了研究钻孔间地层的岩体结构和应力状态, 应该使用功率大、灵敏度高、噪声低的全套设备。岩体声学参数测试的全过程包括声波发射、传播及接收显示, 其相应的仪器有声波接收传感器、接收换能器、数据采集卡和分析预警模块。本章将介绍岩体声学参数测试方法及所使用的测试仪器。

2.1　岩体声学的主要测量参数

2.1.1　岩体的声波速度

外界对岩体扰动后, 岩石介质会发生运动、变形或破裂, 并以应力波的形式在岩体中传播。其主要分为两种, 一种是面波, 一种是体波。面波只在岩体表面传递, 体波能穿越岩体内部。面波分为瑞利波和兰姆波, 体波分为纵波(P 波, 压缩波)和横波(S 波, 剪切波)[2]。

1. 体波

声波在岩体内部遵循的传播规律可近似表征为以下波动方程[3]：

$$\rho \frac{\partial^2 F}{\partial t^2} = (\lambda + \mu)\nabla \theta + \mu \nabla^2 F \tag{2-1}$$

式中：ρ 为介质密度；λ、μ 为介质的弹性系数，即拉梅系数；θ 为体积膨胀系数；F 为岩石总的位移量；t 为声波在岩体内的传播时间；∇^2 为拉普拉斯算子。

应力波传播产生的位移量（F）是膨胀位移势的梯度（$\nabla \phi$）与旋转位移势的旋度（$\nabla \psi$）的矢量和。由式(2-1)可得出 P 波和 S 波的波动方程。

P 波的波动方程：

$$\rho \frac{\partial^2 \phi}{\partial t^2} = (\lambda + 2\mu)\nabla^2 \phi \tag{2-2}$$

S 波的波动方程：

$$\rho \frac{\partial^2 \psi}{\partial t^2} = \mu \nabla^2 \psi \tag{2-3}$$

式中：ϕ 为膨胀位移位函数；ψ 为旋转位移位函数。

P 波的传播速度：

$$V_P = \sqrt{\frac{E(1-\upsilon)}{\rho(1+\upsilon)(1-2\upsilon)}} = \sqrt{\frac{\lambda + 2\mu}{\rho}} \tag{2-4}$$

S 波的传播速度：

$$V_S = \sqrt{\frac{E}{2\rho(1+\upsilon)}} = \sqrt{\frac{\mu}{\rho}} \tag{2-5}$$

式中：ρ 为介质密度；E 为介质的弹性模量；υ 为体积膨胀系数。

2. 面波

声波在岩体表面遵循的传播规律可近似表征为以下波动方程：

$$\ddot{u}_i = c^2 \nabla^2 u_i \tag{2-6}$$

式中：$\ddot{u}_i$ 为平面简谐波的速度；c 为一个固定常数，也就是波的传播速度。

面波又分为板波和表面波。表面波是指瑞利波，按照质点振动的方向来观察。板波包括勒夫波和兰姆波两种，前者是在板中传播的切变波，后者的质点位移方向包含 P 波和 S 波两种形式。勒夫波的实用意义远不如兰姆波，所以狭义的板波一般指兰姆波[4]。

瑞利波的表面质点运动的轨迹为椭圆形，它包含一个平行于表面的 P 波分量和一个垂直于表面的 S 波分量。勒夫波的振动方向和波前进方向垂直，并只发生在水平方向上，无垂直分量，类似于 S 波，差别是侧向振动振幅会随深度增加而减少。因为地球自旋转作用，在大气中会产生一种只沿水平方向传播的特殊声波，称为兰姆波，这个类型的波的岩石质点运动类似纵向偏振横波（又称 SV 波）。

2.1.2 岩体的声波振幅

岩体的声波振幅又称声波信号幅度，是指在岩体声学信号波形的峰值电压（正或负）。声波振幅通常指首波，即第一个波前半周的幅值，声波的振幅与声波传感器处被测岩体声压成正比，所以声波振幅可以反映岩体接收到的声波强弱。在声源发射出的声波强度一定的情况下，振幅的大小反映了声波在岩体中衰减的情况，随着传播距离的增加，声波由于岩体内部的孔隙或裂隙会发生反射或绕射作用，传感器接收到的最终振幅也将显著降低，振幅也是判断岩体孔隙与裂隙的重要指标。

2.1.3 岩体的声波频率

岩体的声波频率为在声波监测中波形持续时间内计数总数的比率。声学设备电脉冲激发出的声脉冲信号是复频脉冲波，通过频谱分析方法对声脉冲信号频率的组成分析，了解岩石介质的传声特性、声源的机理和结构。根据记录声波波形的快速傅里叶变换实时确定基于波形的特征，如峰值频率和频率质心或中心频率。岩石介质对声波具有选频吸收作用，不同频率的声波在岩体中的吸收衰减作用不同，岩石岩性不同，对波的吸收及散射就不同，其规律主要表现为低频声波能量变化小，而高频声波受影响强烈。含各种频率成分的声波在岩体传播过程中，高频率的声波首先发生衰减（被吸收、散射）。因此在岩体中，声波愈往深部传播，包含的高频分量愈少，使得主频率也逐渐下降。主频率下降程度除与在岩体中传播距离有关外，主要取决于岩体本身的性质（成分、强度）和内部是否存在孔隙和裂隙等。因此，测量声波通过岩体后频率的变化可以判断岩体内部孔隙、裂隙以及其矿物成分等情况。

2.1.4 岩体的声阻抗

岩体的声阻抗是岩体某一面积上声压与通过该面积的声通量（体积速度）的复数比。声阻抗 Z 为岩石声速 v 与密度 ρ 的乘积，单位是 $kg/(m^2 \cdot s)$，表达式如下：

$$Z = \rho \cdot v \tag{2-7}$$

地层中的岩石、矿物和流体的纵波速度和密度均不同，因此表现出来的声阻抗也不同。声波在通过不同岩石介质的界面时，会产生反射、折射及散射现象[5]，能量的分配由声阻抗决定，因此岩体声阻抗是一个非常重要的声学参数。对于岩石这一类天然材料来说，本身含有大量微孔隙（裂隙）和宏观结构面，因此在其两侧的岩体所具有的声阻抗不同。声波在岩石内部传播时，将在微孔隙（裂隙）界面上产生多次的折射和反射。

两种不同岩石的声阻抗之比称为声耦合率。岩石 Ⅰ 和岩石 Ⅱ 的声阻抗相差越大，则二者的声耦合越差，声波能量就越不容易从岩石Ⅰ中透射到岩石Ⅱ中，反之亦然。

2.1.5　岩体的声衰减系数

声波在岩石介质中传播时，其本身的能量部分会发生一定损耗，声波的衰减主要包括两类：一类是介质对声波能量的吸收造成的衰减，另一类是波前扩散造成的衰减[6]。在岩体中声波衰减特性的衰减量有：对数增量 δ、衰减系数 α 和耗散因子 Q^{-1}（或它的逆 Q，称为品质因数）。陈耕野等[7]以线黏弹理论为基础，给出了衰减系数 α 与黏滞系数 η 的关系：

$$\alpha^2 = \frac{\rho \omega^2 \left(1 + 2\omega^2 \eta^2 / E^2\right)}{2E\left(1 + 4\omega^2 \eta^2 / E^2\right)}\left[\left(1 + \frac{\omega^2 \eta^2 / E^2}{1 + 2\omega^2 \eta^2 / E^2}\right) - 1\right] \tag{2-8}$$

式中：ρ 为岩体密度；ω 为角频率；E 为弹性模量。

2.2　岩体声学主要参数的测量方法

2.2.1　声波速度的测量方法

声波速度对于岩体的性质具有非常重要的意义，它可以反映岩体的密度、泊松比、弹性模量、整体性等。声波速度是岩体声学研究的核心数据，并且对于地球物理勘探领域也具有显著的作用，而且是连接地质学和岩体特性的核心枢纽。测量岩体声波速度的方法基本可以分成三类：脉冲法、共振法和干涉法。

采用声学监测设备进行测定声波速度，岩体内部声发射源产生的应力波，传播到岩石表面后引起振动，被紧贴岩石表面的传感器监测到，其中纵向波片会压缩垂直于岩石横截面的振动，产生纵波，并且剪切波片围绕轴线产生横波。在纵波和横波通过磁芯后，由于压电陶瓷的正压电效应，接收探头末端的纵向和横向波片通过压电陶瓷将纵波和横波转换为电信号。然后，确定穿过岩石和探头波片前面的不锈钢护罩的纵波和横波之间的时间差。通过纵波传输和横波传输获得保护器的纵向时间差（T_{P0}）和剪切时间差（T_{S0}）[8]。通过计算确定该纵波的速度，其计算方法见式(2-9)：

$$V_P = \frac{L}{T_P - T_{P0}} \tag{2-9}$$

同样，岩石长度除以横波通过岩石的时间，即可获得单位岩石长度横波穿过所需要的速度，表示为

$$V_S = \frac{L}{T_S - T_{S0}} \tag{2-10}$$

式中：L 为岩样长度(m)；T_P 为纵波在岩石中的传播时间(s)；T_{P0} 为纵波探头零延时(s)；

T_S 为横波在岩石中的传播时间(s)；T_S0 为横波探头零延时(s)。

2.2.2　声波振幅的测量方法

振幅的测量实际是用某种指标来度量接收波首波的高度，并将它作为平行比较各测点声波信号强弱的一种相对指标。在岩体振幅测量时，将检测通道增益设置为自动，声发射监测设备上首波的高度可通过移动时标线于首波波峰或波谷位置处读取。另外可将通道增益设置为某一数值，通过手动调节信号放大倍数使首波波峰或波谷至某一合适高度后再进行读取[9,10]。

随着质点振动的相互碰撞，在动能转换成热能的过程中，质点振动的能量耗损使声波振动幅度减小，称为声波的衰减。声波的衰减显然随岩体的岩性、结构及声波频率的不同而异，同一种岩体频率高衰减快。岩体声波检测使用的换能器的辐射面均小于波长，接近点震源，辐射的声波为半球面波，故声波振幅的衰减还与声能的扩散有关。接收点的声波振幅 A 与传播距离有下列关系：

$$A = \frac{1}{l} A_\mathrm{m} \mathrm{e}^{-\alpha l} \tag{2-11}$$

式中：A_m 为发射点的声波振幅；α 为声波衰减系数；l 为声波传播距离。

2.2.3　声波频率的测量方法

接收波的主频率可通过测量接收波周期的方法来计算。接收波形如图 2-1 所示，移动示波屏上的时标线，使其分别与接收波的 a、b、c、d 各波峰、波谷对准，读取相应的声时读数 t_1、t_2、t_3、t_4(t_1 即首波信号起点，声速测量中已测到)，则接收波主频率 f 可按式(2-12)计算：

$$f = \frac{1}{4(t_2 - t_1)} \quad \text{或} \quad \frac{1}{2(t_3 - t_2)} \quad \text{或} \quad \frac{1}{t_4 - t_2} \tag{2-12}$$

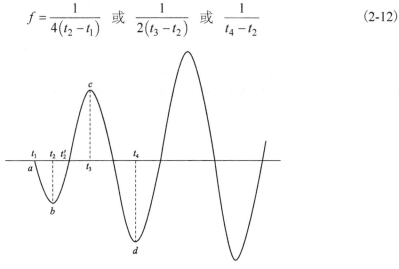

图 2-1　接收波形

由于频率是按两次声时读数之差计算的，仪器零读数已抵消，故不用扣零读数。和振幅类似，频率测值也与换能器种类、性能、探测距离等因素有关。只有上述因素固定，频率才能作为相对比较的参数而用于岩体的无损检测。

2.2.4　声衰减系数的测量方法

目前测量岩体声衰减的方法主要有自由振动法、波传播方法、强迫振动-共振法和应变曲线观测法[11]。当声波在岩体中传播时衰减呈指数型规律，则其振幅将随传播距离的增加而减少，其数学表达式为

$$A = A_0 e^{-\alpha x} \tag{2-13}$$

式中：A_0 为 $x=0$ 震源处的声波幅值；A 为距离声源 x 处的幅值；e 为自然对数的底，e=2.71828；α 为衰减系数。

声压即声源以应力波形式释放的能量，通过仪器采集的瞬态信号的能量可以表示为

$$E = \frac{1}{R} \int_0^\infty V^2(t) \, dt \tag{2-14}$$

式中：R 为仪器测量电路的输入阻抗；$V(t)$ 为仪器随时间变化的电压。

如采用数字处理方法则取分立形式：

$$E = \frac{\Delta t}{R} \sum_{i=0}^m V_i^2 \tag{2-15}$$

式中：Δt 为采集点的间隔时间；m 为采集点的个数；V_i 为采集点的电压。式(2-14)和式(2-15)一般指采集点的瞬态信号，对于连续的声波无意义。

如果不考虑声波的扩散，则衰减系数取决于岩体的性质，它的大小表征岩体对声波衰减的强弱。衰减系数实质上是声波在岩体中传播单位长度的衰减量，通常是以接收波的振幅来度量计算的，这是因为波形振幅与接收换能器处岩石的声压及振动位移是对应的。当应力波从其源传播时，其振幅因衰减而降低。因此，有必要根据传感器之间的距离来确定声学传感器的正确位置和数量。通常，频率较高的声发射波会显著衰减。因此，传感器必须定位良好，以便确定震源和传感器之间的距离，同时考虑目标频率下可检测的应力波。

2.2.5　声学传感器的校准

根据声学传感器的使用方式或使用环境，声学传感器的灵敏度可能会下降和/或频率特性发生变化。主要因素是检测面和压电元件之间的黏合条件发生变化。由于外部负载和温度的反复变化，黏合状况可能会发生变化。因此，有必要校准声学传感器的性能。传感器校准[12]的目的是确定传感器(或传感器系统)的固有特性，该特性由其传递函数捕获。从技术上讲，校准通常在整个测量系统中进行，包括传感器、前置放大器、电缆、数据采集仪和分析软件。

1. NDIS2109：采用互易技术的声学传感器绝对校准方法(互易校准方法)

日本无损检测学会出版的采用互易技术的声学传感器绝对校准方法标准可用于校准声学传感器。该标准规定了以下程序。首先，准备三个声学传感器，用于校准的传感器放置在指定块上，三个传感器接收和发送信号。其次，通过校准纵波和表面波的灵敏度，获得声学传感器对物理体积(速度)的灵敏度。此外，该标准还规定了以下内容。作为一种二次校准方法，单个校准的声学传感器可以用作校准另一个声学传感器(带/不带集成前置放大器)的标准，校准的声学传感器数量只有一个。

2. ISO 12713：传感器的主要校准方法

ISO 12713：传感器的主要校准方法规定了对物理体积灵敏度的校准，作为互易校准方法的替代方法，程序如下。首先在钢块上放置一根玻璃毛细管，然后向下按压玻璃毛细管，使钢块表面逐渐向下推，当玻璃毛细管破裂时，钢块表面从压缩状态恢复为扁平状态，在位移的瞬间，钢块发出信号。利用钢块的位移作为信号源，通过比较已使用电容式位移传感器获得的位移，校准声学传感器的灵敏度。对于同一声学传感器，互反校准方法和主校准方法的结果之间存在良好的相关性。

3. NDIS2110：检测灵敏度劣化的方法

声学传感器的用户很难自行制定互易校准方法或主要校准方法，因为这两种方法都需要大型钢块和专用设施。有一种简单的方法供使用者确认声学传感器的灵敏度是否发生了变化。首先将声学传感器固定在尺寸合适的岩石上，其次在断开岩石上的铅笔芯的同时，记录声学传感器的输出信号，最后可以将数据与初始状态的灵敏度进行比较。此外，鼓励用户在使用声学传感器之前进行初步检查。

2.2.6　声波信号处理技术

声发射活动是瞬时或连续观察到的，信号通常包含音频范围内的频率成分以及各种持续时间。在声学测量中，岩体中发生不可逆现象或过程后发出的瞬态应力波，包括声音、振动在内的物理量被称为信号。这些量是可观察的，通常使用适当的传感器转换为电信号。声发射测量所需的电路称为声发射通道。通道主要包括①声发射传感器，②前置放大器或阻抗匹配变压器，③滤波器，④主放大器或其他必要设备，⑤电缆，⑥探测器或处理器，或与这些设备具有相同功能的设备组合。从声学测量中获得的声学信号是在这些设备检测到通过岩体传播的声发射波并将其转换为电信号后确定的物理量。声发射是一种现象，其中材料局部变化(声发射事件)释放的一些能量以波的形式通过材料传播。因此，原始声学信号必须包含有关声学事件性质或波源的信息，是岩石物理力学特征和内部结构特征的综合反映。

当对岩体发射一高频脉冲信号后，接收到的声波时域信号是相当复杂的。了解当前使用的声学测量仪器中如何处理声发射信号很重要，因为当使用不适当的频率滤波器时，波形和声发射参数可能会发生变化。岩体声学信号主要与其内在和外部特征上的差异及物理力学状态有关，包括矿物成分、化学成分、硬度和强度、风化程度、变质程度、颗粒度、密度、胶结物和胶结状况、孔隙率、天然裂隙以及地质等影响，都将引起应力波各种传播参数的差异，因而在接收声学信号中可以反映岩体的物理力学信息。当岩体物理力学状态发生改变时，也将引起声学参数的变化从而使声波的特性发生改变[13]。

　　声学信号处理可分为频域分析和时域分析两种，频域分析是对应力波时域信号进行频谱分析后获得频域信号，从频域信号中了解岩石应力波的频率特征，通常可获得的参数有频域最大振幅、谱面积和主频率等，常规的频谱分析方法是傅里叶变换[14]；时域分析是从接收到的声学时域信号中直接获取声学参数，目前从声学时域信号中可获取的声学参数有声速(声波首波波速)、声波衰减系数(声波首波振幅衰减)及声波时域最大振幅等。

　　声脉冲如果以频率为横坐标来表征，则可以获得频域里的各种声波振幅的频率图，即频谱图，如果以时间为横坐标来表征，则能得到时域波形图；频谱图和时域波形之间通过傅里叶变换相互联系，在数学上这种关系可表示为

$$F(f) = \int_{-\infty}^{\infty} x(t) \mathrm{e}^{-\mathrm{j}2\pi ft} \mathrm{d}t \tag{2-16}$$

式中：$F(f)$ 为 $x(t)$ 的傅里叶变换；$x(t)$ 为被分解为正弦函数之和的时域波形函数；$\mathrm{j} = \sqrt{-1}$；t 和 f 为时间和频率变量。

　　在实际应用时，总是通过仪器按一定的时间间隔 τ 采集反映波形的一个数列，因此，总是应用离散傅里叶变换。离散傅里叶变换的表达式为

$$\tilde{F}\big[n/(N\tau)\big] = \sum_{k=0}^{N-1} x(k\tau) \mathrm{e}^{-\mathrm{j}2\pi nk/N}, \quad n = 0,1,2,\cdots,N-1 \tag{2-17}$$

2.3　岩体声学测试技术所使用的仪器

2.3.1　岩体声学测试仪器的组成

　　岩体结构失稳往往是由于岩石材料在外部载荷作用下次生裂纹扩展贯通并产生大变形的结果，在整个过程中与岩体变形和破裂机制直接相关的点源称为声发射源。声发射(acoustic emission, AE)作为岩石材料中点源能量快速释放而产生的一种瞬态应力波的现象，本质上是一种应力波发射。岩石声学信号的产生与岩性、岩石应力和应变特征、岩石物理化学环境紧密相关，信号波形当中储存了极为丰富的缺陷演化信息。岩体声学测试技术是指利用声学监测设备采集材料在外部环境作用和内部结构变化下损伤产生的声学信号，开展岩体声学测试信号特征参数和波形的数据发掘，实现岩体及岩石内部缺陷发展和结构变化动态无损检测的一种技术。

　　岩体声学测试仪器一般包括传感器、前置放大器、信号采集系统和记录分析系统四

部分。内部破裂源产生的声学信号通过岩体传播至表面，被分布在监测物体外表面的传感器阵列接收，应力波触发声学传感器表面压电陶瓷并引起振动，基于压电陶瓷对不同频率的灵敏度响应关系，将质子瞬态位移转换成对应的电信号，每种传感器具有其特定的灵敏度曲线。电信号通过前置放大器整体放大利于信息的测试与传播，以德国某公司的 AEP-5 型前置放大器为例，放大倍数为 34dB，即将电信号放大 50 倍。随后信号采集系统会进一步处理记录声学信号的原始波形数据和特征参数数据。最终开展声学数据处理分析工作以获取声发射源的有关特性。作者课题组自主研发的岩体声学测试仪器可以实现最高 32 通道的高数据量采集，基于声学传感器坐标以及到时数据，通过声发射源坐标计算公式确定声发射源的位置。在得到声发射源坐标的同时，计算得出声波在岩体中的波速、振幅频率等声学参数。岩体声学测试的基本原理如图 2-2 所示。

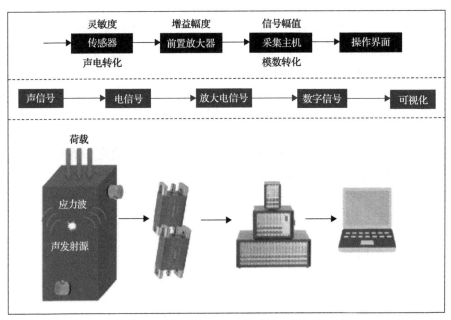

图 2-2　岩体声学测试的基本原理

2.3.2　岩体声学传感器

　　岩体声学传感器感知到声学信号，然后将其转换为电信号。一般来说，这种转换是使用压电陶瓷进行的。其主要分为共振模型和宽带模型，一般都为接触式传感器，应力波在岩体内部传播，并由声学传感器监测，它的作用是把传送到岩石表面的应力波变换成电信号，然后电信号被放大和滤波。目前大多使用压电传感器，即将接收的振动波转换成电压信号，一般将 10^{-9}m 的波动振幅变换为约 10^{-4}m 的电压信号。当应力波通过岩体到达压电陶瓷时，应力波在压电陶瓷(即传输元件)内反复反射。在反射过程中，具有共振频率的应力波被感知，并保持在传输元件内。相比之下，其他组件在传输元件内迅速衰减。因此，声学传感器通过利用传输元件提供的谐振来实现高灵敏度。

对于不同岩性的岩体，其发出的声学信号的频率相差很大，甚至同种岩石由于研究的尺度和范围不同，所需要测试的声学信号频率也不同，如图 2-3 所示。一般的室内岩石力学实验应选择响应频率在 $10^4 \sim 10^6\text{Hz}$[15]的传感器较为适中。

声学信号一般较微弱，传感器灵敏度越高，就越容易检测到微弱信号，信噪比也会相应得到提高。因此灵敏度不但是传感器的首要指标，也是整个测试系统的重要环节。谐振式传感器为了追求高的灵敏度，压电晶片通常没有背衬。不设背衬的结果是提高了灵敏度，但降低了信号的保真性，另外传感器带宽也很窄。选择不同的背衬可以调整带宽，但对灵敏度会产生不同的影响。

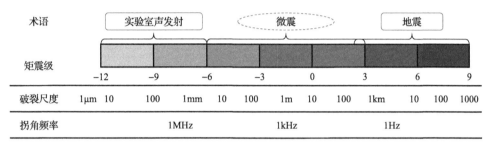

图 2-3　岩石破裂尺度与对应矩震级及拐角频率的关系示意图[15,16]

声学传感器使用时，一般在压电晶片前有耐磨、耐腐蚀的保护膜，以避免压电晶片的磨蚀和损坏。这样压电晶片接收到检测对象中传播的声波是通过保护膜耦合后的信号。因此，保护膜的作用有两个：一是充当材料和压电晶片间的声匹配层；二是保护压电晶片，避免磨蚀。

当放置声学传感器的岩体处和放置测量仪器的位置处之间存在电位差，则连接声学传感器和测量仪器的信号电缆的两端存在电位差。因此，信号电缆中存在电流。由于声学信号电流通过同一根电缆，因此该电流起到了噪声的作用。当同时使用多个声学传感器时，测量将受到磁场引起的噪声影响，因为声学传感器和测量仪器之间的信号电缆形成一个类似线圈的环路，即使没有电位差也会产生电流。作为消除这种噪声的一种措施，氧化铝作为绝缘体被广泛用于声学传感器的探测面。根据声学传感器的固定方式和使用的夹具类型，即使声学传感器的安装面绝缘，声学传感器和测试对象之间的导电也可能短路。因此，有必要使用专用于固定声学传感器的绝缘夹具，或用胶带固定声学传感器的外壳。

图 2-4 给出了声学传感器测试原理示意图。从声源到信号采集系统至少需要经过岩石介质和耦合介质、声学传感器、测量电路等一系列中间过程，因此，由声学信号采集系统接收到的信号受声源、岩石介质、耦合介质和压电传感器(机械能转化为电荷)响应等多因素的影响，在声学监测过程中须考虑传感器的耦合特性与安装以及构件的声学特性，传感器膜片与构件表面之间应具有良好的声耦合，以获得最佳的动态响应特性。由于低阻抗，一般要在传感器与被测对象结合处填充耦合剂以保证良好的声运输。通常使用黏合剂或胶黏耦合材料和耦合剂，如真空润滑脂、水溶性二醇、溶剂溶性树脂和专有

超声波耦合剂等。安装传感器的一个基本要求是传感器表面和构件表面之间有足够的声学耦合，以确保接触表面光滑清洁，从而实现良好的附着力。耦合剂层应该很薄，但足以填充由表面粗糙度引起的间隙，并消除空气间隙，以确保良好的声学传输。

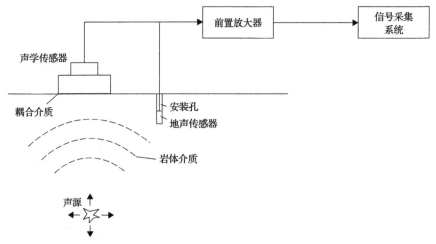

图 2-4　声学传感器测试原理示意图

声学传感器可以检测非常微弱的信号，其传输元件通常安装在金属外壳内，以免受外部噪声的影响。声学传感器的尺寸各不相同。例如，有直径和高度均为 3mm 的微型传感器，有直径为 20mm、高度为 20～25mm 的普通类型传感器，还有直径为 30mm、高度为 50mm、频率为 30～60kHz 的岩土工程传感器。如图 2-5 所示，目前作者课题组自主研发的传感器主要有（300kHz）、（480kHz）、（250kHz）、（210kHz）、（200kHz）和（164kHz）

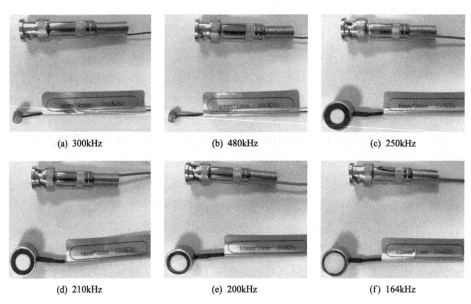

(a) 300kHz　　　　　　　(b) 480kHz　　　　　　　(c) 250kHz

(d) 210kHz　　　　　　　(e) 200kHz　　　　　　　(f) 164kHz

图 2-5　自主研发的声学传感器类型

的无源压电声学传感器。极低的频率响应使其特别适合监测现场岩体及混凝土结构的完整性测试。

采用 TBS2000B 数字存储示波器对不同类型传感器进行频谱校准，各频谱曲线如图 2-6 所示。

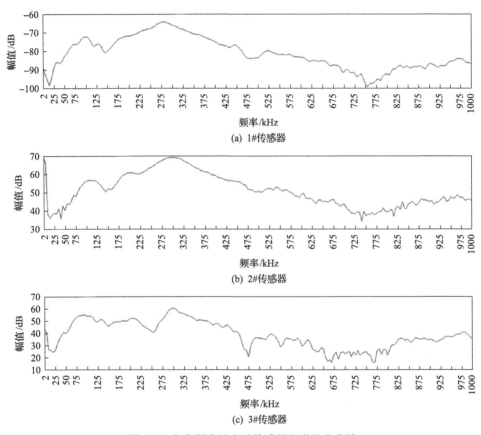

图 2-6　自主研发的声学传感器频谱校准曲线

2.3.3　岩体声学测试前置放大电路

1. 前置放大器

前置放大器放大来自声学传感器的输出信号。前置放大器是必要的，因为声学传感器输出信号的振幅很小，且信号源的阻抗很高，因此来自声学传感器的信号不适合驱动长电缆，并易受噪声影响。在选择前置放大器时，需要考虑诸如输入/输出类型、增益(放大率)、频率特性、输入/输出阻抗、电源、形状/尺寸/重量和环境影响等问题，这取决于预期的目的。声学传感器的输出信号通常处于 $10\mu V$ 至几毫伏的低电平[17]。前置放大器首先放大信号以便于后续处理。前置放大器增益的最佳值取决于声发射测量的目的。

传统的声学传感器将其传输元件产生的信号直接输出到前置放大器，而另一种类型的声学传感器可在其外壳内安装前置放大器。在后一种情况下，声学传感器将声学信号放大 20～40dB（10～100 倍），以传输强信号。换句话说，信号在声学传感器内阻抗阻尼完成后传输。因此，声学信号具有抗噪性，因为它们不受外部噪声的影响。此外，由于预计信号衰减很小，因此即使在声学传感器与前置放大器和/或测量仪器之间的长距离内，该系统也可用。当使用带有内置前置放大器的声学传感器时，也可以使用普通同轴电缆作为信号电缆。为了给带有集成前置放大器的声学传感器供电，通常使用信号输出电缆。与前置放大器集成的声发射传感器具有不同的规格，例如电源电压为 15～24V，阻抗为 50～75Ω。因此，有必要使用适当的测量仪器，以确保电源符合声学传感器的规格。

前置放大器的作用：一是将传感器接收的微弱的声学信号进行放大，从而使声学信号不失真地被使用；二是匹配后置处理电路与检测岩石之间的阻抗，将传感器的高输出阻抗转换为低阻抗输出。

2. 滤波器

通常测量仪器周围存在很多噪声源，为了保证测量的精确性，必须除去这些噪声的干扰。滤波器按照选频特性，可以分为带通、带阻、低通和高通四种。在实际工程中要得到准确的检测结果，须使用合适的滤波器，使被测信号频率不超过滤波器的带宽，并将无用频率信号滤除。具有带通滤波功能，由低通滤波器和高通滤波器组合而成带通滤波器。带阻滤波器是指将某些范围的频率分量衰减到极低水平，但能通过大多数频率分量的滤波器。滤波器的工作频率是依据环境噪声和材料本身的声学信号频率确定的。机械噪声一般都在几十千赫兹以下，如果采用带通滤波器，在确定工作频率 f 以后，只要再确定相对带宽 $\Delta f/f$ 即可。$\Delta f/f$ 过宽会引入外界噪声，过窄会使声学信号减少，需要折中考虑，一般情况下，令 $\Delta f=(\pm 0.1～0.2)f$。

滤波器有只许通过某种频率以上的高通滤波器，只通过某种频率以下的低通滤波器，以及由二者组合而成的带通滤波器。一般推荐低通滤波器设置高于被测信号频率的 3 倍，高通滤波器设置低于被测信号频率的 1/10。对于岩石类材料，使用频率为数千赫兹到百千赫兹的高通滤波器。

3. 主放大器

声学测量系统机箱中的主放大器接收来自前置放大器的信号，进一步放大信号，选择并通过滤波器传递必要频带的信号，并切断不必要频带的信号。主放大器通常具有波形输出（高频）信号和连接到外围设备的检测信号的输出端子。放大器的增益通常为 10～40dB。对于滤波器，通常使用切断低频和高频频带的带通滤波器。频率的设置取决于声学测量的目的，并考虑到声学传感器的频率特性。对于用于声学测量的岩石或混凝土材料，滤波器通常设置通过频率为 10～100kHz 的信号。除频率外，滤波器的特性还包括衰减斜率、相位特性和瞬态特性，但此处仅指出，具有陡峭衰减斜率(陡峭截止特性)的滤波器往往会损害相位和瞬态特性。高频和检测信号的外部输出应具有足够低的阻抗。检测到的信号通常通过从几赫兹到 10Hz 的低通滤波器输出。一般来说，最新的数字测量系统直接将前置放大器输入的信号数字化，而无需主放大器。

2.3.4 岩体声学信号处理器

声学信号涉及弱波在岩体中的传播，人无法立即听到任何声音。当对岩体发射高频脉冲信号后，声学传感器接收到信号经过放大器及滤波器处理后，主放大器进行放大，然后通过模数(analog to digital, A/D)转换器和数字信号处理器的组合，或者通过转换器把这些声学信号转换成数字信号，以数字形式从信号中提取各种声学参数，并传输到计算机。根据声学现象识别其特性，之后进一步处理和分析等。

声学信号数据处理的主要问题来自 A/D 转换和触发。必须使用快速 A/D 装置，以确保记录大量事件。通常，A/D 转换器用于记录单元的每个通道。岩体声学信号处理系统可以进一步分析参数，如计数、事件定位、上升时间、持续时间、峰值振幅、能量、均方根电压、频谱和到达时间差等。

2.3.5 分析输出与显示设备(用于测试的计算机)

声学信号处理器输出的声学参数通过计算机接口传输至计算机进行测量。计算机使用声学测量软件对数据进行各种分析，并输出/显示结果。在大多数情况下，软件能够实时执行所有或部分功能。图 2-7 是作者自主研发的声学测试系统的屏幕截图。由于声学测试系统所需的功能和性能差异通常很大，因此有必要选择适合其用途的声学测试系统。

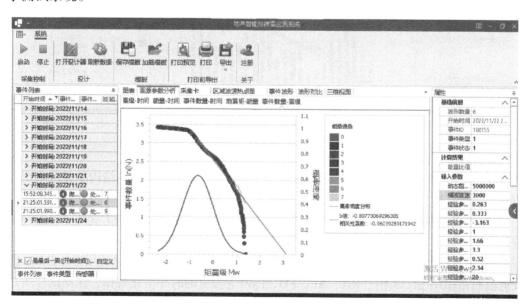

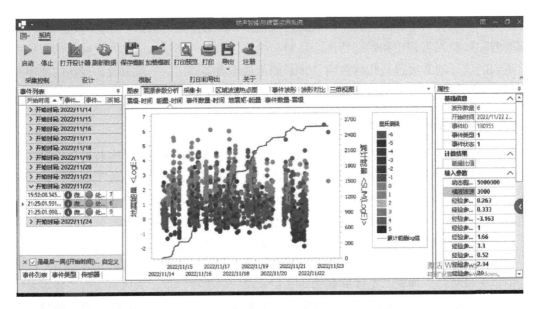

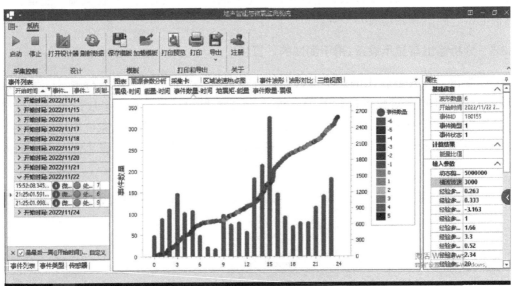

图 2-7　自主研发的声学测试系统

作者课题组自主研发的声学测试系统主要包含以下几方面特点。

（1）集成声发射 Geiger 时差、无需预先测量波速定位方法、复杂结构路径搜索定位方法，满足二维、三维以及复杂结构定位需求。

（2）集成声发射数据清洗、声发射事件筛选、声发射到时矫正、FFT 变化、频谱特征提取等功能。

（3）具有各类声学参数的数据处理及可视化功能，实时显示声发射时频特征参数、声发射前兆指标（b 值、s 值、RA、AF、FG、FW）等参量的时序演化规律，预测试样所处破裂阶段和破裂时间。

2.3.6　岩体声学测试系统的技术指标

对于声学测试系统而言，岩体声学测试参数、频率范围、信噪比、每秒撞击数、声发射采样频率、增益等都是重要的技术指标。

1. 岩体声学测试参数

现代声学测试系统可以记录完整的波形，一般包括表 2-1 中涉及的岩体声学测试参数和表 2-2 中涉及的岩体声学参数二次计算指标。

表 2-1　岩体声学测试参数[18,19]

参数	含义	特点与用途
撞击和撞击计数	一个通道上超过门槛的声发射信号的探测，所测得的撞击个数可分为总计数、计数率	反映声发射活动的总量和频度，常用于声发射活动性评价
事件计数	岩石局部变化产生声发射的事件，可分为总计数、计数率	反映声发射事件的总量和频度，用于声源的活动性和定位集中度评价，与岩石内部损伤、断裂源多少有关
幅度	信号波形的最大振幅值，通常用分贝表示	与事件有直接的关系，不受门槛的影响，直接决定事件大小的可测性，常用于波源的类型鉴别，强度及衰减的测量
能量计数	信号检波包络线下的面积，分为总计数和计数率	反映事件的相对能量或强度，对门槛、频率和传播特性较不敏感，可用于鉴别波源的类型，也可取代振铃计数
振铃计数	越过门槛信号的振荡次数，可分为总计数和计数率	信号处理简便，适于两类信号，又能粗略反映信号强度和频度，因而广泛用于声发射活动性评价，但受门槛影响
持续时间	信号第一次越过门槛至最终降至门槛所经历的时间间隔，以微秒表示	与振铃计数十分相似，但常用于特殊波源类型和噪声的鉴别
上升时间	信号第一次越过门槛至最大振幅经历的时间间隔，以微秒表示	因受传播的影响，其物理意义变得不明确，有时用于现场噪声鉴别
有效值电压	采样时间内信号电平的均方根值，以伏表示	与信号大小有关，测量简便，不受门槛影响，适用于连续型信号，用于连续型声发射活动的评价
平均信号电平	采样时间内，信号电平的均值，以分贝表示	提供的信息和应用与有效值电压相似。对幅度动态范围要求高而时间分辨率要求不高的连续型信号尤为有用，也用于背景噪声水平的测量
时差	同一个声发射波到达各传感器的时间差，以微秒表示	决定于波源的位置、传感器间距和传播速度，用于波源的位置计算
外变量 X	试验过程外加变量，包括历程时间、荷载、位移、温度及疲劳周次	不属于信号参数，但属于波击信号参数数据集，用于声发射活动性分析

表 2-2　岩体声学参数二次计算指标

参数	含义	特点与用途
b 值	声发射频次与能级的相对比例关系	声发射 b 值度量了裂纹发展变化相对关系，能够反映不同尺度裂纹的发展趋势
S 值	声发射活动度	综合考量了岩体内部破裂时、空、强因素，是一个由声发射事件频次、平均能级、最大能级组成，反映岩体内部声发射源集中程度和能量尺度的物理量

续表

参数	含义	特点与用途
AF 值	声发射振铃计数与持续时间的比值,表示声发射信号的平均频率	用来表征岩体微裂纹破裂的类型
RA 值	岩体破裂过程中声发射幅值与上升时间的比值,表示声发射波形上升角的倒数	用来表征岩体微裂纹破裂的类型
Y 值	岩体破裂过程中声发射持续时间与上升时间的比值	用来表征岩石微破裂的尺度和裂纹类型变化
主频	波形频域图中对应最大幅值的频率	不同频率信号的幅值随传播距离增大而迅速衰减,且衰减速度存在显著差异性,高频信号衰减得快。主要作用是将声发射频率的变化趋势进行量化分析,根据声发射的主频占比可以划定剪切和张拉的破裂类型
频率质心	将声发射信号频谱划分为高低能量相等两部分时对应的频率	声发射平均频率质心作为岩体失稳前兆指标,当数值从高水平突然下降时预示着岩体失稳灾害的产生

2. 频率范围

频率范围是指前置放大器和信号处理板的模拟信号带宽,一般取决于滤波器和信号通道的整体特征。一般通过滤波器的组合可以覆盖 10kHz~2MHz 的范围就可满足大多数应用,通常需要滤波器滤掉背景噪声,如滤掉 50Hz 的交流电信号等。

3. 信噪比

信噪比一般是指信号系统允许无失真接收的最大信号与系统背景噪声的比值,用此比值的常用对数乘以 20 得到的分贝值来表示信噪比。作为声学测试仪器,信噪比越大越好。信噪比与系统的最小门槛相关,一般可以选择无机械信号时系统允许的最小门槛来估算信噪比水平。

4. 每秒撞击数

每秒撞击数指标是衡量一台声学仪器实时性最为重要的指标,这个指标进一步分解为单个通道每秒撞击数和整台仪器的每秒撞击数。单个通道每秒撞击数,实际上衡量了单个通道接收声学信号及由此产生的参数或者波形数据的能力;而整台仪器的每秒撞击数则用来衡量仪器整体的信号接收和处理能力,它是指各个声学信号处理通道处理声发射撞击的总和。

5. 声发射采样频率

在数字声学仪器中,此参数决定了对信号的分析能力,它直接影响定位精度、到达时间、上升时间、峰值幅度等参数的数值。声发射采样频率以滤波器最高频率的 10~20 倍为宜,倍数太高会增加数据的流量,影响实时性,而倍数太低会丢失有效的信号。

6. 增益

声学测试仪器都可以有增益选择，此参数用来改善系统的动态范围和可接收的信号范围。增益可以是对模拟信号加增益放大，也可以对声发射结果进行抽样得到"处理增益"。

2.3.7　地声智能感知与微震监测设备

在现场实际的工程应用中，微震监测是通过监测岩体破裂时产生的震动或爆破等采矿活动，判断岩体内微破裂的方位和特性，从而为灾害的预报和控制提供依据。

作者课题组自主研发的地声智能感知与微震监测设备，通过在监测区内布置多组地声智能传感器进行连续监测，并实时采集地声数据，利用声学信号到达各探头的时差和波速关系，根据声学参数(到时、时域参数、频谱信息、波形形状)随时间的变化情况来判断岩体破裂趋势，并经过预置软件处理后就可确定破裂发生位置三维空间显示出来，同时该设备集成了适用性、准时效性、低失效率的地声失稳灾害预警手段。

自主研发的设备集数据采集以及数据处理于一体，通过配置自动增益及声电转化单元进一步保证了对微小地声事件信息的捕捉，又通过智能感知滤波单元有效地提出剔除高敏感监测过程叠加失稳噪声信号，感知多频段有效地声信号，实现信号保真效果，从而更加全面地反映地声信号的传播特性，提高地声事件定位结果的准确性。

1. 地声加速度传感器

自主研制的地声智能感知与微震监测设备，通过地声加速度传感器(图 2-8、表 2-3)，将岩体运动加速度转换成一个可衡量的电子信号来衡量岩体破裂、变形等活动。该产品可用于矿山井下岩体地压监测，边坡稳定性监测，隧道岩体失稳监测，工程结构如桥梁、大坝的健康检测，大型设备的振动测量，以及其他低频、超低频振动监测与灾害预警。

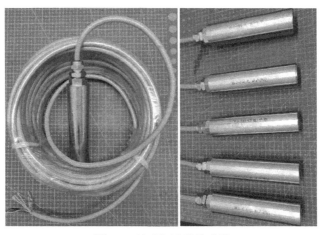

图 2-8　地声加速度传感器

表 2-3   地声加速度传感器频率响应

型号	频率	量级/(m/s²)	灵敏度/[mV/(m/s²)]	误差/%
DLG-S1	2Hz~2kHz	1.2	3174.109	1.366
DLG-S2	10Hz~20kHz	1.2	3133.034	0.054
DLG-S3	10Hz~200kHz	1.2	3155.012	0.756
DLG-S4	100~2000kHz	1.2	3180.091	1.557

使用地声加速度传感器时直接连通输出电压信号，无需外接放大器，传感器不仅具有极高的灵敏度，而且还能分辨细小的微震事件，配合相应的岩土工程多信息智能检测系统，可实现微震事件智能化自动定位、危险区域辨识以及大震级微震事件预警等多个功能，具有低失真、强抗干扰等优势。

2. 地声动态采集仪

自行研制的地声动态采集仪(图 2-9)适用于测点较为集中且被测物理量快速变化的试验中，主要用于监测参数的动态变化，该产品可接入不同类型的传感器，可完成应力、应变、震动加速度(速度、位移)、冲击、温度、压力等多个物理量的测量，既可以用于

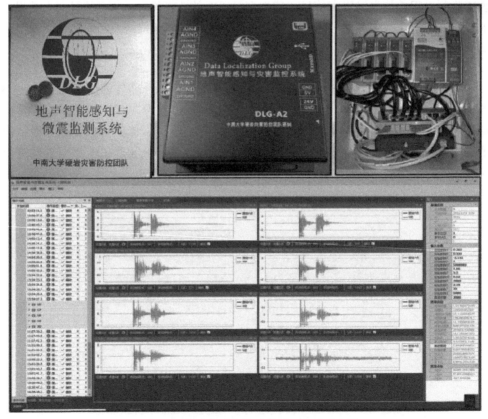

图 2-9   地声动态采集仪及其界面显示示意图

室内实验测量,也可以用于长期现场监控,图 2-10 是地声监测系统三维显示界面示意图。地声动态采集仪有以下优点。

(1)设备将桥路与采集通信集成为一体,无需各类适配器和平衡箱,可根据实验要求设计采集模块(扩展通道数)。

(2)设备采用全数字电路,拥有抗混滤波强、采集精度高及稳定性佳的优点。

(3)设备能够接入不同类型的传感器实现多物理量测量,具有远程同步触发控制开关,实现各类仪器的同步采样控制。

(4)设备采用低电压、低功耗和低噪声电路设计,可与计算机 USB 接口直接连接,设置方便,操作简捷。

(5)适用范围:矿山、尾矿坝、隧道、边坡、大坝、桥梁、路基。

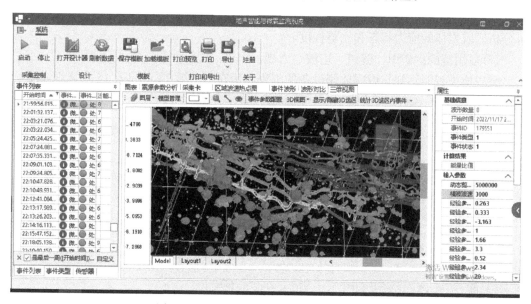

图 2-10　地声监测系统三维显示界面示意图

3. 岩体实时连续智能监测预警仪

自主研制的岩体实时连续智能监测预警仪[20-22]借助于上述各类传感器实时采集到的数据,以直观的数字或图形方式展现出来,在软件内嵌入了包括震源精细定位、震源机制反演、危险区域辨识、多指标联合预警等多个模块,通过地声加速度传感器、地声动态采集仪对包括震动、应力、应变等多个参数的采集,实现精细定位、震源机制、初步预警及多指标联合预警的功能,通过对被动震源与主动震源的波速场反演,结合岩石工程地下水位的监测用于圈定潜在的危险区域;对单个震源参数的采集,结合多个参数对监测区域稳定性分析;最后综合各类指标完成对监测区域内潜在灾害的防控和预警。该系统基于多信息大数据平台实现了对岩石工程的“点-线-面”全面监测与预警防控。

(1)该预警仪能够实时连续监测采场、边坡及隧道中的岩体微破裂信号,采集相关的震源参数,并传输到微震信号处理系统中。

（2）该预警仪可通过分析采集到的震源参数，对岩体的稳定性状态进行判定，并控制信号至预警器，对可能存在的岩体失稳灾害进行预警。

设备亮点如下。

（1）传统监测主机或服务系统通常安装在地表，线路布置要从地表连接到监测对象深部，且传感器和采集仪位置多为固定，该预警仪解决了设备移动不便、成本高和线路维护困难的缺陷。

（2）该预警仪能够全自动处理波形监测信息，且 P 波初到时的拾取精度[23,24]能够满足工程要求，对于矿山、边坡及隧道中的震源定位能够提供较为精确的震源定位参数。

（3）该预警仪定位准确度高，能够有效定位到采场、边坡及隧道围岩内部的具体位置，能够实现对作业区域内潜在的安全隐患进行监测和实时预警。

（4）该预警仪利用岩体破裂信号及爆破、凿岩信号的数据，通过定位和 P 波波速成像可分析区域岩体的应力状态和完整程度。

（5）适用范围：矿山、隧道、边坡、大坝。

关于地声智能感知与微震监测设备的工程应用在本书第 14 章和第 15 章详细介绍。

参 考 文 献

[1] 李月. 层状岩体声学特性研究[D]. 成都：西华大学，2007.

[2] 王祖荫. 声发射技术基础[M]. 济南：山东科学技术出版社，1990.

[3] 赖祖豪. 声波检测技术在石雷钨矿采空区稳定性分析中的应用研究[D]. 赣州：江西理工大学，2020.

[4] 刘俊锋. 光纤声发射检测与定位的理论及实验研究[D]. 哈尔滨：哈尔滨工程大学，2009.

[5] 何祚镛，赵玉芳. 声学理论基础[M]. 北京：国防工业出版社，1981.

[6] Biot M A. Theory of propagation of elastic waves in a fluid-saturated porous solid[J]. The Journal of the Acoustical Society of America, 1956, 28(2): 168-191.

[7] 陈耕野，李造鼎，金银东. 岩石声衰减粘弹性及缺陷检测[J]. 东北工学院学报，1993(3): 221-225.

[8] 吴慧敏. 结构混凝土现场检测新技术[M]. 长沙：湖南大学出版社，1998.

[9] Dong L, Chen Y, Sun D, et al. Implications for rock instability precursors and principal stress direction from rock acoustic experiments[J]. International Journal of Mining Science and Technology, 2021, 31(5): 789-798.

[10] 董陇军，舒炜炜，李夕兵. 一种基于 P 波到时与波形振幅的震源定位方法：CN 106680871B[P]. 2017-09-26.

[11] 陈颙，黄庭芳，刘恩儒. 岩石物理学[M]. 合肥：中国科学技术大学出版社，2009.

[12] Mizutani Yoshihiro. Practical Acoustic Emission Testing[M]. S.l. Springer Japan, 2016.

[13] 王让甲. 声波岩石分级和岩石动弹性力学参数的分析研究[M]. 北京：地质出版社，1997.

[14] 刘新平，刘英，陈颙. 单轴压缩条件下岩石样品声发射信号的频谱分析[J]. 声学学报，1986(2): 80-87.

[15] Dong L. Localization and discrimination of microseismic/AE sources in mining: From data to information[C]. Advances in Acoustic Emission Technology, Proceedings of the World Conference on Acoustic Emission-2019 (WCAE-2019), Keynote Presentation, 2021: 1-14.

[16] Lei X, Ma S. Laboratory acoustic emission study for earthquake generation process[J]. Earthquake Science, 2014, 27(6): 627-646.

[17] Grosse C, Ohtsu M. Acoustic Emission Testing: Basics for Research-Applications in Engineering[M]. Heidelberg: Springer-Verlag, 2008.

[18] 张茹，艾婷，高明忠，等. 岩石声发射基础理论及试验研究[M]. 成都：四川大学出版社，2017.

[19] 秦四清，李造鼎，张倬元，等. 岩石声发射技术概论[M]. 成都：西南交通大学出版社，1993.

[20] 董陇军, 张凌云, 李夕兵. 采场微震连续监测智能预警仪及其预警方法: CN 106291661B[P]. 2017-07-07.

[21] 董陇军, 张凌云, 李夕兵. 一种微震大震级事件的三指标联合预警方法: CN 106530628B[P]. 2018-01-09.

[22] 董陇军, 张义涵. 地声事件定位及失稳灾害预警方法、感知仪、监测系统: CN 112904414B[P]. 2022-04-01.

[23] 董陇军, 李夕兵, 马举, 等. 未知波速系统中声发射与微震震源三维解析综合定位方法及工程应用[J]. 岩石力学与工程学报, 2017, 36(1): 186-197.

[24] Dong L, Hu Q, Tong X, et al. Velocity-free MS/AE source location method for three-dimensional hole-containing structures[J]. Engineering, 2020, 6(7): 827-834.

第3章 声波在岩体中的产生机理与衰减特性

对岩体内部声发射信号的采集、处理、分析与研究，可反演和揭示其裂纹扩展规律及破裂机理，以得知内部结构的形态变化与破裂情况。探究声发射传播过程中衰减变化的一般规律，亦有利于岩体工程灾害预测的实际运用。受限于人耳对微弱岩体声发射信号有限的辨别，研究岩体中声波的传播特性，人们必须依靠高灵敏度的声学设备进行监测，如可以利用声发射仪监测分析声发射信号，以及利用声发射信号推断岩石内部结构与性质的变化[1]。传感器布置的合理性、滤噪的技术水平及声发射信号的处理等都对声源的产生与传播机理的认识程度有较高要求，因此进行岩体声发射产生与传播机理的研究很有必要。岩体声发射测试技术中所涉及的声波是在固体介质中传播的一种应力波，具体分为质点振动方向与波传播方向平行的纵波和质点振动方向与波传播方向垂直的横波，即 P 波、S 波。声波在介质中的传播速度理论上只取决于介质的弹性模量、剪切模量和密度，即只与介质本身的弹性性质有关[2]。

岩体中声发射的产生与传播机理是较为复杂烦琐的，对岩体中的多类多个声源给出科学合理的解析是研究声波在岩体中传播特性的基础。本章阐述岩体声发射信号的产生机理，介绍主要的声发射源，进而对声波在岩体中传播时的衰减规律进行讨论。

3.1 岩体声发射信号产生机理

声发射的产生可以理解为岩体局部区域所受载荷快速卸载使得存储的弹性能瞬间释放的结果。假设岩体中所有的点在同一时间受到同一机械力的作用，那么这个整体受力的岩体在时间、空间上的运动规律将会相同。岩体做整体运动的过程中不会产生声波，但在局部区域作用时，岩体各部之间受力不均衡，会使岩体破裂产生声波。岩石变形、裂纹的产生和扩展及岩体断裂是重要的声发射源。

如前所述，声发射是弹性介质中能量释放的结果，导致声发射现象产生的根本原因是弹性能的释放，这是一个表现为瞬态过程的局部现象，所占时间极短。因此一个稳定、平衡态的岩体是无法产生声发射事件的，岩体的破裂或受力变形等是产生声发射信号的前提。机械结构的不稳定性可以用来模拟岩体的破裂特征[3]，以弹簧-质量体复合模型（质量体的体积无限小，可视为一个点）来解释岩体受力不均衡状态下局部弹性应变储能瞬间释放的机理（图 3-1），可直观地阐述声发射信号产生所需的条件。

如图 3-1 所示，在质量体上部连接两个并联的弹簧，下部连接一个弹簧，将这样的整体视为一个复合系统。设定复合系统在初始状态下弹簧的刚度均为 K，若下部弹簧被拉长的形变量为 x，则上部弹簧被拉长的形变量为 $0.5x$。根据胡克定律，计算得出三个弹簧所受的拉力 F 分别如下：

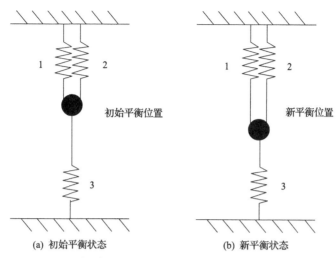

图 3-1　弹簧-质量体复合模型模拟岩石破裂事件声发射过程示意图

$$\begin{cases} F_1 = F_2 = \dfrac{1}{2}Kx \\ F_3 = Kx \end{cases} \tag{3-1}$$

质量体上部并联设置的两个弹簧组合系统的总体刚度为 K'，此时三个弹簧组成的复合系统的刚度 K'' 为

$$\begin{cases} K' = 2K \\ K'' = \dfrac{2}{3}K \end{cases} \tag{3-2}$$

然后，我们将平衡状态下的弹簧-质量体复合模型进行调整变化，改变其初始平衡条件。先使上部弹簧复合系统中 2 号弹簧的刚度突然减弱，降低为 $K-\delta K$，因此质量体上端的拉力下降，下端的拉力也随之降低。1、2 号弹簧的组合拉力降低了 δF，则 3 号弹簧的拉力也降低了 δF。

下面开始计算上、下部弹簧拉力的变化量 δF 和质量块的位移量 ξ。

借助数学手段，求出此时上、下部弹簧各自的形变量 x_1、x_3。首先，上部两个弹簧此时的复合刚度按照并联条件计算为

$$K_1' = 2K - \delta K \tag{3-3}$$

上、下部三个弹簧组成的复合系统的刚度按照串联条件计算为

$$K_1'' = \frac{K(2K - \delta K)}{3K - \delta K} \tag{3-4}$$

质量体下降到距离初始平衡位置 ξ 远的新平衡位置之后便开始上下摆动，直到质量体在空气摩擦阻力下恢复至静止状态。各个弹簧此时所受到的拉力分别为

$$F_1' = Kx_1 \tag{3-5}$$

$$F_2' = (K - \delta K)x_1 \tag{3-6}$$

$$F_3' = Kx_3 \tag{3-7}$$

由于质量体此刻处于平衡状态，其上下部的受力相等，即

$$Kx_1 + (K - \delta K)x_1 = Kx_3 \tag{3-8}$$

由此，可计算出新平衡状态下质量体上、下部弹簧的形变量 x_1 与 x_3 的关系式为

$$x_1 = \frac{K}{2K - \delta K}x_3 \tag{3-9}$$

且已知关系式：

$$x_1 - \frac{1}{2}x = x - x_3 \tag{3-10}$$

则

$$\begin{cases} x_1 = \dfrac{3K}{6K - 2\delta K}x \\ x_3 = \dfrac{6K - 3\delta K}{6K - 2\delta K}x \end{cases} \tag{3-11}$$

质量块的位移量 ξ 为

$$\xi = x_1 - \frac{1}{2}x = x - x_3 = \frac{\delta K}{6K - 2\delta K} \tag{3-12}$$

上、下部弹簧拉力变化量 δF 的表达式为

$$\delta F = F_3 - F_3' = F_1 + F_2 - (F_1' + F_2') \tag{3-13}$$

把 x 和 x_3 代入式(3-13)中，可得

$$\delta F = Kx - \frac{K(6K - 3\delta K)x}{6K - 2\delta K}$$

$$\delta F = \frac{K\delta Kx}{6K - 2\delta K} \tag{3-14}$$

由图 3-1 可知，位移量：

$$\xi = x - x_3 \tag{3-15}$$

因此：

$$\xi = \frac{\delta K x}{6K - 2\delta K} \tag{3-16}$$

最后，再求出两种状态下的应变所存储的能量。应变储能即为弹簧形变所做的功。初始状态下两个弹簧复合总弹性储能为

$$U = \frac{K x^2}{2} + K x^2 = \frac{3}{2} K x^2 \tag{3-17}$$

最终状态的弹簧复合系统总储能为

$$U' = K x_3{}^2 + K x_1{}^2 + (K - \delta K) x_1{}^2 \tag{3-18}$$

则可得

$$\delta U = \frac{K \delta K (3K - 2\delta K) x^2}{(6K - 2\delta K)^2} \tag{3-19}$$

从式(3-14)、式(3-16)及式(3-19)可以看出：在弹簧-质量体复合模型中，载荷弹性拉力的瞬间变化量 δF 与弹簧刚度的瞬间减小量 δK 成正比，而释放出的能量又与 δF 呈比例，因此出现事件的应变也与释放的能量呈比例。可以得到初步结论：当且仅当岩石局部受力集中或岩石受力不均匀时，岩石各个部分存在速度差值，局部区域弹性应变能得到快速卸载释放，才会迸发声发射信号。

借助弹簧-质量体复合模型解释了微观尺度下岩石两侧应力不平衡即存在受力差，从而使得岩石局部区域弹性能高度集中的情况。我们再探讨一下岩石局部区域应力快速卸载产生声发射信号所需的基本条件。岩石是具有一定体积与面积的实体，应力作用在岩石表面致使岩石的形状和面积发生变化，具体表现形式为岩石局部范围内的振动。分析岩石产生振动的条件就可以得出产生声发射信号的卸载条件。

选取刚性球体撞击时彼此间相互作用的简单情形来介绍卸载条件，用撞击的持续时间代替岩石产生声波的卸载时间[3]。由力学基本原理可知，两个刚性球体相撞，产生的振动能量与总能量之比为

$$\alpha = \frac{1}{50} v_0 \sqrt{\frac{\rho}{E}} \tag{3-20}$$

式中：v_0 为两球撞击速度；ρ 为球的密度；E 为球的弹性模量。

撞击时两球的接触时间是

$$\tau = \frac{2.9432}{\sqrt[5]{v_0}} \left(\frac{5}{4} \frac{1}{K_1 K_2} \right)^{\frac{2}{5}} \tag{3-21}$$

式中：$K_1 = \dfrac{m_1 + m_2}{m_1 m_2}$，$m_1$、$m_2$ 为相撞两球的质量；K_2 为两球的接触刚度。

由式(3-20)、式(3-21)可知，采取控制变量的方式，将接触的时间延长、撞击的速度降低，波的能量将会随之减小。那么，接触时间 τ 与振动周期 T 之间的具体关系是什么呢？在撞击时间远小于产生振动的周期时，才可以激发起周期更短的振动，表示为

$$\tau \ll T \tag{3-22}$$

在一维条件下，刚性长杆的纵振动周期可以表示为

$$T = 2l\sqrt{\dfrac{\rho}{E}} \tag{3-23}$$

若取杆的长度 l=0.5m，则 T 约为 200μs。激发周期比 200μs 更短的振动，撞击的持续时间应小于 200μs，即局部应力卸载时间应小于 200μs。

由式(3-20)、式(3-21)可知，增大撞击时间 τ，产生的振动能量并不会降为 0，仅仅是减小而已。这又取决于使用的测量仪器的灵敏度，因此可以简略地表示为

$$\tau \ll \beta T \tag{3-24}$$

式中：$\beta > 1$，是灵敏度系数，其值取决于仪器的灵敏度。

声发射信号的频谱取决于声发射源所受应力快速卸载的时间 t，卸载时间越小则弹性能量释放越快，声发射信号频谱的扩展频率将会更高。能量释放的速度取决于声发射源的结构，理论研究表明，不同性质的岩石与不同的声发射源结构，产生的声发射信号频率覆盖 50MHz 至次声频[3]。

3.2　岩体中主要的声发射源

声发射技术广泛应用于岩石力学与岩体工程中，如冲击地压与地应力测试、岩石顶板质量评估、岩体稳定性评价等方面。根据岩石的宏观和微观结构特征，利用岩体损伤力学、现代数学分析方法及统计学方法等建立相关数学模型，采用相关手段研究裂纹扩展过程、应力波释放过程，进而揭示岩体受载破坏的声发射发生机理，对指导工程应用具有现实意义。

是什么原因使岩石产生了声发射信号？解答这个问题需要明确岩石在应力作用下，岩石中哪些结构、哪种过程会产生声发射信号。由于岩体声发射源涉及的范围与形式非常广泛，这里仅介绍在岩体中常见的声发射源。

3.2.1　岩体的滑移变形

通过将天然变形岩石与实验变形岩石的显微和超微构造对比，不难发现由于岩石的流变特性、显微构造、组成矿物的性质以及变形条件等差异，存在多种不同的变形机制，岩石的塑性变形机制比脆性变形机制复杂。岩石是一种天然产出的具有稳定外形的矿物

或玻璃集合体，并按照一定的方式结合而成。晶体是有明确衍射图案的固体，其原子或分子在空间上按一定的规律周期重复地排列，其塑性变形绝大多数是由单个晶粒的晶内滑动或晶粒间的相对运动（晶粒边界滑动）所造成的。晶体的塑性变形机制有晶内滑动和位错滑动、位错蠕变、扩散蠕变、颗粒边界滑动等。虽然岩石不是晶体，但可借助晶体位错运动机制理解岩石的滑移变形。

位错是滑移变形的元过程，在材料科学中指晶体材料的一种内部微观缺陷，即原子的局部不规则排列（晶体学缺陷）。在岩石力学领域，当岩石不同局部之间以足够高的速度发生位错运动时，周围存在的局部应力场为声发射信号的产生提供了条件。

根据现代塑性力学的概念，塑性变形过程中位错的滑移起着决定性作用。滑移变形是导致岩石发生不可逆转变形的基本原因之一。如图 3-2 所示，包含一个刃型位错的一块岩石可以看出位错运动轨迹线使周围的矿物颗粒排列产生位置畸变[3]。图 3-3 给出位错运动的几个阶段[3]。在外应力作用下，刃型位错沿滑移面运动，当位错经过这块岩石时，若在岩石内部产生位移为一个微观颗粒间距的滑移台阶，则表明两部分岩体相对滑动了一个微观颗粒的间距。如图 3-2 所示，在密集结构的位错中心，岩石内部颗粒的正常排列受到了破坏，位错中心密度较小，即在位错中心附近，比体积增大。当位错向前移动通过滑移面时，岩石内的微观颗粒被挤到前侧，当位错滑移过去时，这些微观颗粒又重新后退。这种前拥后挤的过程使颗粒之间发生碰撞，从而产生应力波。与此同时，一个稳定的位错处于低能位状态，在外应力作用下，位错在滑移面内沿滑移方向运动，当运动到下一个稳定状态前要克服高能位的位垒，当位错移动到高能位时点阵的应变能增大，从高能位向低能位运动时释放出多余的弹性应变能，其中一部分成为弹性振动波。

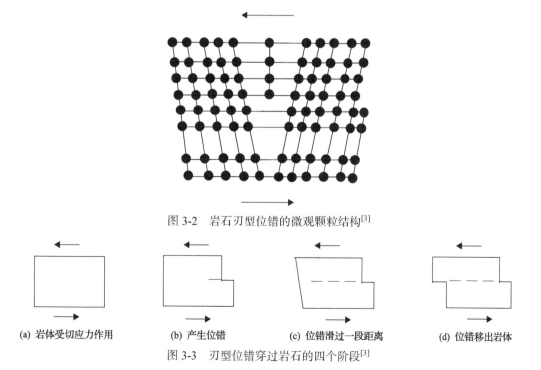

图 3-2　岩石刃型位错的微观颗粒结构[3]

(a) 岩体受切应力作用　　(b) 产生位错　　(c) 位错滑过一段距离　　(d) 位错移出岩体

图 3-3　刃型位错穿过岩石的四个阶段[3]

如果位错滑移的速度为 v，位错周围的体积扩展区以频率 f 进行变化，则有

$$f = \frac{v}{b} \qquad\qquad (3\text{-}25)$$

式中：b 为位错运动方向的晶格常数，在岩石力学领域作用为岩石微观颗粒空间格常数。在这个区域周围的颗粒空间格传递着频率为 f 的应力波。

位错理论分析指出，位错滑移的速度不能超过岩石中传播的声波速度。当考虑岩石的微观颗粒结构时，刃型位错的运动速度限于表面波的速度。以式 (3-25) 计算，这种应力波的频率非常高，上限频率约为 10^{10}MHz。这种低能量和高频率的应力波在实际材料中衰减得十分严重[4]，要检测岩石中单个位错运动的声发射信号是十分困难的。

根据位错滑移模型，位错产生声发射信号与位错塞积在反向应力作用下与位错源开动和关闭有关。自由位错线的长度和位错滑动的距离有一个低限，低于这个下限值时将不能检测到声发射信号，这个下限值取决于检测系统对应变的灵敏度，即取决于能检测到的岩石试样表面的最小位移。由换能器组成的声发射检测仪器可检测到的表面最小位移 $\delta_{\min}$ 可表示为[3]

$$\delta_{\min} = \frac{V_{\min}}{g_{33}E_{\mathrm{x}}} \qquad\qquad (3\text{-}26)$$

式中：$V_{\min}$ 为检测仪器决定的可检测的最小电压；g_{33} 为换能器材料的压电常数；E_{x} 为换能器材料的弹性常数。

在现有技术条件下，先进的声发射检测仪器可能可以检测到岩石微米级别的微观位错运动[5]。

3.2.2　裂纹的形成与扩展

岩石在受到应力作用时会发生形变和断裂，其中的断裂破坏则是裂纹形成与扩展的结果。岩石的断裂过程具体可细致分为三个部分：①裂纹形成；②裂纹扩展；③最终断裂[6]。三个断裂阶段中，岩石都会释放能量形成强烈的声发射信号，进而使得裂纹的形成与扩展成为岩体声学中重要的声发射源。岩石受力后变形很小即破裂且无明显的形状改变称为岩石的脆性，期间永久变形或全变形小于 3% 者为脆性破坏，这种岩石称为脆性岩石。岩石在受力时只改变形状和大小而自身的连续性未被破坏称为岩石的塑性，期间永久变形或全变形大于 5% 者为塑性破坏，这种岩石称为塑性岩石。

裂纹的形成和扩展与岩石的塑性变形有关，一旦形成裂纹，岩石局部区域集中的应力得到快速卸载而产生声发射信号。塑性较强的岩石材料（塑性岩石）在受到外力作用时，其中第二相硬质点与基体材料变形不一致，往往在二者界面上形成微孔。当外力增加时，微孔得以扩大，相邻的微孔连接在一起形成初始的裂纹。裂纹尖端由于应力集中而形成塑性区域，在外力作用下，塑性区域产生微观裂纹，进一步发展成为宏观裂纹。

脆性较强的岩石材料不产生明显的塑性变形。一般认为，位错塞积是脆性材料形成微裂纹的基本机理。而根据脆性断裂的位错塞积理论，在滑移带的一端，由于位错向前

运动中碰到了障碍，如层理、杂质和硬质点等，使位错不能继续造成塞积，所有的力场加在一起，在塞积头部形成应力集中[3]（图 3-4）。

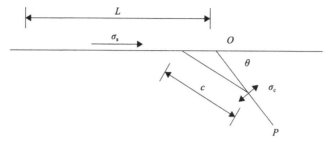

图 3-4　导致裂纹的一种位错结构[3]

L 为位错塞积叠加区域长度；c 为位错塞积偏折区域长度；O 为偏折点；θ 为偏折角度；

OP 为正交应力方向；σ_s 为切应力；σ_c 为正交应力

此时在塞积头处的正交应力 σ_c 为

$$\sigma_c = \sigma_s \sqrt{\frac{L}{c}} f(\theta) \tag{3-27}$$

式 (3-27) 要求：$c \ll L$。根据 Griffith 理论，从能量观点讨论，满足式 (3-28) 时，将会产生裂纹。

$$\sigma_c = \sqrt{\frac{4\gamma E}{\pi c (1-\nu^2)}} \tag{3-28}$$

式中：E 为弹性模量；ν 为泊松比；γ 为表面能。

这样，对各向同性固体的岩石，可取 θ 为 70°，并考虑到 $E=2G(1+\nu)$，则形成裂纹滑移面所需要的剪切力 σ_s 为

$$\sigma_s = \sqrt{\frac{3\pi \gamma G}{8(1-\nu)L}} \tag{3-29}$$

式中：G 为切变模量。要形成裂纹，在滑移面上需要的位错数目 n 为

$$n = \frac{3\pi^2 \gamma}{8\sigma_s b} \tag{3-30}$$

式中：b 为伯格斯矢量。在裂纹形成过程中，多余的能量如果全部以应力波的形式释放，那么形成裂纹产生的声发射信号比单个位错滑移产生的声发射信号至少大两个量级。从能量的观点计算，产生长度约 0.1μm 的裂纹引起的声发射要比单个位错滑移产生的声发射大 100 倍。

借助数学计算手段可知，裂纹的扩展所需能量约为裂纹形成所需能量的数百倍。由于裂纹是间断进行扩展的，裂纹每扩展一步，积蓄的弹性能量就释放出一部分，即在裂

纹尖端区域卸压，所产生的声发射比裂纹形成产生的声发射还要大得多。

根据脆性固体的断裂力学理论，岩体破裂时的裂纹扩展速度为

$$V = \left(1 - \frac{L_0}{L}\right)\sqrt{\frac{2\pi E}{K\rho}} \tag{3-31}$$

式中：V 为裂纹扩展速度；E 为弹性模量；ρ 为岩石密度；K 为常数；L_0 为裂纹初始长度；L 为裂纹扩展长度。

当裂纹扩展到接近临界裂纹长度时，就开始失稳扩展，快速断裂，这时产生的声发射强度更大。

以下将对花岗岩单轴压缩破裂这种实验室尺度下的岩石最常见的破裂形式进行简略介绍。作为一种典型的脆性破裂，当花岗岩加载达到峰值强度时，会瞬间崩溃并发出巨大的响声。在断裂力学中，裂纹通常分为张拉裂纹、剪切裂纹和扭剪裂纹[7]。花岗岩在单轴压缩作用下的破裂形式由平行于轴向劈裂破坏面、贯穿整个试样或者局部的剪切破坏面以及局部岩石的膨胀破碎构成。单轴压缩试验中花岗岩试样在达到峰值应力瞬间，整体贯通和局部碎胀致使岩体剧烈破裂崩开，四散的碎块难以完整还原出岩体宏观裂纹。破碎后块度的分布直接反映了破裂的损伤情况，如图 3-5 所示。

图 3-5　岩石单轴压缩花岗岩破碎情况

一般来讲，声发射事件的空间定位结果可反映出裂纹的扩展分布趋势，且与实际破裂情况基本吻合。在单轴压缩试验中，可借助无需预先测波速的定位方法[8,9]对破裂源进行定位，直观地反映岩石破裂失稳过程中微裂纹的产生位置及扩展方向。经典的单轴压缩试验中岩石破裂的过程总结起来是一个由萌生到聚集成核再到扩展贯通的过程，微裂纹的位置由岩石边缘逐渐向岩石内部扩展，具有连续性特征。图 3-6 为单轴加载条件下 100mm×100mm×200mm 的长方体花岗岩试样声发射事件全过程定位结果。各种颜色的点表示声发射事件的定位，颜色条表示声发射事件的相对时间顺序。图 3-6 中展示的定位数据为声发射事件首触发撞击信号幅值大于 70dB 的声发射事件，以提升定位结果的可视化效果。

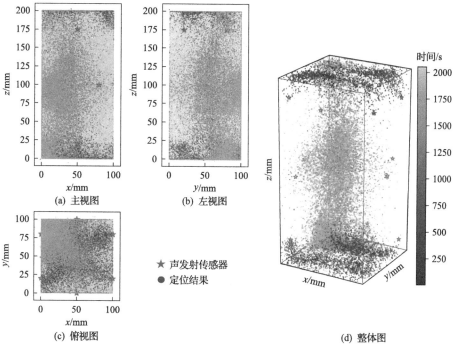

图 3-6 花岗岩试样单轴压缩内部破裂源定位图

3.2.3 岩体破裂的力学机理

一般说来，导致岩体破裂产生声发射的力学机理，可分为以下四类[10]，如图 3-7 所示。

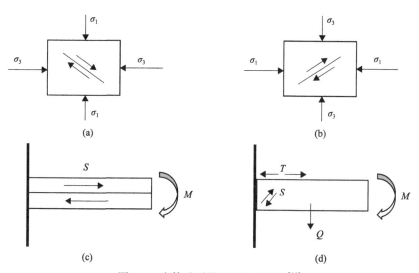

图 3-7 岩体破裂微震的力学原理[10]

(a)高垂直应力、低侧压的压剪破裂；(b)高水平应力、低垂直应力条件下的压剪破裂，主要是厚层坚硬岩石断裂前后在岩体结构中产生的水平推力；(c)单层或组合岩层下沉过程中由弯矩产生的层内和层间剪切破裂，此类破裂多发生在采空区上方的岩层中；(d)拉张与剪切耦合作用产生的张拉和剪切破裂，这类破裂在浅埋厚层硬岩中较常见通常，当满足岩石张拉或剪切破裂的裂纹开裂强度判据时，岩体破裂产生并扩展，导致岩体失稳而产生微震现象[11,12]，如图3-8所示。

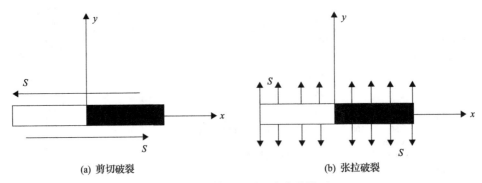

(a) 剪切破裂   (b) 张拉破裂

图3-8 岩体破裂的两类力学模型

实验室环境下通过对立方体岩石试样预钻圆柱形孔洞，在圆柱形孔洞内灌注膨胀剂，借助膨胀作用，在岩石内部施加向外的力，使得岩体破裂，如图3-9(a)所示。膨胀破坏的主要形式为张拉破裂，如图3-9(b)、(c)所示。在此给出一种通过在立方体岩石试样底端预先切割细缝[图3-9(d)中箭头指示部位]，引导膨胀破裂向剪切破裂发展的方法，如图3-9(d)所示。

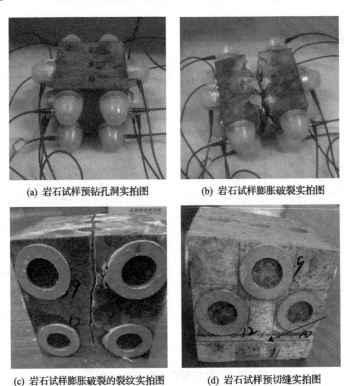

(a) 岩石试样预钻孔洞实拍图   (b) 岩石试样膨胀破裂实拍图

(c) 岩石试样膨胀破裂的裂纹实拍图 (d) 岩石试样预切缝实拍图

图3-9 实验室膨胀剂破裂岩石示意图

3.3　岩体中声发射衰减规律的试验研究

依靠应力波去研究岩石内部损伤演化规律是一种有效的方式，声发射和微震现象作为一种典型的应力波是指岩石在载荷作用下产生微破裂活动而引发应力波释放的过程。随着信号采集系统软硬件水平的迅速发展，采集精度愈发增高，计算参数愈发增多，声发射和微震在揭示岩石和混凝土的损伤和裂纹扩展中得到了广泛应用[13,14]。

明晰岩体内声发射信号传播的一般特性对探知岩体破裂失稳的机制有重要意义，而声波传播时的滞弹性——衰减特征是信号分析时必须考虑的一个重要因素。通过对声波衰减特征的研究，可以了解岩体的微观构造及细微变化，以及岩体在地下所处的复杂环境条件。

研究声波在岩体内传播衰减的规律性，除了采用数学计算方法分析衰减系数与品质因子，还可以采用试验探究更为直观地对比声发射信号时域参数的变化。在以往学者的研究中，赵永川等[15]对中粒砂岩内应力波传播时的幅值、能量、振铃计数等变化特征进行了分析；刘希灵等[16]则深入考虑了岩石岩性的影响，但只分析了主频与幅值的变化规律，没有进行全面的时域参数分析。本节将采用高低不同频率的脉冲、0.7mm 铅笔断铅来模拟岩体破裂产生的三种声发射信号。选用横截面为 40mm×40mm、长度 2m 的砂岩、花岗岩、大理岩三种岩杆，在模拟声源不同距离处间隔布置传感器，接收经滤波后的超声波信号。整合以往研究的优势，分析传播过程中应力波信号的频域和时域特征参数衰减变化的规律，为岩体内声波衰减特性的研究提供一定参考。

3.3.1　声发射监测设备

声发射本质上是一种物理现象，岩石内部声发射源产生的应力波传播到岩石表面后引起振动，被紧贴在岩石表面的传感器监测到，并通过压电陶瓷转换振动信号为电信号，电信号再由前置放大器放大处理后，传输到信号采集处理系统进行撞击信号的切分和特征参数的提取，后续对声发射信号进一步地分析，认知岩体内部损伤演化的过程并进行预警预报。

本节试验所使用的声发射测试系统采样率高达 40MHz。每块板块具有独立的 2 个通道，通道 ADC 为 40MHz，精度为 18bit，宽带工作频率为 18kHz～2.4MHz。采用 USB 3.0 接口，传输速度可达到 5Gbps，即传输速度为 500M/s。采用的声学传感器是一种具有宽频响应的压电声发射传感器，响应频率为 20～450kHz，且在 280kHz 处存在一个峰值，可以较好地覆盖低频和标准频率范围。前置放大器默认为 34dB，门槛值设置为 55dB，采样频率同为 10MHz。通过上述设备对岩石试样内传播的声发射信号进行监测，可为进一步分析声波在岩石中的传播特性提供依据。

3.3.2　试验岩石试样

细长的棱柱形岩杆可突出声波随传播距离单一变量的衰减变化特征，选取砂岩、花岗岩、大理岩三种岩石，分别加工成 40mm×40mm×2000mm 的棱柱试样。对三种试样各取 0.03mm 的切片，用显微镜观测其微观结构，如图 3-10 所示。

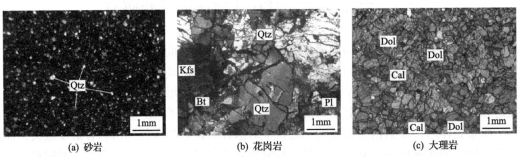

|(a) 砂岩|(b) 花岗岩|(c) 大理岩|

图 3-10 岩石试样的微观结构图[16]

Qtz-石英 (quartz)；Bt-黑云母 (biotite)；Kfs-钾长石 (K-feldspar)；Pl-斜长石 (plagioclase)；

Cal-方解石 (calcite)；Dol-白云石 (dolomite)

1. 岩杆中声发射信号随传播距离衰减试验

三种岩杆皆为横截面 40mm×40mm 的正方形断面、长度 2m 的岩石细杆。沿每个岩杆的轴线中间部分，各取 10 个点位，每个点位间隔 15cm。按照国际岩石力学学会 (International Society for Rock Mechanics，ISRM) 岩石力学试验建议，在每个点位处用高目数的砂纸仔细打磨平整，以便符合与传感器紧密接触的要求。岩石表面的点位与传感器之间涂抹凡士林耦合以增大传播效率。岩杆最左侧放置 1 号传感器，由左向右，间隔布置 2～10 号传感器。

试验设备布置如图 3-11 和图 3-12 所示，首先用 1 号传感器发出不同的声波脉冲信号，模拟岩石中的破裂声源，2～10 号传感器分别接收 1 号传感器发出的声波脉冲信号。

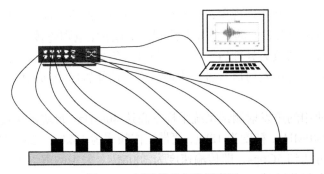

图 3-11 试验设备布置示意图

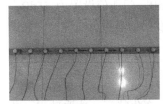 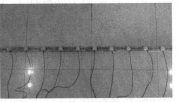 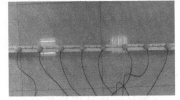

|(a) 砂岩岩杆传感器布置方案图|(b) 花岗岩岩杆传感器布置方案图|(c) 大理岩岩杆传感器布置方案图|

图 3-12 岩杆传感器布置方案图

其中，1 号传感器每次发出四组脉冲信号。然后，在岩杆 1 号传感器布置原点处采用 0.7mm 的铅笔与断面呈 30° 角进行断铅试验，使用断铅信号模拟声源，在同一位置处需断铅多次以消除数据的偶然性，并在断铅数据中随机选取 4 次数据进行分析，与脉冲信号做对比。

　　试验重点选取频域参数(主频与频率质心)和时域参数(幅值、能量、振铃计数、上升时间)来量化描述波形的特征，对比分析声波在砂岩、花岗岩、大理岩的岩杆中随传播距离而衰减的规律，最终得出岩性这一变量对声波衰减的影响。波形相关参数意义如图 3-13 所示。

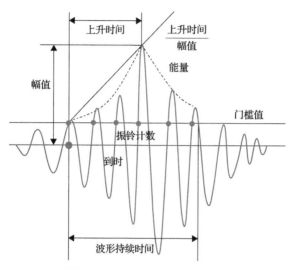

图 3-13　应力波时域参数示意图

2. 花岗岩拼接岩杆、大理岩拼接岩杆声发射信号传播衰减试验

　　选择声波传播效果较好的花岗岩、大理岩两种岩石的岩杆，用凡士林耦合剂涂抹断面(断面为 40mm×40mm 的正方形)，两端不施加任何压力，仅进行接触式耦合拼接，组成花岗岩拼接岩杆、大理岩拼接岩杆。

　　以花岗岩拼接岩杆为例，在拼接岩杆上共计布置 8 个传感器，拼接断面设置在 6 号与 7 号传感器之间，6 号传感器所在位置距离断面 10cm，7 号传感器在拼接断面另一端 5cm 处。在 6 号传感器一侧且远离断面的方向上，距离 6 号传感器 15cm 处布置 5 号传感器，4 号传感器依次布置，直至 1 号传感器。在 7 号传感器一侧且远离断面的方向上，距离 7 号传感器 15cm 处布置 8 号传感器(图 3-14)。依旧使用 1 号传感器发出四组脉冲信号，来作为岩石中的声源。2~8 号传感器接收其发出的声波脉冲信号。2~6 号传感器未出现断面，其传播特性应与单独花岗岩岩杆中一致，可作为对比观察。7 号与 8 号传感器在断面之后接收传播的声发射信号，其接收信号可与单独花岗岩岩杆试验中的 7 号、8 号传感器对比。大理岩拼接岩杆使用同样布置方案。

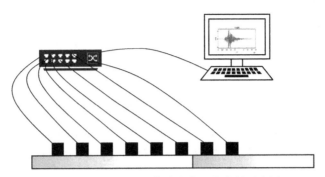

图 3-14　拼接岩杆上传感器布置方案的示意图

试验重点选取时域参数中的幅值、能量，定量化描述波形特征，分析声波在拼接岩杆中随传播距离的衰减规律。最终得出相同岩性下，断面单一变量对声波衰减的影响。

3.3.3　声波在不同性质的岩体中传播衰减特性分析

传感器检测到的信号受到破裂源特征、岩石性质、传感器响应曲线、采集设备性能等因素影响。试验过程中每组数据均建立在控制破裂源特征、岩石性质、响应特征、采集卡设置保持一致的基础上，所以 2～10 号传感器接收信号的差异性主要为应力波在岩石介质中传播衰减产生的影响。

1. 信号频谱分析

1) 信号波形图和频谱图

详细分析试验中所有情况的信号波形图与频谱图的过程是琐碎繁杂的，因此我们选用一组最具代表性的数据进行信号频谱分析即可。选取声源信号为峰值电压(voltage-peak-peak，PPV)50V、高频频率时大理石岩杆上的衰减试验数据。

该次脉冲试验中 9 个传感器接收到的信号波形如图 3-15 所示，为了清晰地展示每个传感器的波形，时域波形信号均选取比例最合适的定义域的坐标轴绘图。9 个传感器均可以清楚检测到相似的突发型声发射信号。距离脉冲声源最远的 10 号传感器的声发射有效信号依旧远大于噪声信号，故此试验结果可以用于研究该尺寸范围内有效信号的传播衰减规律，随着传播距离的增大时域信号幅值衰减趋势明显。

声发射信号具有瞬态性和随机性，属于非平稳随机信号范畴，往往是由一系列频率和模式丰富的信号组成，瞬态随机信号不仅与时间相关还与频率相位相关，为分析不同频率信号在传播过程中的衰减情况，将信号进行傅里叶变换得到信号的频域特征。图 3-15 中波形经傅里叶变换后的频谱已展示，结合滤波器设置和采样频率，可以看出超声波信号频率范围主要为 0～200kHz，并且随着距离的增大，信号的衰减不仅体现在幅值上，组成信号的频率分布也出现显著变化。

在距离声发射源较近的 2 号和 3 号传感器的频谱图上，高频信号的比例高于低频信号，随着传播距离的增大在 4 号和 5 号传感器位置处，高频信号的比例有所降低，使得高频信号和低频信号比例接近。在传播距离更远的 6～10 号传感器处，低频信号所占比

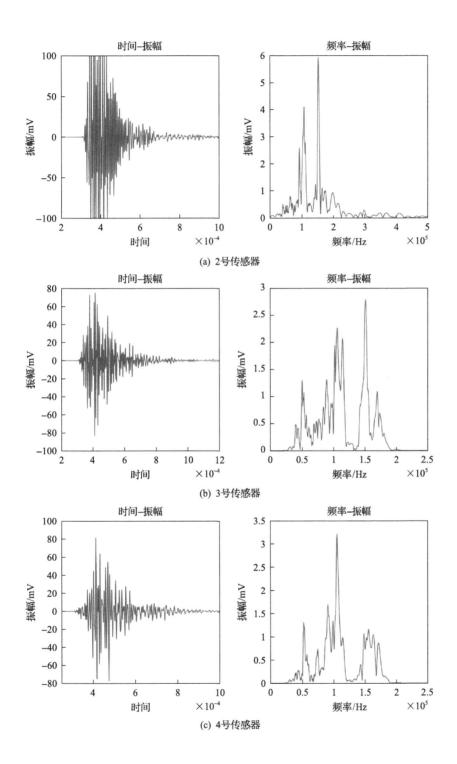

(a) 2号传感器

(b) 3号传感器

(c) 4号传感器

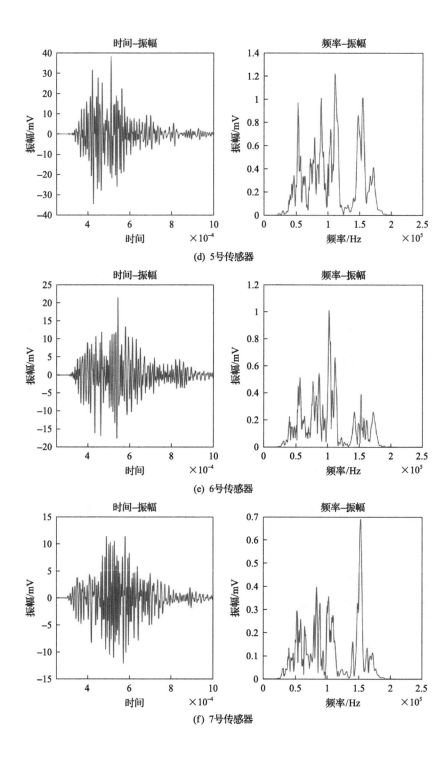

(d) 5号传感器

(e) 6号传感器

(f) 7号传感器

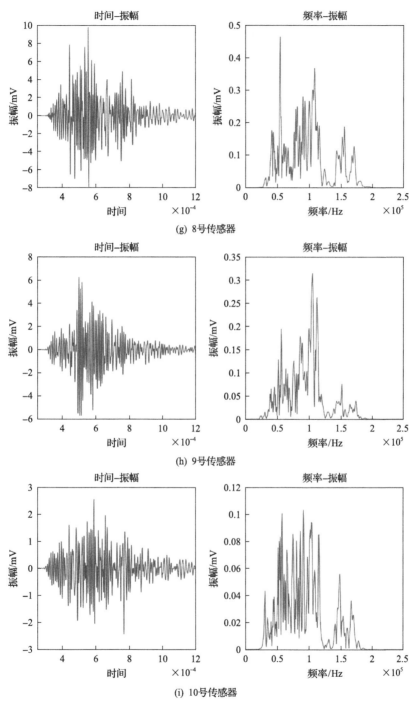

图 3-15　2 号～10 号传感器接收到的应力波形图与波形频谱图

例显著大于高频信号，说明在传播过程中高频信号随着传播的进行衰减程度大于低频信号，低频信号更易在长距离传播过程中稳定传播。应力波在传播过程中衰减的主要原因是声发射信号在传播过程中以波动即微颗粒振动的形式进行扩散，同等振动幅度下频率越高，振动越快，颗粒间的摩擦阻尼越显著，使得对应频率的信号衰减更显著。

2）主频衰减变化趋势

从图 3-15 中可以看出，不同频率信号的幅值随传播距离增大而迅速衰减，且衰减速度存在显著差异性，高频信号衰减得快。为将声发射频率的变化趋势进行量化分析，选取主频(峰值频率，图 3-15 频谱曲线中最大幅值对应的频率)作为分析对象(表 3-1)。将声源信号为 PPV 50V、高频频率时的大理石岩杆中信号传播的主频变化趋势绘制于图 3-16 中，可以看出，脉冲试验测试结果的主频随着距离的增加呈现迅速降低的趋势，在传播信号 0～75cm 的过程中，信号主频由 150kHz 衰减为 100kHz 左右。最终使 90cm 以外的信号主频在 100kHz 附近波动。岩石材料在受力变形过程中，会有很宽频段的信号释放，由于传感器采集卡性能的限制，仪器不可能监测所有频段的声发射，针对特定研究对象选取相应频率范围内的信号进行分析是研究应力波传播规律特别需要注意的问题。另外试验虽难以完全避免测试数据的离散性和偶然性，但并不影响探究主频衰减规律的整体规律。

表 3-1　大理石岩杆上传感器信号的主频

编号	2	3	4	5	6	7	8	9	10
主频/kHz	152.6	151.4	106.2	112.3	102.5	105.6	107.4	103.8	102.5

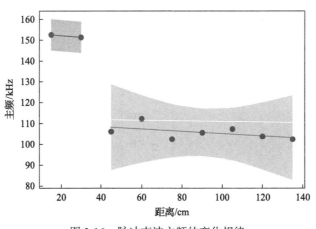

图 3-16　脉冲声波主频的变化规律

3）频率质心衰减变化趋势

主频作为频谱图的单一峰值在较小的传播距离内迅速衰减，在描述多频率信号组成的声发射信号往往存在一定的片面性。为整体分析声波频谱在传播过程中的变化趋势，将频谱图中的频谱曲线进行加权处理，即将某一信号的频率按照幅值作为加权的依据得到频谱信号的频率质心，计算公式如式(3-32)所示。频率质心相比于主频而言，更能全面考虑不同频率信号在合成信号中所占的权重，从而得到一个综合的描述性物理量。频率质心的变化趋势如图 3-17 所示，图 3-17 是将脉冲测试试验中在同一监测位置的结果(表3-2)统计绘成的曲线图。

$$f_{\mathrm{c}} = \sum_{i=1}^{n}(m_i f_i) \bigg/ \sum_{i=1}^{n} m_i \tag{3-32}$$

式中：m_i 为第 i 个频率对应的幅值；f_i 为第 i 个频率大小。

表 3-2　大理石岩杆上传感器信号的频率质心

编号	2	3	4	5	6	7	8	9	10
频率质心/kHz	152.6	111.1	106.2	109.9	102.5	108.6	103.8	100.1	92.77

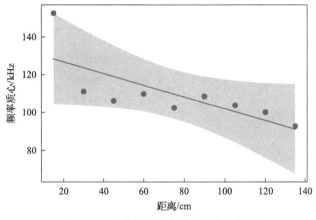

图 3-17　脉冲声波频率质心的变化规律

图 3-16 与图 3-17 均反映了信号的频率组成信息，但频率质心的衰减趋势比主频缓慢平稳得多。若将测试的频率质心采用线性拟合的方式来分析衰减趋势，拟合结果为 $y = -0.3094x + 132.93$，可以看出频率质心的衰减明显与传播距离呈线性相关性。随着传播距离的增大，频率质心呈线性下降趋势，与主频先突降后平稳变化的趋势明显不同，频率质心相对于单一峰值主频来说是一个统计量，更能全面地反映信号的衰减规律。由此可见，在室内试验分析中，对传感器接收的信号有必要进行一定的反演分析，以保证获取正确的破裂源信号频率衰减变化规律。

2. 信号时域特征参数分析

1)幅值衰减规律分析

根据试验获得的数据：试验中使用 1 号传感器发射了不同参数的四组脉冲，并从多次断铅中选取四次，将每个传感器所收到的幅值累加求出均值，使数据更加精准，尽量避免误差。不同位置的传感器接收到的幅值变化规律见表 3-3～表 3-5。

表 3-3　高频脉冲时岩杆中声波幅值随传播距离衰减表

编号	PPV 450V 砂岩幅值/dB	PPV 50V 砂岩幅值/dB	PPV 50V 花岗岩幅值/dB	PPV 50V 大理岩幅值/dB
2	100	87.9	100	100
3	87.4	70.5	99.9	98.4
4	74	57.8	90.1	98.2
5	61.5	45.1	85.7	91.7
6	56.8	39.6	85.6	86.7
7	49.2		83.4	81.7
8	43.6		75.9	79.8
9			74.2	75.9
10			72.3	68.1

表 3-4　低频脉冲时岩杆中声波幅值随传播距离衰减表

编号	PPV 450V 砂岩幅值/dB	PPV 50V 砂岩幅值/dB	PPV 50V 花岗岩幅值/dB	PPV 50V 大理岩幅值/dB
2	100	95.6	100	100
3	95.4	81.3	100	100
4	86.8	72.3	98.7	100
5	77.8	61.2	96.7	99.9
6	70.9	55.1	95.6	92.1
7	71.1	55.7	92.9	90.5
8	65.6	49.8	85.8	89.1
9	51.1	36.1	85.6	85.6
10	51.1	35.5	82.7	81.6

表 3-5　断铅时岩杆中声波幅值随传播距离衰减表

编号	砂岩幅值/dB	花岗岩幅值/dB	大理岩幅值/dB
2	94.5	99.7	99.7
3	85.5	95.1	98.3
4	80.9	93.1	93.7
5	76.3	86.9	90
6	70	85.7	90.2
7	65.9	85.7	85.4
8	60.4	84	84.1
9	55.8	80.7	81.2
10	54.6	79.8	74.2

从表 3-3～表 3-5 中可以直观看出：声波在砂岩岩杆中传播时，幅值衰减效果最为明显，而在花岗岩与大理岩中，传播效率较高。

将所测得的数据进行指数函数拟合 $y=ae^{bx}+c$，获得各种情形下的幅值随传播距离增大而衰减的指数方程，并可从方程中得到幅值衰减系数，具体见表 3-6。

表 3-6　幅值线性拟合方程表

声源	PPV 450V 砂岩	PPV 50V 砂岩	PPV 50V 花岗岩	PPV 50V 大理岩
高频	$y=122.4e^{-0.129x}$	$y=125.23e^{-0.195x}$	$y=107.3e^{-0.04x}$	$y=107.93e^{-0.036x}$
低频	$y=111.6e^{-0.067x}$	$y=111.56e^{-0.106x}$	$y=104.67e^{-0.019x}$	$y=104.71e^{-0.019x}$
断铅	$y=107.7e^{-0.071x}$		$y=103.34e^{-0.028x}$	$y=104.53e^{-0.027x}$

声源为高频信号、PPV 450V 时，砂岩岩杆上勉强维持 7 个传感器可接收到信号，当声源频率不变化、PPV 降为 50V 时，仅剩 5 个传感器可接收到信号。而花岗岩与大理岩在所有测试的声源情形下，全部传感器皆有信号。对幅值衰减系数进行分析对比，发现所有岩杆上都是高频信号幅值的衰减系数 α 大于低频信号，衰减速率大致为两倍左右。由此得出，声源为低频信号时，声波传播效率更高。由砂岩的两种电压的声源拟合方程可以看出，高电压声源幅值衰减系数小于低电压声源。

从拟合方程上可以直观得出，断铅信号类似于低频声源，此时砂岩中声发射幅值的衰减系数是花岗岩、大理岩的 2.5～2.7 倍，声波幅值在砂岩中衰减远超于其他岩石。而大理岩中声发射幅值的衰减系数与花岗岩的基本持平，两者对声波幅值的传播效率基本相同。

由此得出下列结论。

(1)同声源峰值电压时，所有岩性的岩杆中高频信号的幅值衰减系数皆为最大。

(2)同声源频率时，岩杆中高峰值电压声源的幅值衰减速率小于低峰值电压声源。

(3)同声源峰值电压、频率时，砂岩幅值衰减最快，花岗岩幅值衰减最慢，大理岩基本与花岗岩衰减速率一致。

结合岩石的微观结构图可以看出：对于砂岩，其密度较低，从微观结构来看，颗粒物间空隙较大，应力波在此种介质中传播能量更容易被吸收，由于介质颗粒物间的摩擦作用，机械能也更容易转化为热能。对于花岗岩，其颗粒物较大，单个颗粒物的完整性较好，但颗粒物之间结合不紧密，空隙较多，这或许将是影响应力波在花岗岩中衰减变化的主要原因。对于和砂岩相似的同样颗粒物较小的大理岩来说，大理岩颗粒物之间的结合较紧密、空隙很少，且单个颗粒物的完整性较好，应力波在此种介质中传播时的衰减就很小。综合上述分析，造成应力波衰减的因素与岩石内部矿物颗粒之间结合的紧密程度相关，紧密度越高的岩石衰减越小，紧密度越低的岩石衰减越大；其次是岩石内部结构面的发育程度，结构面越多的岩石衰减越大，结构面越少的岩石衰减越小。

2)能量衰减规律分析

试验中使用 1 号传感器发射了不同参数的四组脉冲，并从多次断铅中选取四次。使用对幅值数据同样的处理方式，将每个传感器收到的信号能量累加求出均值，使数据更加精准，尽量避免误差。不同位置的传感器接收到的能量变化规律见表 3-7～表 3-9。

表 3-7　高频脉冲时岩杆中声波能量随传播距离衰减表

编号	PPV 450V 砂岩能量/eu	PPV 50V 砂岩能量/eu	PPV 50V 花岗岩能量/eu	PPV 50V 大理岩能量/eu
2	2.68×10^7	1.53×10^6	5.24×10^7	3.63×10^7
3	1.41×10^6	3.32×10^4	2.22×10^7	1.58×10^7
4	7.65×10^4	1.98×10^3	3.56×10^6	1.28×10^7
5	9.16×10^3	1.60×10^2	1.70×10^6	3.80×10^6
6	2.07×10^3	1.47×10^1	1.43×10^6	1.32×10^6
7	4.97×10^2		8.41×10^5	6.47×10^5
8	1.32×10^2		2.06×10^5	3.29×10^5
9			1.13×10^5	1.50×10^5
10			4.27×10^4	3.10×10^4

注：1eu=1ms·mV。

表 3-8　低频脉冲时岩杆中声波能量随传播距离衰减表

编号	PPV 450V 砂岩能量/eu	PPV 50V 砂岩能量/eu	PPV 50V 花岗岩能量/eu	PPV 50V 大理岩能量/eu
2	8.66×10^7	1.97×10^7	1.06×10^8	7.93×10^7
3	1.72×10^7	6.11×10^5	8.86×10^7	6.31×10^7
4	1.96×10^6	6.44×10^4	4.41×10^7	6.28×10^7
5	7.24×10^5	1.92×10^4	1.46×10^7	3.34×10^7
6	1.95×10^5	4.39×10^3	2.30×10^7	1.17×10^7
7	1.02×10^5	2.46×10^3	1.13×10^7	6.14×10^6
8	3.49×10^4	7.00×10^2	2.94×10^6	4.61×10^6
9	2.47×10^3	1.33×10^1	2.64×10^6	1.73×10^6
10	1.60×10^3	1.25×10^1	8.85×10^5	9.16×10^5

表 3-9　断铅时岩杆中声波能量随传播距离衰减表

编号	砂岩能量/eu	花岗岩能量/eu	大理岩能量/eu
2	8.05×10^6	3.15×10^7	1.24×10^7
3	3.50×10^6	8.54×10^6	1.05×10^7
4	8.48×10^5	9.28×10^6	5.39×10^6
5	1.84×10^5	2.70×10^6	3.07×10^6
6	1.18×10^5	2.32×10^6	2.81×10^6
7	3.66×10^4	3.70×10^6	1.05×10^6
8	7.56×10^3	1.81×10^6	1.04×10^6
9	2.71×10^3	7.47×10^5	4.49×10^5
10	1.89×10^3	6.83×10^5	1.84×10^5

从表 3-7～表 3-9 中可以直观看出，与幅值衰减特征基本一致，声波在砂岩岩杆中传

播时，能量衰减效果最为明显，而在花岗岩与大理岩中，传播效率较高。

将所测得的数据进行指数函数拟合 $y = ae^{bx} + c$，获得各种情形下的能量随传播距离增大而衰减的指数方程，并可从方程中得到能量衰减系数，见表 3-10。

表 3-10 能量指数方程拟合表

声源	PPV 450V 砂岩	PPV 50V 砂岩	PPV 50V 花岗岩	PPV 50V 大理岩
高频	$y=(7\times10^7)e^{-2.006x}$	$y=(2\times10^7)e^{-2.844x}$	$y=(9\times10^7)e^{-0.86x}$	$y=(9\times10^7)e^{-0.813x}$
低频	$y=(2\times10^8)e^{-1.286x}$	$y=(2\times10^7)e^{-1.588x}$	$y=(2\times10^8)e^{-0.554x}$	$y=(2\times10^8)e^{-0.531x}$
断铅	$y=(3\times10^7)e^{-1.143x}$		$y=(3\times10^7)e^{-0.415x}$	$y=(2\times10^7)e^{-0.453x}$

所有岩杆上，都是高频信号的能量衰减速率大于低频信号，砂岩上高低频信号的能量衰减系数大致相差 1.5～1.8 倍，而花岗岩和大理岩中，不同声源频率的能量衰减系数基本一致。由此得出，声源为低频信号时，声波传播效率更高。砂岩的两种电压的声源拟合方程可以看出，高电压声源能量衰减速率低于低电压声源。

从拟合方程上可以直观得出，断铅信号类似于低频声源，此时砂岩中声发射能量的衰减系数大致是花岗岩、大理岩的 2.5～2.8 倍，声波能量在砂岩中的衰减程度远超于其他岩性的岩石，而花岗岩与大理岩两者对声波能量的传播效率基本相同。

由此得出下列结论。

(1)同声源峰值电压时，所有岩性的岩杆中高频信号的能量衰减系数皆为最大。

(2)同声源频率时，岩杆中高峰值电压声源的能量衰减速率小于低峰值电压声源。

(3)同声源峰值电压、频率时，砂岩能量衰减最快，大理岩能量衰减最慢，大理岩基本与花岗岩衰减速率一致。

3)振铃计数变化规律分析

当声发射信号幅值超过设定的阈值电压时将产生一个矩形脉冲，超过阈值电信号的每一个震荡波称为一个振铃计数。振铃计数能粗略地反映信号强度和频率，广泛用于声发射活动的动态评价和岩体损伤估计。振铃计数与试验采用门槛值密切相关，在整个试验过程中，门槛值选择为 34dB，振动超过 34dB 为一个振铃。

根据试验获得的数据，试验中使用 1 号传感器发射了不同参数的四组脉冲，并从多次断铅中选取四次。将每个传感器信号的振铃计数累加求出均值，使数据更加精准，尽量避免误差。不同位置的传感器接收到的振铃计数变化规律见表 3-11～表 3-13。

表 3-11 高频脉冲时岩杆中声波振铃计数随传播距离变化表

编号	PPV 450V 砂岩振铃计数/次	PPV 50V 砂岩振铃计数/次	PPV 50V 花岗岩振铃计数/次	PPV 50V 大理岩振铃计数/次
2	61	46	173	129
3	62	44	165	138
4	47	30	158	123
5	45	21	152	130
6	41	17	146	133

编号	PPV 450V 砂岩振铃计数/次	PPV 50V 砂岩振铃计数/次	PPV 50V 花岗岩振铃计数/次	PPV 50V 大理岩振铃计数/次
7	23		139	114
8	13		138	108
9			132	104
10			113	88

表 3-12　低频脉冲时岩杆中声波振铃计数随传播距离变化表

编号	PPV 450V 砂岩振铃计数/次	PPV 50V 砂岩振铃计数/次	PPV 50V 花岗岩振铃计数/次	PPV 50V 大理岩振铃计数/次
2	77	60	184	159
3	84	62	176	145
4	71	43	170	130
5	75	42	186	149
6	61	44	170	135
7	52	25	170	118
8	50	22	149	127
9	41	1	149	128
10	33	1	136	108

表 3-13　断铅时岩杆中声波振铃计数随传播距离变化表

编号	砂岩振铃计数/次	花岗岩振铃计数/次	大理岩振铃计数/次
2	59	191	125
3	52	195	116
4	49	188	109
5	44	167	152
6	41	175	113
7	38	158	117
8	35	154	104
9	32	134	94
10	25	151	90

　　表 3-11～表 3-13 记录了不同传播距离的声发射信号振铃计数的变化趋势，可以看出，振铃计数随着传播距离的增大也显现出了线性降低趋势。由幅值衰减规律分析可以得出，在声发射信号传播过程中幅值也出现线性降低的趋势，由此可以推断小于振幅的一系列次级振动的幅值也会按照线性规律稳定降低，而当振幅小于门槛值时，振铃计数减少。振铃计数线性降低与幅值降低可以互为佐证和补充。

　　4) 上升时间规律分析

　　上升时间为声发射波形信号第一次越过门槛电压至最大振幅所经历的时间间隔。试验中使用 1 号传感器发射了不同参数的四组脉冲，并从多次断铅中选取四次。对上升时间采用同样的处理方式，将每个传感器接收到的上升时间累加求出均值，使数据更加精准, 尽量避免误差。不同位置的传感器接收声波信号的上升时间变化规律见表3-14～表3-16。

表 3-14 高频脉冲时岩杆中声波上升时间随传播距离变化表

编号	PPV 450V 砂岩上升时间/μs	PPV 50V 砂岩上升时间/μs	PPV 50V 花岗岩上升时间/μs	PPV 50V 大理岩上升时间/μs
2	146.4	150.9	168	61.9
3	171.1	167.4	84.9	118.9
4	195.7	184.6	112.8	113.8
5	135.1	215.5	161.5	210
6	226.7	212.9	203.2	242.4
7	317.5		247.5	279.1
8	310.6		313.3	260.2
9			337.8	203.2
10			283	301.1

表 3-15 低频脉冲时岩杆中声波上升时间随传播距离变化表

编号	PPV 450V 砂岩上升时间/μs	PPV 50V 砂岩上升时间/μs	PPV 50V 花岗岩上升时间/μs	PPV 50V 大理岩上升时间/μs
2	109.8	189.6	61.1	63.4
3	174.3	166.1	100.7	72
4	209.3	189.2	230.2	152.2
5	288.9	286.9	235.8	163.2
6	558.5	548.3	345.1	256.6
7	339.3	334.1	300.6	278.2
8	361.8	325.2	315.4	160.6
9	531.8	303.2	334.9	225.4
10	554.3	32.8	323.9	495.8

表 3-16 断铅时岩杆中声波上升时间随传播距离变化表

编号	砂岩上升时间/μs	花岗岩上升时间/μs	大理岩上升时间/μs
2	74.2	53.8	52
3	129.2	75.7	63.5
4	189.4	115.2	113.3
5	236	120.7	122
6	289.4	145.1	132.3
7	458.2	217.4	121.4
8	367.2	195.1	152
9	374.2	231.6	217.9
10	299.9	240.4	177.3

上升时间的增加是由于应力波在传播过程中存在频散现象和衰减作用。从表 3-14～表 3-16 中可以直观看出，在岩石介质中，在一定的频率范围内，频率越高声波传播速度越快[17]。在同一个波形信号传播过程中，频率较高的声波传播速度较快，故在传感器接收到的信号中前半部分波形中高频信号所占比例较多，在距离声发射源较近的波形中高频信号能量大于低频信号，最终体现为在近声发射源处波形中的最大幅值主要成分为相对高频的大幅振动，使得最大幅值较快到达，从而体现为近声发射源位置波形上升时间较低。而随着传播距离的增大，高频信号迅速衰减，最大振幅主要成分为相对低频的大幅振动，使得最大幅值到达时间较迟，体现为远声发射源位置波形上升时间升高的趋势。

3.3.4　声波在含断面岩体中传播衰减特性分析

为进一步探析岩杆中的截断面对声发射信号传播的影响，选择最能体现声波特征的幅值、能量两个相关量来分析声发射信号经过断面处的衰减变化特征，试验具体方案已在 3.3.1 节与 3.3.2 节中阐述。

1. 花岗岩的截断面处传播影响

1）幅值衰减分析

试验中仍然使用 1 号传感器发射四组脉冲，将每个传感器接收的幅值累加求出均值。按照幅值衰减情况，绘制花岗岩拼接岩杆中声发射信号衰减对比曲线图（图 3-18）。

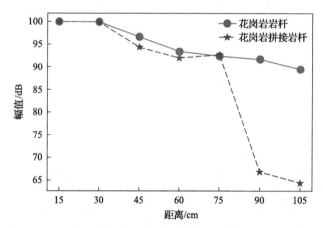

图 3-18　两种花岗岩岩杆中声波幅值随传播距离衰减曲线图

从图 3-18 中可以看出，声波在拼接岩杆中传播时，在经过断面时幅值存在断崖式衰减。一个断面的存在可使得花岗岩中幅值衰减量达到 30%左右，比传播距离的衰减效果大一个量级。但花岗岩这种传播效率高的岩石，即使存在断面，其传播性能依旧保持在较高水准（保持声源幅值的 60%以上）。

2）能量衰减分析

将每个传感器接收到的能量累加求出均值。按照能量衰减情况，绘制拼接岩杆中声发射信号衰减对比曲线图（图 3-19）。

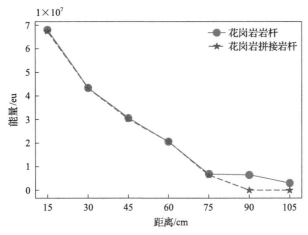

图 3-19 两种花岗岩岩杆中声波能量随传播距离衰减曲线图

从图 3-19 中可以看出，声波在拼接岩杆中传播时，能量衰减效果比较明显。在经过断面后，能量断崖式衰减，断面两侧能量比值差别数百倍。

2. 大理岩的截断面处传播影响

1）幅值衰减分析

试验中仍然使用 1 号传感器发射了四组脉冲，将每个传感器接收到的幅值累加求出均值。按照幅值衰减情况，绘制大理岩拼接岩杆中声发射信号衰减对比曲线图（图 3-20）。

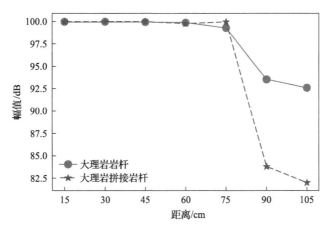

图 3-20 两种大理岩岩杆中声波幅值随传播距离衰减曲线图

从图 3-20 中可以看出，声波在拼接岩杆中传播时，幅值衰减在断面处有下降。断面的存在仅使大理岩中幅值衰减量达到 15%左右，与传播距离的衰减效果仍在同一量级。大理岩这种传播效率高的岩石，断面对声波幅值衰减的影响比较微弱。

2）能量衰减分析

将每个传感器接收到的能量累加求出均值。按照能量衰减情况，绘制拼接岩杆中声发射信号衰减对比曲线图（图 3-21）。

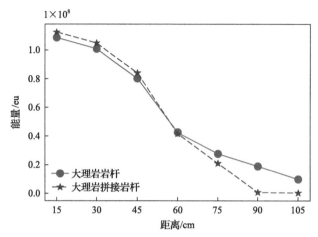

图 3-21　两种大理岩岩杆中声波能量随传播距离衰减曲线图

从图 3-21 中可以看出，声波在大理岩拼接岩杆中传播时，断面两侧的能量值悬殊约百倍，其衰减效果不如在花岗岩中明显。

参 考 文 献

[1] 杨明纬. 声发射检测[M]. 北京: 机械工业出版社, 2004: 9-34.

[2] 石林珂, 孙文怀, 郝小红. 岩土工程原位测试[M]. 郑州: 郑州大学出版社, 2003.

[3] 袁振明, 马羽宽, 何泽云. 声发射技术及其应用[M]. 重庆: 机械工业出版社, 1985: 8-16.

[4] 李微. 管状结构的声发射研究[D]. 大连: 大连理工大学, 2009.

[5] 张伟龙. 声发射在导线损伤检测中的应用[D]. 上海: 华东理工大学, 2013.

[6] 邱宪民. 在压力容器无损检测中声发射技术的运用[J]. 黑龙江科技信息, 2015 (11): 46.

[7] Dong L, Zou W, Li X, et al. Collaborative localization method using analytical and iterative solutions for microseismic/ acoustic emission sources in the rockmass structure for underground mining[J]. Engineering Fracture Mechanics, 2018, 210: 95-112.

[8] 董陇军, 李夕兵, 唐礼忠, 等. 无需预先测速的微震震源定位的数学形式及震源参数确定[J]. 岩石力学与工程学报, 2011, 30 (10): 2057-2067.

[9] Dong L, Hu Q, Tong X, et al. Velocity-free MS/AE source location method for three-dimensional hole-containing structures[J]. Engineering, 2020, 6 (7): 827-834.

[10] 姜福兴, Xun L, 杨淑华. 采场覆岩空间破裂与采动应力场的微震探测研究[J]. 岩土工程学报, 2003 (1): 23-25.

[11] 刘京红, 姜耀东, 赵毅鑫. 声发射及 CT 在煤岩体裂纹扩展实验中的应用进展[J]. 金属矿山, 2008 (10): 13-15.

[12] 邹银辉. 煤岩体声发射传播机理研究[D]. 青岛: 山东科技大学, 2007.

[13] 苏怀智, 张林海, 佟剑杰. 混凝土结构损伤声发射检测进展[J]. 无损检测, 2015, 37 (1): 90-95.

[14] 李旭, 霍林生, 李宏男, 等. 混凝土结构中 PZT 传感器的多功能性分析及应用[J]. 振动. 测试与诊断, 2015, 35 (4): 709-714, 799.

[15] 赵永川, 杨天鸿, 肖福坤, 等. 弹性波在中粒砂岩内传播衰减特性分析[J]. 振动、测试与诊断, 2018, 38 (2): 285-291, 418.

[16] 刘希灵, 崔佳慧, 李夕兵, 等. 不同类型岩石中弹性波衰减特性研究[J]. 岩石力学与工程学报, 2018, 37 (S1): 3223-3230.

[17] 邓继新, 周浩, 王欢, 等. 基于储层砂岩微观孔隙结构特征的弹性波频散响应分析[J]. 地球物理学报, 2015, 58 (9): 3389-3400.

第 4 章 岩体破裂声源的定位方法

岩体破裂声源定位是研究岩体声学性质的重要基础问题，其可用于探测岩体结构，观察岩石裂纹发展的动态，通过声源定位技术获取岩层中微破裂的分布位置，能够分析潜在的岩体动力灾害活动规律，为岩体动力灾害防控提供支撑[1]。

对岩体破裂声源定位方法，特别是如何提高定位的准确性的研究一直是国内外学者的重点研究方向。纵观国内外广泛使用的声源定位方法（主要包括几何方法、物理方法及数学方法等），都以预先测定平均波速或给出平均波速模型为前提，将预先测量的波速输入监测系统以定位声源位置，这种方法广泛应用于南非、澳大利亚、加拿大、波兰和中国的矿山监测系统[2-5]。然而，随着矿山开采逐步向地下深部迈进，波速会随着深度的增加而增加，进一步地，在动态开采环境中，应力调整和岩体结构变化引起的区域波速变化远大于不同深度的波速差异。此时，将上述需要预先测量波速的定位方法应用于具有复杂岩体结构的地下采矿环境时，会产生较大误差。

为提高定位精度，解决因预先测量波速而带来的定位误差，研究随机监测网络下无需预先测波速的岩体破裂声源定位方法是一条科学合理的途径，这类定位方法在计算中将波速看作未知参量来求解声源位置坐标，规避了波速在时间和空间上带来的测量误差，从而有效提高定位精度，本章简要总结了董陇军和导师李夕兵等提出的无需预先测波速的定位方法及其重要进展。并通过试验和工程现场实践对提出的方法展开分析与讨论，实际应用时根据不同的工程背景选择不同的定位方法，以期对实现矿山安全高效生产提供有力支撑与指导。

4.1 未知波速系统三维迭代定位法

自 2010 年无需预先测波速的定位方法提出以来，声源和定位方法与理论不断优化和完善，如在总结定位目标函数时，董陇军等[6]将其归纳为两种数学形式，按其因变量为到时、到时差依次称为 STT 法和 STD 法。为解决传统方法因测量波速误差给定位精度造成的影响，本节将介绍一种无需预先测量波速的声源定位迭代方法[6]，按其因变量为到时、到时差依次称为 TT 法和 TD 法。

4.1.1 基本原理

1. 变量为到时的拟合形式

假定声源到各台站间的岩层均匀（即均匀速度模型），则 P 波的传播速度 C_{con} 为定值，声源坐标为 (x_0, y_0, z_0)；$T_i(i=1,2,\cdots,n)$ 为第 i 个监测台站，各台站的坐标是 (x_i, y_i, z_i) $(i=1,2,\cdots,n)$；$l_i(i=1,2,\cdots,n)$ 为各台站至声源的距离；$t_i(i=1,2,\cdots,n)$ 为 P 波到达各台站

的时刻；t_0 为声源产生的时刻。则有

$$t_i = \frac{l_i}{C_{con}} + t_0 \tag{4-1}$$

由空间两点间距离公式可得

$$l_i = \sqrt{(x_i - x_0)^2 + (y_i - y_0)^2 + (z_i - z_0)^2} \tag{4-2}$$

将式(4-2)代入式(4-1)中，可得

$$t_i = \frac{l_i}{C_{con}} + t_0 = \frac{\sqrt{(x_i - x_0)^2 + (y_i - y_0)^2 + (z_i - z_0)^2}}{C_{con}} + t_0 \tag{4-3}$$

式中：t_i，C_{con}，(x_i, y_i, z_i) 均为已知量；声源位置 (x_0, y_0, z_0) 和声源的产生时刻 t_0 属于未知量，需要求解。

设 $\bar{t}$ 为 P 波到达各台站的平均时刻，$\bar{l}$ 为各台站至声源的平均距离，则

$$\bar{t} = \frac{1}{n}\sum_{i=1}^{n} t_i = \frac{1}{n}\sum_{i=1}^{n}\left(\frac{l_i}{C_{con}} + t_0\right) = \frac{1}{n}\sum_{i=1}^{n}\frac{l_i}{C_{con}} + t_0 = \frac{\bar{l}}{C_{con}} + t_0 \tag{4-4}$$

其中：

$$\bar{l} = \frac{1}{n}\sum_{i=1}^{n} l_i = \frac{1}{n}\sum_{i=1}^{n}\sqrt{(x_i - x_0)^2 + (y_i - y_0)^2 + (z_i - z_0)^2} \tag{4-5}$$

由式(4-3)、式(4-4)可以构成最小二乘函数：

$$\min f_k = \sum_{i=1}^{n}\left(t_i - \bar{t}\right)^2 \tag{4-6}$$

式(4-6)是一个非线性拟合问题，求其最小二乘解，即可得到声源位置 (x_0, y_0, z_0)、声源产生时刻 t_0 的解，为便于下文分析及比较，将此方法称为 STT 法。

2. 因变量为到时差的拟合形式

设第 k 个传感器计算到时为

$$t_k = t_0 + \frac{\sqrt{(x_k - x_0)^2 + (y_k - y_0)^2 + (z_k - z_0)^2}}{C_{con}} \tag{4-7}$$

两个不同的传感器 i 和 j 的到时之差为

$$\Delta t_{ij} = t_i - t_j = \frac{L_i - L_j}{C_{con}} \tag{4-8}$$

式中：

$$L_i = \sqrt{(x_i - x_0)^2 + (y_i - y_0)^2 + (z_i - z_0)^2}$$
$$L_j = \sqrt{(x_j - x_0)^2 + (y_j - y_0)^2 + (z_j - z_0)^2}$$

对于每一组观测值 $(x_{ik}, y_{ik}, z_{ik}; x_{jk}, y_{jk}, z_{jk})$，式(4-8)可确定一个回归值，即

$$\Delta \hat{t}_{ij} = t_i - t_j = \frac{L_i - L_j}{C_{\text{con}}} \tag{4-9}$$

这个回归值 $\Delta \hat{t}_{ij}$ 与实测值 Δt_{ij} 之差描述回归值与实测值的偏离程度。对于 $(x_{ik}, y_{ik}, z_{ik}; x_{jk}, y_{jk}, z_{jk})$，若 $\Delta \hat{t}_{ij}$ 与 Δt_{ij} 的偏离越小，则认为直线和所有的试验点的拟合度越好。全部实测值 Δt_{ij} 与回归值 $\Delta \hat{t}_{ij}$ 的偏离平方和可描述全部实测值与回归值的偏离程度，则 (x_0, y_0, z_0) 应使 $Q(x_0, y_0, z_0)$ 达到最小，即

$$Q(x_0, y_0, z_0) = \sum_{i,j=1}^{n} \left(\Delta \hat{t}_{ij} - \frac{L_i - L_j}{C_{\text{con}}} \right)^2 = \min \tag{4-10}$$

将该方法称为 STD 法，有 3 个未知数，但作为三维定位，仍至少需 4 个传感器。

3. 因变量为到时的新方法拟合形式

假设 P 波在介质中的传播速度未知，将其用 c 表示，第 i 个传感器计算到时为 t_i^c，式(4-3)、式(4-4)分别变为

$$t_i^c = \frac{l_i}{c} + t_0 = \frac{\sqrt{(x_i - x_0)^2 + (y_i - y_0)^2 + (z_i - z_0)^2}}{c} + t_0 \tag{4-11}$$

$$\overline{t}^c = \frac{1}{n} \sum_{i=1}^{n} t_i = \frac{1}{n} \sum_{i=1}^{n} \left(\frac{l_i}{c} + t_0 \right) = \frac{1}{n} \sum_{i=1}^{n} \frac{l_i}{c} + t_0 = \frac{\overline{l}}{c} + t_0 \tag{4-12}$$

由式(4-11)、式(4-12)可以构成最小二乘函数：

$$\min f_k^c = \sum_{i=1}^{n} \left(t_i^c - \overline{t}^c \right)^2 \tag{4-13}$$

式(4-13)也是一个非线性拟合问题，求其最小二乘解，即可得到声源位置 (x_0, y_0, z_0)、声源产生时刻 t_0 及 c 的解，将其称为 TT 法。

4. 因变量为到时差的新方法拟合形式

假设波速在介质中的传播速度未知，将其用 c 表示，则第 k 个传感器计算到时为

$$t_k^c = t_0 + \frac{\sqrt{(x_k - x_0)^2 + (y_k - y_0)^2 + (z_k - z_0)^2}}{C_{con}} \tag{4-14}$$

两个不同的传感器 i 和 j 的到时之差为

$$\Delta t_{ij}^c = t_i^c - t_j^c = \frac{L_i - L_j}{c} \tag{4-15}$$

对于每一组观测值 $(x_{ik}, y_{ik}, z_{ik}; x_{jk}, y_{jk}, z_{jk})$，式(4-15)可确定一个回归值：

$$\Delta \hat{t}_{ij}^c = t_i^c - t_j^c = \frac{L_i - L_j}{c} \tag{4-16}$$

全部回归值 $\Delta \hat{t}_{ij}^c$ 与实测值 Δt_{ij}^c 的偏离平方和可描述全部实测值与回归值的偏离程度，则 (x_0, y_0, z_0) 应使 $Q(x_0, y_0, z_0)$ 达到最小，即

$$Q(x_0, y_0, z_0, c) = \sum_{i,j=1}^{n} \left(\Delta \hat{t}_{ij}^c - \frac{L_i^c - L_j^c}{c} \right)^2 = \min \tag{4-17}$$

因为式(4-17)为 x_0, y_0, z_0, c 的二次非负函数，故其最小值总是存在的，将其定义为求差式非线性拟合形式，求解式(4-17)中 x_0, y_0, z_0, c，则可以得到声源的坐标与速度。对于单纯的声源定位问题，以上只需拟合 x_0, y_0, z_0 即可。新方法与传统方法的不同之处有两点：第一，不需要预先知道波速；第二，在求解过程中不需要预先拟合声源发生时间。在本书中将其称为 TD 法。

分析新方法的拟合形式可知，TT 法通过 4 个已知参量拟合 5 个未知参量，至少需要 5 个传感器；TD 法通过 4 个已知参量拟合 4 个未知量，至少需要 4 个传感器，从数据拟合角度分析，TD 法优于 TT 法。下面通过爆破试验对其进行验证及分析。

4.1.2　试验

用冬瓜山铜矿的爆破试验数据进行验证，冬瓜山铜矿岩爆微震监测系统在 2005 年建成使用，它由一个微震监测系统和传统的应力和变形监测系统组成。微震监测系统为南非集成地震系统公司研制的 ISS 地震监测系统[7]。该系统有 24 通道，共 16 个传感器[8]。用爆破来模拟微震，用 ISS 地震监测系统记录监测信号。爆破试验时间、地点、位置、装药量见表 4-1。传感器位置坐标以及各微震事件触发传感器的到时见表 4-2。根据记录的时刻及传感器位置坐标，采用提出的新方法(TT、TD)及传统方法(STT、STD)进行定位计算，并与实测位置比较分析。

表 4-1 爆破试验时间、地点、位置及装药量

事件序号	时间	地点	坐标/m			装药量/kg
			x	y	z	
1	2005 年 8 月 30 日 10 时 57 分	−760m 水平 56-4* 采场巷道	84528.4	22556.2	−753.2	2.25
2	2005 年 9 月 8 日 10 时 41 分	−820m 水平 56-6* 采场巷道	84479.0	22570.0	−814.4	2.40
3	2005 年 9 月 9 日 13 时 3 分	−790m 水平 56-14* 采场巷道	84359.0	22673.0	−795.5	2.40

表 4-2 传感器位置坐标及各微震事件触发传感器到时

传感器编号	坐标/m			触发传感器到时/s		
	x	y	z	事件 1	事件 2	事件 3
1	84345.73	22474.0	−678.01	31.214136	0.563835	45.267930
2	84157.08	22717.2	−737.28	—		45.264930
3	84256.71	22587.9	−682.8	31.225969	0.574668	45.258260
4	84493.74	22395.4	−653.02	31.210303	0.567501	
5	84299.94	22861.7	−764.74	—		45.261180
6	84377.81	22755.5	−722.01	31.222942	0.566903	45.248010
7	84487.86	22612.0	−704.33	31.195608	0.547570	45.258680
8	84487.86	22489.6	−693.73	31.196942	0.556570	—
9	84591.12	22453.2	−862.58	31.206442	0.556775	—
10	84349.47	22271.4	−862.79	—	—	—
11	84429.88	22332.3	−863.16	31.226608	0.573108	—
12	84509.80	22391.8	−862.91	31.213275	0.561441	—
13	84076.11	22705.4	−862.89	—	—	45.280310
14	84182.39	22775.1	−862.38	—	—	45.268640
15	84259.16	22840.2	−862.04	—	—	45.267140
16	84307.19	22943.1	−860.87	—	—	45.279640

4.1.3 试验结果分析

表 4-3 对新方法和传统方法的误差进行比较。通过表 4-3 发现，TD 的定位精度最高，在不需要预先测量波速的情况下，无论 3 个坐标各自的均值还是绝对距离误差均小于传统方法（STT、STD）。具体体现在：TD 的每个坐标轴的平均误差均比较小，在 5m 左右，最大为 11.1376m；而 STD 三个轴的误差在 8m 左右，最大的达到 24.9002m；TD 的平均绝对距离误差为 10.1566m，而传统方法 STT、STD 的平均误差分别为 17.9886m、17.5545m。TT 的定位误差为 21.2586m，误差较大，主要原因是 TT 要用 4 个已知量拟合 5 个未知量，定位精度是不稳定的，这与 4.1.1 节的结论是一致的。

以上充分说明 TD 较 STT、STD 优越，预测精度较 STT、STD 高，究其原因，TD 通过算法能较准确地拟合各传感器坐标及时间差之间的关系，尽管基本思想也借助平均波速，但此时的平均波速是动态调整的，在不断的迭代中寻求本次事件最好的波速，以满足各传感器坐标与时间差之间的非线性关系，不受传统方法给定波速对其造成的影响，因为现场爆破试验测量到的波速可能与真实值存在误差，当误差较大时，则会影响到拟合的精确度。综上，爆破试验很好地证实了新方法 TD 的科学性、合理性及正确性，可以在实际工程中推广使用。

表 4-3　新方法及传统方法定位误差比较

事件序号	TT				STT			
	x_{erro}/m	y_{erro}/m	z_{erro}/m	D_{erro}/m	x_{erro}/m	y_{erro}/m	z_{erro}/m	D_{erro}/m
1	3.5088	7.6500	7.07275	10.9935	8.54634	8.92974	3.6753	12.8953
2	13.8138	3.3226	14.52710	20.3198	9.95640	2.01980	12.5808	16.1706
3	6.8824	6.0000	31.15190	32.4625	7.04398	3.19560	23.6681	24.8999
平均值	8.0683	5.6576	17.58390	21.2586	8.51559	4.71500	13.3081	17.9886

事件序号	TD				STD			
	x_{erro}/m	y_{erro}/m	z_{erro}/m	D_{erro}/m	x_{erro}/m	y_{erro}/m	z_{erro}/m	D_{erro}/m
1	3.5119	7.6538	6.97150	10.9323	8.54920	8.76360	4.1523	12.9279
2	1.1387	3.0999	7.72360	8.4000	9.32440	0.71590	11.5167	14.8355
3	8.0206	5.6265	5.29700	11.1376	7.04520	3.19760	23.6677	24.9002
平均值	4.2237	5.4601	6.66400	10.1566	8.30620	4.22570	13.1122	17.5545

4.2　未知波速系统三维解析解定位法

为研究随机监测网络下三维定位系统中无需预先测定波速的解析解，协同解析几何与方程求解的方法，结合工程实践开展系统、深入地研究，发展了一种未知波速系统三维解析解定位法[9]，并将其应用到矿山微震震源定位中。

4.2.1　基本原理

1. 解析解方法

设 P 波的平均速度为 v ，声发射源 S_0 的坐标为 (x, y, z) ，在源位置周围布置 6 个传感器且分别设为 $S_1(x_1, y_1, z_1)$ ， $S_2(x_2, y_2, z_2)$ ， $S_3(x_3, y_3, z_3)$ ， $S_4(x_4, y_4, z_4)$ ， $S_5(x_5, y_5, z_5)$ 和 $S_6(x_6, y_6, z_6)$ ，则声发射源坐标和各传感器位置坐标的控制方程如下：

$$(x_1 - x)^2 + (y_1 - y)^2 + (z_1 - z)^2 = v^2 t_0^2 \tag{4-18}$$

$$(x_2 - x)^2 + (y_2 - y)^2 + (z_2 - z)^2 = v^2 (t_0 + t_{12})^2 \tag{4-19}$$

$$(x_3 - x)^2 + (y_3 - y)^2 + (z_3 - z)^2 = v^2 (t_0 + t_{13})^2 \tag{4-20}$$

$$(x_4 - x)^2 + (y_4 - y)^2 + (z_4 - z)^2 = v^2 (t_0 + t_{14})^2 \tag{4-21}$$

$$(x_5 - x)^2 + (y_5 - y)^2 + (z_5 - z)^2 = v^2(t_0 + t_{15})^2 \tag{4-22}$$

$$(x_6 - x)^2 + (y_6 - y)^2 + (z_6 - z)^2 = v^2(t_0 + t_{16})^2 \tag{4-23}$$

式中：t_0 为 P 波从源 S_0 到达传感器 S_1 的时间，s；t_{12}、t_{13}、t_{14}、t_{15} 和 t_{16} 分别代表 S_2、S_3、S_4、S_5、S_6 传感器与 S_1 之间的到时差，s；v 为平均波速。

上述方程中的已知量为 S_1、S_2、S_3、S_4、S_5、S_6 的位置坐标以及 t_{12}、t_{13}、t_{14}、t_{15}、t_{16}；未知量为 S_0 的位置坐标、t_0 和 v。五个未知数由五个方程即可解出，通过上述 6 个方程理论上能够得到声发射源 S_0 的位置坐标、t_0 和 v。同样地，可以考虑将上述非线性方程简化为线性方程，在没有平方根计算的情况下计算出声发射源位置坐标。后续计算过程中令 $V = v^2$，$T_0 = t_0^2$，具体过程如下。

式(4-19)减式(4-18)：

$$2x(x_2 - x_1) + 2y(y_2 - y_1) + 2z(z_2 - z_1) + 2t_{12}VT_0 + Vt_{12}^2 = l_1 \tag{4-24}$$

式(4-20)减式(4-18)：

$$2x(x_3 - x_1) + 2y(y_3 - y_1) + 2z(z_3 - z_1) + 2t_{13}VT_0 + Vt_{13}^2 = l_2 \tag{4-25}$$

式(4-21)减式(4-18)：

$$2x(x_4 - x_1) + 2y(y_4 - y_1) + 2z(z_4 - z_1) + 2t_{14}VT_0 + Vt_{14}^2 = l_3 \tag{4-26}$$

式(4-22)减式(4-18)：

$$2x(x_5 - x_1) + 2y(y_5 - y_1) + 2z(z_5 - z_1) + 2t_{15}VT_0 + Vt_{15}^2 = l_4 \tag{4-27}$$

式(4-23)减式(4-18)：

$$2x(x_6 - x_1) + 2y(y_6 - y_1) + 2z(z_6 - z_1) + 2t_{16}VT_0 + Vt_{16}^2 = l_5 \tag{4-28}$$

式中：

$$l_1 = \left(x_2^2 - x_1^2\right) + \left(y_2^2 - y_1^2\right) + \left(z_2^2 - z_1^2\right)$$
$$l_2 = \left(x_3^2 - x_1^2\right) + \left(y_3^2 - y_1^2\right) + \left(z_3^2 - z_1^2\right)$$
$$l_3 = \left(x_4^2 - x_1^2\right) + \left(y_4^2 - y_1^2\right) + \left(z_4^2 - z_1^2\right)$$
$$l_4 = \left(x_5^2 - x_1^2\right) + \left(y_5^2 - y_1^2\right) + \left(z_5^2 - z_1^2\right)$$
$$l_5 = \left(x_6^2 - x_1^2\right) + \left(y_6^2 - y_1^2\right) + \left(z_6^2 - z_1^2\right)$$

由条件知，$l_i(i = 1, 2, \cdots, 5)$ 都是已知量。设 $S = Vt_0$，则式(4-24)~式(4-28)可改写为

$$2x(x_2 - x_1) + 2y(y_2 - y_1) + 2z(z_2 - z_1) + 2t_{12}S + Vt_{12}^2 = l_1 \tag{4-29}$$

$$2x(x_3 - x_1) + 2y(y_3 - y_1) + 2z(z_3 - z_1) + 2t_{13}S + Vt_{13}^2 = l_2 \tag{4-30}$$

$$2x(x_4 - x_1) + 2y(y_4 - y_1) + 2z(z_4 - z_1) + 2t_{14}S + Vt_{14}^2 = l_3 \tag{4-31}$$

$$2x(x_5 - x_1) + 2y(y_5 - y_1) + 2z(z_5 - z_1) + 2t_{15}S + Vt_{15}^2 = l_4 \tag{4-32}$$

$$2x(x_6 - x_1) + 2y(y_6 - y_1) + 2z(z_6 - z_1) + 2t_{16}S + Vt_{16}^2 = l_5 \tag{4-33}$$

由条件知, 式(4-29)～式(4-33)具有未知项 S, 进一步消除未知项 S 可得到如下 4 个方程:

$$l_6 x + l_7 y + l_8 z + l_9 V = l_{10} \tag{4-34}$$

$$l_{11} x + l_{12} y + l_{13} z + l_{14} V = l_{15} \tag{4-35}$$

$$l_{16} x + l_{17} y + l_{18} z + l_{19} V = l_{20} \tag{4-36}$$

$$l_{21} x + l_{22} y + l_{23} z + l_{24} V = l_{25} \tag{4-37}$$

式中:

$$l_6 = 2t_{13}(x_2 - x_1) - 2t_{12}(x_3 - x_1)$$
$$l_7 = 2t_{13}(y_2 - y_1) - 2t_{12}(y_3 - y_1)$$
$$l_8 = 2t_{13}(z_2 - z_1) - 2t_{12}(z_3 - x_1)$$
$$l_9 = t_{13}t_{12}^2 - t_{12}t_{13}^2$$
$$l_{10} = l_1 t_{13} - l_2 t_{12}$$
$$l_{11} = 2t_{14}(x_2 - x_1) - 2t_{12}(x_4 - x_1)$$
$$l_{12} = 2t_{14}(y_2 - y_1) - 2t_{12}(y_4 - y_1)$$
$$l_{13} = 2t_{14}(z_2 - z_1) - 2t_{12}(z_4 - x_1)$$
$$l_{14} = t_{14}t_{12}^2 - t_{12}t_{14}^2$$
$$l_{15} = l_1 t_{14} - l_3 t_{12}$$
$$l_{16} = 2t_{15}(x_2 - x_1) - 2t_{12}(x_5 - x_1)$$
$$l_{17} = 2t_{15}(y_2 - y_1) - 2t_{12}(y_5 - y_1)$$
$$l_{18} = 2t_{15}(z_2 - z_1) - 2t_{12}(z_5 - x_1)$$
$$l_{19} = t_{15}t_{12}^2 - t_{12}t_{15}^2$$
$$l_{20} = l_1 t_{15} - l_4 t_{12}$$
$$l_{21} = 2t_{16}(x_2 - x_1) - 2t_{12}(x_6 - x_1)$$
$$l_{22} = 2t_{16}(y_2 - y_1) - 2t_{12}(y_6 - y_1)$$
$$l_{23} = 2t_{16}(z_2 - z_1) - 2t_{12}(z_6 - x_1)$$
$$l_{24} = t_{16}t_{12}^2 - t_{12}t_{16}^2$$

$$l_{25} = l_1 t_{16} - l_5 t_{12}$$

由条件知, $l_i (i = 6, 7, \cdots, 25)$ 都是已知量。可以发现式 (4-34)～式 (4-37) 仍然具有未知项 V, 再次消除未知项 V 可得到如下 3 个方程:

$$l_{26}x + l_{27}y + l_{28}z = l_{29} \tag{4-38}$$

$$l_{30}x + l_{31}y + l_{32}z = l_{33} \tag{4-39}$$

$$l_{34}x + l_{35}y + l_{36}z = l_{37} \tag{4-40}$$

式中:

$$l_{26} = l_6 l_{14} - l_{11} l_9$$
$$l_{27} = l_7 l_{14} - l_{12} l_9$$
$$l_{28} = l_8 l_{14} - l_{13} l_9$$
$$l_{29} = l_{10} l_{14} - l_{15} l_9$$
$$l_{30} = l_6 l_{19} - l_{16} l_9$$
$$l_{31} = l_7 l_{19} - l_{17} l_9$$
$$l_{32} = l_8 l_{19} - l_{18} l_9$$
$$l_{33} = l_{10} l_{19} - l_{20} l_9$$
$$l_{34} = l_6 l_{24} - l_{21} l_9$$
$$l_{35} = l_7 l_{24} - l_{22} l_9$$
$$l_{36} = l_8 l_{24} - l_{23} l_9$$
$$l_{37} = l_{10} l_{24} - l_{25} l_9$$

由条件知, $l_i (i = 26, 27, \cdots, 34)$ 都是已知量。因此, 式 (4-38)～式 (4-40) 中只有 x, y, z 是未知量, 用消元法求解上述线性方程组即可得到声发射源坐标, 其表达形式如下:

$$x = \frac{l_{27}l_{32}l_{37} - l_{27}l_{33}l_{36} - l_{28}l_{31}l_{37} + l_{28}l_{33}l_{35} + l_{29}l_{31}l_{36} - l_{29}l_{32}l_{35}}{l_{26}l_{31}l_{36} - l_{26}l_{32}l_{35} - l_{27}l_{30}l_{36} + l_{27}l_{32}l_{34} + l_{28}l_{30}l_{35} - l_{28}l_{31}l_{34}} \tag{4-41}$$

$$y = \frac{-(l_{26}l_{32}l_{37} - l_{26}l_{33}l_{36} - l_{28}l_{30}l_{37} + l_{28}l_{33}l_{34} + l_{29}l_{30}l_{36} - l_{29}l_{32}l_{34})}{l_{26}l_{31}l_{36} - l_{26}l_{32}l_{35} - l_{27}l_{30}l_{36} + l_{27}l_{32}l_{34} + l_{28}l_{30}l_{35} - l_{28}l_{31}l_{34}} \tag{4-42}$$

$$z = \frac{l_{26}l_{31}l_{37} - l_{26}l_{33}l_{35} - l_{27}l_{30}l_{37} + l_{27}l_{33}l_{34} + l_{29}l_{30}l_{35} - l_{29}l_{31}l_{34}}{l_{26}l_{31}l_{36} - l_{26}l_{32}l_{35} - l_{27}l_{30}l_{36} + l_{27}l_{32}l_{34} + l_{28}l_{30}l_{35} - l_{28}l_{31}l_{34}} \tag{4-43}$$

将以上在未知波速情况下求解声发射源坐标的方法称为未知波速系统三维解析解定位法, 简称为 TDAS-UVS。若将 x, y, z 的值代入式 (4-34) 便可计算出平均波速 v, 如下:

$$v = \sqrt{V} = \sqrt{\frac{l_{10} - l_6 x - l_7 y - l_8 z}{l_9}} \tag{4-44}$$

则声发射源的发生时刻 t_{0T} 可以通过式 (4-45) 求得

$$t_{0T} = t_1 - t_0 \tag{4-45}$$

式中：t_1 为声发射源信号到达第 1 个传感器 S_1 的到时，s。

总之，采用 TDAS-UVS 进行定位，声发射源坐标可以通过求解式(4-41)～式(4-43)得到；P 波速度可以通过求解式(4-44)得到，声发射源的初始时间可以通过求解式(4-45)得到。用 TDAS-UVS 进行定位，其定位结果唯一，每 6 个传感器就可以确定唯一的一个声发射源坐标值。

2. 传感器数量大于 6 个时的求解方法

前节提出的解析解定位方法，对于未知波速的系统，用 6 个传感器的坐标和到时数据就可以确定声发射源的唯一坐标。然而，在实际工程中，为了提高定位精度，通常有更多的传感器用于定位。如何更充分、有效地利用这些传感器则尤为重要。以下将讨论当传感器数量大于 6 个时，如何合理、有效地利用 TDAS-UVS 进行有效定位。

对于传感器数量大于 6 个的定位系统，传感器的数量记为 m，则可以求得 C_m^6 组解析解。对于均质且到时误差为 0 的系统，C_m^6 组解析解都是相同的，记为同一组解。由于岩石介质为非均质体，可以通过以下方法充分利用所有的传感器数据，从而确定一个较合理、可靠的声发射源坐标值。

(1)首先排除无效的传感器，即该传感器记录的数据为噪声数据或者与要定位的事件没有关系(无效的传感器具有的特征是，利用该传感器的定位结果与其他大多数传感器定位的结果差别很大)；其次计算有效传感器的定位结果的算术平均值 $O(x_a, y_a, z_a)$；若 $n = C_m^6$，则有 $X_a = \left(\sum\limits_{i=1}^{n} x_i \right) / n$；$Y_a = \left(\sum\limits_{i=1}^{n} y_i \right) / n$；$Z_a = \left(\sum\limits_{i=1}^{n} z_i \right) / n$。距离该平均值确定的点 O 最近的声发射源为要定位的声发射源。

(2)排除无效的传感器，同方法(1)，找到所有计算得到的声发射源定位坐标的中位数坐标 $P(X_m, Y_m, Z_m)$；距离 P 点最近的定位坐标作为声发射源坐标。

(3)排除无效的传感器，同方法(1)，寻找直径最小的球面将所有计算得到的微震震源或声发射源坐标点包围，求出该球面的中心坐标 Q；距离该球面中心坐标 Q 最近的声发射源为要定位的声发射源。

(4)排除无效的传感器，同方法(1)，从 m 个传感器中选取 6 个，共有 $n = C_m^6$ 组解析解，将得到的解析解进行统计分析，寻求拟合程度较高的概率密度函数，概率密度函数的最大值对应的坐标值为要定位的微震震源或声发射源。将利用 TDAS-UVS 及概率密度函数求解声发射源坐标位置的方法简称为 TDAS-UVS-PDF。

以上 4 种方法中，前 3 种方法较为简单，但会受到一些极大值或者极小值的影响，第 4 种方法考虑坐标值的概率密度，即不同坐标值出现的频率，在一定程度上较前 3 种方法合理。下面选取第 4 种方法进行试验验证。

4.2.2　试验

本节亦使用冬瓜山铜矿的爆破试验数据进行验证，共开展 3 次爆破定位试验，具体试验数据见 4.1.2 节，事件 1、2 及 3 的传感器坐标及相应的到时组合成 $n=C_m^6$ 组数据。具体为：事件 1，$m=9$，共有 84 组组合，即有 84 组解析解；事件 2，$m=9$，共有 84 组组合，即有 84 组解析解；事件 3，$m=10$，共有 210 组组合，即有 84 组解析解。

将事件 1、2 和 3 的传感器坐标和相应的到时组合代入式(4-41)～式(4-43)，可分别求得各组合对应的震源坐标，分别列在表 4-4～表 4-6 中。其中，表 4-4 中部分波速出现虚数或者大于正常波速的数值对实际工程没有意义，只有对数据进行分析时有统计学意义。从表 4-4～表 4-6 中可以看到，所有的坐标值都是实数，部分波速和到时有虚数，原因是波速与到时公式的计算中有平方根的运算，在分析时只需删除即可。虚根存在的组合中，可能是有较大到时误差的传感器存在。

4.2.3　试验结果分析

本书选取第 4 种方法进行讨论，由于采用的是概率密度的分析方法，所有的坐标值都进行统计分析，特殊值不会对定位结果造成影响。经过比较分析常用的 60 多种概率密度函数，最后选取与定位坐标值拟合程度较接近的 Log-Logistic、Log-Logistic(3P)、Logistic、Normal 4 种概率密度函数来拟合坐标值。以事件 1 为例，表 4-7～表 4-9 分别给出对于事件 1 的 x, y, z 的拟合结果，表中用 3 种假设检验(Kolmogorov Smirnov、Anderson Darling、Chi-Squared)分别对 4 种概率密度函数进行了评价。

从表 4-7～表 4-9 中可以发现，Log-Logistic(3P)具有较好的拟合度，所以本次在选取最终坐标值时则根据 Log-Logistic(3P) 的概率密度进行计算。Log-Logistic 与 Log-Logistic(3P)的区别在于，前者为两参数而后者为三参数。图 4-1～图 4-3 分别给出了 Log-Logistic(3P)、Logistic、正态分布 3 种概率密度函数的概率密度的累积分布图，图中 Log-Logistic(3P)概率密度最大值点对应的坐标值为定位坐标点，将定位结果列在表 4-10 中，可见 3 个事件的绝对距离误差分别为 4.70m、10.26m 和 24.65m，小于传统方法 STD 的计算结果(12.9279m、14.8355m、24.9002m)、小于传统方法 STT 的计算结果(12.8953m、16.1706m、24.8999m)，也小于 TT 的计算结果(10.9935m、20.3198m、32.4625m)。可见 4.1 节介绍的 TD 法和本节介绍的 TDAS-UVS-PDF 法均具有较高的定位精度，两者都比传统方法的定位结果精度高。同时，本节介绍的 TDAS-UVS-PDF 法的优势在于不需要迭代求解，计算公式简单，物理意义明确，不受波速和迭代算法的影响，可以实现实时定位，较 TD 法和 TT 法更具有工程实际应用价值。

表 4-4　事件 1 解析定位结果

编号	x/m	y/m	z/m	v/(m/s)	t_{0T}/s
1	84522.28	22543.74	−746.83	6386.94	31.18
2	84522.81	22542.15	−753.61	6462.52	31.18
3	84520.43	22549.27	−723.29	6117.23	31.18
4	84521.93	22544.77	−742.44	6337.54	31.18
5	84522.95	22542.01	−753.76	6414.11	31.18
6	84520.07	22549.48	−723.91	6296.23	31.18
7	84521.86	22544.82	−742.51	6369.96	31.18

编号	x / m	y / m	z / m	v / (m /s)	t_{0T} /s
8	84510.51	22554.89	−739.93	9879.39	31.19
9	84517.01	22548.16	−747.16	8251.89	31.19
10	84491.80	22565.48	−771.30	14527.61	31.20
11	84524.99	22546.16	−752.02	6117.35	31.18
12	84501.07	22524.87	−706.30	8191.47	31.19
13	84520.12	22541.82	−742.71	6592.96	31.18
14	84540.43	22574.47	−740.84	2602.05	31.13
15	84542.37	22578.04	−739.43	1705.00	31.08
16	84539.33	22573.09	−739.88	2906.89	31.14
17	84538.26	22573.06	−740.77	3652.03	31.15
18	84538.43	22573.40	−740.63	3609.61	31.15
19	84538.14	22572.90	−740.66	3675.66	31.15
20	84537.99	22572.88	−740.77	3764.63	31.15
21	84521.60	22542.45	−754.92	6424.96	31.18
22	84524.71	22548.39	−717.74	6248.40	31.18
23	84522.71	22544.56	−741.69	6362.69	31.18
24	84362.97	22581.92	−927.67	虚数	虚数
25	84625.07	22516.70	−642.25	9098.09	31.18
26	84457.30	22562.36	−805.23	3669.13	31.16
27	84450.31	22565.92	−816.53	6975.88	31.19
28	84407.00	22580.17	−853.96	7290.24	31.18
29	84463.16	22562.89	−799.47	6855.74	31.19
30	84465.62	22563.11	−797.05	7817.42	31.19
31	84550.50	22574.05	−730.23	2902.22	31.13
32	84549.39	22572.84	−731.18	3112.07	31.14
33	84551.08	22574.63	−730.52	2780.63	31.13
34	84547.59	22574.17	−733.30	2818.76	31.13
35	84540.92	22573.27	−738.48	3502.81	31.15
36	84523.17	22544.75	−752.63	5866.74	31.18
37	84425.36	22433.48	−113.75	27134.54	31.19
38	84521.56	22542.92	−742.11	6780.39	31.18
39	84524.46	22554.18	−749.10	2798.12	31.14
40	84525.70	22563.21	−745.72	虚数	虚数
41	84523.65	22553.19	−743.94	3707.98	31.16
42	84523.92	22554.20	−748.75	3358.44	31.15
43	84524.47	22561.09	−745.92	虚数	虚数
44	84523.23	22553.36	−744.30	4044.57	31.16
45	84520.60	22554.37	−746.56	5716.48	31.18
46	84507.65	22532.81	−757.79	2990.64	31.15
47	84388.07	22440.75	−797.60	虚数	虚数

编号	x / m	y / m	z / m	v / (m/s)	t_{0T} /s
48	84506.45	22531.36	−748.39	4423.08	31.17
49	84545.24	22580.60	−738.35	2539.91	31.12
50	84538.71	22573.65	−740.52	3660.85	31.15
51	84529.03	22553.39	−744.04	2946.85	31.14
52	84533.29	22559.66	−737.81	虚数	虚数
53	84528.31	22552.55	−739.64	3710.69	31.16
54	84556.92	22548.60	−713.21	3727.31	31.15
55	86621.88	22220.33	1183.06	虚数	虚数
56	84548.38	22572.01	−731.60	2906.67	31.13
57	84521.13	22542.41	−754.20	6274.17	31.18
58	84527.05	22549.26	−716.25	6835.13	31.19
59	84523.00	22544.57	−742.23	6456.39	31.18
60	84476.78	22549.38	−769.79	虚数	虚数
61	84599.54	22530.09	−726.64	12300.98	31.20
62	84497.85	22549.33	−747.35	2380.94	31.12
63	84484.39	22550.62	−763.05	1864.91	31.09
64	83475.21	22776.21	−1006.22	虚数	虚数
65	84497.52	22550.20	−748.64	4097.15	31.16
66	84496.62	22552.62	−752.23	6894.21	31.19
67	84563.66	22583.64	−730.27	4241.03	31.15
68	84550.69	22571.06	−737.57	4950.41	31.17
69	84572.94	22592.35	−733.83	3271.65	31.13
70	84544.64	22576.14	−738.92	2967.52	31.13
71	84538.88	22573.32	−740.52	3667.54	31.15
72	84505.39	22541.20	−730.11	虚数	虚数
73	84569.03	22546.09	−827.48	15271.54	31.20
74	84513.61	22544.26	-724.85	1624.50	31.06
75	84665.83	22495.34	−507.55	虚数	虚数
76	84428.72	22575.61	−850.41	8791.13	31.20
77	84549.19	22573.10	−730.23	2734.15	31.12
78	84532.04	22554.94	−745.81	3588.94	31.16
79	84535.44	22558.84	−743.20	2150.71	31.12
80	84531.54	22554.38	−742.89	4027.42	31.16
81	84541.92	22555.93	−741.52	4412.52	31.17
82	84547.60	22556.35	−740.18	3994.08	31.16
83	84543.15	22565.02	−740.35	3830.68	31.16
84	84537.84	22557.93	−749.23	4581.37	31.17

表 4-5　事件 2 解析定位结果

编号	x/m	y/m	z/m	$v/(\text{m}/\text{s})$	t_{0T}/s
1	84485.21	22592.51	−689.18	虚数	虚数
2	84489.51	22573.86	−795.19	虚数	虚数
3	84489.75	22572.81	−801.18	虚数	虚数
4	84489.39	22574.37	−792.29	虚数	虚数
5	84487.89	22571.64	−804.50	虚数	虚数
6	84487.81	22572.22	−801.28	虚数	虚数
7	84487.67	22573.36	−795.00	虚数	虚数
8	84488.45	22572.41	−801.24	虚数	虚数
9	84490.24	22574.87	−790.94	2841.25	0.49
10	84483.55	22570.93	−801.48	虚数	虚数
11	84479.32	22553.78	−801.80	5104.13	0.52
12	84479.90	22557.59	−790.73	4730.03	0.52
13	84479.82	22557.04	−792.31	4785.22	0.52
14	84486.15	22567.25	−797.37	2752.19	0.49
15	84493.98	22582.68	−792.28	虚数	虚数
16	84481.39	22559.88	−792.31	4342.30	0.52
17	84490.96	22578.04	−805.47	虚数	虚数
18	84820.36	23264.66	−909.10	虚数	虚数
19	84481.52	22560.59	−792.90	3636.19	0.51
20	84480.22	22553.92	−787.35	8137.42	0.54
21	84479.12	22574.30	−806.06	虚数	虚数
22	84478.83	22573.43	−811.60	虚数	虚数
23	84479.41	22575.17	−800.45	虚数	虚数
24	84422.22	22576.70	−865.62	虚数	虚数
25	84502.59	22573.31	−781.49	927.96	0.33
26	84557.17	22568.92	−736.84	3421.30	0.49
27	84484.48	22572.67	−805.11	虚数	虚数
28	84467.90	22577.71	−808.05	4596.24	0.52
29	84500.82	22570.46	−786.32	虚数	虚数
30	84531.71	22569.62	−759.19	虚数	虚数
31	84479.18	22568.28	−804.81	2294.73	0.47
32	84478.88	22599.12	−811.20	虚数	虚数
33	84479.76	22559.69	−793.50	4359.95	0.52
34	84511.61	22563.49	−770.19	4000.47	0.51
35	84451.15	22545.06	−803.25	10616.54	0.55

续表

编号	x/m	y/m	z/m	$v/(\text{m/s})$	t_{0T}/s
36	84483.94	22570.65	−804.91	5179.89	0.52
37	84484.08	22573.08	−792.03	4752.00	0.52
38	84484.02	22572.03	−797.61	4941.86	0.52
39	84487.84	22572.90	−798.10	2643.60	0.48
40	84493.49	22576.16	−788.23	虚数	虚数
41	84486.20	22572.98	−795.45	3714.18	0.51
42	84489.06	22571.93	−804.38	虚数	虚数
43	84472.09	22567.67	−806.14	13226.43	0.55
44	84485.81	22572.68	−796.33	1338.06	0.41
45	84486.98	22573.58	−793.68	6172.13	0.53
46	84448.11	22439.86	−780.83	4559.66	0.53
47	84496.52	22616.57	−813.37	5380.75	0.52
48	84478.12	22551.01	−790.18	4720.68	0.52
49	84495.06	22597.08	−801.24	2116.61	0.46
50	84513.35	22650.25	−818.34	虚数	虚数
51	84480.40	22573.33	−805.75	2157.67	0.47
52	84464.79	22585.16	−809.47	虚数	虚数
53	84482.30	22573.20	−798.67	3729.60	0.51
54	84507.54	22571.76	−777.83	3628.61	0.50
55	84468.96	22575.17	−807.57	7742.59	0.54
56	84489.08	22609.21	−812.45	563.66	0.14
57	84262.70	22492.62	−803.05	虚数	虚数
58	84149.54	22441.81	−860.96	虚数	虚数
59	84365.01	22538.55	−750.69	虚数	虚数
60	84532.30	22589.19	−793.70	7870.67	0.54
61	84497.25	22576.63	−794.92	3160.12	0.49
62	84506.94	22579.42	−798.16	4946.84	0.52
63	84470.18	22565.42	−804.39	虚数	虚数
64	84514.43	22580.95	−804.67	3831.44	0.50
65	84499.38	22576.68	−799.23	虚数	虚数
66	84503.76	22578.27	−798.61	3429.86	0.50
67	84426.38	22538.83	−802.11	虚数	虚数
68	84505.59	22561.20	−801.65	8376.72	0.54
69	84477.10	22556.61	−791.33	4232.43	0.52
70	84499.01	22573.36	−796.35	4767.57	0.52
71	84521.39	22596.51	−807.05	虚数	虚数
72	84512.68	22586.96	−806.52	6962.92	0.53

编号	x / m	y / m	z / m	v / (m/s)	t_{0T} /s
73	84492.74	22579.44	−806.25	4205.22	0.51
74	84498.33	22581.23	−808.68	5163.36	0.52
75	84485.59	22583.89	−824.22	5467.75	0.53
76	84498.64	22579.85	−805.82	4106.86	0.51
77	84494.56	22576.86	−805.60	5010.84	0.52
78	84424.03	22549.52	−804.41	虚数	虚数
79	84502.94	22577.35	−805.07	7625.40	0.54
80	84474.75	22569.42	−793.96	2811.04	0.49
81	84498.44	22576.78	−797.05	4483.13	0.52
82	84523.31	22583.73	−804.36	虚数	虚数
83	84752.08	21056.01	−483.26	34502.91	0.53
84	84494.17	22579.15	−806.08	4832.75	0.52

表 4-6　事件 3 解析定位结果

编号	x / m	y / m	z / m	v / (m/s)	t_{0T} /s
1	84362.43	22722.34	−634.97	7529.42	45.23
2	84364.33	22683.26	−775.17	4873.68	45.22
3	84363.87	22692.62	−741.60	5624.84	45.23
4	84363.67	22696.85	−726.42	5933.46	45.23
5	84370.50	22556.33	−1230.43	虚数	虚数
6	84361.82	22720.16	−647.48	9664.50	45.24
7	84359.15	22710.53	−702.77	15989.01	45.25
8	84359.20	22710.73	−701.67	15887.48	45.25
9	84363.18	22725.06	−619.38	3308.89	45.19
10	84363.63	22693.54	−739.61	6568.85	45.23
11	84363.33	22697.88	−724.58	7165.64	45.24
12	84366.17	22656.07	−869.22	虚数	虚数
13	84358.63	22712.52	−698.48	16746.03	45.25
14	84364.73	22689.37	−748.64	虚数	虚数
15	84364.52	22694.20	−731.15	虚数	虚数
16	84357.78	22694.90	−719.73	7125.16	45.24
17	84356.47	22687.18	−743.55	7007.30	45.24
18	84356.63	22688.15	−740.56	7022.23	45.24
19	84317.20	22455.35	−1459.40	虚数	虚数
20	84360.47	22690.12	−742.50	6298.46	45.23

编号	x/m	y/m	z/m	$v/(\mathrm{m/s})$	t_{0T}/s
21	84359.55	22691.75	−734.70	6593.17	45.23
22	84402.08	22616.17	−1094.74	虚数	虚数
23	84354.95	22686.06	−743.96	7259.59	45.24
24	84492.15	22786.83	−707.78	虚数	虚数
25	84597.03	22985.54	−257.17	虚数	虚数
26	84356.29	22685.59	−746.32	5922.09	45.23
27	84356.48	22686.79	−742.90	6090.43	45.23
28	84353.77	22669.85	−791.32	2918.27	45.19
29	84362.90	22743.17	−645.79	23329.43	45.26
30	84355.95	22682.65	−751.46	3013.35	45.19
31	84356.13	22683.68	−748.25	3020.86	45.19
32	84354.63	22683.80	−747.84	5765.97	45.23
33	84347.84	22676.45	−754.06	5076.37	45.23
34	84349.17	22674.97	−762.43	4678.84	45.22
35	84354.29	22681.39	−751.99	3533.74	45.21
36	84363.64	22712.41	−680.79	7989.59	45.24
37	84364.77	22703.24	−723.08	8392.02	45.24
38	84364.43	22706.00	−710.34	8272.82	45.24
39	84360.52	22737.89	−563.30	6746.86	45.23
40	84364.06	22694.80	−737.79	6294.96	45.23
41	84363.93	22700.05	−720.79	6844.46	45.23
42	84364.92	22657.78	−857.66	虚数	虚数
43	84315.35	22118.26	−1742.96	虚数	虚数
44	84363.35	22686.42	−752.40	3005.04	45.19
45	84363.13	22690.42	−737.71	3444.33	45.20
46	84366.25	22701.31	−728.45	4639.40	45.22
47	84365.34	22705.17	−711.86	6020.98	45.23
48	84381.94	22634.56	−1015.11	虚数	虚数
49	84358.54	22711.33	−700.57	16605.01	45.25
50	84368.78	22698.02	−737.60	虚数	虚数
51	84367.75	22703.00	−715.85	虚数	虚数
52	84355.49	22669.41	−774.24	10500.16	45.25
53	84355.78	22670.26	−773.02	10387.29	45.25
54	84355.74	22670.31	−772.67	10411.15	45.25

编号	x / m	y / m	z / m	v / (m /s)	t_{0T} /s
55	84355.51	22669.69	−773.74	10552.82	45.25
56	84352.84	22680.15	−752.52	6305.91	45.23
57	84351.83	22677.16	−759.16	6126.50	45.23
58	84350.68	22673.72	−766.81	5913.53	45.23
59	84354.80	22683.94	−747.68	6693.52	45.23
60	84351.18	22676.93	−756.61	5958.05	45.23
61	84350.87	22674.95	−762.90	5930.65	45.23
62	84354.70	22682.59	−750.07	6304.09	45.23
63	84349.19	22675.39	−757.30	6309.46	45.23
64	84350.27	22674.19	−764.14	6027.13	45.23
65	84354.49	22679.52	−755.47	5319.33	45.23
66	84354.68	22683.05	−749.22	6104.47	45.23
67	84349.61	22675.06	−758.30	6644.33	45.24
68	84350.37	22674.12	−764.30	6137.85	45.23
69	84354.36	22680.75	−753.17	4228.35	45.22
70	84355.42	22670.54	−772.18	10210.00	45.25
71	84358.30	22704.33	−701.72	7166.33	45.24
72	84356.79	22697.74	−726.15	7028.74	45.24
73	84357.30	22699.97	−717.89	7075.55	45.24
74	84380.87	22802.83	−336.70	8974.28	45.21
75	84361.07	22694.64	−735.49	6217.98	45.23
76	84359.91	22698.69	−721.39	6630.37	45.23
77	84374.36	22648.17	−897.46	虚数	虚数
78	84346.17	22705.43	−702.97	8720.12	45.24
79	84375.87	22683.94	−767.78	1246.90	45.08
80	84376.15	22690.73	−743.15	2463.00	45.18
81	84356.57	22696.59	−728.26	5547.91	45.23
82	84357.19	22699.33	−718.85	6170.35	45.23
83	84350.85	22670.86	−816.39	虚数	虚数

表 4-7 事件 1 的 X 坐标比较

序号	分布函数	Kolmogorov Smirnov		Anderson Darling		Chi-Squared	
		统计量	排序	统计量	排序	统计量	排序
1	Log-Logistic	0.32655	2	19.0560	2	189.180	4
2	Log-Logistic (3P)	0.26291	1	9.4155	1	72.167	3
3	Logistic	0.38485	3	20.1460	3	25.778	1
4	Normal	0.39283	4	23.0840	4	28.003	2

表 4-8 事件 1 的 *Y* 坐标比较

序号	分布函数	Kolmogorov Smirnov		Anderson Darling		Chi-Squared	
		统计量	排序	统计量	排序	统计量	排序
1	Log-Logistic	0.33677	4	13.4020	4	95.800	4
2	Log-Logistic(3P)	0.17754	1	3.7403	1	6.750	1
3	Logistic	0.29306	2	9.7401	2	78.675	3
4	Normal	0.30459	3	11.2840	3	63.57	2

表 4-9 事件 1 的 *Z* 坐标比较

序号	分布函数	Kolmogorov Smirnov		Anderson Darling		Chi-Squared	
		统计量	排序	统计量	排序	统计量	排序
1	Log-Logistic(3P)	0.26106	1	9.7356	1	135.63	1
2	Logistic	0.42814	2	20.91	2	275.49	2
3	Normal	0.42962	3	23.582	3	325.32	3
4	Log-Logistic			—			

表 4-10 TDAS-UVS-PDF 的定位结果

事件序号	TDAS-UVS				爆破坐标		
	x/m	y/m	z/m	D/m	x/m	y/m	z/m
1	84525	22556.1	−750	4.70	84528.4	22556.2	−753.2
2	84483	22571.0	−805	10.26	84479.0	22570.0	−814.4
3	84357	22686.0	−775	24.65	84359.0	22673.0	−795.5
平均值	13.20						

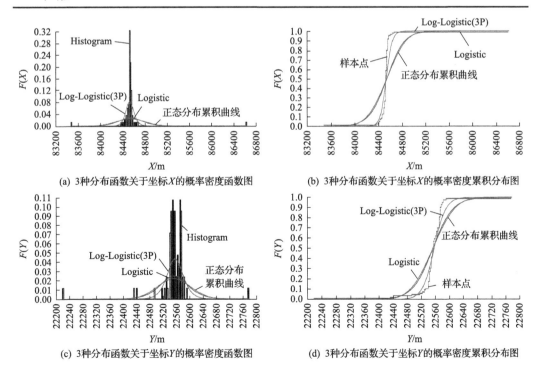

(a) 3种分布函数关于坐标X的概率密度函数图

(b) 3种分布函数关于坐标X的概率密度累积分布图

(c) 3种分布函数关于坐标Y的概率密度函数图

(d) 3种分布函数关于坐标Y的概率密度累积分布图

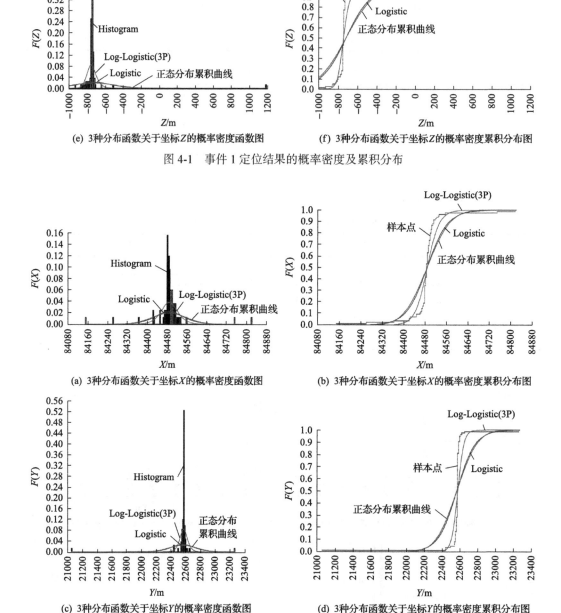

(e) 3种分布函数关于坐标Z的概率密度函数图　　　(f) 3种分布函数关于坐标Z的概率密度累积分布图

图 4-1　事件 1 定位结果的概率密度及累积分布

(a) 3种分布函数关于坐标X的概率密度函数图　　　(b) 3种分布函数关于坐标X的概率密度累积分布图

(c) 3种分布函数关于坐标Y的概率密度函数图　　　(d) 3种分布函数关于坐标Y的概率密度累积分布图

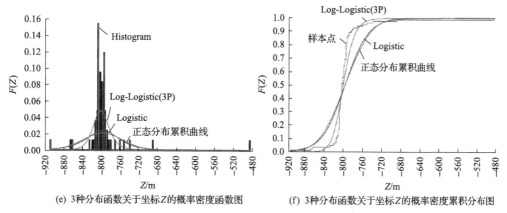

(e) 3种分布函数关于坐标Z的概率密度函数图　　(f) 3种分布函数关于坐标Z的概率密度累积分布图

图 4-2　事件 2 定位结果的概率密度及累积分布

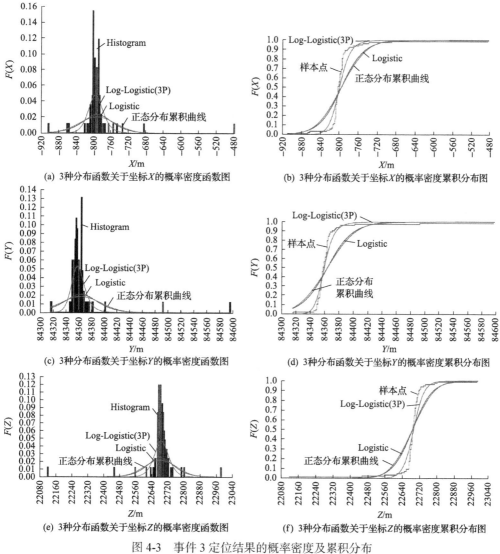

(a) 3种分布函数关于坐标X的概率密度函数图　　(b) 3种分布函数关于坐标X的概率密度累积分布图

(c) 3种分布函数关于坐标Y的概率密度函数图　　(d) 3种分布函数关于坐标Y的概率密度累积分布图

(e) 3种分布函数关于坐标Z的概率密度函数图　　(f) 3种分布函数关于坐标Z的概率密度累积分布图

图 4-3　事件 3 定位结果的概率密度及累积分布

4.3 解析解和迭代协同定位法

在进行声发射源定位时，如果传感器记录到不同误差尺度的异常到时，就会导致定位结果与真实坐标之间存在较大误差，为了解决这一问题，可以使用在输入数据准确的情况下具有高精度稳定解的解析解定位方法来消除异常到时，然后再使用无需预先测量波速的迭代定位方法来削弱由动态波速引起的误差。基于此下面介绍一种结合多传感器到时和实时平均波速反演的解析迭代协同定位方法（collaborative localization method using analytical and iterative solutions，CLMAI），以寻求最优定位结果[10]，CLMAI 的流程如图 4-4 所示。

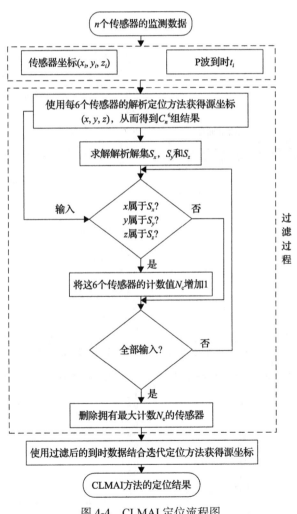

图 4-4 CLMAI 定位流程图

4.3.1　基本原理

1. 用解析解方法过滤异常到时

1) 逻辑函数的拟合

解析解定位法原理见 4.2.1 节，在此不再赘述。为了提高微震监测的精度和监测范围的广度，实际工程中监测传感器的数量通常大于 6 个。然而，随着传感器的增加，异常到时产生的可能性明显增加。在获得 6 个以上传感器的解析解后，可以开发异常到时的过滤方法。

设传感器的数量为 $n(n>6)$。通过从 n 个传感器中随机选择 6 个传感器，使用解析解定位法可以获得各组定位结果。然后，应用概率密度函数来拟合所有解析解组的坐标。对应于概率密度函数最大值的横坐标正是要求解的坐标。概率密度函数和累积分布函数分别如下：

$$f_L\left(x,\mu,s\right)=\frac{\mathrm{e}^{\frac{x-\mu}{s}}}{s\left(1+\mathrm{e}^{-\frac{x-\mu}{s}}\right)^2} \tag{4-46}$$

$$F_L\left(x,\mu,s\right)=\frac{1}{1+\mathrm{e}^{\frac{x-\mu}{s}}} \tag{4-47}$$

式中：μ 为 x 的平均值；s 为与 x 的标准差 σ 相关的标度参数。

此外，参数 σ 和 s 之间的关系如下：

$$s=\frac{\sqrt{3}\sigma}{\pi} \tag{4-48}$$

由于这组解析解已经通过概率密度函数进行了拟合，因此可以得到 F_X、F_Y 和 F_Z 的累积分布函数。

2) 控制值的选择

由于正常定位结果与异常到时的解析定位结果存在很大偏差，因此可以通过 F_X、F_Y 和 F_Z 来过滤异常到时。解集 S_x、S_y 和 S_z 可以通过将几个控制值 $(a,1-a)$ 添加到 F_X、F_Y 和 F_Z 中获得，从而确定定位结果是否由异常到时引起，其中：

$$S_x=\left\{x\middle|F_X\left(x\right)<a\ \bigcup\ F_X\left(x\right)>1-a\right\} \tag{4-49}$$

$$S_y=\left\{y\middle|F_Y\left(y\right)<a\ \bigcup\ F_Y\left(y\right)>1-a\right\} \tag{4-50}$$

$$S_z=\left\{z\middle|F_Z\left(Z\right)<a\ \bigcup\ F_Z\left(Z\right)>1-a\right\} \tag{4-51}$$

如果 $x\in S_x$ 或 $y\in S_y$ 或 $z\in S_z$，则定位结果 (x,y,z) 被标记为异常定位结果。然后将

获得异常定位结果的 6 个传感器的计数值(N_c)分别增加 1。对于所有的定位结果组，计数值最大的传感器的到时被定义为异常到时，因为它对定位精度有最大的负面影响。

可以看出，控制值 $(a, 1-a)$ 的确定是影响过滤方法正确性和准确性的最关键因素。如图 4-5 所示，灰色竖线区域是对应于控制值 $(a, 1-a)$ 的 S_x。控制值 $(a, 1-a)$ 的确定应确保过滤的到时是事件的异常到时(即使用异常到时的定位结果应占灰色竖线区域的大部分)。如果灰色竖线区域太小(即 a 很小)，则灰色竖线区域中的定位结果数量很少，以至于有许多传感器具有相同的最大计数值 N_c，因此无法过滤异常到时。相反，如果灰色竖线区域太大(即 a 大)，则计数值最大的传感器的到时可能不是异常到时(原因是该区域有大量的正确定位结果)。为获得合适的控制值，使用 1000 组具有不同对控制值的定位实例进行综合测试。

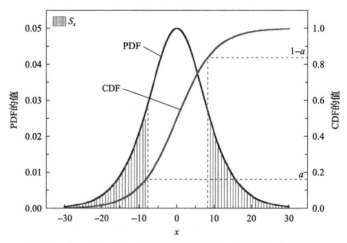

图 4-5　概率密度函数(PDF)和对应的累积分布函数(CDF)

将 15 个传感器布置在 1000m×1000m×1000m 的立方阵列里，传感器的坐标分别为 $A(0,0,0)$，$B(120,360,540)$，$C(450,620,870)$，$D(510,630,740)$，$E(960,760,130)$，$F(540,460,0)$，$G(730,450,630)$，$H(200,300,100)$，$I(300,400,500)$，$J(950,20,480)$，$K(560,290,780)$，$L(740,860,600)$，$M(400,600,800)$，$N(710,630,380)$，$O(340,0,0)$。

计算机随机产生 1000 个随机源，通过将波速设置为 5000m/s，可以获得每个传感器对应的到时。此外，选择一个随机传感器 Serr，通过增加 1% 的误差将传感器 Serr 的到时设置为异常到时(terr)。将 0.01%~0.05% 的随机误差加入到其他传感器的到时中，以模拟小的系统拣选误差。如果过滤后的到时信息恰好是最初设置的，那么证明异常到时信息已经被成功过滤。表 4-11 列出了 1000 组实例的统计结果。

表 4-11　1000 组实例的统计结果

条目	CDF 的控制值						
	0.05,0.95	0.1,0.9	0.15,0.85	0.2,0.8	0.25,0.75	0.3,0.7	0.35,0.65
精度/%	95.3	96.4	98.3	98.9	98.9	97.3	95.6
时间/s	120.909	123.276	122.203	121.860	123.382	122.998	127.443

可以看出，控制值(0.2,0.8)过滤异常到时的准确率最高且所用时间最短。因此，选择(0.2,0.8)作为 F_X，F_Y 和 F_Z 的控制值。

2. 使用正常到时的迭代定位方法

迭代定位方法的原理见 4.1.1 节，在此不再赘述。为了阐明传统需要预先测量波速的定位方法(localization methods with the need of premeasuned wave velocity, LM-PV)、TD、CLMAI 之间的区别，表 4-12 列出了三种方法的特点、优点和缺点。

表 4-12　LM-PV、TD 和 CLMAI 方法的特点、优点和缺点

方法	已知参数	未知参数	优点	缺点
LM-PV	传感器坐标； P 波到时； 波速	源坐标； 初始时间	—	预先测波速和异常到时引起的定位误差
TD	传感器坐标； P 波到时	源坐标； 初始时间； 平均波速	减弱由预先测量的波速引起的定位误差	异常到时引起的定位误差
CLMAI	传感器坐标； P 波到时	源坐标； 初始时间； 平均波速	消除了预先测量波速和异常到时的影响	—

4.3.2　试验

使用永沙坝煤矿的爆破数据验证 CLMAI 方法的有效性。爆炸发生在 2013 年 8 月 20 日至 8 月 22 日的永沙坝煤矿，IMS 微震监测系统(32 通道)共记录了 8 次爆炸。表 4-13 列出了 8 次爆炸的时间和坐标，以及每次测试对应的触发传感器数量。

表 4-13　8 次爆炸的时间、坐标和触发传感器数量

序号	时间	坐标			触发传感器数量
		x/m	y/m	z/m	
1	2013 年 8 月 20 日 15 时 25 分	2997760	381683	1107	11
2	2013 年 8 月 20 日 15 时 38 分	2997405	381653	1099	19
3	2013 年 8 月 21 日 15 时 5 分	2996224	381194	1014	14
4	2013 年 8 月 21 日 15 时 26 分	2997777	381684	1107	19
5	2013 年 8 月 22 日 16 时 1 分	2997036	381503	1028	15
6	2013 年 8 月 22 日 16 时 17 分	2997278	381590	1053	17
7	2013 年 8 月 22 日 17 时 9 分	2997584	381526	1044	12
8	2013 年 8 月 22 日 17 时 20 分	2998029	381442	1017	13

4.3.3　试验结果分析

1. 对爆炸事件异常到时的过滤

对于监测数据，使用基于 DWT 和 STA/LTA 的改进峰度法采集每个触发传感器对应的 P 波到时[11,12]。然后，使用触发传感器的到时和坐标来求解所有的解析解。应用概率密度函数来拟合坐标 x、y 和 z，8 次爆炸的定位结果和误差见表 4-14。很明显，真实坐标和定位结果之间的误差很大，其中最大绝对距离误差达到了 2013.05m。这是因为使用了包括异常到时的到时信息，直接影响了定位精度。因此，识别和过滤异常到时对于矿井中的声发射定位具有重要意义。基于 4.3.1 节提出的过滤方法，将概率密度函数与解析解相结合，对异常定位结果进行过滤。然后，通过解析解定位方法，可以得到过滤异常定位结果后的定位结果。表 4-15 列出了过滤异常定位结果后使用解析解定位方法的定位结果和误差。

表 4-14　未过滤异常到时的定位结果

序号	定位结果			定位误差			
	x/m	y/m	z/m	x_{eer}/m	y_{eer}/m	z_{eer}/m	D_{eer}/m
1	2997761.16	381904.51	477.76	1.16	221.51	629.24	667.09
2	2997564.63	381754.17	532.25	159.63	101.17	566.75	597.43
3	2996228.96	381236.41	931.26	4.96	42.41	82.74	93.11
4	2997794.53	381854.90	313.70	17.53	170.90	793.30	811.69
5	2997040.87	383515.52	981.97	4.87	2012.53	46.03	2013.05
6	2997230.21	381541.88	1213.42	47.79	48.12	160.42	174.17
7	2997612.61	381708.85	565.17	28.61	182.85	478.83	513.35
8	2997822.10	381533.17	392.69	206.90	91.17	624.31	663.99

表 4-15　过滤异常定位结果后的定位结果

序号	定位结果			定位误差			
	x/m	y/m	z/m	x_{eer}/m	y_{eer}/m	z_{eer}/m	D_{eer}/m
1	2997750.11	381803.68	714.85	9.89	120.69	392.10	410.42
2	2997385.23	381517.78	1194.40	19.77	135.22	95.40	166.66
3	2996227.77	381204.21	970.01	3.77	10.21	43.99	45.32
4	2997760.88	381696.28	716.12	16.12	12.28	390.88	391.40
5	2997054.29	382016.60	964.22	18.29	513.60	63.78	517.87
6	2997249.67	381521.02	1124.63	28.33	68.98	71.63	103.40
7	2997627.32	381621.10	736.49	43.32	95.10	307.51	324.78
8	2997858.55	381498.96	1042.15	170.45	56.96	25.15	181.47

通过表 4-14 和表 4-15 对比，发现定位精度明显得到了提高。例如，5 号爆破点的绝对距离误差从 2013.05m 降低到 517.87m，3 号爆破点的绝对距离误差从 93.11m 降低到 45.32m。图 4-6 显示了 6 号和 8 号爆破点使用概率密度函数的拟合图。可以看出，过滤后曲线的拟合精度优于过滤前曲线。

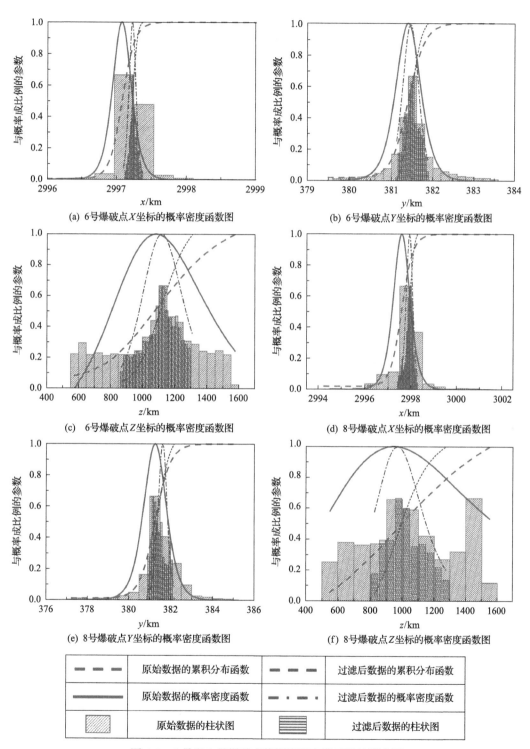

(a) 6号爆破点X坐标的概率密度函数图　　　　(b) 6号爆破点Y坐标的概率密度函数图

(c) 6号爆破点Z坐标的概率密度函数图　　　　(d) 8号爆破点X坐标的概率密度函数图

(e) 8号爆破点Y坐标的概率密度函数图　　　　(f) 8号爆破点Z坐标的概率密度函数图

图 4-6　6 号和 8 号爆破点使用概率密度函数的拟合图

　　因此，通过对异常到时的过滤，可以有效提高定位精度。可以注意到解析解定位方法的定位误差仍然很大，因为每次计算中仅考虑 6 个传感器。由于地下开采岩体结构复杂，P 波传播路径并不是直线，导致定位误差较大。考虑到多传感器的特点，迭代定位方法具有在整个范围内寻求最优结果的特点，因此可以用来减小定位误差。

　　如前所述，解析解不仅满足包括 $F_x < 0.2$ 或 $F_x > 0.8$，$F_y < 0.2$ 或 $F_y > 0.8$ 以及 $F_z < 0.2$ 或 $F_z > 0.8$ 的不等式，而且可以获得属于 C_n^6 组的定位结果。在这些定位结果中，可以识别每次爆破试验计数值 N_c 最大的传感器。表 4-16 列出了 8 次爆炸的 28 个传感器的计数。

表 4-16　8 次爆炸中 28 个传感器的计数值

No.	8 次爆炸事件							
	1	2	3	4	5	6	7	8
S_1			105					
S_2			134		100			
S_3		2281	75	4536	89	518		
S_4	57	2147	140	3406	84	402		439
S_5		1910	141	3256	99	448		
S_6		1861		3204	99	398	44	316
S_7		1881		3094	121	360	37	
S_8		1875	**201**	2974	141	343	39	388
S_9	31	1769		2781	142	296	47	380
S_{10}	44	1730		2644	125	282	48	367
S_{11}	38			3080				
S_{12}	43	2442		2925			39	
S_{13}		1811		3446			24	
S_{14}		1982				441		
S_{15}	54	1841	103	3530	101	451	40	368
S_{16}	38	1528	99	3579	131	514	29	371
S_{17}		1460	72	**5310**	123	568		**661**
S_{18}				**147**				
S_{19}			94					
S_{20}								
S_{21}			81					
S_{22}			94					
S_{23}								345
S_{24}	46	2108		2855		421	**59**	354
S_{25}	45	**4314**		3034		387	32	361
S_{26}	44	2540		3144	100	420	48	357
S_{27}		2699	113	4599	108	591		
S_{28}	**76**	2879	78	5197		**612**		441

　　很明显，具有对应于 1～8 号爆破点的最大计数值的传感器分别是 S_{28}、S_{25}、S_8、S_{17}、S_{18}、S_{28}、S_{24} 和 S_{17}。

2. 验证过滤的异常到时

为了进一步验证从上述解析解方法中过滤的异常到时，使用留一法交叉验证对过滤结果进行验证。首先，通过 TD 方法对 8 次爆炸进行定位，每个定位过程只保留一个到时点。将需要求解的声发射源记为 O，因此，可以求解每个传感器和源 O 之间的距离 d，以及信号从源 O 到每个传感器的传播时间 t。对于具有 n 个触发传感器的爆破试验，有 $n(n-1)$ 组距离 d 和行进时间 t 的数据。图 4-7 为 8 次爆炸的距离 d 和传播时间 t 的线性拟合图。

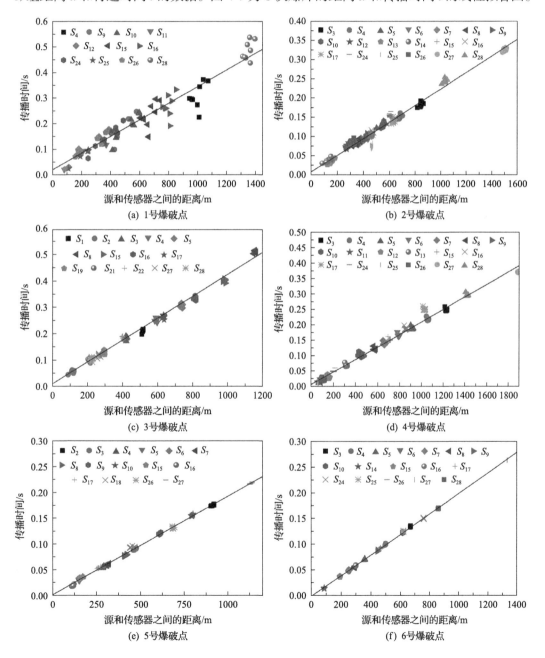

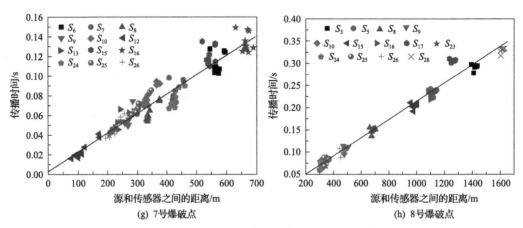

(g) 7号爆破点　　　　　　　　　　　　(h) 8号爆破点

图 4-7　8 次爆炸的距离 d 和传播时间 t 的拟合图

(a)～(h)为 1 号至 8 号爆破点的线性拟合结果；符号代表未过滤的传感器；异常到时的特征表示
拟合线和点之间距离较大的离散点

　　从图 4-7 可以清楚地看到，对应于 2 号、3 号、4 号、5 号和 8 号爆破点的传感器 S_{25}、S_8、S_{17}、S_{18} 和 S_{17} 的到时偏离拟合线，这表明传感器 S_{25}、S_8、S_{17}、S_{18} 和 S_{17} 的到时是异常到时。使用解析解和概率密度函数得到的结果与前节的过滤结果一致。

　　对于 1 号和 7 号爆破点，由于触发传感器的数量较少，很难从图 4-7 中确定记录异常到时的传感器，这意味着异常到时的存在对 TD 方法的定位结果有很大影响。此外，图 4-7 中的偏差点出现在传感器记录的异常到时被消除的情况下。在这种情况下，可以绘制另一种 d-t 图，如图 4-8 所示，其中符号代表被移除的传感器。从图 4-8 中可以清楚地看到，1 号爆破点的 S_{28} 传感器和 7 号爆破点的 S_{10} 传感器是记录异常到时的传感器，这也符合前面使用所提出的过滤方法的过滤结果。

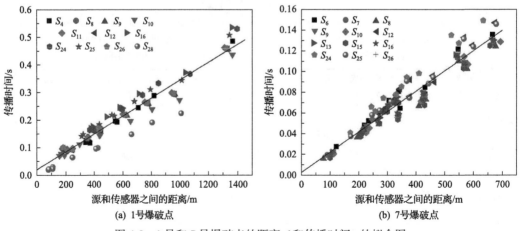

(a) 1号爆破点　　　　　　　　　　　　(b) 7号爆破点

图 4-8　1 号和 7 号爆破点的距离 d 和传播时间 t 的拟合图

3. 使用 CLMAI 方法的定位结果

8 次爆炸的数据被用来验证所提出的 CLMAI 方法的有效性。表 4-17 列出了使用 CLMAI 方法定位的结果和误差。为了与 LM-PV 和 TD 方法的定位精度相比较，LM-PV 和 TD 的定位结果和误差也分别列于表 4-18 和表 4-19。结果表明，CLMAI、LM-PV 和 TD 方法的平均绝对距离误差分别为 39.82m、147.47m 和 69.87m，最大绝对距离误差分别为 65.87m、297.38m 和 126.63m。在平均绝对距离误差或最大绝对距离误差方面，CLMAI 方法的定位误差明显较小。毫无疑问，该方法优于 LM-PV 和 TD 方法，通过消除预先测量的波速和异常到时的影响，可以显著提高定位精度。

表 4-17　CLMAI 方法

序号	定位结果			定位误差			
	x/m	y/m	z/m	x_{eer}/m	y_{eer}/m	z_{eer}/m	D_{eer}/m
1	2997760.88	381645.90	1119.49	0.88	37.10	12.49	39.15
2	2997370.70	381629.61	1058.48	35.30	23.39	40.52	58.61
3	2996228.42	381193.99	948.28	4.42	0.01	65.72	65.87
4	2997794.69	381660.58	1109.92	17.69	23.42	2.92	29.50
5	2997034.72	381514.83	1029.39	2.28	11.83	1.39	12.12
6	2997260.36	381542.21	1064.24	17.64	47.79	11.24	52.17
7	2997584.77	381503.16	1069.62	0.77	22.84	25.62	34.33
8	2998041.09	381421.84	1029.95	12.09	20.16	12.95	26.84
平均值							39.82

表 4-18　LM-PV 方法

序号	定位结果			定位误差			
	x/m	y/m	z/m	x_{eer}/m	y_{eer}/m	z_{eer}/m	D_{eer}/m
1	2997787.50	381647.52	1103.11	27.50	35.48	3.89	45.06
2	2997401.47	381672.33	961.53	3.53	19.33	137.47	138.87
3	2996264.64	381116.99	1092.55	40.64	77.01	78.55	117.27
4	2997764.13	381679.28	1065.29	12.87	4.72	41.71	43.90
5	2997054.39	381640.87	773.06	18.39	137.87	254.94	290.41
6	2997238.55	381480.99	1212.02	39.45	109.01	159.02	196.79
7	2997556.20	381494.89	1071.75	27.75	31.11	27.75	50.10
8	2998066.18	381292.51	1271.37	37.18	149.49	254.37	297.38
平均值							147.47

表 4-19　TD 方法

序号	定位结果			定位误差			
	x/m	y/m	z/m	x_{eer}/m	y_{eer}/m	z_{eer}/m	D_{eer}/m
1	2997751.62	381572.35	1046.00	8.38	110.65	61.00	126.63
2	2997400.23	381583.54	1167.06	4.77	69.46	68.06	97.36
3	2996223.97	381224.40	903.20	0.03	30.40	110.80	114.89
4	2997795.43	381660.84	1109.80	18.43	23.16	2.80	29.73
5	2997038.27	381525.52	1010.87	2.27	22.52	17.13	28.39
6	2997248.65	381551.37	1029.91	17.13	29.35	38.63	53.73
7	2997613.93	381499.64	1099.05	29.93	26.36	55.05	67.98
8	2998029.58	381435.72	1056.71	0.58	6.28	39.71	40.21
平均值							69.87

4.4　速度区间变窄的多步源定位法

　　TD 方法在定位过程中没有约束速度值,这意味着计算过程中使用的速度值仅满足大于 0 这一条件。因此,TD 方法存在以下两个方面的缺陷:一是大范围的速度值将导致很长的计算时间;二是获得的定位结果可能是局部最优,而不是全局最优。为了解决上述问题,研究使用 TD 方法获得通过多步定位不断缩小和优化用于定位的速度区间,当速度差小于阈值时,确定最佳速度区间。然后,利用 TD 方法获得与该速度区间相对应的具有更高精度的最优定位结果。在此基础上,基于到达时间差模型的定位函数,提出一种无需预先测波速的速度区间变窄的多步源定位方法(multi-step source localization method, MLM)[13]。MLM 的定位流程如图 4-9 所示。

4.4.1　基本原理

　　在许多实际应用中,监测区域内大量微震源需要同时定位。并且由于传播介质通常是非均质的,不同微震源触发的 P 波传播路径不同,因此声波平均传播速度必然存在差异。由于 P 波速度间隔的不准确性,只执行一次时差定位算法会严重影响定位精度。因此,应通过多次执行 TD 方法来优化 P 波速度区间,以提高在非均匀传播介质中的定位精度,优化方法总结如下。

　　根据 P 波速度和传播介质的特点,在第一次定位过程中速度区间设置为 $[v_{\min}^0, v_{\max}^0]$,其中 $v_{\min}^0$ 和 $v_{\max}^0$ 分别为下限和上限。例如,在砖石结构建筑中,速度区间可以设置为[1, 5000]。如前所述,可以很容易地获得不同微震源的震源坐标 (x_0, y_0, z_0) 和相应的平均波速值。然后,我们可以在第一次定位过程得到的所有速度值中找到最小速度值 $v_{\min}^1$ 和最大速度值 $v_{\max}^1$,如下所示:

$$\begin{cases} v_{\min}^1 = I\left[f(x,y,z,v)\right], & v \in [v_{\min}^0, v_{\max}^0] \\ v_{\max}^1 = I\left[f(x,y,z,v)\right], & v \in [v_{\min}^0, v_{\max}^0] \end{cases} \tag{4-52}$$

式中：I 为用于求解速度值和源坐标的反演函数。

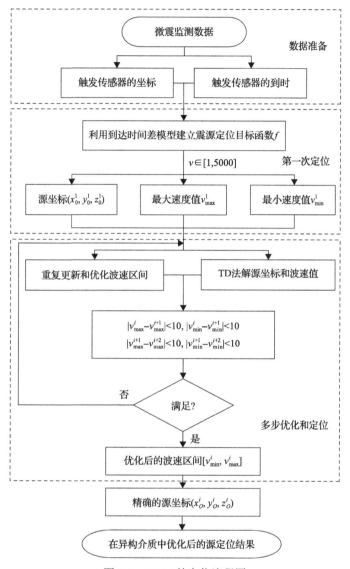

图 4-9　MLM 的定位流程图

因此，可以求得最大速度值 $v_{\max}^{1}$ 和最小速度值 $v_{\min}^{1}$，并选择其作为第二次定位过程中速度区间 $[v_{\min}^{1}, v_{\max}^{1}]$ 的上限和下限。类似地，最大速度值 $v_{\max}^{2}$ 和最小速度值 $v_{\min}^{2}$ 也可以从第二次定位中获得

$$\begin{cases} v_{\min}^{2} = I\left[f(x,y,z,v)\right], & v \in [v_{\min}^{1}, v_{\max}^{1}] \\ v_{\max}^{2} = I\left[f(x,y,z,v)\right], & v \in [v_{\min}^{1}, v_{\max}^{1}] \end{cases} \tag{4-53}$$

得到的结果可以补充第三次定位过程中的速度区间 $[v_{\min}^{2}, v_{\max}^{2}]$。通过使用 TD 方法重复上述定位过程，可以缩小和优化速度区间，直到满足以下条件：

$$\begin{cases} \left| v_{max}^{i} - v_{max}^{i+1} \right| < 10, & \left| v_{min}^{i} - v_{min}^{i+1} \right| < 10 \\ \left| v_{max}^{i+1} - v_{max}^{i+2} \right| < 10, & \left| v_{min}^{i+1} - v_{min}^{i+2} \right| < 10 \end{cases} \tag{4-54}$$

式中：阈值为 10m/s。最大速度值 v_{max}^{i} 和最小速度值 v_{min}^{i} 恰好是异构传播介质中优化速度区间 $[v_{min}^{i}, v_{max}^{i}]$ 的上限和下限。此时，可以认为 P 波速度区间的优化过程已经完全结束。并且与其他速度区间的结果相比，该速度区间对应的定位结果是最准确的。因此，通过缩小和优化速度区间，可以大大提高定位精度。

4.4.2 试验

微震源定位试验在贵州省开阳县的一座建在山坡上的建筑物中进行。试验建筑为表面覆盖瓷砖的砌体结构，主要由砖和混凝土组成，由于传播介质、混凝土厚度和砌体结构本身的差异导致 P 波在各个方向上的传播速度不同。建筑内布置了 1 个 8 通道便携式微震监测系统，该系统由 6 个传感器、1 个数据采集系统和 1 台分析计算机组成。测试建筑物的简化模型如图 4-10 所示，其中三角形和球体分别表示传感器和微震源。传感器 S_1 和 S_3 分别布置在 3 楼和 4 楼之间以及 4 楼和 5 楼之间的楼梯上。传感器 S_2 和 S_6 布置在第 4 层，传感器 S_4 和 S_5 布置在第 3 层。随机选取 25 个点作为微震源进行定位。表 4-20 列出了传感器 S_1 至 S_6 的坐标。考虑到砌体结构建筑的构件，初始速度区间设定为[1, 5000]，只要得到触发传感器的坐标和到达时间，就可以用 TD 方法求解定位结果。表 4-21 列出了真实坐标、定位结果和误差以及第一次定位过程中选定微震源的速度值。

由于定位结果、误差及波速值已经求解，所以可以在第一次定位过程中找到最小速度值 v_{min}^{1} 和最大速度值 v_{max}^{1}，分别为 183.2m/s 和 1590.8m/s，并将其用作第二次定位过程中速度区间的上下限。类似地，定位结果、定位误差、最小波速和最大波速可以用于后续定位过程的 TD 方法来获得，直到速度差小于阈值 10m/s。表 4-22 列出了从第 1 次到第 11 次定位过程的速度值和平均值。图 4-11 显示了所有 11 次定位过程的最小波速、最大波速、平均波速和平均定位误差的变化和比较。

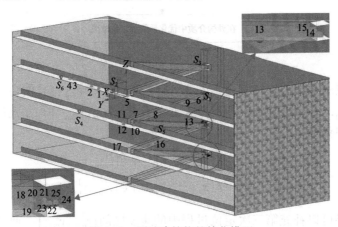

图 4-10　测试建筑物的简化模型

表 4-20　传感器 S_1 至 S_6 的坐标

传感器	坐标/m		
	x	y	z
S_1	−0.500	−5.861	−1.706
S_2	2.490	0	0
S_3	1.310	−4.750	1.530
S_4	7.978	1.009	−3.278
S_5	−5.162	−0.141	−3.278
S_6	11.002	0.966	0

表 4-21　每个声发射源的源坐标、首次定位结果、波速和误差

序号	源坐标/m			定位结果/m			波速/(m/s)	定位误差/m		
	x	y	z	x	y	z		x	y	z
1	4.500	0	0	4.646	1.956	1.500	1325.2	0.146	1.956	1.500
2	5.500	0	0	5.284	0.712	1.500	1048.6	0.216	0.712	1.500
3	7.475	1.103	1.100	6.727	−2.134	1.479	353.9	0.748	3.237	0.379
4	10.003	−0.500	0	7.491	−2.883	1.384	183.2	2.512	2.383	1.384
5	0	−1.500	0	2.398	−2.657	−0.250	1590.8	2.398	1.157	0.250
6	1.000	−5.811	−1.706	−0.602	−12.71	−5.497	1138.5	1.602	6.903	4.241
7	2.458	−1.711	−2.943	0.071	−3.766	−7.674	1169.1	2.387	1.995	4.731
8	2.458	−4.071	−2.476	1.185	−3.264	−6.944	637.4	1.273	0.423	4.468
9	2.458	−4.071	−1.879	0.701	−5.706	−4.767	1187.4	1.757	1.635	2.888
10	−0.514	−0.481	−3.278	0.121	0.473	−9.464	795.7	0.635	0.954	6.186
11	1.278	−1.141	−3.278	0.439	−1.082	−8.939	618.3	0.839	0.059	5.661
12	−0.014	0.519	−3.278	0.849	0.940	−9.850	665.0	0.863	0.421	6.572
13	1.288	−3.371	−4.364	0.253	−2.525	−10.00	883.0	1.035	0.846	5.636
14	1.608	−4.851	−4.836	−1.904	−8.946	−9.319	1369.4	3.512	4.095	4.483
15	2.508	−4.551	−4.836	2.205	−4.296	−4.615	1021.0	0.303	0.255	0.221
16	2.508	−1.971	−5.900	1.091	−2.223	−6.364	808.6	1.417	0.252	0.464
17	1.278	−0.544	−6.375	1.149	−1.859	−6.336	579.6	0.129	1.315	0.039
18	1.938	−6.584	−8.065	−1.984	3.000	−2.820	498.3	3.922	9.584	5.245
19	1.338	−6.566	−8.065	−1.453	−10.62	−9.706	798.0	2.791	4.056	1.641
20	1.938	−7.124	−8.065	2.319	−5.596	−3.759	750.1	0.381	1.528	4.306
21	1.338	−8.254	−8.065	3.558	−7.472	−4.775	490.6	2.220	0.782	3.29
22	1.278	−8.254	−8.065	1.768	−6.343	−10.00	764.3	0.490	1.911	1.935
23	1.278	−8.104	−8.065	−0.467	−5.237	−5.174	778.3	1.745	2.867	2.891
24	0.618	−10.23	−8.065	3.547	−9.047	−8.120	627.8	2.929	1.187	0.055
25	1.278	−10.23	−8.065	0.425	−8.983	−9.839	768.5	0.853	1.251	1.744

表 4-22　每个定位过程的速度值和平均定位误差

定位过程	波速/(m/s)			平均定位误差/m			误差平均值/m
	v_{min}	v_{max}	v_{ave}^1	x	y	z	
1st	183.2	1590.8	834.0	1.484	2.071	2.870	2.142
2st	220.2	1577.2	783.5	1.567	2.122	3.023	2.237
3st	301.0	1533.9	800.5	1.493	2.109	3.026	2.209
4st	420.5	1483.2	854.9	1.511	2.206	2.986	2.174
5st	448.5	1475.7	863.6	1.427	2.037	2.885	2.116
6st	477.2	1474.3	854.3	1.428	2.071	2.827	2.109
7st	520.8	1468.5	846.5	1.423	1.978	2.970	2.124
8st	535.8	1459.3	859.6	1.576	1.800	2.908	2.095
9st	572.1	1433.2	869.4	1.465	1.750	2.902	2.039
10st	577.3	1424.9	863.5	1.534	1.802	2.837	2.058
11st	580.0	1420.2	882.9	1.566	2.068	2.780	2.138

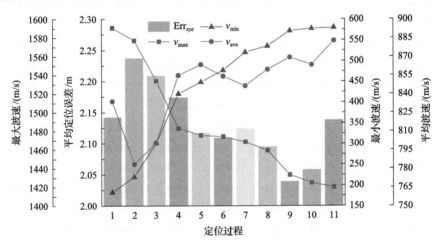

图 4-11　11 次定位过程波速和平均定位误差的变化和比较

三角、方形和圆圈折线分别表示最小波速、最大波速和平均波速；直方图表示每次的平均定位误差

4.4.3　试验结果分析

由图 4-11 可知，最小波速不断增大，最大波速不断减小，而增大和减小的波速由快变慢。而且，在第 9 次定位过程后，最小波速和最大波速趋于稳定。显然，可以认为由最小波速 v_{min}^9 和最大波速 v_{max}^9 组成的速度区间正是测试建筑物中实际 P 波速度的优势范围。因此，速度区间 $[v_{min}^9, v_{max}^9]$ 对应的定位结果比其他定位结果更准确。如表 4-22 所示，在 11 次定位过程中，第 9 次定位过程的平均定位误差最小。因此，最优定位结果正是从第 9 次定位过程中求解出来的，见表 4-23。图 4-12 显示了第 9 次定位过程的三维定位结果，以及 25 个真实坐标的位置。可以看出，第 9 次定位结果与真实坐标之间的距离

较小，这意味着定位方法得到了优化，定位精度得到了有效提高。与没有优化的第一次定位过程(TD 方法)相比，使用所提出的具有变窄速度区间的 MLM 方法，定位精度提高了 5%，这对于在非均匀和复杂介质中实现小规模定位是一个显著的进步。将 MLM 方法和 TD 方法进行比较，MLM 方法的新颖之处在于它可以在优化的速度范围内求解全局最优而不是局部最优。只需增加部分定位程序，就可使计算时间大大减少，计算效率和定位精度得到提高。

表 4-23　第 9 次定位过程的波速、定位结果和误差

序号	波速/(m/s)	定位结果/m			定位误差/m		
	v	x	y	z	x	y	z
1	1261.1	4.892	1.168	1.498	0.392	1.168	1.498
2	916.0	5.563	0.054	1.492	0.063	0.054	1.492
3	849.7	6.084	−0.249	1.500	1.391	1.352	0.400
4	723.1	8.062	−0.850	1.500	1.941	0.350	1.500
5	1433.2	2.590	−3.005	−0.797	2.590	1.505	0.797
6	1117.8	−0.502	−13.287	−6.204	1.502	7.476	4.498
7	1169.5	0.067	−3.765	−7.676	2.391	1.994	4.733
8	679.4	0.964	−3.180	−6.333	1.494	0.339	3.857
9	1186.4	0.701	−5.677	−4.711	1.757	1.606	2.832
10	766.7	0.103	0.642	−9.982	0.617	1.123	6.704
11	596.2	0.562	−1.048	−9.258	0.716	0.093	5.980
12	655.2	0.894	0.943	−9.956	0.908	0.424	6.678
13	1025.6	−0.475	−2.799	−10.000	1.763	0.572	5.636
14	1345.0	−1.846	−9.270	−9.588	3.454	4.419	4.722
15	1017.7	2.257	−4.345	−4.478	0.251	0.206	0.358
16	806.9	0.974	−1.983	−6.059	1.534	0.012	0.159
17	572.1	1.206	−1.863	−6.419	0.072	1.319	0.044
18	643.7	−1.936	3.000	−2.586	3.874	9.584	5.497
19	847.1	−0.952	−7.182	−6.829	2.290	0.616	1.236
20	752.8	2.304	−5.601	−3.746	0.366	1.523	4.319
21	643.2	2.662	−9.139	−5.605	1.324	0.885	2.460
22	644.0	2.297	−5.821	−10.000	1.019	2.433	1.935
23	695.6	0.264	−5.055	−5.118	1.014	3.049	2.947
24	609.4	3.622	−8.865	−8.409	3.004	1.369	0.344
25	777.9	0.382	−9.966	−10.000	0.896	0.268	1.935

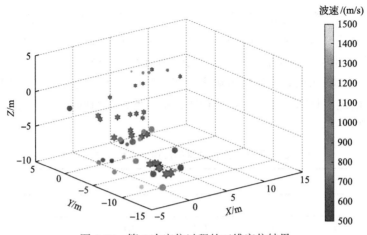

图 4-12　第 9 次定位过程的三维定位结果

不同颜色的星星和圆圈分别表示真实坐标和第 9 次定位坐标；两个符号的大小表示微震源的序列号

4.5　三维含孔洞结构无需预先测波速定位法

　　本章前几节介绍的各类定位方法已经能够满足不同工程背景下微震源的定位要求，但它们都存在一个共性缺陷：未考虑声波的传播路径。众所周知，声音在固体中的传播速度要明显大于在空气中的传播速度，在实际工程中，当声波经过采空区这类结构时，往往会"绕道而行"，此时其从声源到达传感器实际传播的路径要大于声源与传感器之间的直线距离，在这种情况下继续使用上述定位方法必然会降低定位精度。为解决这一问题，本节将介绍一种三维含孔洞结构无需预先测波速定位法[14]（velocity-free for hore-containing structure, VFH），VFH 的定位流程如图 4-13 所示。

4.5.1　基本原理

　　1. 确定初始环境

　　在定位区域上，确定空区的几何形状和具体位置。建立和网格节点相同尺寸的零矩阵 M，将矩阵索引位置 (x,y,z) 与网格节点位置一一对应，并将对应空区的 $M(x,y,z)$ 值更改为 1。网格节点形成一个集合，在后续节点间搜索最快波形路径时它们被作为起始点。假定 P 波在周围非空区域的传播速度为一个未知定值，用 C 来表示。对于未知震源 P_0，设其位置坐标为 (x_0, y_0, z_0)，激发的初始时间为 t_0。

　　2. 搜索最快波形路径

　　将集合内的每个网格节点 P_{xyz} 当作潜在震源的激发位置，追踪最短路径，得到网格节点到第 k 个传感器的理论最短路径 L_{xyz}^k。若网格节点 P_{xyz} 位于空区内，则认为 $L_{xyz}^k = \infty$。VFH 方法采用改进的 A[*] 搜索算法来追踪最短路径 L_{xyz}^k。

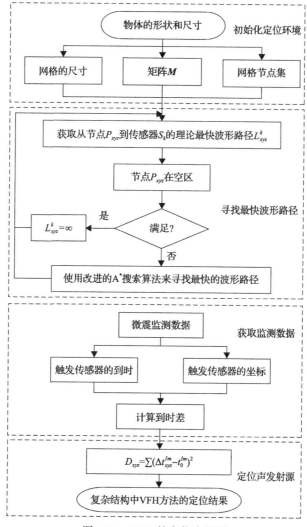

图 4-13　VFH 的定位流程图

1) A*搜索算法

传统的 A*搜索算法采用中心点，一般只考虑相邻层的 26 个节点来选择下一个节点，如图 4-14(a)、(b)所示。在 L 形的区域内，利用传统的 A*搜索算法追踪最短路径，搜索到如图 4-14(c)所示的一条路径。从图 4-14 中可以发现，追踪的最短路径存在两处不合理的地方：①搜索到的路径有明显的锯齿状，这是传统的 A*搜索算法自身限制造成的；②路径的节点均为立方体网格的中心，这意味着传感器也要安放在立方体网格的中心，与实际不符合。

2) 改进的 A*搜索算法

为了更有效地追踪最短路径，对 A*搜索算法进行改进，采用网格点进行搜索，如图 4-15(a)所示。这样可以使搜索得到的路径节点均在网格节点上。这也意味着传感器可以贴在物体的表面节点上，从而更加符合实际情况。为了让搜索得到的路径不具有明显的锯齿状，我们让节点与周围更多层的节点建立有效联系。传统的 A* 搜索算法中，一个节点向相邻一层的 26 个节点进行拓展。这意味着当前节点向周围拓展的方向只有 26 个可以选择。

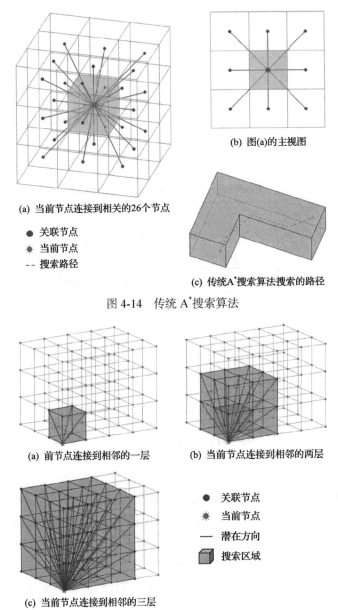

(a) 当前节点连接到相关的26个节点

● 关联节点
✳ 当前节点
-- 搜索路径

(b) 图(a)的主视图

(c) 传统A*搜索算法搜索的路径

图 4-14　传统 A* 搜索算法

(a) 前节点连接到相邻的一层　　　(b) 当前节点连接到相邻的两层

● 关联节点
✳ 当前节点
— 潜在方向
◼ 搜索区域

(c) 当前节点连接到相邻的三层

图 4-15　当前网格节点与关联网格节点间形成的方向

　　让节点与周围更多相邻层的节点之间进行联系，可以使当前节点搜索路径时选择的方向更多，则搜索得到的路径会更精确。根据节点拓展模型的对称性，只画出模型的 1/8 来进行解释说明。图 4-15(b)、(c) 分别显示了当前网格节点与周围两层(124 个节点)、

三层(342 个节点)建立了联系。节点 $z(i)$ 与层数 i 之间的关系表示为

$$z(i) = (2i+1)^3 - 1 \tag{4-55}$$

在向外拓展的过程中,部分节点间形成的方向重复,故可以不用考虑。去除这些方向对应的节点间连接可以减少计算量。随着每个节点与周围更多的网格节点建立联系,搜索得到的路径误差减小,但同时带来计算量的增加。

设计一个块体模型和一个长条状模型来探讨层数 i 的合理取值。将模型划分网格,如图 4-16 所示。假设在 O 点触发震源,波从 O 点到达 K 点($K = A,B,C,D,E,F,G,H,A',B',C',D',E',F',G',H'$),形成路径 L_K。将波的实际最快路径距离 D_R 记录到表 4-24 中。分别使用 $i(i=1,2,3,\cdots)$ 层的模型追踪路径 L_K。搜索得到的路径距离 D_{Si} 与 D_R 之间的相对误差 E_i 可以表示为

$$E_i = \left(\frac{D_{Si}}{D_R} - 1 \right) \times 100\% \tag{4-56}$$

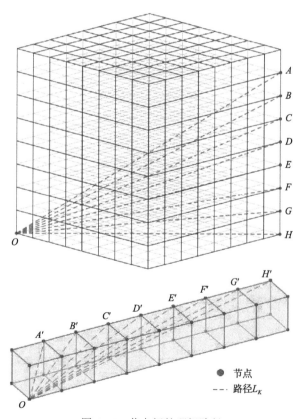

图 4-16 节点间的理想路径

表 4-24　真实路径距离与追踪路径距离之间的相对误差

路径符号	D_R	使用第 i 层模型搜索路径的相对误差 E_i/%							
		$i=1$	$i=2$	$i=3$	$i=4$	$i=5$	$i=6$	$i=7$	$i=8$
L_A	11.31	1.76	0.65	0.35	0.20	0.12	0.07	0.03	0
L_B	11.36	3.24	0.92	0.30	0.00	0.00	0.00	0.00	0
L_C	11.49	4.31	0.73	0.09	0.09	0.02	0.02	0.02	0
L_D	11.70	4.88	0.00	0.00	0.00	0.00	0.00	0.00	0
L_E	12.00	4.81	1.01	0.11	0.11	0.02	0.02	0.02	0
L_F	12.37	4.01	1.40	0.49	0.00	0.00	0.00	0.00	0
L_G	12.81	2.41	1.10	0.63	0.38	0.23	0.13	0.06	0
L_H	13.30	0	0	0	0	0	0	0	0
$L_{A'}$	1.73	0	0	0	0	0	0	0	0
$L_{B'}$	2.45	11.54	0	0	0	0	0	0	0
$L_{C'}$	3.32	12.53	4.01	0	0	0	0	0	0
$L_{D'}$	4.24	11.54	4.88	1.74	0	0	0	0	0
$L_{E'}$	5.20	10.31	4.88	2.32	0.89	0	0	0	0
$L_{F'}$	6.16	9.21	4.62	2.47	1.27	0.51	0	0	0
$L_{G'}$	7.14	8.27	4.31	2.45	1.42	0.77	0.32	0	0
$L_{H'}$	8.12	7.48	4.01	2.37	1.46	0.89	0.50	0.21	0
$L_{i-\max}$	—	12.53	4.88	2.47	1.46	0.89	0.50	0.21	0

将得到的路径的相对误差 E_i 记录到表 4-24 中，并选出每个模型的最大路径误差 $E_{i-\max}$。算法的计算量 O 与拓展的节点数 Z 呈正相关关系。因而，可以用节点数 Z 来近似地表示计算量 O，即 $O_i \propto Z(i)$。图 4-17 显示层数 i 分别与 $E_{i-\max}$ 和 $Z(i)$ 之间的关系。

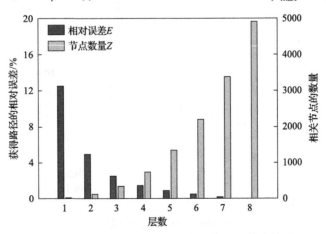

图 4-17　相对误差和相关节点数与模型层数的关系

从图 4-17 中可以看出，当拓展的层数达到 3 层时，理论路径的相对误差小于 3%，能基本满足定位要求，且计算量增速较小。因此，本节中的 A[*] 搜索算法考虑当前节点与周围三层的节点建立联系。为了确定路径的具体位置，A[*] 搜索算法在确定最短路径的长度后，需再次进行反向搜索。本节在搜索路径时增加一个数组，在当前节点对应的位置上记录了前一个节点的坐标。这样就避免了反向搜索，提高了运算效率。

在待测物体的不同位置上分别装 m 个传感器。各个传感器均位于网格节点上，其位置均为已知。对于三维模型，未知数有 5 个[P 波的波速、声发射源坐标 (x_0, y_0, z_0)、激发的初始时间 t_0]，因而 m 需为大于或等于 5 的整数。对于接收到信号的第 k 个传感器 S_k，记录其位置坐标为 (x_k, y_k, z_k)，接收到声发射 P 波信号的初至到时为 t_0^k。计算两个不同的传感器 S_l 和 S_m 的实际到时差，用 Δt_0^{lm} 表示。

对于点 P_{xyz} 激发的震源，理论旅行时间 t_{xyz}^k 等于震源到第 k 个传感器的最短传播路径 L_{xyz}^k 除以波速 C。两个不同的传感器 l 和 m 的到时差等于旅行时间之差 Δt_{xyz}^{lm}。

根据 Δt_0^{lm} 与 Δt_{xyz}^{lm} 之差的平方，引入 D_{xyz} 来描述点 P_{xyz} 与未知声发射源 P_0 的偏离程度，表示为

$$D_{xyz} = \sum (\Delta t_{xyz}^{lm} - \Delta t_0^{lm})^2 \tag{4-57}$$

式中：当采样点落入空区内，则令 $D_{xyz} = \infty$。网格点都将得到对应的 D_{xyz} 值。D_{xyz} 值越大，表示点 P_{xyz} 与未知震源 P_0 的偏离程度越大。因此，最小的 D_{xyz} 值对应的坐标便可认为是声发射源的坐标。

4.5.2　试验

为了评价该定位算法的性能，在空心柱体砂浆结构件上进行了断铅试验。将 10cm×10cm×10cm 的立方体试样中间挖去尺寸为 Φ6cm×10cm 的圆柱体，如图 4-18(a) 所示。为了更快地计算，将该试样划分成 25×25×25 个相同尺寸的立方体小网格方块，形成定位模型，如图 4-18(b) 所示。

将空区所在方块标记为不通过，其他方块标记为通过。将 6 个声发射传感器固定在试样上，在传感器与试样之间加入耦合剂来获得更好的声耦合。传感器的位置均位于网格节点上，坐标位置见表 4-25。

为方便计算，将模型坐标进行转化，来使得节点矩阵 **M** 的索引与坐标位置一一对应。声发射数据采集时采用 40dB 的阈值和 5MHz 的采样率。在试样不同位置进行断铅试验，每个位置进行两次，记录传感器接收声发射事件产生的 P 波到时，见表 4-26。搜索每个潜在震源到传感器的路径 L_S，并计算距离，如图 4-18(d) 所示。再根据传感器接收到的到时，计算每个潜在震源的偏差值 D_{xyz}。确定最小 D_{xyz} 值对应在试样上的位置坐标 (x, y, z)，并将位置坐标进行转化，结果见表 4-27。同时，用 TD 法进行定位，定位结果记录在表 4-28 中。

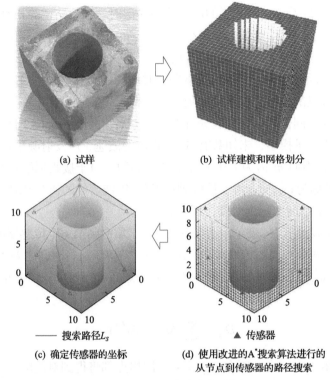

(a) 试样　　　　　　　　　　　　(b) 试样建模和网格划分

——— 搜索路径L_s　　　　　　　　▲ 传感器

(c) 确定传感器的坐标　　　　　　(d) 使用改进的A*搜索算法进行的
　　　　　　　　　　　　　　　　　从节点到传感器的路径搜索

图 4-18　VFH 方法定位过程

表 4-25　传感器布置的坐标

传感器编号	坐标/cm		
	x	y	z
1	0.8	0.8	10.0
2	9.2	0.8	10.0
3	0.8	9.2	10.0
4	8.0	0	2.0
5	10.0	8.0	2.0
6	2.0	10.0	2.0

表 4-26　源坐标和每个传感器接收到的 P 波到时

源		每个传感器接收到的 P 波到时/s					
序号	坐标/cm	t_0^1	t_0^2	t_0^3	t_0^4	t_0^5	t_0^6
1	(2,2,10)	5.751134	5.7511397	5.7511543	5.751171	5.751186	5.7511773
2	(2,2,10)	77.1878437	77.1878503	77.1878667	77.1878797	77.1878967	77.187885
3	(4,2,10)	142.0323807	142.0323873	142.0324037	142.0324063	142.032417	142.0324177
4	(4,2,10)	149.8894003	149.8894053	149.8894243	149.889424	149.889437	149.8894363

续表

源		每个传感器接收到的 P 波到时/s					
序号	坐标/cm	t_0^1	t_0^2	t_0^3	t_0^4	t_0^5	t_0^6
5	(6,2,10)	160.1324277	160.132422	160.132454	160.1324433	160.1324497	160.1324707
6	(6,2,10)	168.78443	168.7844217	168.7844593	168.7844437	168.7844507	168.7844717
7	(8,2,10)	200.8480153	200.848011	200.8480553	200.84804	200.8480437	200.848063
8	(8,2,10)	208.4753257	208.4753217	208.4753647	208.4753503	208.475354	208.4753733
9	(2,4,10)	224.7515927	224.751607	224.7516027	224.7516263	224.751634	224.7516227
10	(2,4,10)	231.2690027	231.26902	231.2690117	231.2690357	231.269043	231.2690317
11	(8,4,10)	239.7299927	239.7299827	239.730015	239.730007	239.7300053	239.7300173
12	(8,4,10)	248.6253717	248.625361	248.6253917	248.6253857	248.625384	248.625396
13	(2,6,10)	260.6217517	260.6217653	260.621746	260.6217897	260.6217783	260.6217707
14	(2,6,10)	266.961487	266.9615013	266.9614827	266.961522	266.9615147	266.961507
15	(8,6,10)	276.069831	276.069817	276.0698303	276.069838	276.0698317	276.0698413
16	(8,6,10)	281.598024	281.5980103	281.598023	281.5980313	281.5980247	281.598035
17	(2,8,10)	299.879095	299.87913	299.8790753	299.8791293	299.879112	299.8791033
18	(2,8,10)	306.1023487	306.1023673	306.10233	306.10238	306.1023667	306.1023577
19	(4,8,10)	321.690146	321.690156	321.6901283	321.690168	321.6901533	321.6901503
20	(4,8,10)	328.3538907	328.3539017	328.3538733	328.3539133	328.3538983	328.353895
21	(6,8,10)	343.9337353	343.9337263	343.933713	343.9337407	343.9337287	343.9337303
22	(6,8,10)	350.3266527	350.3266437	350.32663	350.3266577	350.3266463	350.326648
23	(8,8,10)	358.3117887	358.3117633	358.3117593	358.31178	358.3117677	358.3117773
24	(8,8,10)	372.6762447	372.676216	372.676215	372.676237	372.6762237	372.6762337
25	(2,0,8)	469.6502823	469.6502983	469.6503073	469.6503127	469.6503263	469.6503197
26	(2,0,8)	476.5324683	476.53248	476.5324933	476.5324997	476.5325127	476.532506
27	(2,0,6)	487.2123353	487.212351	487.2123573	487.212353	487.212372	487.2123633
28	(2,0,6)	496.1957583	496.195773	496.1957803	496.1957763	496.195794	496.1957867
29	(2,0,4)	516.2830867	516.2830983	516.2831053	516.2830917	516.2831123	516.2831053
30	(2,0,4)	539.759723	539.759735	539.759742	539.7597293	539.7597497	539.7597423
31	(4,0,8)	552.4292987	552.4293053	552.4293257	552.4293203	552.429332	552.429334
32	(4,0,8)	558.283397	558.2834027	558.2834203	558.2834177	558.2834297	558.2834323
33	(4,0,4)	604.1152323	604.115236	604.1152503	604.1152267	604.115248	604.11525
34	(4,0,4)	611.246939	611.246942	611.246957	611.2469327	611.2469543	611.2469567
35	(6,0,8)	646.9034513	646.9034447	646.9034767	646.903463	646.9034737	646.9034853
36	(6,0,8)	662.0699583	662.0699517	662.0699853	662.069966	662.06998	662.0699917

源		每个传感器接收到的 P 波到时/s					
序号	坐标/cm	t_0^1	t_0^2	t_0^3	t_0^4	t_0^5	t_0^6
37	(6,0,6)	676.0523813	676.0523767	676.0524093	676.052379	676.0523973	676.052409
38	(6,0,6)	685.3599257	685.3599203	685.3599547	685.3599233	685.3599417	685.3599537
39	(10,2,8)	758.605671	758.6056637	758.605707	758.605682	758.6056927	758.6057077
40	(10,2,8)	767.693282	767.693272	767.6933153	767.69329	767.6932983	767.6933147
41	(10,2,6)	800.9608797	800.9608573	800.9609003	800.9608623	800.960872	800.960892
42	(10,2,6)	816.608426	816.6084123	816.608445	816.608417	816.6084257	816.608448
43	(10,2,4)	855.6525857	855.6525677	855.6525953	855.652559	855.65257	855.6525893
44	(10,2,4)	865.6914593	865.691437	865.6914673	865.691429	865.69144	865.6914623
45	(10,4,8)	915.762941	915.7629163	915.7629477	915.7629333	915.762932	915.7629483
46	(10,4,8)	924.0719167	924.07189	924.071923	924.0719073	924.071906	924.0719223
47	(10,4,4)	945.07551	945.0754873	945.075517	945.0754827	945.0754813	945.075504
48	(10,4,4)	960.0038163	960.0037973	960.0038203	960.003793	960.0037917	960.0038147
49	(10,6,8)	981.879749	981.8797173	981.8797347	981.8797343	981.879725	981.8797393
50	(10,6,8)	991.420848	991.420816	991.420833	991.4208317	991.420821	991.420838
51	(10,6,6)	1006.533625	1006.533603	1006.533618	1006.533611	1006.533597	1006.533618
52	(10,6,6)	1027.621851	1027.621829	1027.621848	1027.621836	1027.621823	1027.621844
53	(10,6,4)	1038.115605	1038.115585	1038.1156	1038.115579	1038.115567	1038.115579
54	(10,6,4)	1046.868003	1046.867983	1046.867999	1046.867977	1046.867965	1046.867977
55	(8,10,8)	1151.870872	1151.870859	1151.870851	1151.870873	1151.870851	1151.870864
56	(8,10,8)	1162.700972	1162.700959	1162.700951	1162.700973	1162.70095	1162.700962
57	(8,10,6)	1174.590833	1174.590821	1174.590812	1174.590828	1174.590804	1174.590813
58	(8,10,6)	1180.24835	1180.248338	1180.248329	1180.248345	1180.24832	1180.248331
59	(8,10,4)	1188.623414	1188.623402	1188.623395	1188.623402	1188.623376	1188.623386
60	(8,10,4)	1195.139257	1195.139247	1195.139238	1195.13924	1195.139219	1195.13923
61	(6,10,8)	1202.616754	1202.616753	1202.616733	1202.616764	1202.616743	1202.616749
62	(6,10,8)	1211.729176	1211.729172	1211.729154	1211.729185	1211.729164	1211.729166
63	(6,10,4)	1225.341341	1225.341338	1225.341322	1225.341339	1225.341314	1225.341312
64	(6,10,4)	1230.283246	1230.283243	1230.283227	1230.283244	1230.283219	1230.283217
65	(4,10,8)	1238.18398	1238.183987	1238.183958	1238.183998	1238.183979	1238.183974
66	(4,10,8)	1246.735645	1246.735654	1246.735623	1246.735664	1246.735645	1246.735639
67	(3.2,2.8,8)	1343.326448	1343.326458	1343.326465	1343.32647	1343.326492	1343.326476
68	(3.2,2.8,8)	1351.281429	1351.281441	1351.281449	1351.281451	1351.281475	1351.281457

源		每个传感器接收到的 P 波到时/s					
序号	坐标/cm	t_0^1	t_0^2	t_0^3	t_0^4	t_0^5	t_0^6
69	(3.2,2.8,6)	1369.293569	1369.293578	1369.293581	1369.293578	1369.293606	1369.293587
70	(3.2,2.8,6)	1377.155674	1377.155684	1377.155687	1377.155685	1377.155711	1377.155694
71	(3.2,2.8,4)	1390.602172	1390.602179	1390.602181	1390.602169	1390.602194	1390.60218
72	(3.2,2.8,4)	1398.425528	1398.425535	1398.425538	1398.425528	1398.42555	1398.425539
73	(7.2,6.8,8)	1427.16192	1427.161888	1427.161894	1427.161904	1427.161892	1427.1619
74	(7.2,6.8,8)	1435.785064	1435.785038	1435.785044	1435.785053	1435.785042	1435.78505
75	(7.2,6.8,6)	1447.024657	1447.024636	1447.024641	1447.024642	1447.024629	1447.024638
76	(7.2,6.8,6)	1488.583798	1488.583775	1488.583776	1488.583781	1488.583768	1488.583777
77	(7.2,6.8,4)	1529.275322	1529.275301	1529.275301	1529.275288	1529.275283	1529.275294
78	(7.2,6.8,4)	1541.953987	1541.953968	1541.953968	1541.953964	1541.953949	1541.953961

表 4-27 断铅点的定位结果和误差（VFH）

序号	定位结果/cm			定位误差/cm			
	x	y	z	Δx	Δy	Δz	E
1	3.6	2.4	10.0	1.6	0.4	0	1.6
2	3.6	2.4	10.0	1.6	0.4	0	1.6
3	4.0	1.2	10.0	0	−0.8	0	0.8
4	4.4	1.2	10.0	0.4	−0.8	0	0.9
5	6.0	2.4	9.2	0	0.4	−0.8	0.9
6	6.4	2.4	9.2	0.4	0.4	−0.8	1.0
7	6.8	2.8	10.0	−1.2	0.8	0	1.4
8	6.8	2.8	10.0	−1.2	0.8	0	1.4
9	2.4	3.6	10.0	0.4	−0.4	0	0.6
10	2.0	4.0	10.0	0	0	0	0
11	7.2	2.8	10.0	−0.8	−1.2	0	1.4
12	7.2	3.2	10.0	−0.8	−0.8	0	1.1
13	2.4	6.0	10.0	0.4	0	0	0.4
14	2.0	5.6	10.0	0	−0.4	0	0.4
15	8.0	5.2	10.0	0	−0.8	0	0.8
16	8.0	5.6	10.0	0	−0.4	0	0.4
17	2.4	7.6	8.8	0.4	−0.4	−1.2	1.3
18	3.2	7.2	10.0	1.2	−0.8	0	1.4
19	3.6	8.0	10.0	−0.4	0	0	0.4
20	3.6	8.0	10.0	−0.4	0	0	0.4
21	6.0	7.6	9.6	0	−0.4	−0.4	0.6

序号	定位结果/cm			定位误差/cm			
	x	y	z	Δx	Δy	Δz	E
22	6.0	7.6	9.6	0	−0.4	−0.4	0.6
23	7.6	7.6	9.6	−0.4	−0.4	0	0.7
24	7.6	7.6	10.0	−0.4	−0.4	0	0.6
25	2.8	1.2	10.0	0.8	1.2	2.0	2.5
26	3.6	1.6	10.0	1.6	1.6	2.0	3.0
27	2.8	1.6	7.2	0.8	1.2	1.6	2.2
28	2.8	1.2	7.6	0.8	1.2	1.6	2.2
29	2.4	0.4	5.2	0.4	0.4	1.2	1.3
30	2.8	1.2	5.6	0.8	1.2	1.6	2.2
31	4.4	0.8	9.2	0.4	0.8	1.2	1.5
32	4.4	0.8	9.6	0.4	0.8	1.6	1.8
33	4.0	0	4.8	0	0	0.8	0.8
34	4.4	0	4.8	0.4	0	0.8	0.9
35	6.0	1.6	8.8	0	1.6	0.8	1.8
36	6.0	1.2	8.0	0	1.2	0	1.2
37	5.6	1.2	6.4	−0.4	1.2	0.4	1.3
38	6.0	0.8	6.4	0	0.8	0.4	0.9
39	6.4	1.6	8.0	−3.6	−0.4	0	3.6
40	6.8	2.8	8.4	−3.2	0.8	0.4	3.3
41	8.4	2.8	6.4	−1.6	0.8	0.4	1.8
42	6.8	2.8	6.8	−3.2	0.8	0.8	3.4
43	10.0	2.0	4.4	0	0	0.4	0.4
44	10.0	2.0	4.4	0	0	0.4	0.4
45	9.2	4.0	8.0	−0.8	0	0	0.8
46	9.6	4.0	8.0	−0.4	0	0	0.4
47	9.2	4.0	4.4	−0.8	0	0.4	0.9
48	10.0	4.0	4.8	0	0	0.8	0.8
49	8.8	6.4	8.0	−1.2	0.4	0	1.3
50	9.2	6.4	8.0	−0.8	0.4	0	0.9
51	10.0	6.4	6.8	0	0.4	0.8	0.9
52	10.0	6.0	6.4	0	0	0.4	0.4
53	7.6	6.0	3.6	−2.4	0	−0.4	2.4
54	7.6	6.0	3.6	−2.4	0	−0.4	2.4
55	8.4	10.0	9.6	0.4	0	1.6	1.6
56	8.4	10.0	9.6	0.4	0	1.6	1.6
57	8.0	10.0	7.2	0	0	1.2	1.2
58	8.0	10.0	7.6	0	0	1.6	1.6
59	8.0	10.0	4.8	0	0	0.8	0.8

序号	定位结果/cm			定位误差/cm			
	x	y	z	Δx	Δy	Δz	E
60	7.2	8.8	4.0	−0.8	−1.2	0	1.4
61	5.6	8.0	8.8	−0.4	−0.2	0.8	2.2
62	6.4	10.0	9.2	0.4	0	1.2	1.3
63	5.6	9.6	4.8	−0.4	−0.4	0.8	1.0
64	5.6	9.6	4.8	−0.4	−0.4	0.8	1.0
65	4.4	8.0	8.8	0.4	−0.2	0.8	2.2
66	4.0	8.0	8.4	0	−0.2	0.4	2.0
67	3.2	2.8	8.4	0	0	0.4	0.4
68	3.2	2.8	8.0	0	0	0	0
69	3.2	2.8	6.8	0	0	0.8	0.8
70	3.2	2.8	6.8	0	0	0.8	0.8
71	3.2	2.8	4.8	0	0	0.8	0.8
72	3.2	2.8	5.2	0	0	1.2	1.2
73	7.2	6.8	8.0	0	0	0	0
74	7.2	6.8	8.4	0	0	0.4	0.4
75	7.2	6.8	6.4	0	0	0.4	0.4
76	7.2	6.8	6.8	0	0	0.8	0.8
77	7.2	6.8	4.0	0	0	0	0
78	7.2	6.8	5.2	0	0	1.2	1.2
平均误差	—	—	—	−0.18	0.05	0.44	1.20

表 4-28 断铅点的定位结果和误差（TD）

序号	定位结果/cm			定位误差/cm			
	x	y	z	Δx	Δy	Δz	E
1	3.7	1.9	10.0	1.7	−0.1	0	1.7
2	3.7	1.7	10.0	1.7	−0.3	0	1.7
3	4.8	1.2	9.2	0.8	−0.8	−0.8	1.4
4	5.2	1.1	9.4	1.2	−0.9	−0.6	1.6
5	5.8	1.1	10.0	−0.2	−0.9	0	0.9
6	7.2	1.7	10.0	1.2	−0.3	0	1.3
7	6.5	0.8	9.1	−1.5	−1.2	−0.9	2.1
8	5.8	0.8	9.2	−2.2	−1.2	−0.8	2.6
9	2.9	4.0	9.8	0.9	0	−0.2	0.9
10	1.9	4.2	9.1	−0.1	0.2	−0.9	0.9
11	7.2	4.0	9.1	−0.8	0	−0.9	1.2
12	7.1	4.1	9.0	−0.9	0.1	−1.0	1.4
13	2.8	5.8	10.0	0.8	−0.2	0	0.8

序号	定位结果/cm			定位误差/cm			
	x	y	z	Δx	Δy	Δz	E
14	3.1	5.8	10.0	1.1	−0.2	0	1.1
15	7.6	5.4	8.6	−0.4	−0.6	−1.4	1.6
16	7.3	5.6	9.2	−0.7	−0.4	−0.8	1.2
17	0.5	7.9	8.2	−1.5	−0.1	−1.8	2.3
18	2.1	7.6	10.0	0.1	−0.4	0	0.4
19	5.0	8.8	9.6	1.0	0.8	−0.4	1.3
20	5.0	8.8	9.6	1.0	0.8	−0.4	1.3
21	7.3	10.1	10.0	1.3	2.1	0	2.5
22	7.3	10.1	10.0	1.3	2.1	0	2.5
23	8.8	9.2	10.0	0.8	1.2	0	1.4
24	10.1	9.1	10.0	2.1	1.1	0	2.4
25	3.4	2.3	10.0	1.4	2.3	2.0	3.3
26	3.4	2.3	10.0	1.4	2.3	2.0	3.3
27	3.0	1.7	6.7	1.0	1.7	0.7	2.0
28	0.9	0	5.3	−1.1	0	−0.7	1.3
29	2.7	1.7	5.0	0.7	1.7	1.0	2.1
30	3.3	2.0	5.7	1.3	2.0	1.7	2.9
31	6.2	3.2	9.3	2.2	3.2	1.3	4.1
32	4.2	1.5	9.6	0.2	1.5	1.6	2.2
33	3.5	1.4	5.0	−0.5	1.4	1.0	1.8
34	3.4	−0.1	3.6	−0.6	−0.1	−0.4	0.7
35	6.4	1.2	8.6	0.4	1.2	0.6	1.4
36	5.7	−0.1	7.0	−0.3	−0.1	−1.0	1.0
37	8.2	−0.1	5.9	2.2	−0.1	−0.1	2.2
38	8.2	−0.1	5.9	2.2	−0.1	−0.1	2.2
39	6.5	−0.1	7.6	−3.5	−2.1	−0.4	4.1
40	7.1	−0.1	9.0	−2.9	−2.1	1.0	3.7
41	10.1	4.7	9.6	0.1	2.7	3.6	4.5
42	9.0	5.0	7.8	−1.0	3.0	1.8	3.6
43	8.5	3.2	5.1	−1.5	1.2	1.1	2.2
44	7.9	3.3	6.4	−2.1	1.3	2.4	3.5
45	10.1	5.1	9.8	0.1	1.1	1.8	2.1
46	10.1	5.4	9.8	0.1	1.4	1.8	2.3
47	9.9	5.0	3.4	−0.1	1.0	−0.6	1.2
48	8.8	4.4	5.0	−1.2	0.4	1.0	1.6
49	10.1	6.6	8.6	0.1	0.6	0.6	0.9
50	10.1	8.3	9.2	0.1	2.3	1.2	2.6
51	10.1	9.2	8.1	0.1	3.2	2.1	3.8

序号	定位结果/cm			定位误差/cm			
	x	y	z	Δx	Δy	Δz	E
52	10.1	6.7	8.0	0.1	0.7	2.0	2.1
53	8.1	6.2	3.4	−1.9	0.2	−0.6	2.0
54	7.0	5.9	3.2	−3.0	−0.1	−0.8	3.1
55	9.3	10.0	10.0	1.3	0	2.0	2.4
56	8.7	10.1	10.0	0.7	0.1	2.0	2.1
57	7.6	9.3	7.1	−0.4	−0.7	1.1	1.3
58	7.8	9.5	7.2	−0.2	−0.5	1.2	1.3
59	7.4	8.0	5.5	−0.6	−2.0	1.5	2.6
60	7.4	8.0	5.5	−0.6	−2.0	1.5	2.6
61	6.9	10.1	9.7	0.9	0.1	1.7	1.9
62	6.9	10.1	9.7	0.9	0.1	1.7	1.9
63	5.9	9.5	5.7	−0.1	−0.5	1.7	1.8
64	5.9	9.5	5.7	−0.1	−0.5	1.7	1.8
65	4.8	10.1	10.0	0.8	0.1	2.0	2.2
66	3.3	7.7	8.0	−0.7	−2.3	0	2.5
67	3.6	2.6	8.8	0.4	−0.2	0.8	0.9
68	3.1	2.1	8.1	−0.1	−0.7	0.1	0.7
69	2.3	2.3	5.9	−0.9	−0.5	−0.1	1.0
70	1.0	1.3	5.2	−2.2	−1.5	−0.8	2.8
71	0.5	−0.1	3.1	−2.7	−2.9	−0.9	4.1
72	3.7	3.7	4.3	0.5	0.9	0.3	1.1
73	10.1	8.9	9.3	2.9	2.1	1.3	3.8
74	10.0	8.7	10.0	2.8	1.9	2.0	3.9
75	8.0	7.3	6.4	0.8	0.5	0.4	1.0
76	8.0	7.3	7.1	0.8	0.5	1.1	1.4
77	7.5	6.3	3.7	0.3	−0.5	−0.3	0.7
78	7.8	7.4	4.9	0.6	0.6	0.9	1.2
平均误差	—	—	—	0.09	0.31	0.50	2.02

4.5.3　试验结果分析

　　将 VFH 方法和 TD 方法的定位结果与实际断铅点进行对比，将误差记录在表 4-27 和表 4-28 内。从表 4-27 和表 4-28 中可以看出，TD 方法的最大定位误差为 4.5cm，远大于 VFH 方法的定位误差。

　　图 4-19（a）为两种方法的定位结果和定位误差的可视化图形。圆圈尺寸代表震源定位结果的误差大小。可以明显地看出 TD 方法的圆圈相较于 VFH 方法要大很多。图 4-19（b）为两种方法定位误差的箱线图。在图 4-19（b）中，使用 VFH 方法得到的震源定位误差的

中位数约为 1.0cm，而使用 TD 方法得到的震源定位误差的中位数约为 1.9cm。根据表 4-27 和表 4-28 中每个断铅试验的定位误差，可以容易地计算出 VFH 方法的平均定位误差为 1.20cm，而 TD 方法的平均定位误差为 2.02cm。VFH 方法的平均定位精度较 TD 方法提高了 40.6%。因此，在复杂的三维结构中，VFH 方法的定位精度较 TD 方法有了较大的提高。

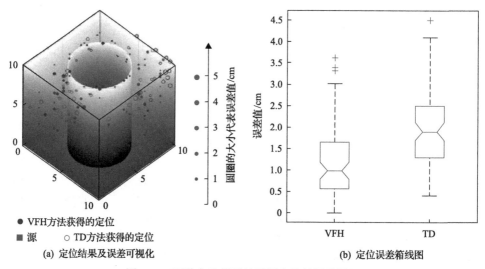

图 4-19　两种方法得到的震源定位结果及误差

参 考 文 献

[1] Dong L J, Li X B. Velocity-free Localization Methodology for Acoustic and Microseismic Sources[M]. Singapore: Springer, 2023.

[2] McCreary R, McGaughey J, Potvin Y, et al. Results from microseismic monitoring, conventional instrumentation, and tomography surveys in the creation and thinning of a burst-prone sill pillar[J]. Pure and Applied Geophysics, 1992, 139(3): 349-373.

[3] Milev A M, Spottiswoode S M, Rorke A J, et al. Seismic monitoring of a simulated rock burst on a wall of an underground tunnel[J]. Journal of the South African Institute of Mining and Metallurgy, 2001, 101(5): 253-260.

[4] Wang H, Ge M. Acoustic emission/micro seismic source location analysis for a limestone mine exhibiting high horizontal stresses[J]. International Journal of Rock Mechanics and Mining Sciences, 2008, 45(5): 720-728.

[5] Hirata A, Kameoka Y, Hirano T. Safety management based on detection of possible rock bursts by AE monitoring during tunnel excavation[J]. Rock Mechanics and Rock Engineering, 2007, 40(6): 563-576.

[6] 董陇军, 李夕兵, 唐礼忠, 等. 无需预先测速的微震震源定位的数学形式及震源参数确定[J]. 岩石力学与工程学报, 2011, 30(10): 2057-2067.

[7] 唐礼忠, 潘长良, 杨承祥, 等. 冬瓜啥铜矿微针监测系统及其应用研究[J]. 金属矿山, 2006, 364(10): 41-44, 86.

[8] 唐礼忠. 深井矿山地震活动与岩爆监测及预测研究[D]. 长沙: 中南大学, 2008.

[9] 董陇军, 李夕兵, 马举, 等. 未知波速系统中声发射与微震震源三维解析综合定位方法及工程应用[J]. 岩石力学与工程学报, 2017, 36(1): 186-197.

[10] Dong L, Zou W, Li X, et al. Collaborative localization method using analytical and iterative solutions for microseismic/acoustic emission sources in the rockmass structure for underground mining[J]. Engineering Fracture Mechanics, 2019, 210: 95-112.

[11] Zhao D, Hasegawa A, Horiuchi S. Tomographic imaging of P and S wave velocity structure beneath northeastern Japan[J]. Journal of Geophysical Research: Solid Earth, 1992, 97(B13): 19909-19928.

[12] Nur A, Simmons G. Stress-induced velocity anisotropy in rock: an experimental study[J]. Journal of Geophysical Research, 1969, 74(27): 6667-6674.

[13] Dong L, Shu W, Han G, et al. A multi-step source localization method with narrowing velocity interval of cyber-physical systems in buildings[J]. IEEE Access, 2017, 5: 20207-20219.

[14] 董陇军, 胡清纯, 童小洁, 等. 三维含孔洞结构的无需测速震源定位方法[J]. Engineering, 2020, 6(7): 827-834, 936-944.

第5章 岩体声发射事件的分离方法

5.1 岩体声发射事件的分离方法概述

近年来，随着我国人们生活水平不断提升，各地基础设施建设得到快速发展，然而建设过程中各类岩体工程灾害也日益频发，如边坡失稳、岩质崩塌、岩爆和顶板坍塌等，导致了大量的人员伤亡和财产损失，严重威胁着企业的安全生产。这些岩体工程灾害的发生往往是岩体内部破裂失稳的宏观表现，因此开展对岩体破裂演化的研究对于岩体工程灾害的预防和治理具有重大意义。但岩体变形破裂机理复杂，不仅与其复杂结构有关，而且还受地应力、温度等环境因素的影响，全面认识岩体的声学性能有望有效控制这些灾害[1,2]。

在岩体破裂演化过程中，其内部节理构造在应力的作用下发生变形，岩体内部微破裂纹理扩展，逐渐积累弹性能量，导致岩体产生宏观破裂，其中的弹性势能作为应力波快速释放，形成密集的声发射现象[3-5]。由于声发射信号来源于损伤破裂本身，每一次岩石微破裂、微损伤都会产生相应的声发射信号，这些密集的信号是岩体某一状态下微观晶粒位错与断裂、宏观裂纹出现与发展以及环境等各因素的综合反映，包含着岩体内部结构变化的丰富信息。因此，开展岩体破裂演化过程中密集声发射事件的分离研究，有助于进一步认识岩体的破裂演化机制，实现岩体破裂的动态安全检查、检测、早期损伤预警和失效预防，对于防控岩土工程灾害具有一定的指导意义。

岩体声发射事件的分离主要包括事件波形切割和波形信号识别两部分，目前事件波形切割研究大多根据预置定时参数来切割信号采集通道内不同的声发射事件。在波形信号识别方面，现研究主要可分为震源扫描叠加(source-scanning algorithm)方法和波形模板匹配方法(matched filter)[6]。震源扫描叠加方法利用绝对振幅、能量包络或者长短时窗能量比(STA/LTA)等信息对声发射事件时间序列中可能的震源位置和发震时刻进行遍历，实现声发射时间的分离和定位[7-10]；波形模板匹配方法则是采用各通道上所记录的模板波形与潜在声发射事件信号的连续波形互相关，并通过相关波形进行叠加判断[11-14]。但这些研究多是针对微震事件的分离，而对于岩石破裂演化过程中声发射事件并不适用。岩体破裂所产生的声发射事件信号一般具有非平稳、大样本、高衰减等特点。在信号采集过程中岩体声发射事件触发密集，若声发射仪器撞击定义时间(hit definition time)始终小于内置阈值，则可能多个事件簇拥于同一时间序列且前后波形间隔过短，进而导致预置定时参数无法切割各个事件。并且，当信号触发门槛，通道保持开启的状态，能量较低的信号不断进入，而部分通道中由于信号衰减过大未被记录，各通道的时间序列长短不一，存在较高能量事件触发时仪器所记录的到时偏差较大等问题。这些现象导致时间序列中记录的波形发生错位、变形和缺失，现有声发射事件分离方法无法较好地分离岩体破裂演化中的声发射事件。

　　针对上述问题，本章提出一种岩体声发射事件分离方法，首先采用波形能量包络自动切割时间序列中各事件波形，然后选取波形相关性、振铃计数、上升时间、信号强度等特征参数，利用波形模板滑窗扫描采集通道中的时间序列，分离岩石破裂演化的声发射事件，并进行时差校正以提高各事件的到时提取精度。本章首先介绍岩石声发射事件的分离评价指标和分析方法，然后通过单峰单事件、双峰多事件、多峰单事件等波形类型分离识别验证岩体声发射事件分离方法的有效性、定位精度。

5.2　岩体声发射事件筛选

　　在整个单轴压缩试验的声发射数据采集过程中，大尺度裂纹破裂信号源产生的声发射信号一般可以划分为两类。第一类，受到外部试验环境的干扰，采集到了大量电磁和机械噪声信号。第二类，岩体内部声发射信号与加载系统接触位置形成了应力波的反射，产生了大量由应力波接触波阻抗界面形成的反射、散射信号，这些信号往往无差别地分布在整个岩样内部且贯穿于岩体力学试验加载始终，具有幅值低、触发传感器个数少的特点。岩石内部原生、次生裂纹的形成是微破裂累积成核、逐步贯通的过程，声发射事件往往具有较高的幅值。虽然在试验中设置了 55dB 的门槛值，结合前置滤波能够在一定程度上消除背景噪声的影响，但是试验数据记录过程中，仍然不可避免地混入大量非岩体声发射源信号。根据室内岩石力学声发射试验的经验，大数量的传感器监测矩阵下原始采集到的数据超过 70%为噪声数据，对后期数据分析工作形成极大干扰。

　　声发射事件的筛选提取可以有效排除非宏观裂纹破裂信号源产生的声发射信号。单个声发射事件会同时触发多个传感器通道来记录声发射撞击信号，考虑到试样尺寸、传感器布置方式和花岗岩物理性质等因素，拾取到时差小于某一阈值、触发一定数量通道且触发通道不尽相同的所有撞击信号为一个声发射事件。到时差区间一般通过 AST 脉冲试验确定首触发和末触发传感器之间的时间间隔。

　　对于多数量传感器组成的声发射监测矩阵，声发射事件的筛选通常存在如下问题：第一，加载过程中岩体波速是动态变化的，在压密和弹性阶段，岩石的波速呈现逐渐增加的趋势，进入塑性阶段后，伴随着岩体内部微裂隙的扩展贯通和新生破裂产生，局部的波阻抗界面致使应力波传播路径发生改变，波速开始呈现下降趋势。原先设定的到时差区间并不能很好地匹配实际波速动态调整引起的首末触发传感器到时差变化。第二，噪声和声发射信号的折射、反射都是触发传感器的重要来源，这些信号在时间上无差别地分布，极易掺杂在一个完整事件的声发射撞击序列中，而较多数量的传感器极大地增加这种情况出现的可能性。上述情况往往会出现声发射事件中真实撞击的缺失和无效噪声的掺杂，所以仅仅利用到时差单一指标很难有效拾取多传感器网络下的声发射事件。为提高多数量传感器下声发射事件筛选的准确性，在原有基础筛选指标上增加了如下条件。

　　(1)触发传感器通道重复判定，在设定的到时差区间内，撞击序列中出现触发通道重复，作为该事件筛选终止条件。

（2）在设定的到时差区间内，连续两个相邻撞击信号到时相差大于某个阈值，作为该事件筛选终止条件。

（3）在设定的到时差区间内，前一个撞击信号幅值小于后一个撞击信号幅值，且差值相差大于某个阈值，作为该事件筛选终止条件。

（4）通过原始数据分析和脉冲波速计算定量获取加载后期传感器脱落情况及波速动态变化，在数据筛选中设定自适应的传感器触发个数和到时差区间。

5.3　岩体声发射事件波形切割

岩体声发射事件波形切割旨在从采集的大量波形信息中快速筛选出有效信息，处理和排除干扰信息、缺损信息、噪声等对岩体声发射事件分离的影响。目前现有波形切割方法多是基于时间和幅值相关的阈值定时参数，无法有效切割密集的岩体声发射事件，本节从波形能量的角度出发，提出了波形能量包络切割法，具有密集声发射事件切割能力，对于岩体破裂演化研究具有重要意义。

5.3.1　峰值鉴别时间、撞击鉴别时间、撞击闭锁时间定时参数

峰值鉴别时间（peak definition time, PDT）、撞击鉴别时间（hit definition time, HDT）、撞击闭锁时间（hit lockout time, HLT）作为声发射撞击信号的定时函数，同时也是撞击信号测量过程的控制参数。

PDT 表示若在该时间内出现信号幅值的最大值没有更新，则认为该最大值为波峰，以便快速、准确地找到事件波形的主峰值，同时避免将高速低幅前驱波误判为主波。当波形信号越过门槛时，信号出现假定峰值 1，且触发 PDT 计时器，若出现假定峰值 2 大于峰值 1，则重新触发 PDT 计时器，最后在到达假定峰值 3 后，且在 PDT 内没有再出现比假定峰值 3 更大的幅值，则认为假定峰值 3 为该事件波形信号的顶峰值。PDT 的取值需要考虑最远传感器的间距和最快传播波速，尽可能确保 PDT 小于两个连续触发的声发射事件。若 PDT 太短，则会将前驱波的波峰认为是主波的峰值，从而导致峰值、上升时间等参数的计算错误。

HDT 表示信号从高于门槛变为低于门槛时，触发 HDT 计时器，如果在预置 HDT 内，信号不再出现高于门槛的值，则认为一个声发射事件已经结束，并开始存储声发射波形和计算特征参数。HDT 的取值需要考虑结构特征长度、传播波速、衰减系数，当 HDT 太短时，不能记录滞后波等数据；当 HDT 太长时，会将两个声发射波形误认为一个波形。

HLT 为撞击锁闭时间，在 HLT 内即使出现过门槛的值也不认为是一个撞击信号。撞击锁闭时间的设定是为了避免将反射波和滞后波当成主波处理。

5.3.2　持续鉴别时间、恢复时间定时参数

持续鉴别时间（duration discrimination time, DDT）和恢复时间（rearm time, RAT）作为预置定时参数。DDT 以事件波形首次越过阈值点触发起始点，对波形连续位于正负阈值之间的时间进行统计，当该时间超过预置 DDT 长度则作为触发终止点，将事件切割成单

个事件波形或连续离散事件中的一个完整波形；RAT 定义了采集通道内的一个声发射事件级联，它既可以由单个事件波形构成，也可以由多个连续离散事件组成。当事件波形低于阈值时，RAT 计时器触发，统计其没有超过阈值的持续时间，若该时间大于 RAT，则系统关闭事件数据集，并等待处理一下次超过阈值的声发射事件级联；若在 RAT 范围内事件波形再次越过阈值，则重置 RAT 计时，并且将其中超过 DDT 阈值的波形划分于声发射事件级联。声发射事件级联的时间长度由 RAT 计时的触发和终止决定。

5.3.3　波形能量包络切割法

岩体声发射事件触发密集，各采集通道内可能同时包含多个声发射事件且波形前后过短，基于定时参数无法有效切割各事件波形。并且由于岩体声发射事件波形衰减快，部分通道内信号幅值低于阈值而未被记录，时间序列长短不一等问题，观测到时存在较大偏差。因此，为实现岩体声发射中密集事件波形有效分离，本节采用波形能量包络自动切割时间序列中的事件波形。

岩体声发射事件的波形可能由于相位不同而导致形貌差异，因此首先需要对通道内的时间序列进行包络计算以消除相位的影响，通过包络线以近似其能量变化，如图 5-1 所示。采用希尔伯特变换计算包络线，并考虑此积分为柯西主值(Cauchy principal value)[15]，其避免掉在 $\tau = t$ 处的奇点：

$$X(t) = x(t) * h(t) = \int_0^M x(\tau)h(t-\tau)\mathrm{d}\tau = \frac{1}{\pi}\int_0^M \frac{x(\tau)}{t-\tau}\mathrm{d}\tau \tag{5-1}$$

式中：$X(t)$ 为包络波形；$x(t)$ 为事件波形；$h(t) = \dfrac{1}{\pi t}$；M 为采样点总数。

经过包络计算后的信号变化不稳定，不利于波形的切割，还需要进行额外的光滑处理，采用一种基于曲线局部特征多项式拟合的 Savitzky-Golay (SG) 滤波器，应用最小二乘法确定加权系数进行滑动窗口加权平均的滤波，确保重构数据能够较好地保留岩体声发射事件的局部特征，更好地体现信号幅值的变化趋势，计算结果如图 5-1 所示。

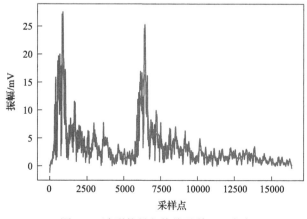

图 5-1　波形能量包络线及其 SG 滤波

时间序列中声发射事件主体的能量较大，与前驱波和噪声信号区别明显，因此搜寻和筛选滤波时间序列内顶峰值点，如图 5-2 所示，以判断可能存在的岩石声发射事件数目，对于其中顶峰值低于预设门槛值的波形，作为背景噪声进行处理；对于时间序列内仅有唯一顶峰值高于预设门槛值的信号，作为单个声发射事件进行处理；对于时间序列内有多个顶峰值高于预设门槛值的信号且各顶峰值相差不大的，作为多个声发射事件进行处理。通过对顶峰值点的搜寻和筛选确定了声发射事件所处的大致区域，避免了前驱波和噪声信号对于波形切割的影响。完整事件波形的切割还需要选取顶峰值前后的初至点和终止点，本节分别在能量包络的突变窗口和平稳窗口中进行搜索和选取，其中对于初至点选取首先需要找到位于峰前最后一次越过门槛值的前推时间窗，由于岩石试样的尺度较小，前推时间窗长度为 0.05μs，选取窗口内首个越过门槛值点，通过前推时间窗的操作可以避免所分离的波形峰前部分过短。终止点的选取则是通过峰后能量是否稳定衰减而决定，取峰值后一段窗口内的能量进行平均，若已稳定衰减至阈值则取窗口终点作为分离波形终止点。最后将顶峰值点前后的初至点和终止点所构成区域作为相应的声发射事件波形，如图 5-3 所示。

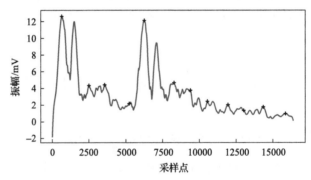

图 5-2　波形顶峰值点、初至点和终止点分布

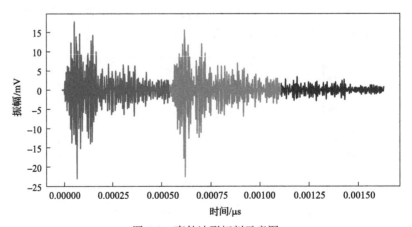

图 5-3　事件波形切割示意图

5.4　岩体声发射事件的识别指标

岩体声发射监测中事件信号大多数属于非线性、非平稳信号,由于微破裂源受张拉、剪切、扭剪等力的类型和程度不尽相同,导致岩石破裂演化过程中源自不同微破裂的声发射事件信号不完全相同,二者之间在波形相关性、震动频率、能量变化、信号强度等波形特征上均有一定程度差异;对于源自同一微破裂源的声发射信号虽然因传播路径各有差异,但在波形相关性、震动频率等波形特征参数上保有一定的相似性。利用各声发射信号之间的差异性可以将微破裂源、受力类型和受力程度不同的岩石声发射事件信号进行识别分类,对于进一步开展岩体破裂演化研究具有重要意义。

5.4.1　互相关系数

互相关系数(correlation coefficient)通常表示两个事件波形之间变化的相关程度,本节采用互相关系数代表滑动时间窗中被扫描波形和模板波形之间变化趋势的相似性,假设两个事件波形 $x(t),y(t)$,则二者之间的互相关系数表示为

$$CC(i) = \left| \frac{\sum_{t=1}^{N} x(t)y(t)}{\sqrt{\sum_{t=1}^{N} x^2(t) \sum_{t=1}^{N} y^2(t)}} \right|, \quad i \in 1,2,\cdots,M-N+1 \qquad (5-2)$$

式中:$CC(i)$ 为滑动时间窗对应采样点 i 的互相关系数;N 为滑动时间窗内的采样点总数;i 为滑动时间窗起始点;M 为通道内所记录的时间序列的采样点总数。截取各通道时间序列的连续波形,设待识别时间窗内的波形为 $x(t)$,与模板波形 $y(t)$ 进行互相关系数计算。互相关系数的取值范围为 0~1,其大小与被扫描波形和模板波形之间幅值变化趋势相关,若滑动时间窗内被扫描波形与模板波形间变化相似度越高,其值越接近 1;若滑动时间窗内所包含不同微破裂源信号或随机噪声的占比越高,则其值越接近 0。互相关系数可以解决同一时间序列内所记录的前后事件波形间隔过短难识别的问题,若滑动时间窗对应互相关系数超过所定义阈值时,则可认为滑动时间窗内所记录波形与模板波形属于同一微破裂源所触发的声发射事件。互相关系数主要反映了滑动时间窗内被扫描波形与模板波形变化趋势的一致性,受波形变形、能量衰减的影响较大,因此,在岩体声发射事件的分离应用中往往需要综合其他识别指标,以实现声发射信号的有效识别。

5.4.2　振铃计数

振铃计数(ring counts)是信号越过预设门槛阈值的振荡次数,反映了滑动时间窗中被扫描波形信号频率,因其处理简便被广泛应用于评价声发射信号活动性。振铃计数是岩体内部节理构造变化的外在声学特征,体现了声发射活动的强弱程度和岩体内部损伤

的演化过程, 受弹性模量、初始缺陷、岩石结构等因素的影响[16,17]。源自同一微破裂源的岩体声发射信号在振铃计数方面具有一定的相似性, 因此可以作为岩体声发射事件识别的评价指标之一。本节采用振铃计数衡量滑动时间窗内波形的平均频率, 计算公式如下:

$$C(i) = \frac{n}{N}, \quad i \in 1, 2, \cdots, M - N + 1 \tag{5-3}$$

式中: $C(i)$ 为滑动时间窗对应采样点 i 的振铃计数; n 为滑动时间窗内信号越过门槛的次数; N 为滑动时间窗内的采样点总数; M 为通道内所记录的时间序列的采样点总数。

5.4.3　上升时间

上升时间 (rise time) 表示的是岩体声发射事件信号从第一次越过门槛到最大振幅所需要的时间间隔, 普遍应用于声发射源破裂模式和噪声信号鉴别的研究。上升时间能够体现出岩体特性对于声波传播的影响, 传播过程中受频散现象和衰减作用影响, 因此近声源位置处的上升时间较短, 而远声源位置处由于高频组分、顶峰振幅迅速衰减, 其上升时间较长。

5.4.4　信号强度

信号强度 (energy) 是信号幅度及幅度分布有关的参数, 通常表示为岩体声发射事件信号包络线下的面积, 如图 5-1 所示, 虽然只是数学上的意义, 而非声发射事件的真实能量, 但能够反映声发射事件的相对能量或强度, 对于判断岩体破裂及损失程度具有重要意义。源自不同微破裂源的事件波形间的信号强度存在一定差异, 并且各事件波形主体的信号强度明显区别于背景噪声, 易于与噪声信号区分, 计算公式如下:

$$I(i) = \sum_{t=1}^{N} X(t), \quad i \in 1, 2, \cdots, M - N + 1 \tag{5-4}$$

式中: $I(i)$ 为滑动时间窗对应采样点 i 的信号强度; $X(t)$ 为滑动窗口内被扫描波形 $x(t)$ 的能量包络线, 信号强度不受门槛、相位的影响, 可用于岩体声发射事件分离。

5.5　岩体声发射事件的识别方法

5.5.1　模板通道选择

岩体微破裂时受张拉、剪切、扭剪等力的类型和程度各有差异, 其对应声发射事件信号不完全相同, 采用个别典型事件波形作为扫描样板进行声发射事件识别可能会导致事件波形的误识、漏识, 不利于岩体声发射事件的有效识别。因此, 为避免该问题, 本节选取采集通道内的事件波形为模板波形进行滑动扫描。

首先以 5000μs 作为各通道单位时间序列长度, 然后采用时间序列的信噪比和信号强度作为衡量标准，从中挑选出高信噪比、高信号强度的时间序列作为扫描样板序列，以其中的切割波形作为模板样板波形，对其他通道内的单位时间序列进行扫描。

模板通道通过以单位时间序列的长度作为变换周期，以其信噪比和信号强度作为模板通道选择标准，有助于避免预设典型事件波形与扫描通道内事件波形由于微破裂机制及其时间函数上的差异，提高各采集通道内同一微破裂源产生声发射时间波形的识别能力。此外，通过模板通道的变换可以解决固定模板通道中各微破裂源位置不同导致通道内不同微破裂源事件波形信噪比和信号强度的变化问题，提高了岩体声发射事件整体的识别率，虽然该单位时间序列具有长度限制，但是相较岩石尺度而言，其中的多峰事件波形多源自邻近的微破裂源，对于岩体破裂演化研究的影响较小。

时间序列信噪比的计算需要提前采集一些噪声信号，然后通过时间序列中信号有效功率 P_s 和噪声有效功率 P_n 的比值表示，计算公式如下：

$$\text{SNR} = 10\lg(P_s / P_n) \tag{5-5}$$

5.5.2 滑动窗口扫描

岩体声发射事件的识别是一个动态过程，因此，针对单位时间序列的识别需要在一定的时间窗口内进行，若时间窗口过长不仅会增加波形识别的耗时，影响识别效率，还会导致扫描时间窗口内同时出现两个或多个事件信号；若窗口过短，则有可能导致无法完整覆盖岩体声发射事件，把同一声发射事件划分成两个相邻事件，降低岩体声发射事件的识别效率和准确性。此外，各岩体声发射事件由于微破裂尺度差异其持续时间也不尽相同，同一时间窗口长度不利于事件高效准确地识别。因此，本书基于波形能量包络切割法首先切割出可能存在岩体声发射事件的大致区域，然后基于岩体尺度分别前移、后退一个时间窗口长度，共三个时间窗口长度作为该事件波形的滑动扫描区间。各事件波形的滑动扫描区间随着它的持续时间有所差异，该方法具有在整个自动识别过程中根据实际微破裂尺度适时调整更新时间窗口长度的能力。

确定滑动扫描区间后，需要计算和比较模板波形和扫描窗口波形间的互相关系数、振铃计数、上升时间与振幅比值(rise time/amplitude, RA)、信号强度等识别指标，其中相关波形信噪比是否采用需要由该单位时间序列的信噪比决定，若该单位时间序列信噪比较高，则不需要考虑相关波形信噪比，反之亦然。然后，计算滑动扫描区间中各采样点对应时间窗口的事件相似系数 $\text{SC}(i)$，选取其中最大值点作为最相似窗口，事件相似系数的计算如下所示：

$$\text{SC}(i) = \text{CC}(i) * \frac{|C(i) - C'|}{C'} * \frac{|\text{RA}(i) - \text{RA}'|}{\text{RA}'} * \frac{|I(i) - I'|}{I'}, \quad i \in 1, 2, \cdots, M' - N + 1 \tag{5-6}$$

式中：C'，RA'，I' 分别为模板波形的振铃计数、RA 值和信号强度；M' 为滑动扫描区间的采样点个数。样板扫描如图 5-4 所示。与互相关系数相比，事件相似系数避免了较短时间窗中噪声与模板波形起伏相似而错误识别的情况，并且多识别指标的结合更有利于识别传播过程发生变形、衰减、错位的波形。

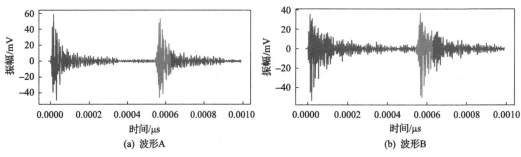

图 5-4　样板扫描示意图

5.5.3　时差矫正

时差矫正具有将记录中可能存在的微破裂事件初至波拉平的作用，使得初至波在各单位时间序列中能够表现出较好的一次性，若其中只包含随机噪声，则时差校正后的通道记录中只包含噪声。得到事件相似系数最大值的采样点后分别标识为 t_i，求解各通道最相似窗口的相对时差 $\Delta t_{i,j}$，然而，由于岩体声发射事件传播到各个传感器的路径不尽相同以及受噪声、衰减等因素的影响，同一声发射事件在各采集通道记录的事件波形上存在差异，因此需要构建如下线性等式：

$$\begin{bmatrix} 1 & -1 & 0 & 0 \\ 1 & 0 & -1 & 0 \\ 1 & 0 & 0 & -1 \\ 0 & 1 & -1 & 0 \\ 0 & 1 & 0 & -1 \\ 0 & 0 & 1 & -1 \\ 1 & 1 & 1 & 1 \end{bmatrix} \begin{bmatrix} t_1 \\ t_2 \\ t_3 \\ t_4 \end{bmatrix} = \begin{bmatrix} \Delta t_{12} \\ \Delta t_{13} \\ \Delta t_{14} \\ \Delta t_{23} \\ \Delta t_{24} \\ \Delta t_{34} \\ 0 \end{bmatrix} \tag{5-7}$$

该线性等式可以简写为如下形式：

$$At = \Delta t \tag{5-8}$$

式中：A 为稀疏系数矩阵；Δt 为相对时差向量，为 t 的待求时差矫正参数向量。利用最小二乘解可得

$$t = (A^T A)^{-1} A^T \Delta t \tag{5-9}$$

利用式(5-9)求解出 t 后，即可根据各通道的事件相似系数最大值的采样点 t_i 对各道记录进行时差校正。然后对各窗口进行叠加，由于各窗口记录的波形具有较好的波形一致性，并且其中的随机噪声互不相干，得到的叠加通道信噪比高于叠加前的各通道记录。

5.5.4　到时提取

由于波形分离中的初至点提取时包含了背景噪声，对于岩体声发射事件的定位精度

影响较大，因此需要对高信噪比的叠加通道重新提取初至到时。信号到达时间的确定对定位精度有重要影响。这实际上并不简单，因为每个信号都是不同的。这就引入了需要确定波的某一特征来进行到时定义。确定到时的一种常用方法就是设定一个幅度阈值，并对第一个样本跨越这个幅度的时间进行配准。然而，这种方法依赖于某一传感器处信号的幅值，它受传感器距离和传感器附着在试样上的方式影响，两者可以在传感器之间变化。其他方法可以是阈值穿越后第一个峰值出现的时间，也可以是最大信号幅度出现的时间。现有到时提取方法主要如下。

1. STA/LTA 方法

STA/LTA[18]通过选取一组长、短滑动时窗，根据滑动时窗内信号平均值的比值来体现声发射信号振幅和能量的变化趋势。短时窗平均值(short-time average, STA)体现了局部声发射信号的振幅水平，而长时窗平均值(long-time average, LTA)则表现了背景噪声的振幅水平。当临近初至波到时点，短时窗平均值比长时窗平均值变化快，而 STA/LTA 值会达到明显的极值点。具体的计算如下：

$$R = \frac{\sum_{l=t}^{t-L} x(t) / L}{\sum_{l=t}^{t-S} x(t) / S} \tag{5-10}$$

式中：L，S 为长、短时间窗的长度；R 的最大值点表示岩体声发射事件的初至点。

2. 基于 CWT 的相关方法

该方法基于互相关和时频域替代显著性检验，自动判断声发射信号的起震情况。根据尺度与频率的关系，利用连续小波变换(continous wavelet transform, CWT)产生时频谱[19]。与常规傅里叶变换不同，CWT 具有构造信号时频表示的能力，能够提供良好的时频局部化，有助于检测频率分布发生显著变化时间的准确位置。对于信号 $u(t)$，其 CWT 在尺度 a 和平移值 b 上的系数表示为

$$c(a,b;x(t),\phi(t)) = \int_{-\infty}^{\infty} x(t) \frac{1}{\sqrt{a}} \phi^* \left(\frac{t-b}{a} \right) \mathrm{d}t \tag{5-11}$$

式中：$\phi(t)$ 为一个时域和频域的连续函数，称为主小波；*代表复数共轭操作。CWT 系数不仅受尺度和平移值的影响，而且受主小波类型影响。选择一个合适的主小波往往取决于要分析的信号特征。

基于 CWT 的相关方法基本上涉及对信号的连续时间样本的 CWT 系数进行交叉相关。已知声发射信号在信号发生前的任何时间的频率分布是伪随机的，因此，这段时间内两个连续时间样本的 CWT 系数之间的相关性可以预期是很低的。相反，信号发生后任何时间的声发射信号的频率分布由于其固有的周期性而相对连贯，这也表明这一时期两个连续时间样本的 CWT 系数之间的相关性很高。信号的初至时间对应于 CWT 系数的

交叉相关有明显的阶跃变化的地方。

3. AIC

AIC[20]函数将某一样本之前信号的方差与之后信号的方差进行比较。AIC 假设 P 波到达前后的区间是两个不同的静止时间序列,事件信号 $x(t)(t=1,2,\cdots,N)$ 的两区间模型的 AIC 值是由合并点 k 的函数给出的:

$$\text{AIC}(k) = (k-M)*\lg(\sigma_{1,\max}^2) + (N-M-k)\lg(\sigma_{2,\max}^2) + C_2 \tag{5-12}$$

式中:M 为拟合数据的自回归的阶数;$\sigma_{1,\max}^2$,$\sigma_{2,\max}^2$ 为时间序列的预测误差的方差;间隔时间为 $[M+1,k]$,$[k+1,N-M]$;C_2 为常数。为了获得 AIC 值,必须计算自回归系数和 M 阶数。这些都有很高的计算复杂性。与上述 AIC 相反,直接从地震图中计算 AIC 函数,不使用自回归系数,AIC 函数定义为

$$\text{AIC}_n = n\lg(\text{Var}[U_{n-}]) + (N-n-1)\lg(\text{Var}[U_{n+}]) \tag{5-13}$$

式中:U_{n-},U_{n+} 分别为 n 点往前和往后的信号。对于 P 相清晰的地震信号,AIC 方法可能非常准确,而对于信噪比相对较低的地震信号,AIC 可能存在较大误差。因此,有必要将 AIC 方法应用于多尺度分析,减少噪声的影响。

5.6　岩体声发射事件的分离试验

5.6.1　单峰单事件波形切割及识别

本节首先选取典型的单峰单事件的单位时间序列进行分析,该类事件波形在岩体声发射事件中具有较大占比,一般由单个微破裂源所激发且相邻微破裂源激发的时间间隔超过一般事件持续时间。待分析单位时间序列如图 5-5 所示,声发射事件波形在传播过程中因衰减作用存在一定程度的衰减、变形和拉长。

1)模板通道选择

在波形切割和识别之前,需要根据各单位时间序列的信噪比和信号强度选取模板通道。为确定噪声信号功率,本节对于单位时间序列预采 500 个采样点作为噪声信号并求取其功率,然后再分别求得各采集通道的信号功率,与噪声信号功率对比,并取对数以得到各通道信噪比。表 5-1 为各采集通道的信噪比和信号强度,可以看出各单位时间序列的信噪比整体较好,最小值大于9,其中采集通道 2 的信噪比最大,约为 20.82。除了以采集信噪比作为选取模板通道的依据,还可以根据采集通道的信号强度进行初步地判断,由于声发射事件的信号强度要明显大于噪声信号的信号强度,而其中声发射事件波形衰减越小的信号强度也要更大,因此通过选取具有信号强度最大值的单位时间序列作为模板通道是合理的。可以看到在表 5-1 中,采集通道 2 的信号强度约为较弱通道信号强度的 2 倍。虽然通过对比可以发现各通道的信噪比和信号强度排序具有一致性,

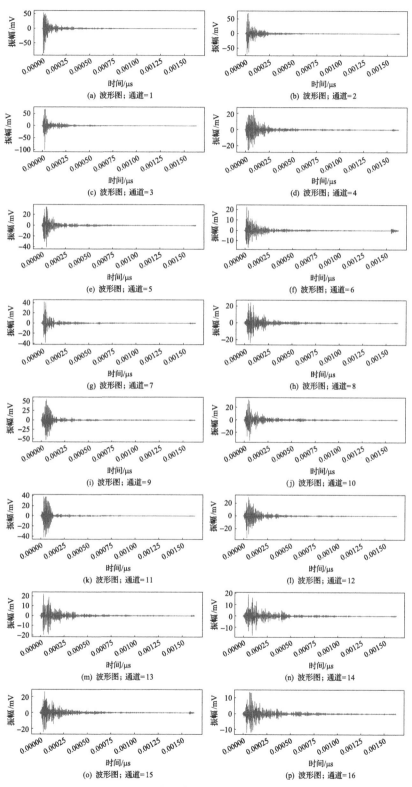

图 5-5 单峰单事件波形待识别通道

表 5-1　单峰单事件波形通道信噪比和信号强度

采集通道	1	2	3	4	5	6	7	8
信噪比	20.64	**20.82**	20.74	14.87	16.95	11.26	15.97	14.05
信号强度/10^6	3.10	**3.26**	3.20	2.02	2.28	1.28	1.82	1.88
采集通道	9	10	11	12	13	14	15	16
信噪比	20.81	15.36	19.14	15.84	12.88	11.19	14.16	9.42
信号强度/10^6	3.25	2.11	2.33	2.14	1.65	1.49	1.96	1.23

但是若仅考虑单指标进行采集模板的选择，可能错误地选取了信噪比较低而强度较大的单位时间序列，不利于后续时间波形的识别，因此信噪比和信号强度指标选取需要综合考虑。因此在该单位时间序列，本书选用首通道作为模板通道进行其他采集通道的事件波形识别。

2) 事件波形切割

应用波形能量包络切割法对各单位时间序列进行事件波形切割，结果如图 5-6 所示，由于衰减作用下波形能量包络减小，部分通道中所切割出的事件波形较模板通道显著拉长，这是因为减小的波形能量包络导致以其作为判断基准的切割终止点随之后移，但相较以幅值作为判断基准的预置定时参数，波形能量包络切割法受噪声信号的影响更小，从图 5-6 中可以看出，部分信号衰减较大的通道终止点后有一段幅值波动，若以阈值为基准则可能将后一段波形划入事件波形中，但是从能量的角度看，波形包络能量已经稳定衰减至阈值，已满足事件波形的切割要求，避免了后续噪声信号对于事件波形的污染。

3) 事件波形识别

以模板通道对各采集通道中的扫描区间进行滑动窗口扫描得到相应的上升时间比值、振铃计数比值、信号强度比值、互相关系数、事件相似系数，并从中选取最相似窗口。从图 5-7 中可以看到，基于上升时间作为判断基准具有一定作用，与其事件波形大致的区域具有一定的一致性，对于部分滑动窗口由于其比值为负，即与模板波形的上升事件相差较大，本书将其设定为 0，以避免对后续研究有所干扰。在振铃计数方面，从图 5-8 中看到在所分析的各单位时间序列上振铃计数比值相差不大于 0.2，这也说明了对于岩石尺度的声发射事件而言，虽然其存在高频信息的衰减，但衰减幅度不大，主要的波形变形多是源于其幅值的衰减。在图 5-9 中，由于模板波形的信号强度是各采集通道中最大的，因此以模板波形对其他采集通道的扫描区间进行滑动窗口扫描得到的信号强度比值多位于 0~1 区间。由图 5-9 可以看到，对于所扫描的高信号强度的采集通道，一个完整波形的信号强度比值是较大的，随着窗口越过波峰值采样点以及窗口内较弱信号强度的噪声信号的融入，其信号强度比值逐渐减少。

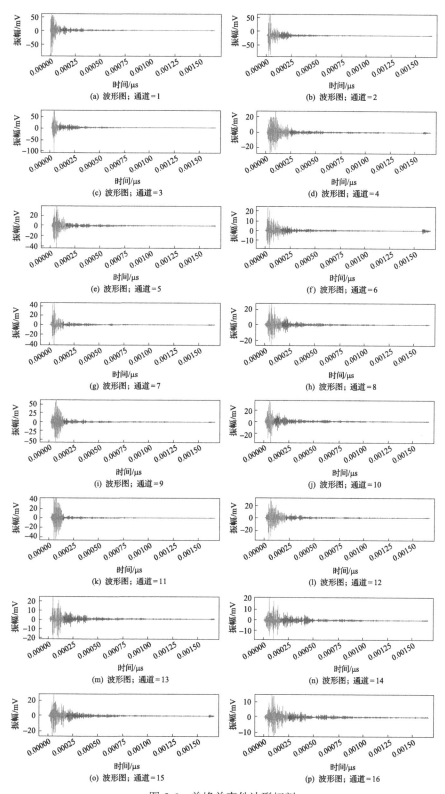

图 5-6　单峰单事件波形切割

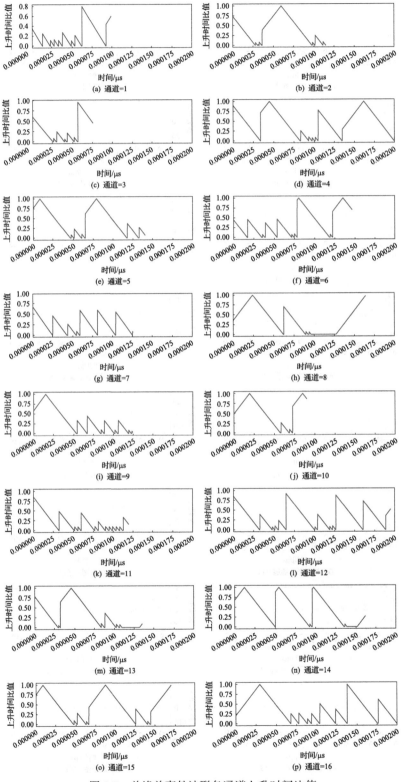

图 5-7　单峰单事件波形各通道上升时间比值

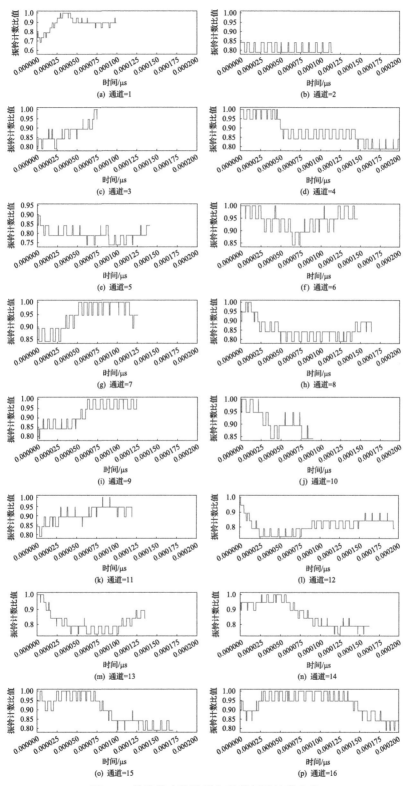

图 5-8   单峰单事件波形各通道振铃计数比值

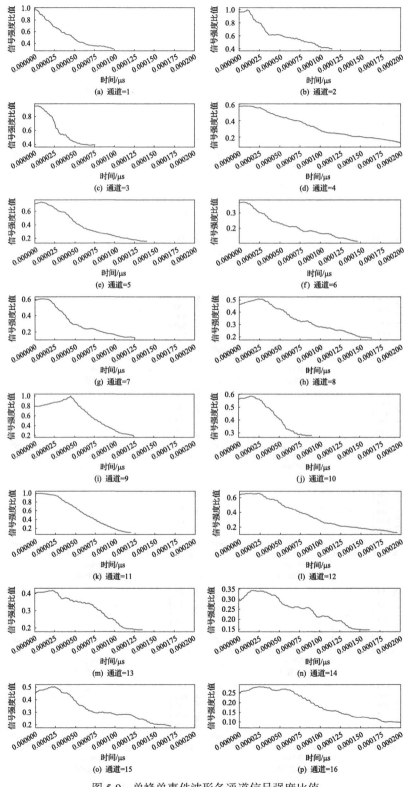

图 5-9　单峰单事件波形各通道信号强度比值

而在低信号强度的采集通道中，由于事件波形在传播过程中有一部分能量已经衰减，因此其整体的信号强度较小，在滑动扫描过程中虽然也呈现出了峰值点前的信号强度比值较高而峰值点后的信号强度比值较低的现象，但是其起伏变化的趋势较弱，受到噪声信号一定程度的影响。互相关系数如图 5-10 所示，可以看到随着滑动窗口的移动，互相关系数波动较大，这是因为互相关系数主要是体现振幅的起伏变化相似性，但在岩体声发射事件中信号衰减程度较大，波形变形严重，仅基于互相关系数无法进行合适的判断。考虑到上升时间、振铃计数、信号强度、互相关系数等单个波形特征参数进行事件波形识别对某一阶段特征各有偏重，本书采用各参数之间的乘积作为事件相似系数进行事件波形辨识指标，如图 5-11 所示。可以看到，对于高信噪比和高信号强度的采集通道而言，其最大事件相似系数的事件波形实际区域附件，对于噪声信号的相关性接近于 0。

根据事件相似系数得到各通道的最相似波形，如图 5-12 所示。可以看到，在事件相似系数的识别下，滑动窗口能准确地匹配到各通道中的事件波形主体，较好地覆盖事件波形的初至点、峰值点和终止点。各通道中部分波形相较模板波形已经存在了一定程度的变形和信号强度的衰减，但对于基于模板波形和事件相似系数的识别方法影响较小，本书所提出的基于事件相似系数的波形识别方法可以在一定声波传播衰减程度下实现各通道内事件波形的合理识别。

4）波形到时拾取

由于时差矫正需要选窗口中的参考点，本书选取最相似窗口中的初至到时点作为时差校正的参考点，利用最小二乘解得到各窗口的时差矫正值 t_i（表 5-2），然后各时间序列 x 轴做差进行平移，并以各窗口左右边界中最小值和最大值作为时序叠加窗口，图 5-13 为所求的各单位时间序列的叠加窗口，经过时差矫正窗口的长度要长于原始的最相似窗口。对各矫正窗口进行叠加得到叠加窗口，由于噪声信号是随机且不相关的，源自同一微破裂源的声发射事件波形在特征参数和波形起伏上具有一定的相似性，经过时差矫正后各单位时间序列上事件波形的同相轴被拉平，因此对于叠加窗口而言，由于起伏变化存在差异，噪声信号得到一定程度的削弱，而岩体声发射信号得到增强，因此对于原始的声发射信号而言，叠加窗口中的信号信噪比更高。对叠加窗口进行到时提取，得到高信噪比下的初至到时 $\text{AIC}_{\text{index}} = 286\mu s$，如图 5-13 所示。并再次利用时差矫正值 t_i 对叠加窗口初至到时进行反推进而得到各单位时间序列中的到时，如图 5-14 所示，各通道中所确定的到时基本位于起震点附近。叠加窗口的到时提取和反推不仅可从高信噪比、高信号强度的事件波形中提取较为准确的到时数据，而且应用在衰减变形较大的事件波形时也具有较好的作用。

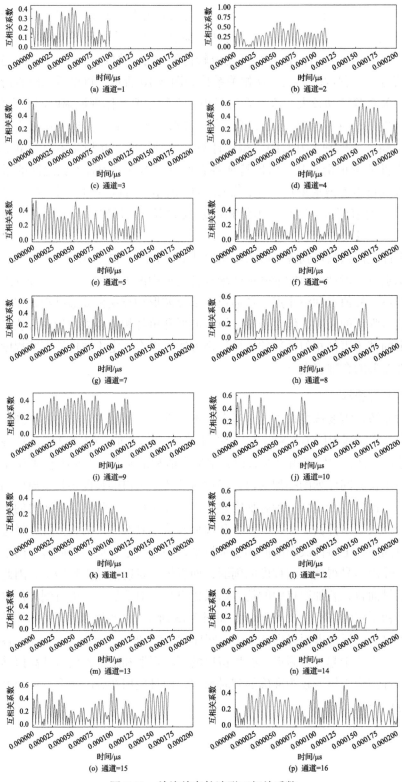

图 5-10　单峰单事件波形互相关系数

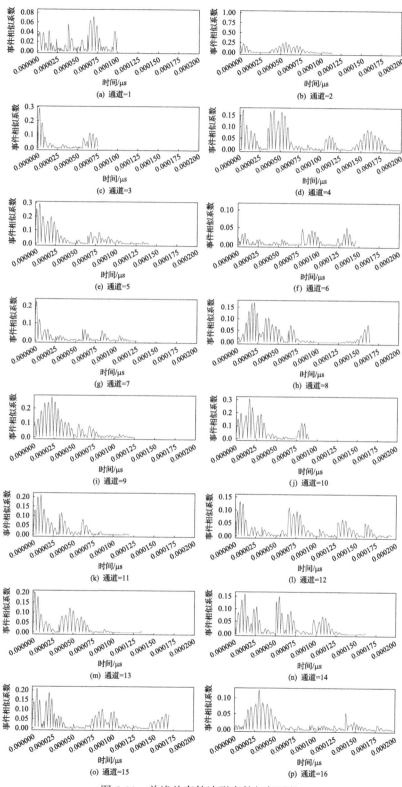

图 5-11　单峰单事件波形事件相似系数

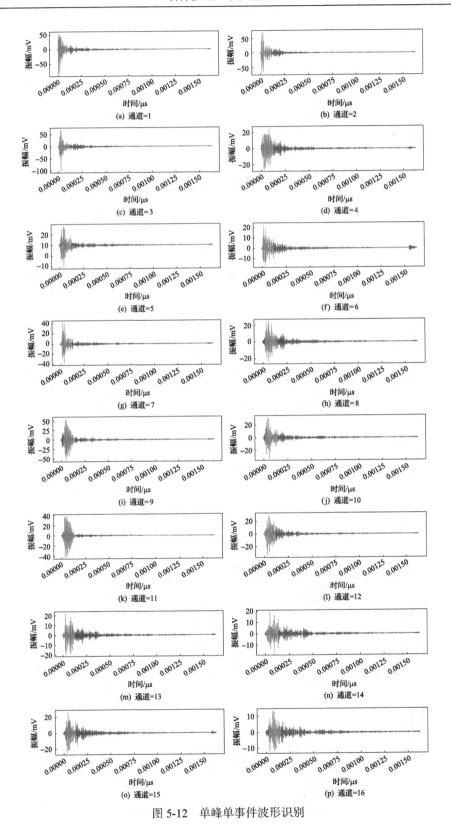

图 5-12　单峰单事件波形识别

表 5-2　单峰单事件波形时差校正值

通道	1	2	3	4	5	6	7	8
时差校正值/10^{-7}s	−120	−98	−106	−94	−70	−92	18	82
通道	9	10	11	12	13	14	15	16
时差校正值/10^{-7}s	76	8	84	72	64	44	−16	150

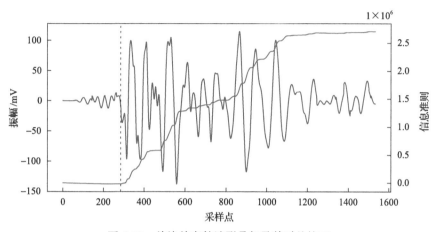

图 5-13　单峰单事件波形叠加及其时差校正

5.6.2　双峰多事件波形切割及识别

选取具有典型的双峰多事件的单位时间序列进行分析，如图 5-15 所示。在该类型的单位时间序列中，可以看到两个岩体声发射事件的信号强度相近，事件之间的分布间隔较短。一般单个事件持续时间约为 1000μs，对于该单位时间序列而言，由于前一个事件尚未结束而后一个事件已经进入通道，第一个事件波形尾波信号不足以衰减至基于定时参数进行切割，进而导致两个事件波形簇拥于同一通道，本节选用该单位时间序列进行分析，以验证本书方法对于实现双峰多事件波形的切割及识别的有效性。

1) 模板通道选择

首先是选取模板通道，求解各通道的信噪比和信号强度，见表 5-3。可以看到各单位时间序列的信噪比整体较好，最小值大于 16，其中首通道的信噪比最大，约为 34.0。在信号强度方面，首通道的信号强度约为较弱通道信号强度的 4 倍。虽然通过对比可以发现各通道的信噪比和信号强度排序具有一致性，但是若仅考虑单指标进行采集模板的选择，可能错误选取了信噪比较低而信号强度较高的单位时间序列，不利于后续事件波形的识别，因此信噪比和信号强度指标选取需要综合考虑。因此在该单位时间序列，选用首通道作为模板通道进行其他采集通道的事件波形识别。

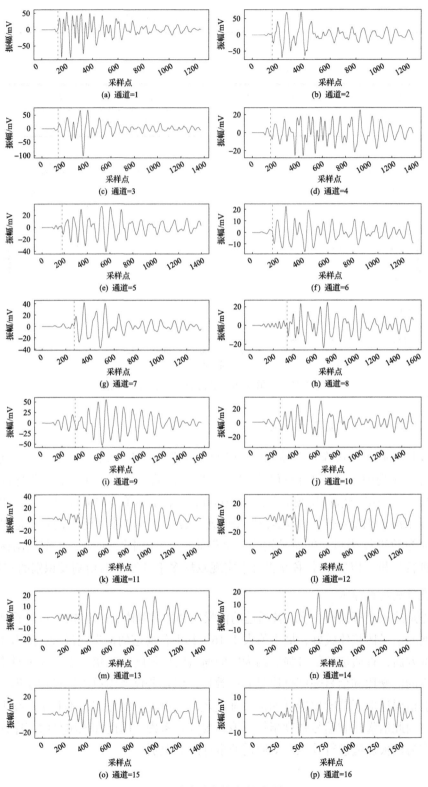

图 5-14　单峰单事件波形到时提取

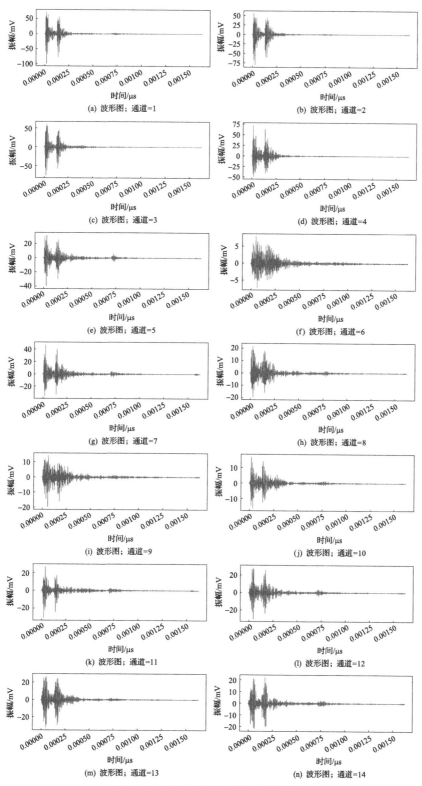

图 5-15　双峰多事件波形待识别通道

表 5-3　双峰多事件波形通道信噪比和信号强度

采集通道	1	2	3	4	5	6	7
信噪比	33.96	32.83	32.07	32.19	26.94	16.35	28.43
信号强度/10^6	3.99	3.54	3.27	3.61	2.28	0.83	2.86
采集通道	8	9	10	11	12	13	14
信噪比	23.92	25.51	21.42	24.18	26.82	28.31	25.30
信号强度/10^6	1.77	1.58	1.27	1.72	2.32	2.66	1.90

2) 事件波形切割

采用波形能量包络切割法对各采集通道进行事件波形切割，结果如图 5-16 所示，可以看到定时参数无法切割的单位时间序列可被波形能量包络切割法进行前后间隔事件波形的切割，各单位时间序列中前后事件区分明显，虽然前后事件存在一定程度的重叠，但先到事件波形的终止点和后到事件波形的初至点仍能分别通过波形能量包络的起伏进行合理判断。在高信噪比采集通道中，事件波形能量起伏变化明显，随着能量衰减，事件波形幅值整体下降，较低信噪比采集通道中事件波形能量起伏变化放缓，其中对于通道 6 内两事件间的界限不明显，但该方法仍能实现波形间的有效切割。由于事件波形终止点是基于事件顶峰幅值能量稳定衰减至百分比阈值而决定的，对于高信号强度采集通道，后到事件的终止点落在 250μs 之前，对于低信号强度采集通道，由于顶峰振幅下降，后到事件的峰值和终止点间的距离被拉长，虽然各通道中切割事件波形长度不一样，但是模板通道是基于最大信噪比和信号强度的原则进行选择的，其事件的长度是单位时间序列上各对应事件中最短的，以模板通道中事件长度作为滑动时间窗口长度，以其他单位时间序列中对应事件的长度作为扫描区间，进行滑动窗口扫描，因此低信号强度中峰值和终止点间拉长的距离并不影响最相似事件的搜寻。

3) 事件波形识别

采用模板通道对各单位时间序列进行滑动窗口扫描，并计算扫描区间内的上升时间比值、振铃计数比值、信号强度比值、互相关系数、事件相似系数。在上升时间比值(图 5-17)中可以看到，在各通道中高上升时间比值主要分布在 10μs 附近，与其实际分布区域具有一定的一致性。在振铃计数比值方面(图 5-18)，各单位时间序列上的振铃计数比值相差不大于 0.2。在信号强度比值方面(图 5-19)，在同一通道中随着窗口滑动越过波峰值采样点以及窗口内较弱信号强度的噪声信号的融入，其信号强度比值逐渐减少，对于不同通道其信号强度比值最大值因信号在传播中衰减也各有差异。各单位时间序列与模板通道的互相关系数如图 5-20 所示，对比信号强度可以看到，对应高信号强度比的通道其互相关系数变化趋势较缓，而低信号强度比的通道其互相关系数变化趋势较急，这可能是因为波形幅值下降，波形越过振幅零点次数增多，时间波形起伏加快，进而导致互相关系数变化趋势较急。这表明，对于高信噪比、高信号强度的事件波形采用互相关系数可以满足事件波形的识别，如通道 1、3、5 等，但是对于低信噪比、低信号强度的事件波形而言，其互相关系数存在较多局部最大值，无法仅根据互相关系数进行波形识别。因此，针对这种情况本书采用事件相似系数进行事件波形的识别，如图 5-21 所示。

可以看到，经过上升时间、振铃计数等波形特征参数修正，事件相似系数中局部最大值点减少了，对于最相似波形的选取具有重要意义。

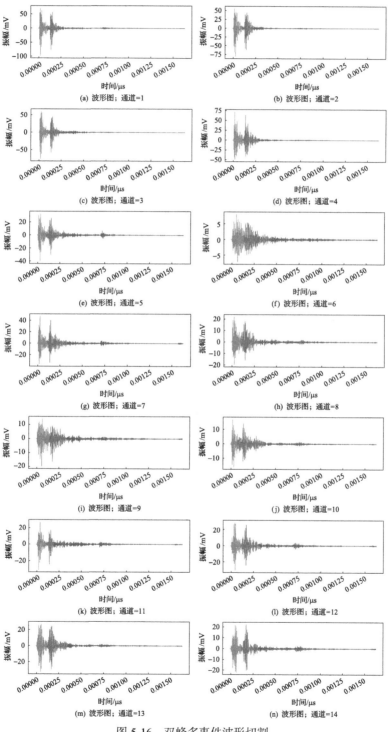

图 5-16　双峰多事件波形切割

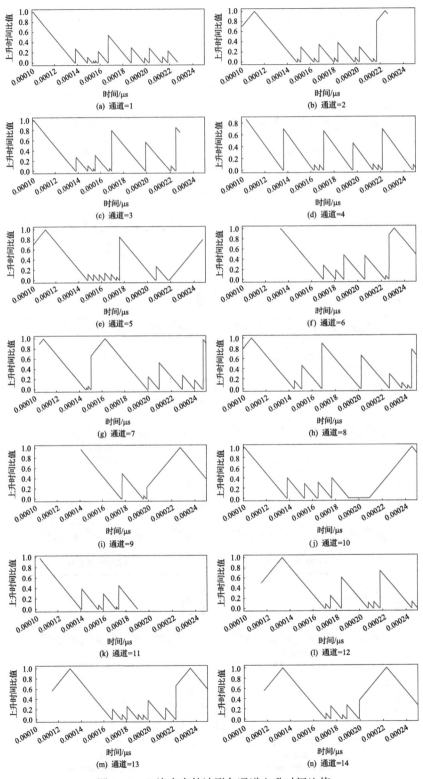

图 5-17　双峰多事件波形各通道上升时间比值

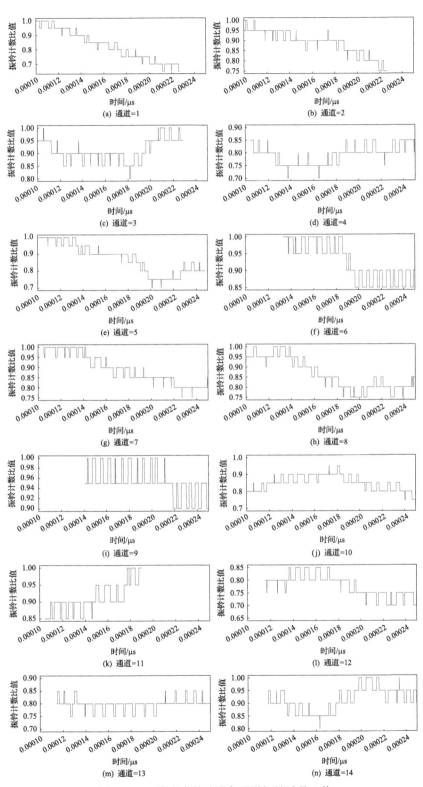

图 5-18　双峰多事件波形各通道振铃计数比值

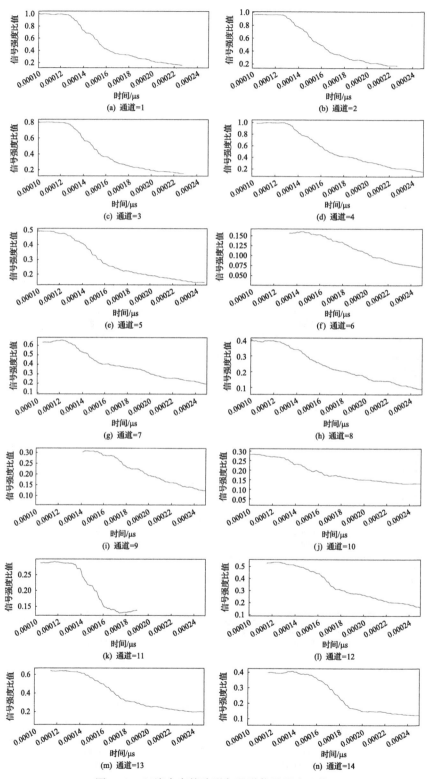

图 5-19　双峰多事件波形各通道信号强度比值

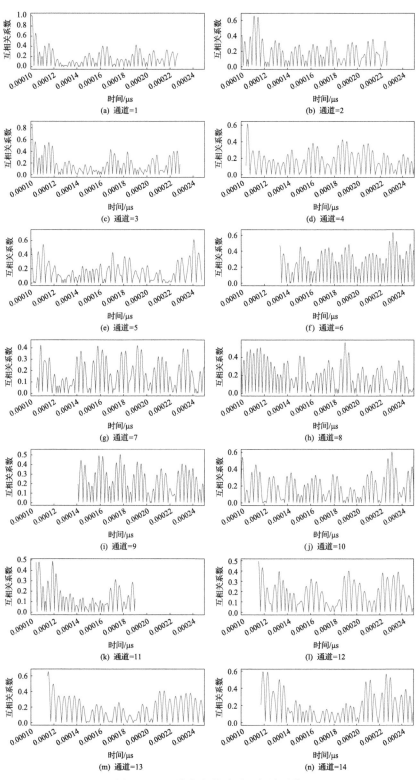

图 5-20　双峰多事件波形互相关系数

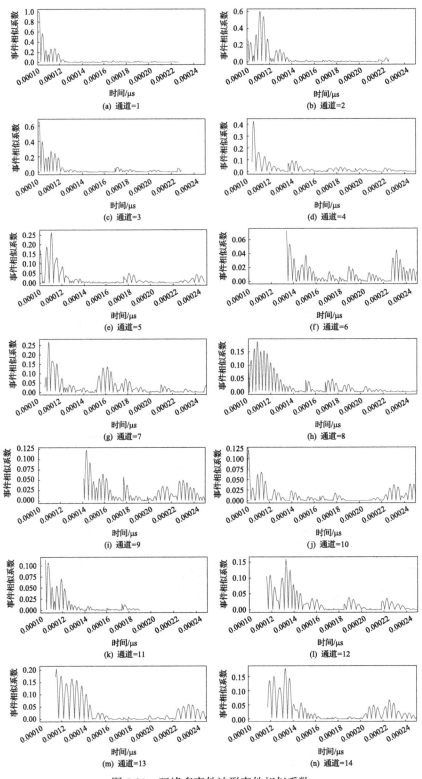

图 5-21 双峰多事件波形事件相似系数

根据事件相似系数，得到各采集通道的最相似窗口，结果如图 5-22 所示，可以看到

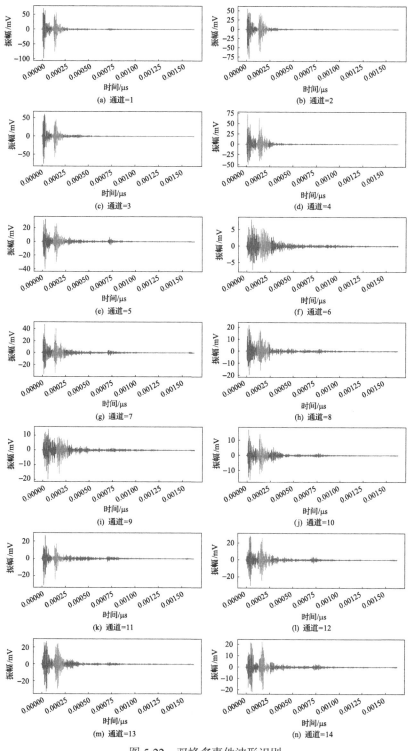

图 5-22　双峰多事件波形识别

对于大部分单位时间序列中波形模板能够准确地匹配到相应的事件波形，其中各波形的初至点、峰值点、终止点都能得到较好地覆盖。由于岩体声发射事件微破裂受力类型和程度各不相同，各波形在上升时间、振铃计数、信号强度和互相关系数之间存在差异，在该单位时间序列中通过事件相似系数还可以避免对于前一个源自不同微破裂源邻近事件的错误识别。各采集通道中部分波形相较模板波形已经存在了一定程度的变形和信号强度的衰减，但对于基于模板波形的事件识别影响较小，本书所提出的基于事件相似系数的波形识别方法可以在一定传播衰减程度下实现各通道内事件波形的合理识别。

4) 波形到时拾取

选取各通道最相似窗口中的初至到时点作为时差校正参考点求得相应时差校正值t_i，见表 5-4。基于时差校正值对各单位时间序列进行平移，并以各窗口左右边界中最小值和最大值作为时序叠加窗口，窗口长度为 1514μs。对叠加窗口进行到时提取，得到初至到时为 257μs，如图 5-23 所示。并利用时差矫正值t_i对叠加窗口初至到时进行反推，进而得到各单位时间序列中的到时，如图 5-24 所示，各通道中所确定的到时基本位于起震点附近。

本书所采用的岩体声发射事件分离方法相较传统阈值定时参数方法不仅可以有效地分离双峰多事件波形类型信号，解决采集通道中事件波形间隔短、分离难的问题，而且通过时差校正和窗口叠加实现了高信噪比下的到时提取，对于后续事件波形定位研究具有重要意义。

表 5-4　双峰多事件波形时差校正值

通道	1	2	3	4	5	6	7
时差校正值/10^{-7}s	−2	−2	−6	−61	−157	76	−91
通道	8	9	10	11	12	13	14
时差校正值/10^{-7}s	−143	243	−239	38	119	106	117

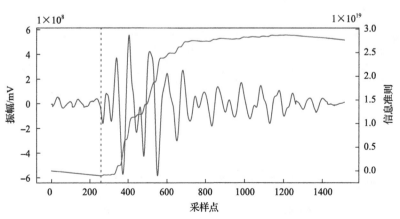

图 5-23　双峰多事件波形叠加及其时差校正

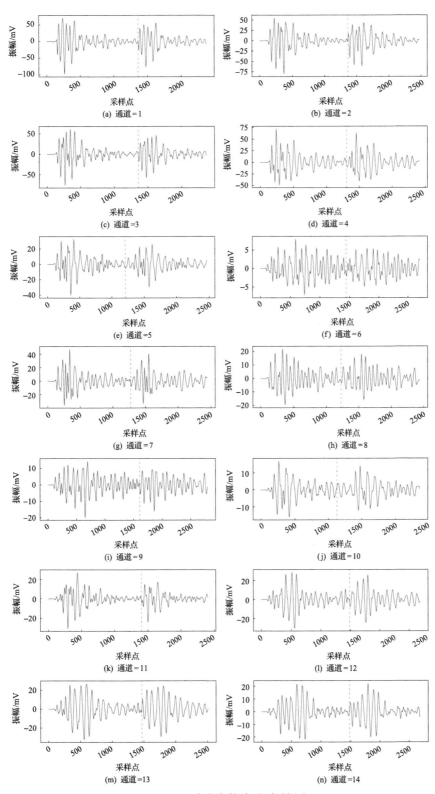

图 5-24　双峰多事件波形到时提取

5.6.3　多峰单事件波形切割及识别

选取具有典型的多峰单事件的单位时间序列进行分析。在该类型的单位时间序列中，可以看到存在多个事件波形，如图 5-25 所示，但不同于双峰多事件的单位时间序列，多峰单事件波形的能量主要占单位时间序列总能量，其他事件波形能量过小，可能在传播过程中因衰减影响而未被大多数采集通道记录，对于这种类型的事件波形可以作为无效事件进行处理，因此对于该单位时间序列，本书主要是切割和识别主能量事件波形。

1）模板通道选择

求解各单位时间序列的信噪比和信号强度，见表 5-5，由于通道 4 的信噪比和信号强度最大，信噪比为 23.12，约为较弱通道的 3 倍，因此综合考虑，本书选取该通道作为模板通道进行其他采集通道的事件波形识别。

表 5-5　多峰单事件波形通道信噪比和信号强度

采集通道	1	2	3	**4**	5	6
信噪比	7.21	11.12	9.66	**23.12**	15.46	10.83
信号强度/10^6	0.93	1.39	1.15	**2.86**	2.06	1.31
采集通道	7	8	9	10	11	12
信噪比	7.85	11.20	13.07	10.21	11.36	8.96
信号强度/10^6	0.95	1.01	1.45	1.32	1.14	1.07

2）事件波形切割

应用波形能量包络切割法对各单位时间序列进行事件波形切割，结果如图 5-26 所示，对于大部分通道波形能量包络切割法仍能较好地切割，覆盖通道 2、通道 10 的峰值点和终止点，在初至点处由于主能量事件信号强度较小且前段波形影响导致在阈值时间内始终越过能量门槛，因此出现初至点前移，该问题可通过对采集信号强度设定阈值进行解决，但对后续信号辨识结果没有影响。

对各单位时间序列滑动窗口扫描得到相应的上升时间比值、振铃计数比值、信号强度比值、互相关系数、事件相似系数，如图 5-27～图 5-31 所示。在互相关系数和事件相似系数上，可以看到通道 2 和通道 10 由于初至点前移，图中滑动区间远长于其他通道，因此看上去其起伏变化更密集，但基于其信号能量的大小出发，其变化趋势应与通道 12 相同。通道 4 作为模板通道，其滑动区间长度与通道 8 相近，但由于它们之间信号强度的差异，互相关系数和事件相似系数的起伏变化也有所不同。根据事件相似系数得到各通道的最相似波形，如图 5-32 所示。在事件相似系数的识别下，滑动窗口能准确地匹配到各通道中的事件波形主体，包括初至点前移通道 6、通道 10。基于模板波形和事件相似系数的识别方法衰减变形的影响较小，本书所提出的基于事件相似系数的波形识别方法可以在传播衰减下实现各通道内主能量事件波形的合理识别。

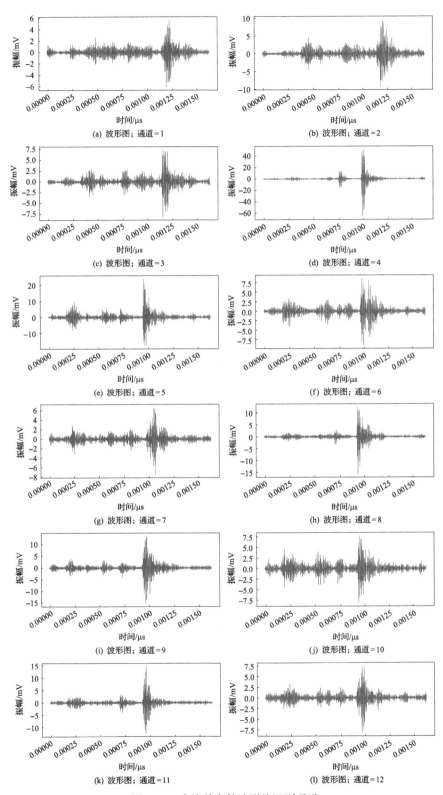

图 5-25 多峰单事件波形待识别通道

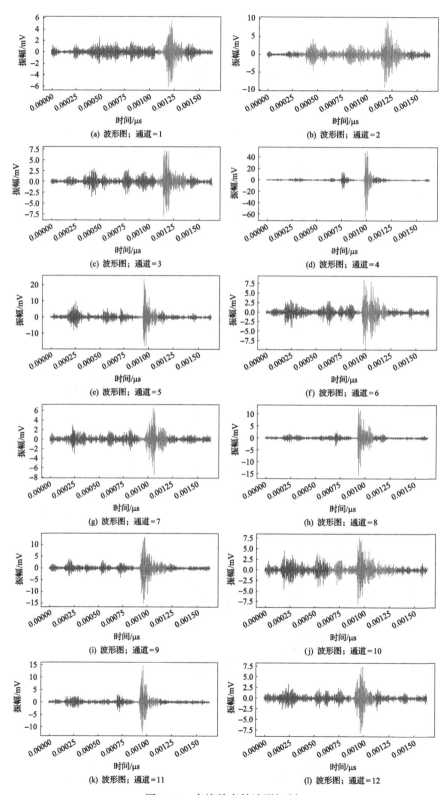

图 5-26　多峰单事件波形切割

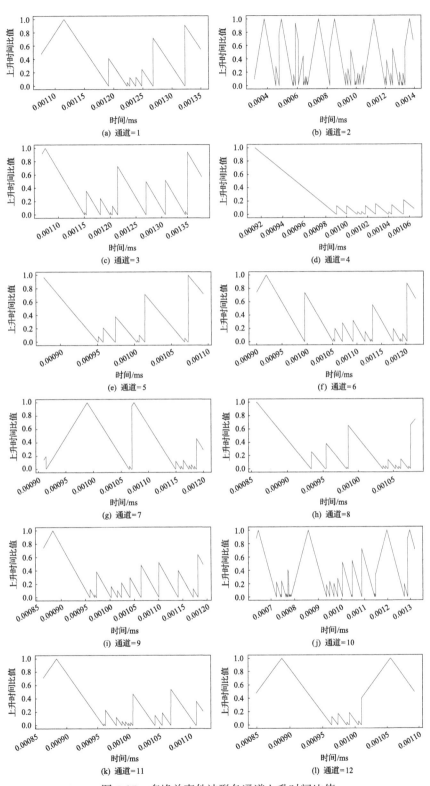

图 5-27　多峰单事件波形各通道上升时间比值

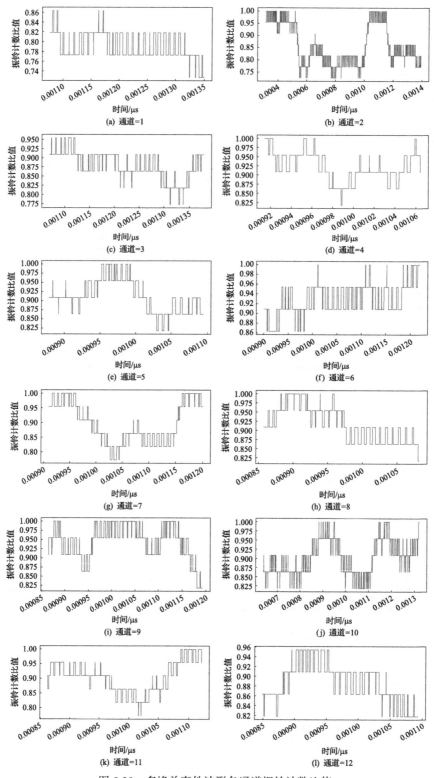

图 5-28　多峰单事件波形各通道振铃计数比值

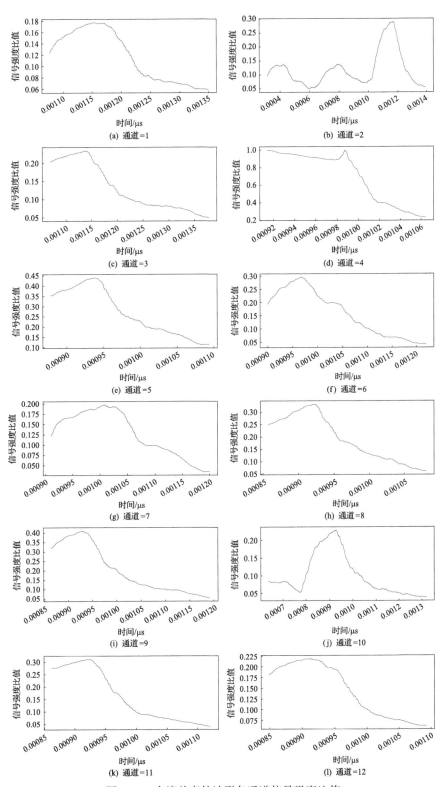

图 5-29　多峰单事件波形各通道信号强度比值

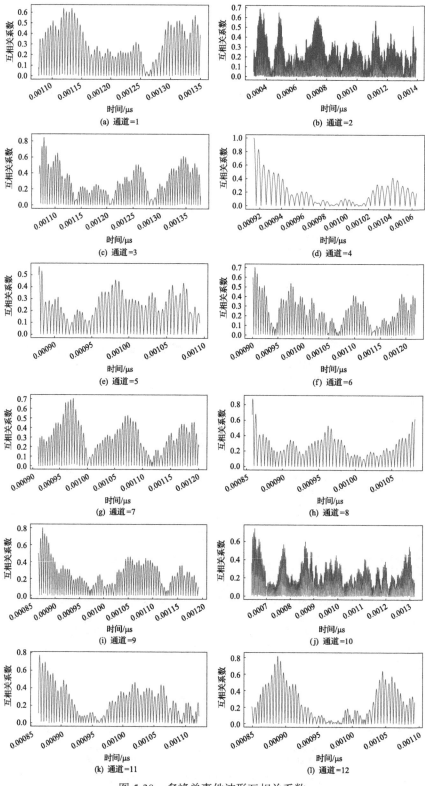

图 5-30　多峰单事件波形互相关系数

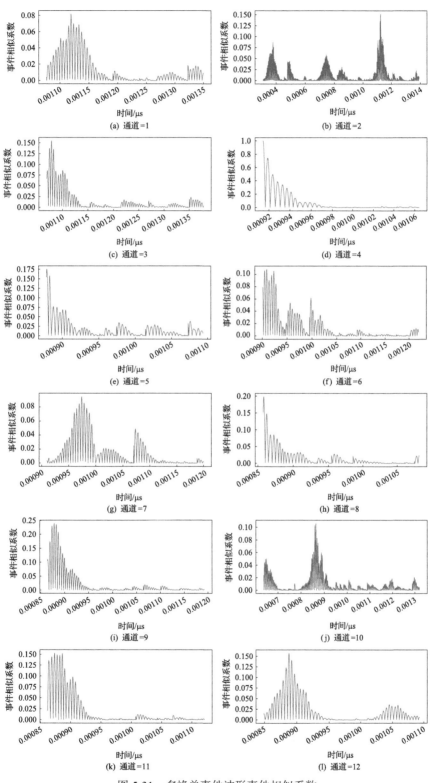

图 5-31　多峰单事件波形事件相似系数

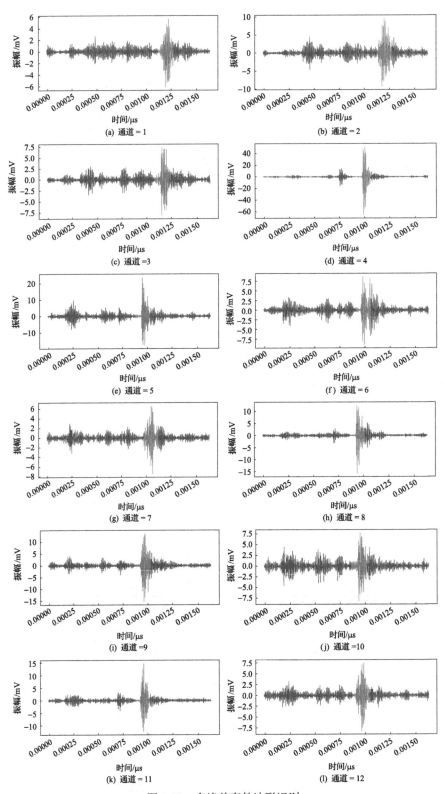

图 5-32　多峰单事件波形识别

3) 波形到时拾取

选取各通道最相似窗口中的初至点作为时差校正参考点求得相应时差校正值 t_i，见表 5-6。基于时差校正值对各单位时间序列进行平移，并以各窗口左右边界中最小值和最大值作为时序叠加窗口，图 5-33 为所求的各单位时间序列的叠加窗口，窗口长度为 2058μs。对叠加窗口进行到时提取，得到初至到时为 633μs。利用时差矫正值 t_i 对叠加窗口初至到时进行反推，进而得到各单位时间序列中的到，如图 5-34 所示，各通道中所确定的到时基本位于起震点附近。

表 5-6　多峰单事件波形时差校正值

通道	1	2	3	4	5	6
时差校正值/10^{-7}s	1697	1455	1475	−137	−526	−299
通道	7	8	9	10	11	12
时差校正值/10^{-7}s	−100	−714	−638	−701	−684	−824

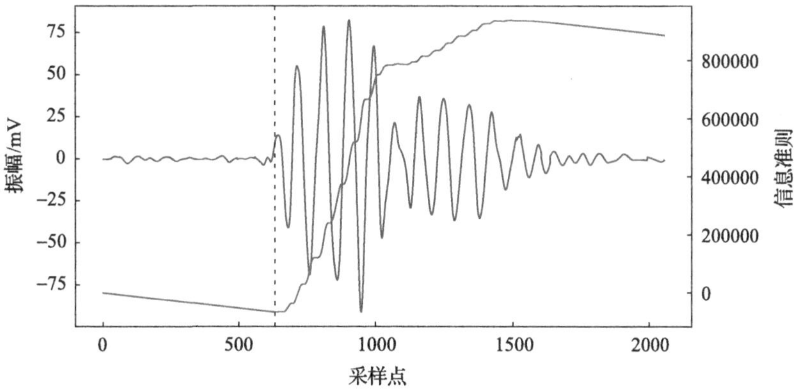

图 5-33　多峰单事件波形叠加及其时差校正

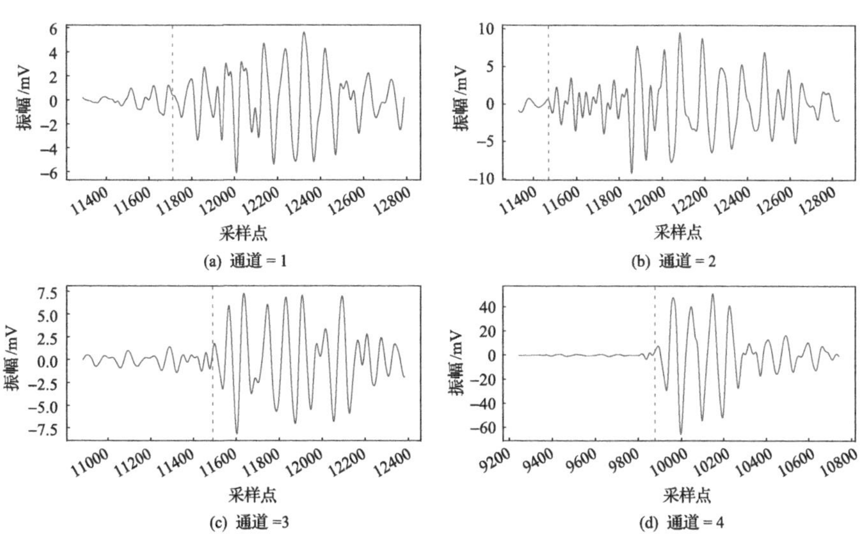

(a) 通道 = 1

(b) 通道 = 2

(c) 通道 = 3

(d) 通道 = 4

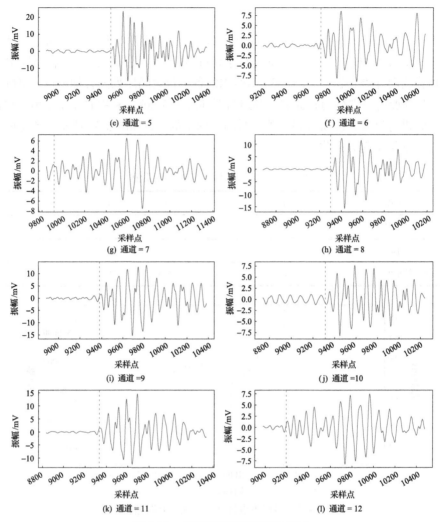

图 5-34　多峰单事件波形到时提取

　　本书所采用的岩体声发射事件分离方法相较传统阈值定时参数方法可以有效地分离多峰单事件波形类型信号，实现其中主能量事件分离识别，而且通过时差校正和窗口叠加实现了高信噪比下的到时提取，对于后续事件波形定位研究具有重要意义。

参 考 文 献

[1] 谢和平, 陈忠辉. 岩石力学[M]. 北京: 科学出版社, 2005.

[2] Dong L, Tao Q, Hu Q. Influence of temperature on acoustic emission source location accuracy in underground structure[J]. Transactions of Nonferrous Metals Society of China, 2021, 31 (8): 2468-2478.

[3] 李元辉, 刘建坡, 赵兴东, 等. 岩石破裂过程中的声发射 b 值及分形特征研究[J]. 岩土力学, 2009, 30 (9): 2559-2563.

[4] 秦四清. 岩石声发射技术概论[M]. 成都: 西南交通大学出版社, 1993.

[5] Dong L, Zhang L, Liu H, et al. Acoustic emission b value characteristics of granite under true triaxial stress[J]. Mathematics, 2022, 10 (3): 451.

[6] 张淼. 地震定位和检测[D]. 合肥: 中国科学技术大学, 2015.

[7]　Grigoli F, Cesca S, Amoroso O, et al. Automated seismic event location by waveform coherence analysis[J]. Geophysical Journal International, 2013, 196 (3): 1742-1753.

[8]　Grigoli F, Cesca S, Vassallo M, et al. Automated seismic event location by travel-time stacking: an application to mining induced seismicity[J]. Seismological Research Letters, 2013, 84 (4): 666-677.

[9]　Drew J, White R S, Tilmann F, et al. Coalescence microseismic mapping[J]. Geophysical Journal International, 2013, 195 (3): 1773-1785.

[10]　Langet N, Maggi A, Michelini A, et al. Continuous Kurtosis-Based Migration for seismic event detection and location, with application to Piton de la Fournaise Volvano, La Réunion[J]. Bulletin of the Seismological Society of America, 2014, 104 (1): 229-246.

[11]　Gibbons S J, Ringdal F. The detection of low magnitude seismic events using array-based waveform correlation[J]. Geophysical Journal International, 2006, 165 (1): 149-166.

[12]　Gibbons S, Bøttger S M, Harris D, et al. The detection and location of low magnitude earth quakes in northern Norway using multi-channel waveform correlation at regional distances[J]. Physics of the Earth and Planetary Interiors, 2007, 160 (3-5): 285-309.

[13]　Shelly D R, Beroza G C, Ide S. Non-volcanic tremor and low-frequency earthquake swarms[J]. Nature, 2007, 446 (7133): 305-307.

[14]　Peng Z, Zhao P. Migration of early aftershocks following the 2004 Parkfield earthquake[J]. Nature Geoscience, 2009, 2: 877-881.

[15]　张绪省, 朱贻盛, 成晓雄, 等. 信号包络提取方法——从希尔伯特变换到小波变换[J]. 电子科学学刊, 1997 (1): 120-123.

[16]　吴贤振, 刘建伟, 刘祥鑫, 等. 岩石声发射振铃累计计数与损伤本构模型的耦合关系探究[J]. 采矿与安全工程学报, 2015 (1): 28-34.

[17]　沈忠. 岩石声发射及分形特征试验研究[D]. 成都: 成都理工大学, 2017.

[18]　Baer M, Kradolfer U. An automatic phase picker for local and teleseismic events[J]. Bulletin of the Seismological Society of America, 1987, 77 (4): 1437-1445.

[19]　Kurz J H, Grosse C U, Reinhardt H W. Strategies for reliable automatic onset time picking of acoustic emissions and of ultrasound signals in concrete[J]. Ultrasonics, 2005, 43 (7): 538-546.

[20]　Maeda N. A method for reading and checking phase time in auto-processing system of seismic wave data[J]. Journal of the Seismological Society of Japan, 1985, 38: 365-379.

第6章 岩体多声源的分类与机制

岩石作为一种非均质不连续体，宏观裂纹的形成来源于一系列复杂、多样的微破裂累积、成核直至贯通。压应力作用下岩石微观破裂的形式包括晶粒破碎、沿原生裂纹的滑移、孔隙周围的应力集中、晶粒间的弹性失配、位错运动和这些机制的组合[1]。这些丰富的微破裂形式分别在岩体破裂演化的不同阶段占据主导位置，并表现出破裂尺度和破裂类型的差异。从断裂力学的角度看，裂纹通常被定性为张拉、剪切、扭剪等基本裂纹类型的组合[2]。岩体微观破裂模式的辨识为结构完整性表征提供了重要信息，成为整个岩石工程结构健康监测和力学行为研究的重要组成。探索岩石破裂机制有助于理解岩体工程灾害的因果机制，对预警、控制和减少岩体失稳事故具有重要作用。一般地，从特征参数和波形两个方向对岩体破裂声源开展研究，基于波形频率特征的分类过渡线通常来源于经验统计，而矩张量分析方法由于 P 波初至拾取不准确等原因，也带来了不确定性。本章围绕岩石裂纹机制和演化规律，考虑了不同传感器数量反演和不同破裂类型划分方法对矩张量结果的影响，探讨了微观破裂和宏观裂纹的内在联系，探究了辨识声发射撞击的破裂类型中首撞击幅值和触发时间产生的潜在误差，考量了尺寸效应和岩石结构完整性对 RA-AF 分布特征的影响，讨论了不同类型、不同频率组成、不同信号强度的声发射源产生的弹性波衰减规律。

6.1 破裂声源分类

6.1.1 破裂声源基本类型

在断裂力学中，裂纹通常根据其受力状态和扩展路径分为三种类型。图 6-1 为微破裂的三种基本形式，在垂直于破裂面的张拉应力作用下，向张拉面垂直方向移动的是张开型裂缝（Ⅰ型裂缝），在平行于破裂面的剪应力作用下，断裂面沿剪应力方向相互滑移的是滑移型裂纹（Ⅱ型裂纹），滑移方向和断裂面的扩展方向相互垂直的是撕裂型裂纹（Ⅲ型裂纹）。受岩石非均质、受力状态的影响，实际情况中表现为几种简单裂纹组合的复合型裂纹。

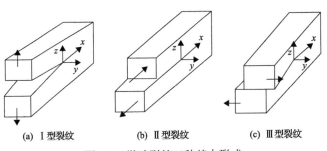

(a) Ⅰ型裂纹　　　　(b) Ⅱ型裂纹　　　　(c) Ⅲ型裂纹

图 6-1　微破裂的三种基本形式

6.1.2　不同破裂声源的特征参数与波形差异

声发射中包含了基于特征参数和波形信号的两种基本分析方法，事实上，这两种分析方法都是建立在遵循了某些"理想化"假设的基础上的。例如，声发射采集系统和岩石信号之间视为线性传播，意味着采集到的声发射信号幅值与声发射源的幅值成正比。一般地，可以认为声发射传感器记录的最终波形可以被描述为开裂行为、材料传播和传感器响应函数三者之间的卷积，故本节对于不同破裂声源表现出的声发射差异，从特征参数和波形信号的角度分别进行考量。

声发射特征参数分析提供了岩体破裂演化过程的时空信息[3-6]，不同破裂模式下产生的声发射波形信号具有明显差异[7]，结合声发射信号时域和频域特征参数是表征岩体破裂类型的重要手段。拉伸裂纹的模式可以描述为裂纹两边朝相反方向做背向运动，由此形成了上升时间更短、平均频率更高的声发射波形。相反，剪切型裂纹以横波作为能量的主要载体，横波的滞后引起波形传播较长，频率较低，上升时间较长[8,9]。开裂行为对声发射信号的特性起着重要作用。从点源的原始带宽来看，在岩石材料的断裂过程中，由于晶体间的黏结刚度和传播尺度较小，沿晶的张拉破坏行为的断裂速度较高。反之，如果发生穿晶剪切破坏，在更高的能量积聚下，晶体从塑性变形直到压力释放的持续时间更长。最终后者破裂形成的信号带宽相较于前者也会向更低频段移动。从破裂声源产生的不同波模比例来看，拉伸和压缩破坏会产生更高的频率和更短的波形。由于纵波比横波的比例更高，大部分能量在波形中较早到达，导致持续时间和上升时间更短。因此，与剪切事件相比，平均频率和峰值频率等参数的数值会更高。而剪切事件的波形持续时间、上升时间等参数较高，这是因为剪切波的形成过程集中了声发射的大部分能量，而触发传感器时剪切波相较于纵波到达时间滞后。此外，由于波形模态(纵波、横波和表面波)的速度差，随着传感器和声发射源的增加，这种现象更加明显。

声发射采集系统应获得的声发射特征参数如图 6-2 所示，声发射特征参数定义如下。

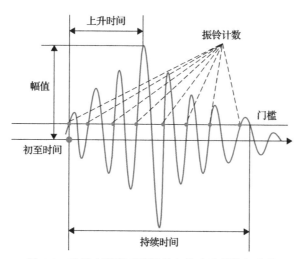

图 6-2　破裂声源类型辨识的相关声发射特征参数

(1)最大幅值(peak amplitude)：声发射信号的最大幅值。

(2)上升时间(rise time)：声发射信号初至和到达最大幅值的间隔时间。

(3)持续时间(duration time)：声发射信号初至时和衰减至阈值以下的持续时间。

(4)振铃计数(ring counts)：声发射信号超过门槛值的次数。

由上述基本特征参数进一步二次计算得到 RA-AF 值，计算方法和定义如下。

AF 定义为振铃计数与持续时间的比值，见式(6-1)，物理意义是声发射信号的平均频率，AF 的测量单位参考 kHz。

$$AF = ring\ counts \div duration\ time \tag{6-1}$$

RA 定义为上升时间与最大幅值的比值，见式(6-2)，物理意义是声发射信号的上升坡度，对应声发射信号初至点与最大幅值点之间渐近线斜率的倒数，RA 的测量单位参考 ms/V。

$$RA = rise\ time \div peak\ amplitude \tag{6-2}$$

式中最大幅值需要转化为声发射信号幅值电压(V)，建议两种处理方法，分别通过式(6-3)和式(6-4)对幅值电压 V 求解。

放大器输出端的电压值 V 计算：

$$A = 20 \times \lg\left(\frac{V}{V_{ref}}\right) - G \tag{6-3}$$

传感器输出端的电压值 V 计算：

$$A = 20 \times \lg\left(\frac{V}{V_{ref}}\right) \tag{6-4}$$

式中：G 为前置放大器的增益；V_{ref} 为参考电压(通常为 1μV)；A 为声发射信号幅值。

如果利用声发射撞击的 RA-AF 值进行分析，应进行异常值处理工作。可考虑如箱线图异常值检测方法，假定原始数据服从正态分布，将检测值中与平均值的偏差超过 3 倍四分位距的值进行过滤。通过该方法依次剔除 RA 值和 AF 值中的异常值。利用声发射事件的 RA-AF 值进行破裂声源类型分析，需考虑应力波在介质传播过程中的衰减耗散效应对声发射特征参数带来的影响，声发射事件的 RA 值和 AF 值建议由首触发声发射撞击的 RA 值和 AF 值确定。

通过 RA-AF 值可以将微破裂定性划分为张拉类型和剪切类型，如图 6-3 所示，典型的张拉微破裂产生的声发射信号 RA 值为 13.86ms/V，AF 值为 81kHz，而剪切微破裂产生的声发射信号 RA 值为 116.29ms/V，AF 值为 32kHz。通常来讲，相较于剪切微破裂，张拉微破裂的 AF 值更高，RA 值更低。

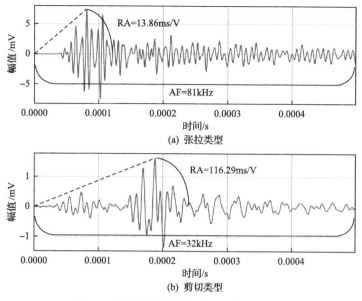

图 6-3　张拉类型和剪切类型的声发射波形

6.1.3　破裂声源的认知基本原则

在任何情况下都必须注意的是,声发射信号的特征由微破裂或微裂纹断裂模式决定,但是同一破裂声源机制,在不同的岩石材料或不同的应力条件下产生的能量、频率都是不尽相同的。而且,传播过程中应力波的衰减耗散对于波形采集同样具有较为明显的影响。因此,在现场应用或者试验研究中,不能想当然地认为实测声发射幅值、能量或频率与损伤机理之间存在简单的对应关系。特别是在不考虑材料尺寸差异、声发射采集环境、破裂声源位置等因素的情况下,基于已有文献中的结论开展新的研究,那肯定是过于简单化了,后续章节将就这一问题开展深入讨论。

6.2　破裂声源类型识别方法

6.2.1　声发射特征参数的判别方法

1. 波形时域频域独立的判别方法

在时域角度上,波形上升坡度可以评估剪切和弯曲试验中不同岩石裂纹的演化过程,这与岩石张拉、剪切、混合三种破裂类型相关[7]。波形上升的坡度指上升时间和幅值的比值(RA)。在频域角度上,声发射信号频率的高低不仅对应尺度的变化[10],而且主频特征与破裂声源类型密切相关,声发射波形主频的统计特征对认识岩体的微观破裂类型是有意义的。岩体破裂过程中存在高低主频带的现象,高主频和低主频的声发射信号被认为分别由不同破裂产生[11]。基于声发射主频统计分析的岩体微观破裂类型的方法,一些学者讨论了白色大理岩在直接拉伸试验[11]、单轴压缩试验[12]、结合直接拉伸和巴西劈裂试验[13]下的剪切和张拉裂纹演化过程。虽然，利用主频判断破裂类型的方法是具有参考性的，但是仍然应该考虑到岩体破裂机制组成的复杂性，一次微破裂中以主要能量为载体的频率成分是多样的[14]，整个破裂过程中主频带的分布往往不止两条[15]。

2. 联合时频域：RA-AF 特征参数经验的划分方法

在结合时域和频域的观点中，引入上升角和平均频率(RA-AF)应用于岩体裂纹类型的区分，已经得到了广泛研究和讨论，并结合 SiGMA 分析对该特征参数的分析方法进行验证[16,17]。该方法逐渐发展到对岩体裂纹类型界定的研究上，利用基于 RA-AF 的声发射参数分析方法，确定了各向异性页岩、致密花岗岩等在循环载荷、单轴压缩、巴西劈裂等不同类型载荷作用下的裂纹模式和演化[18-20]。基于 RA-AF 值对张拉和剪切裂纹的辨识分析，目前仍然缺少定量表征手段来确定两种破裂类型的过渡线。现有的方法包括：①特定载荷方式的试验划分，通过开展以单一破裂类型为主导的试验(三点弯曲测试、直接剪切测试)，以各类型试验中声发射信号的 RA-AF 具体分布确定破裂类型的过渡线[19-21]；②主频特征划分，根据声发射的主频占比划定剪切和张拉的破裂类型[22]。

基于主导破裂模式试验的过渡线确定方法，如图 6-4 所示。例如，直接剪切试验和三点弯曲试验中，岩体在宏观上分别表现为张拉和剪切的受力特点，破裂过程中分别以张拉类型和剪切类型的微破裂为主导，其他微破裂类型并存的方式，最终分别形成拉伸为主和剪切为主的破裂模式。通过单一破裂模式主导试验中 RA-AF 分布特征，确定不同类型力学环境和相同的声发射采集环境中同种类型岩石拉伸裂纹和剪切裂纹的过渡线，具体步骤如下。

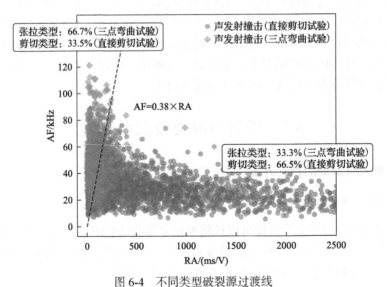

图 6-4　不同类型破裂源过渡线

(1)开展单一破裂模式主导下的声发射力学试验,剪切破裂模式为主的力学试验可选择直接剪切、变角剪切试验等,张拉破裂模式为主的力学试验可选择巴西劈裂、三点弯曲试验,两类试验中应保证岩石材料类型、声发射采集系统、传感器布置方式的一致性。

（2）提取两类试验中声发射特征参数，包括上升时间、持续时间、最大幅值和振铃计数，进一步计算 RA 和 AF 值，并将两类试验中声发射事件或撞击的 RA-AF 分布绘制在同一图中。其中，三点弯曲试验中 RA-AF 分布倾向于张拉微破裂的声发射参数特征，直接剪切试验中 RA-AF 分布则倾向于剪切微破裂的声发射参数特征。

（3）确定一条过数据原点的直线 $AF = k \times RA$，使直接剪切试验中 RA-AF 分布在该线左上方的比例和三点弯曲试验中 RA-AF 分布在该线右下方的比例同时相对最大，通过数值计算得到 k 的大小，依据实际分析需求和计算精度，两种微破裂类型比例差应不超过 1%。

（4）由步骤（3）确定的过渡线可直接用于量化同种岩石材料和声发射采集环境中不同微破裂类型的比例关系，将过渡线绘制在新力学环境中岩石 RA-AF 分布结果图，张拉微破裂产生的声发射 RA-AF 分布在过渡线左上方，即 $AF \geqslant k \times RA$，而剪切微破裂产生的声发射 RA-AF 分布在过渡线右下方，即 $AF \leqslant k \times RA$。声发射采集环境应最少保证前置放大器、声学传感器类型、采集参数设定的一致性。

6.2.2　P 波初动的判别方法

1. P 波初动极性的确定

P 波初动法是根据 P 波的初动方向在乌尔夫网中求解震源的四象限分布，获取声发射震源机制解的过程。P 波初动方向和声发射源所处的应力状态直接相关，介质受应力作用形成了拉伸和压缩区域，呈现出区域分布的特征，与产生应力波波前特征相反。声发射 P 波到达传感器引起压电陶瓷的质子振动，质子的运动初始方向在压缩波和拉伸波的不同作用下不同，波形图中可以观察到声发射信号初动方向向上或向下的两种情况。一般地，在地震监测台站和震源的相对空间位置分布中，监测台站一般分布在震源上方，往往存在地震波在地质界面中反射或折射并反射后返回触发传感器的情况，反射会造成 P 波初动方向发生改变，在确定实际 P 波初动方向时需要根据传播路径进行辨别。而在室内声发射试验中，几乎所有的声发射源都分布在声学传感器组成的阵列中，默认传感器接收到的 P 波的初动方向不发生变化。

2. 方位角和离源角的确定

对于室内试验中的震源反演，传播介质的波速模型单一，加之花岗岩本身致密，计算过程中不考虑传播介质不均匀性引起的波速分布不均，将射线在传播中近似为直线。方位角 A_z 定义为声发射源与传感器的连线在 xy 轴所在平面的投影与规定正方向的夹角。离源角 i_h 定义为声发射源与传感器的连线与水平方向的夹角，计算过程简化为

$$\tan i_h = \frac{\Delta}{H} = \frac{\sqrt{(x_{\text{sensor}} - x_{\text{ae}})^2 + (y_{\text{sensor}} - y_{\text{ae}})^2}}{|z_{\text{sensor}} - z_{\text{ae}}|} \tag{6-5}$$

式中，地震震源计算中震中距 Δ 和震源深度 H 的比值，对应了传感器（sensor 下标）坐标和传感器阵列中声发射源（ae 下标）坐标在 x 和 y 方向上差值的平方和与 z 方向上坐标差值绝对值的比值。

3. 乌尔夫网求解过程

在地震学中，震源被假想的球面包裹，震源中心和球心相对应，可引入离源角和方位角来描述监测台站和震源的位置关系。实际求解过程中借助二维平面计算声发射源矩张量，即采用极射赤平面投影的方法将传感器和震源的三维空间位置在立体平面上进行表示，得到乌尔夫网上的结果。乌尔夫网直观体现了任一传感器采集的 P 波极性与声发射源的方位角、离源角、距离的关系。将声发射源铅垂线的投影对应于乌尔夫网的网心，沿正北方向按顺时针旋转确定方位角，网心和传感器连线的长度对应了离源角。进一步地，标记所有传感器所处位置的初动极性(+或−)，基于极性分布结果获取区域内压缩和张拉分布情况，通过反复迭代计算断层面的合理位置。

如图 6-5(a)所示，两种剪切震源处表现出一致的极性分布特征，不同区域的应力波传播极性方向存在差异，当周围介质朝着远离震源的方向运动时，产生"+"向压缩波；相反地，周围介质朝着靠近震源的方向运动时，产生"−"向张拉波；图 6-5(b)乌尔夫网的浅色和深色分别对应了剪切震源产生后的压缩和张拉区域，黑线三棱锥表示传感器监测到 P 波初动压缩极性，白线三棱锥表示传感器监测到 P 波初动张拉极性，两条节线将整个区域划分为四个象限，其中，相邻象限的极性相反，相对象限的极性相同。

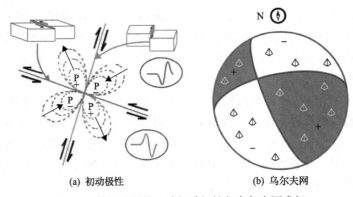

(a) 初动极性　　　　　　　　　(b) 乌尔夫网

图 6-5　剪切震源的 P 波初动极性与乌尔夫网求解

P 波初动法的原理简明直接，对于 P 波初至信息的利用可以有效避免波形叠加和掺杂的干扰。同时，求解过程中对于应力波在各向同性的均匀介质中传播的假设，在室内试验震源机制的分析中也具备较高的准确度和可靠度。但是通过 P 波初动得到的声发射源机制解仅利用了初至波信息，反映的是声发射源破裂起始阶段较短时间内的声发射源破裂过程。虽然，一次微破裂的初始破裂方式与整体破裂方式总体上是一致的，但不可忽略声发射源破裂过程和材料介质的复杂性对反演结果的影响。

6.2.3　矩张量的判别方法

除了上述方法外，许多研究中使用了矩张量来辨识岩石破坏的类型[23-27]。矩张量是由 9 个力偶组成的矩阵，用以描述震源处的应力状态。对矩张量矩阵的分解可以描述点源的体积变化、相对错动机制，使得推断岩体断裂过程成为可能。Jost 和 Herrmann[23]将矩张量反演结果与各种震源的力学模型进行了匹配，如断层间剪切滑移、压缩破坏导致的体积减小和爆破导致的体积突然增大。Zhang 等[24]根据矩张量解推导出的拉伸角，将微裂纹分为五种类型：压缩、剪切压缩、剪切、剪切拉伸、拉伸。Yamamoto 等[25]根据一致性系数将水力压裂过程中的震源分为剪切主导事件和拉伸/压缩主导事件，反演得到的矩张量分解后包括了各向同性(MISO)、纯双力偶(MDC)和补偿线性矢量偶极子(MCLVD)三种分量。Hampton 等[29]给出一种对矩张量矩阵分解后特征值的处理方法，将声发射源量化为剪切、拉伸和混合模式，该方法已广泛应用于不同应力条件下的岩体破裂类型识别中[30-32]。实际上，这种方法最初是在水力压裂现场试验[33]中提出的，作者进一步开发了这种方法[34]，并与基于特征参数的方法[16]进行了比较。柴金飞等[35]结合矩张量理论，围绕矿山突水事故中产生的微震事件开展震源机制解和破裂演化研究。Ma 等[36]选取了用沙坝某矿段中三条断层分布的开采区域，利用全波形反演方法定量分析了矿震震源活动过程。目前，矩张量反演在岩体工程中有待进一步推广应用，同时反演精度受到监测网络布设、波形处理、矩张量反演理论等因素限制。

6.3　微观破裂类型与宏观裂纹类型的关系

6.3.1　峰前破裂过程中的声源类型分布特征与演化机制

1. 峰前破裂各阶段的声源类型分布与演化

考虑 P 波极性、方位角和射线离源角，计算每个阶段声发射事件的矩张量。在贝叶斯框架中通过一系列随机矩张量评估观测和测量不确定性的似然性，将优化的矩张量反演结果呈现在哈德森图中，ISO、DC 和 CLVD 表示矩张量分解后描述震源处运动机制、体积变化的分量，阶段 A、阶段 B、阶段 C 和阶段 D 分别对应含水状态花岗岩压密阶段、弹性阶段、裂纹稳定扩展阶段、裂纹不稳定扩展阶段(图 6-6)，峰后阶段将在 6.3.2 节讨论。根据声发射事件体积恒定和体积变化部分的分布特征，得出以下结论：①在峰前四个阶段中，张拉类型声发射源(拉伸裂纹为+Crack，压缩裂纹为-Crack)明显多于剪切声发射源(在哈德森图的中心为纯双力偶 DC)；②在前三个阶段中，拉伸声发射源多于压

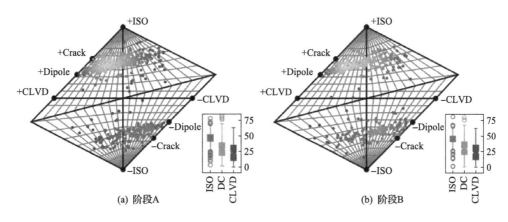

(a) 阶段A　　　　　　　　　　(b) 阶段B

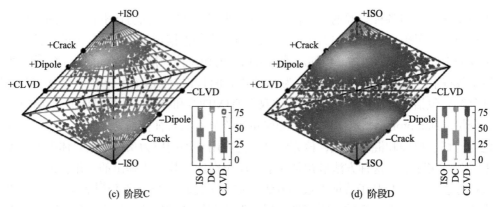

图 6-6　应力控制加载下含水状态花岗岩哈德森震源类型图[35]

缩声发射源；③在阶段 D，剪切声发射源开始明显增加，但是相应的比例仍然很小。通过比较这四个阶段的声发射源矩张量分解的统计数据，可以发现 ISO 分量的比例随着载荷的增加有所下降（分别为 46.88%、46.06%、44.10% 和 42.47%）。DC 分量逐渐从 A 阶段的 28.89%（中位数）增加至 D 阶段的 34.23%。CLVD 分量没有产生显著变化。可以在这里得出一个粗略的假设：ISO 占比减少和 DC 占比增加可以作为岩体裂缝发展的标志，这一现象可以用于表征岩体失稳前兆。

为了验证上述假设，对各阶段 DC 分量大于某一特定值的事件数进行统计（表 6-1）。当矩张量中 DC 分量占比大于 40% 时，便不能再忽略剪切力在声发射源破坏中的作用。在前两个加载阶段中，该类事件大约占 1/5，而在后两个阶段中，该类事件增加至 1/3 以上。当 DC 分量占比大于 50% 时，剪切力开始在声发射源破坏中起主导作用。在压密和弹性阶段中，该类事件的占比约为 6%，在阶段 C 中上升到 14.36%，在阶段 D 中上升到 17.09%。当 DC 分量占比大于 60% 时，声发射源的破裂以剪切形式为主。这种剪切破裂事件从阶段 A 的 2.81% 到阶段 D 的 6.94% 不等。剪切破裂类型的声发射源占比变化表明剪切成分的增加对于预测岩体失稳具有重要意义。

表 6-1　DC 分量占比大于某一特定值的事件占比（含水状态花岗岩使用声发射源触发的所有传感器计算）[36]

DC 分量占比	阶段 A/%	阶段 B/%	阶段 C/%	阶段 D/%
>60%	2.81	2.30	5.05	6.94
>50%	6.19	6.62	14.36	17.09
>40%	23.63	26.51	32.57	36.64

马举等基于哈德森震源类型图中不同类型事件的概率位置分布，提出了一种震源事件分类的概率模型[36]。根据该概率模型和矩张量反演结果（图 6-6）得到了声发射事件类型（表 6-2）。压缩和张拉破裂持续占据相当大的比重，剪切破裂声发射事件占比均逐渐增加，膨胀和塌陷类型的声发射事件几乎可以忽略，上述两种划分方法得到的岩石裂纹演化过程中震源类型变化趋势一致，但各阶段不同裂纹类型所占比例不同，具体破裂类型的分类标准受到经验的影响。

表 6-2　基于声发射源在哈德森震源类型图中位置分布划分的事件类型

（含水状态花岗岩使用声发射源触发的所有传感器计算）[37]

事件类型	阶段 A/%	阶段 B/%	阶段 C/%	阶段 D/%
膨胀主导	0.37	0	0.39	0.25
张拉主导	64.35	61.09	47.20	44.07
剪切主导	3.75	6.05	10.50	14.55
压缩主导	31.14	32.56	41.62	40.88
塌陷主导	0.37	0.28	0.26	0.21

　　因为轴向应力在到达峰后骤降和岩体急剧破裂，自然状态花岗岩在加载中没有出现峰后阶段。因此，对两种状态花岗岩峰前的四个阶段断裂类型的比例进行比较（图 6-7 和图 6-8），得出以下结论：①压密阶段中自然状态花岗岩分布于-Crack 和-ISO 区域的声发射事件更为密集和广泛，说明这一过程中产生了更多的闭合类型声发射源，矩张量的分析结果支持并补充了第 5 章关于声发射事件的结论，孔隙水填充后花岗岩闭合形式主导的破裂显著减少；②自然状态花岗石剪切分量占比高于含水状态花岗岩，且同样保持了上升趋势（依次为 35.75%、34.34%、35.08%、36.57%），这与 Vavryčuk 的研究[38]一致，矩张量反演结果表明含水后岩石的剪切分量下降；③ISO 分量和 CLVD 分量的变化趋势保持不变，即 ISO 分量的比例随着载荷的增加有所下降，CLVD 分量不产生显著变化。

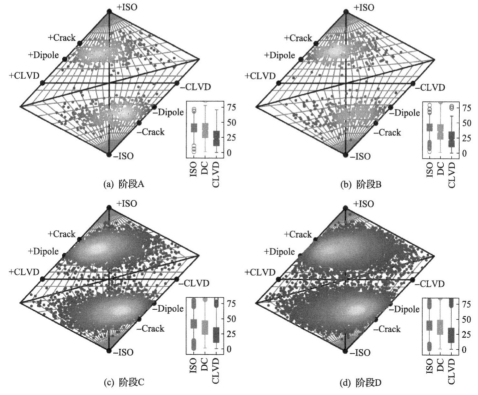

图 6-7　应力控制加载下自然状态花岗岩哈德森震源类型图

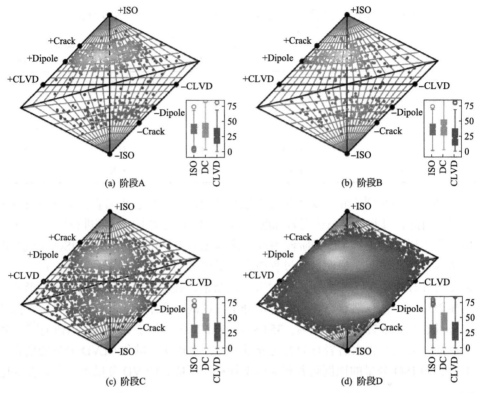

图 6-8　应力控制加载下含水状态花岗岩哈德森震源类型图(考虑前 6 个触发传感器计算)[37]

将表 6-3 中声发射事件类型与表 6-2 进行对比，呈现的变化规律佐证了上文的分析结论，压缩和拉伸破裂的占比从弹性阶段开始保持降低趋势，自然状态花岗岩剪切破裂声发射事件比含水状态花岗岩更多，在各阶段的比例依次为 16.89%、11.74%、13.95%、19.13%。相比水岩作用下损伤过程表现出能量释放平和的特征，可以在一定程度上反映剪切破裂模式与花岗岩大尺度裂纹产生和损伤剧烈变化密切相关。

表 6-3　基于声发射源在哈德森震源类型图中位置分布划分的事件类型
（自然状态花岗岩使用声发射源触发的所有传感器计算）[36]

事件类型	阶段 A/%	阶段 B/%	阶段 C/%	阶段 D/%
膨胀主导	0	0	0	0
张拉主导	41.35	49.69	44.83	42.04
剪切主导	16.89	11.74	13.95	19.13
压缩主导	41.62	38.11	40.83	38.32
塌陷主导	0	0	0	0

2. 矩张量反演的不确定性

使用 P 波初动极性方法在分析全矩张量过程中不可避免地存在结果的不确定性。一方面受到声发射事件定位精度、P 波初至点拾取的不精确性以及传感器的空间分布的影响；另一方面该方法本质上源自地震断层分析，断层滑动过程中形成了张拉和压缩区域，并且表现出不同的极性；尽管计算中采用了概率框架，当将其推广到全矩张量反演时，不确定性仍然会增加。为了探清由上述原因引起的结果不确定性，使用了前 6 个触发的传感器再一次进行矩张量反演，结果如图 6-8 所示。

通过对比图 6-6 和图 6-8 可以看出，当约束（使用的传感器数量）较少时，矩张量反演结果中的剪切分量会增加。仅考虑前 6 个触发传感器时，箱线图中剪切分量的中位数分别为 35.57%、41.65%、43.32% 和 43.24%；DC 分量占比大于某一特定值的事件占比也有所增加（表 6-4）；对比图 6-6 和图 6-8 中反演结果，图 6-8 中的位置分布变得更加离散。当使用只有前 6 个传感器反演时得到了同样的裂纹类型演化趋势：随着载荷的增加，以剪切形式为主的微破裂对岩石失稳的影响变得更加显著。基于上述分析可以认为，在分析声发射源机制过程中，应该更多地探讨矩张量分解后的各分量占比以及各分量占比随时间的演化，而不是绝对地将声发射源归为特定的破裂类型。

表 6-4　DC 分量占比大于某一特定值的事件占比（含水状态花岗岩使用
声发射源触发，考虑前 6 个触发传感器计算）[37]

DC 分量占比	阶段 A/%	阶段 B/%	阶段 C/%	阶段 D/%
>60%	8.44	14.98	20.07	21.58
>50%	21.20	28.81	37.96	37.51
>40%	38.46	51.58	56.58	56.18

6.3.2　峰后裂纹扩展的声源演化机制

从前四个阶段可以看出，随着岩体裂纹扩展不稳定性的加剧，裂纹演化行为表现出以剪切主导的声发射事件逐渐增多的趋势，这一现象在峰后阶段持续存在（图 6-9），这一阶段中剪切裂纹占比达到 21.50%，箱线图中 DC 分量的中位数为 37.93%，均在前一阶段的基础上继续增长。

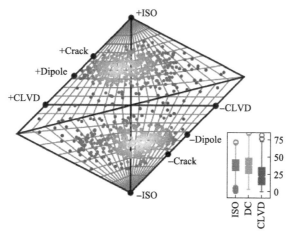

图 6-9　应力控制加载下峰后（阶段 E）含水状态花岗岩哈德森震源特征图[37]

在加载的最后阶段(阶段E),岩体裂纹贯通形成宏观破裂面。基于A*搜索算法的无需预测波速定位方法获得声发射事件的定位结果[39],将DC分量占比大于60%的声发射事件投影到试样上(图6-10),以分析此类事件对裂纹发展的影响。从空间分布结果上看,剪切主导的声发射事件均分布于宏观破裂面附近。由此可见,岩体失稳是声发射事件积累的过程,在这个过程中,剪切作用逐步强化,并成为岩体裂纹贯通的主导,最终导致岩体产生失稳破裂。

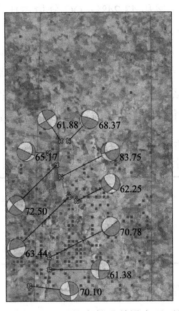

图6-10　阶段E DC分量大于60%的事件及其沿宏观可见裂纹的空间位置[37]

综上所述,矩张量反演的结果表明,剪切裂纹(DC 分量)所占比例在单轴压缩整个加载过程中逐渐增大,这种趋势一致维持到峰后阶段,肉眼可见的宏观裂缝主要是剪切破裂造成的。剪切裂纹的增加是大尺度裂纹扩展贯通和裂纹不稳定扩展的重要标志。不同传感器阵列的反演结果、不同破裂类型划分方法得到的岩石裂纹占比和演化趋势一致,但在定位极性精度、监测阵列布置、应力波传播衰减等因素的影响下,具体结果存在偏差。应该需要更多地关注矩张量的各个分量的比例及其随时间的演化,而不是绝对地将事件分类为某种声源类型。

6.4　基于声发射特征参数分类岩体破裂类型的不确定性

6.4.1　试验与数据处理

1. 膨胀剂张拉试验

试验中共考虑了两种尺寸 200mm×200mm×200mm、100mm×100mm×100mm)以及两种粒径(致密细粒、粗粒)的花岗岩,在正方体花岗岩中间轴线上等间距布置了三个圆柱孔洞制成试样。通过在三个圆孔中注入岩石静态破碎剂,给岩石内部提供向四周膨胀的作用力。沿轴线方向上的作用力相互抵消，使得试样在垂直于轴线方向产生张拉破坏。在岩石试样四个侧面按照交替错位排布的方式共布置 18 个传感器形成声发射监测网络。关于传感器和岩石其他的处理细节不再重复描述(图 6-11)。

(a) 传感器布置方式

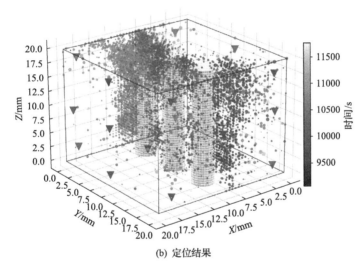

(b) 定位结果

图 6-11　传感器布置方式及花岗岩破裂定位结果(60dB 以上声发射事件)

2. 岩杆岩体中声波衰减试验

试验中选取砂岩、花岗岩、大理岩三种岩石，分别加工成 40mm×40mm×2000mm 的长方体试样。试验开始前，在每条岩杆的轴线上取 10 个传感器布置点，依次编号为 1～10 号，相邻两个点间隔 15cm。试样表面利用 120 目细砂纸打磨平整，在传感器表面涂抹耦合剂并利用夹具固定在岩杆表面。试验过程中，分别利用两侧 1 号和 10 号传感器发出主动脉冲信号，每个主动脉冲重复 4 次；并在靠近 1 号和 10 号传感器的岩石表面上，采用 0.7mm 的 HB 铅芯与岩石表面呈 30°角断铅，在同一位置重复断铅 3 次以保证断铅效果和一致性。其余传感器用于接收主动脉冲。

需要强调的是，岩杆衰减试验与膨胀剂张拉试验均在安静的室内进行，背景噪声相一致，门槛值均为 30dB。这保证了衰减规律的探讨不会受到声发射特征参数提取误差的影响。

3. 声发射监测设备

声发射测试系统的采样率高达 40MHz，由 16 块独立板卡组成，每块板块具有独立的 2 个通道，通道 ADC 为 40MHz，精度为 18bit，宽带工作频率为 18kHz～2.4MHz。采用的声学传感器是一种具有宽频响应的压电声发射传感器，响应频率为 20～450kHz，可以较好地覆盖低频和标准频率范围。试验中，前置放大器默认为 34dB，门槛值设置为 30dB，采样频率为 10MHz，在波形触发和终止点前后均设置预采样点为 1000。

4. 震源机制矩张量反演

协同 AIC、Hinkey、Energy ratio 和 Modified energy ratio 4 种方法重新提取声发射撞击的到时。考虑到各种到时拾取方法的局限性，将 4 种方法中相比门槛触发点提前最多的到时拾取结果确定为实际到时点。基于修正后的到时点，准确确定了 P 波到时点和初动方向。声发射事件定位方法采用基于 A*搜索算法的无需预先测波速定位方法[39]，经过 AST 数据验证定位精度，最大定位误差小于 5%。震源机制反演方法、哈德森震源类型图中的事件类型划分方法参考了文献[36]。为了最大限度地减少背景噪声对信号的影响，数据分析时只关注首触发撞击幅值超过 60dB 的声发射事件的定位结果和震源机制反演结果，确保数据结果的可靠程度。

5. 声发射事件的划分方法

声发射事件的筛选提取可以有效排除岩体破裂信号源以外产生的噪声信号，确保数据分析的有效性。单个声发射事件会同时触发多个传感器通道来记录声发射撞击信号，通常考虑触发传感器数量、首末撞击到时差和相邻撞击到时差 3 个指标筛选声发射事件。本节的数据处理中将触发全部通道的撞击信号归为一个声发射事件。考虑到试样尺寸、传感器布置方式和花岗岩物理性质对应力波传播的影响，通过试验开始前的 AST 脉冲测试，确定首末撞击到时差和相邻撞击到时差的时间间隔。

6.4.2 同一试验分析中的不确定性

1. 基于声发射特征参数 RA-AF 的震源类型辨识

从宏观受力情况看，在平行孔洞连线的方向上，孔洞之间的两个区域及两侧的区域分别受到两个相反方向的压缩作用力、单方向的压缩作用力；在垂直孔洞连线的方向上，上述四个区域的岩石受到拉伸作用力。从实际的破裂形式看，试样沿孔洞中轴连线形成一条或两条张拉裂纹，试样被分成了近乎对称的两部分。基于上述两点分析，可以认为整个膨胀剂施加载荷的过程中花岗岩破裂模式以受拉破裂形式为主导。

矩张量的分析结果与试样受力情况、宏观破裂面相统一，体现了宏观破裂形式和微观破裂源总体的一致性。图 6-12 中展示了大尺寸粗粒花岗岩膨胀张拉试验中首触发撞击幅值超过60dB 的 7621 个声发射事件矩张量反演结果，矩张量分解后的 ISO、DC 和 CLVD

用于描述体积变化和震源处运动机制。从哈德森震源类型图中可以看出，张拉声发射源（拉伸裂纹为+Crack 和+ISO，压缩裂纹为-Crack 和-ISO）显著多于剪切声发射源（哈德森震源类型图的中心纯双力偶 DC）。从声发射源矩张量分解后的统计数据看，整个破裂过程中声发射源的体积变化明显，这与内部膨胀的张拉和压缩的受力环境有关。从划定的事件类型来看，整个膨胀宏观裂纹是在张拉和压缩类型微裂纹主导下形成的，剪切类型声发射事件占比为 17%，其余类型的声发射事件占比为 83%，其中，张拉和压缩类型的声发射事件分别到达 47%和 35.5%。

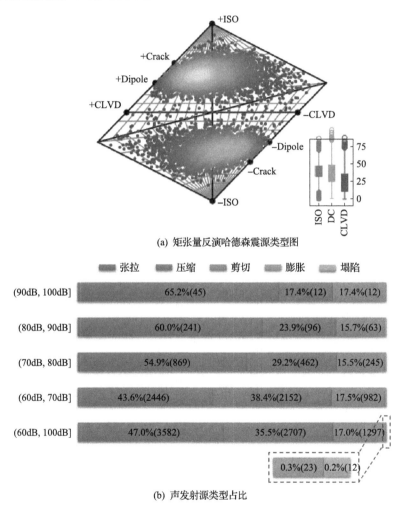

(a) 矩张量反演哈德森震源类型图

(b) 声发射源类型占比

图 6-12　矩张量反演哈德森震源类型图及声发射源类型占比

2. 整体微破裂类型划分的不确定性

声发射事件首触发撞击幅值的高低，在一定程度上表征了声发射源尺度和衰减程度的大小。将 7961 个声发射事件依据首触发撞击幅值的大小分成了 4 类，以矩张量分析得到的声发射源类型比例作为准则，在各类事件的撞击信号 RA-AF 分布中确定震源类型划分线。在维持声发射源类型比例一致的前提下，裂纹类型划分线的斜率依次为 0.59、0.22、0.11、0.057，全部首触发撞击幅值在 60dB 以上的声发射事件类型划分线的斜率经过计算为 0.064，划分线的斜率随着声发射源尺度的减小而减小(图 6-13)。由此，可以认为即使在同一个声发射试验中，并不能用统一的划分线来量化不同尺度的声发射源类型。另外，划分线斜率的偏差带来声发射事件比例的显著波动是值得注意的，如果将全部声发射事件中 RA/AF=0.12 划分线用以首触发大于 90dB 的声发射事件的类型划分，则几乎所有的声发射事件都被划分为张拉类型。在同一声发射试验中，不同首触发撞击幅值的声发射事件并没有统一的微破裂类型的 RA-AF 划分标准，划分线会随着首触发撞击幅值的升高逐步向剪切区域倾斜。

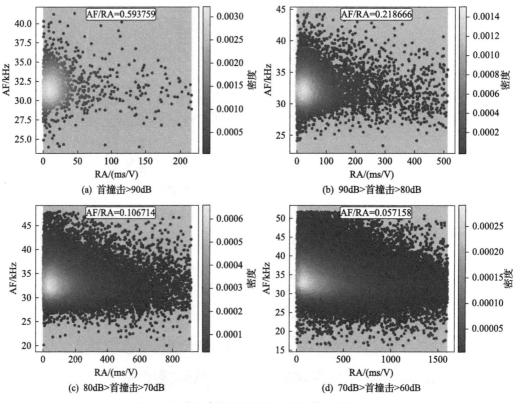

图 6-13　特征参数分析结果及声发射源类型占比

3. 声发射事件微破裂类型划分的不确定性

进一步地，对声发射事件中各撞击触发的相对顺序与 RA-AF 分布规律进行讨论(图 6-14)。声发射事件中的首触发信号受到衰减的相对影响最小，选取四类事件中的首触发撞击 RA-AF 用五角星表示，声发射撞击与首触发撞击的到时差表明了声发射源和各传感器之间的相对位置关系，在展示其他撞击信号的 RA-AF 时，利用到时差量化触发顺序。四类声发射源分布表现出两点一致性规律：①首触发的传感器撞击信号 AF 的分布范围最大，RA 集中在数值较小的区域，整体分布在最右侧。②随着传播时间的增加，越靠后触发的传感器撞击信号的 RA 值逐渐增大，而 AF 值的分布区域逐渐减小，且朝着数值更小的区域集中移动。

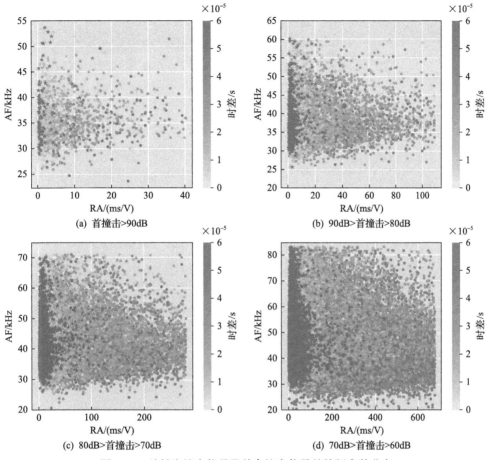

图 6-14　首触发撞击信号及其余撞击信号的特征参数分布

　　不同触发顺序的声发射撞击信号在 RA-AF 分布上表现了极高的离散性，这在分析声发射类型比例中带来的不确定性是显而易见的。声发射事件靠后触发的撞击信号逐渐向坐标轴的右下方移动，在利用划分线量化比例关系时，很可能将声发射事件类型由张拉类型判断为剪切类型。在同一声发射事件中，各声发射撞击按照触发顺序的先后逐渐远离首触发撞击 RA-AF 的分布位置，前后触发声发射撞击类型划分并不能保持一致。

4. 岩石尺寸和致密性的不确定性

　　由于张拉破坏产生的声发射源在空间上集中分布在圆孔的轴线附近，大尺寸试样中声发射源和传感器之间的传播距离在比例视角下通常可以看作是小尺寸试样的 2 倍。图 6-15 依次展示了上述 4 类声发射事件所对应全部撞击 AF-RA 的分布情况，颜色的深浅表示分布密度的大小。RA 值和 AF 值呈现一致的变化趋势，随着首触发撞击幅值的减小，其分布范围逐渐扩大。大尺寸和大粒径岩石试样的 RA 值上限较高，AF 值上限

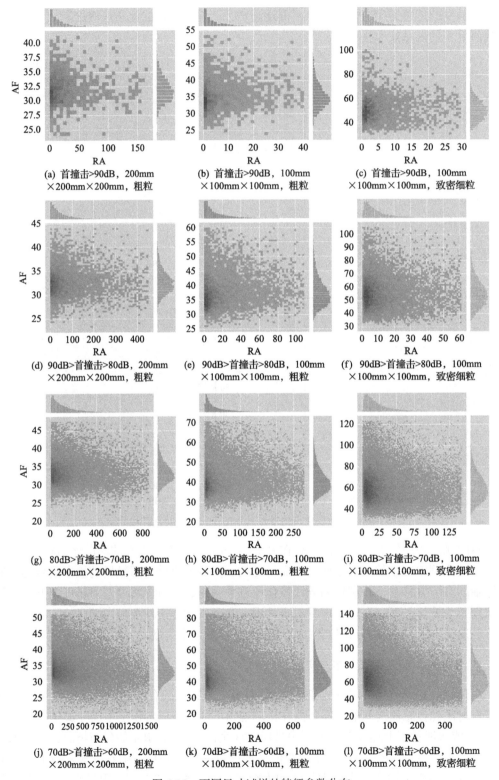

图 6-15　不同尺寸试样的特征参数分布

较低。在致密性减小和尺寸增大两个因素的影响下，RA 值和 AF 值表现出不同的变化特征。RA 值的整体范围和集中区域表现得更加分散，RA 值的上限逐渐上升。而以首触发撞击幅值大于 90dB 的声发射事件为例，其 AF 值跨度分别为 23～42kHz、26～54kHz 和 30～101kHz。AF 值分布的整体范围和集中区域向低值方向扩展和移动。在试样尺寸和粒径效应的影响下，RA 值和 AF 值与真实值的偏差增大。如果采用其他文献推荐的固定基准线来划分声发射源类型，在大尺寸或粗粒岩石试样中，剪切类型所占比例会显著增加。也就是说，即使是同一种岩性，基准线的斜率也需要根据样本量和致密度进行调整。

总而言之，岩石 RA-AF 的分布特征会随着岩石尺寸和岩石内部结构的差异而变化。试样尺寸放大和内部结构的松散，引起 RA 和 AF 分布核密度中心和整体范围的显著变化。有鉴于岩石的离散性，各个试验中 RA-AF 划分标准都是相对独立的。RA-AF 是定性认识岩石声发射源类型分布和演化规律的重要手段，但在用以量化声发射源类型具体占比时需要慎重考虑。

6.4.3　RA-AF 的衰减规律

为了进一步探究和解释基于特征参数的微裂缝类型分析的不确定性，我们结合试验考虑了应力波衰减规律的潜在影响和特征参数的测量误差(图 6-16)。

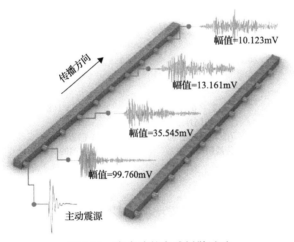

图 6-16　应力波的衰减耗散试验

1. 不同类型声源 RA-AF 随传播距离的变化规律

图 6-17 中展示了砂岩、花岗岩中脉冲和断铅信号特征参数随传播距离的变化特征，直线和阴影部分分别展示了各特征参数的非线性拟合结果和 95%置信区间的拟合范围。从一致性的变化趋势上看，应力波在传播过程中，随着传播距离的增加，幅值和上升时间分别呈现出下降和升高的趋势，两个参数的变化决定了 RA 值呈现上升趋势。而振铃计数和持续时间则随传播距离的增加而下降，AF 值则表现出下降趋势。从变化幅度上看，花岗岩的 RA 值的数值波动幅度最小，而砂岩的 RA 值的下降趋势更为显著。砂岩相较

于花岗岩，内部颗粒物更小，且相互之间的孔隙更多。岩石致密程度的降低、结构面数量的增加造成应力波的衰减更为明显。由此可见，RA 值和 AF 值在应力波衰减过程中逐渐失真，分别向着正趋势和负趋势发展。

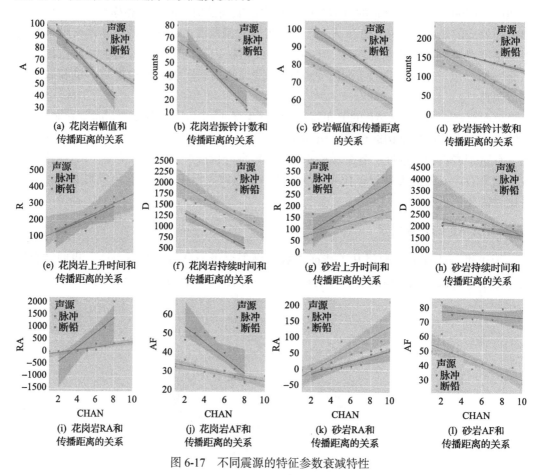

图 6-17 不同震源的特征参数衰减特性

2. 不同频率组成下 RA-AF 传播距离增加的影响

典型的张拉和剪切类型声发射源的区别在于主要的能量载体频段不同，频率成分组成上具有较为明显的区别。某公司声发射系统具备发射不同频率组成脉冲的功能，其中正常脉冲的频率分布为 120～210kHz，低频脉冲的频率分布为 120～150kHz，利用两种形式的声发射主动脉冲模拟不同类型的声发射源。不同频率组成的应力波的 RA-AF 变化规律不尽相同，这种随传播距离的衰减特性对声发射源频谱组成表现明显的依赖性（图 6-18）。无论哪种岩性的岩石，高频信号 RA 值的上升趋势更为明显，这是与传播过程中高频信号幅值衰减趋势更为显著导致的。高频信号 AF 值的衰减幅度则明显更大，但是花岗岩的高频和低频信号 AF 值的衰减趋势差异以及整体衰减幅度均小于砂岩。由此可见，高频成分在应力波 RA 值和 AF 值失真中起到了更为显著的影响。

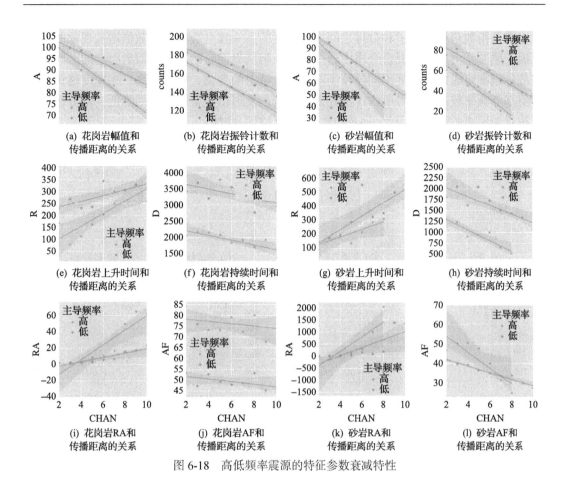

图 6-18　高低频率震源的特征参数衰减特性

3. 不同能量强度下 RA 值、AF 值随传播距离增加的影响

岩杆试验中设置了不同 V_{pp}(最大峰值电压)的主动脉冲,用于探讨在频谱组成完全相同的情况下,不同能量强度的应力波传播过程中 RA 值和 AF 值的衰减规律(图 6-19)相较于高强度震源信号,低能量强度应力波振铃计数和持续时间同时表现出更快的衰减趋势,AF 值的衰减幅度和高能量应力波衰减无异,但数值整体更高。两者 RA 值的衰减过程表现出一些差异,从 8 号传感器开始,低能量强度应力波上升时间从升高趋势转变为下降趋势,这与其他试验中上升时间随传播距离增加升高的规律相悖。需要注意的是,8 号传感器之后应力波幅值低于 40dB,而试验中设置的门槛达到了 30dB,对于这种低信噪比信号,特征参数往往会与实际值产生较大的误差,也是变化趋势出现拐点的原因。室内声发射试验中门槛设定和背景噪声的存在,对依赖特征参数分析声发射类型的方法产生了两方面的影响。第一,RA-AF 中涉及的上升时间、振铃计数、持续时间 3 个参数的实际数值会产生偏差,而幅值并不会受到门槛设定的影响。第二,随着声发射信号整体强度的降低,背景噪声淹没了原有真实信号,特征参数计算中忽略了更多信号中低于门槛的部分,在这种数值损失的影响下,RA-AF 的误差会随着声发射源的减弱而逐渐增大。一种可能的解释是,在 RA 值的计算中,分子 R 的损失几乎是线性的,而分母 A 的

减少则是指数趋势。分子和分母之间失真程度的不一致是造成这种数值增长现象的重要原因。尾波是由声波在混合介质中通过不同波阻抗界面时的反射和散射引起的。同时，声波各频率组成的相速度不同导致了波形在时域上的变化，频率越高，相速度越快。波形前部分频率较高的信号所占比重较大。随着声发射信号整体强度的降低，部分尾波逐渐被背景噪声所淹没，因此，AF 的数值会在计算中增加。

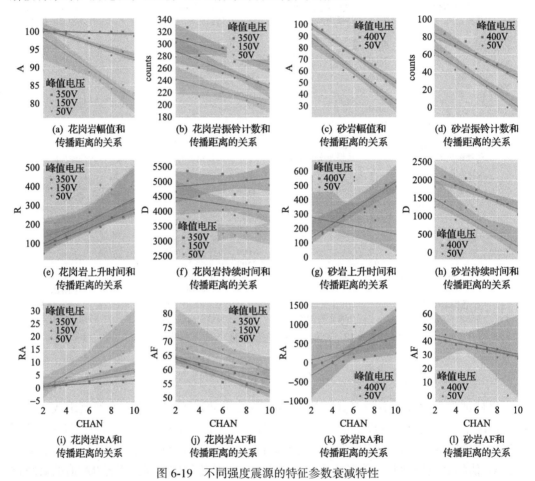

图 6-19　不同强度震源的特征参数衰减特性

6.4.4　衰减效应和计量误差

　　RA-AF 的分布受断裂模式决定，在相同应力环境下，声发射设备、试样、微破裂等因素也对 RA-AF 的分布有显著影响(图 6-20)。一方面，岩石作为一种非均质的弹塑性材料，传播过程中应力波与材料的吸收、散射、摩擦、波阻抗界面等效应作用，产生了能量衰减和频率耗散。RA 值的逐渐升高，AF 值的逐渐降低，特征参数的整体分布向 x 轴的正方向、y 轴的负方向移动。并且，应力波中高频成分更容易在遇到波阻抗界面产生耗散，高频成分居多的张拉声发射源的应力波在传播中对衰减效应更为灵敏。随着岩石完整性的降低和传播距离的增加，应力波的衰减效应会放大。基准线的移动能较好地反映同一岩性岩石的大小和压实度变化。在频散和衰减效应的影响下，即使声发射信号的时频组成相同，RA-AF 也会随着声发射尺度的减小而增大。另一方面，由于背景噪声淹没了部分真实信号，试验中门槛值的存在造成了特征参数的计量损失，这种问题对整体幅值更低的撞击信号影响更大，特别是低信噪比信号中产生了异常值。由此可见，对于同一试验中的声发射数据，同一声发射事件中触发滞后声发射撞击和声发射撞击整体分布中幅值较低的信号都更为显著地受到了影响。

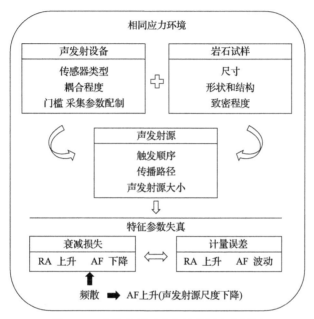

图 6-20　参数分析不确定性的因素和原因

应力波的衰减效应会随着岩石内部完整性的降低和传播距离增加而放大，这是导致众多研究中给出的微破裂类型划分线的比例存在显著差异的关键所在，而且应用划分关系时同种岩性的岩石尺寸和致密性带来的影响也是不能忽略的。当然，将微破裂简化地看作张拉类型或者剪切类型，忽略岩石这种高度非均质体在微观复杂受力环境下的开裂模式，也是基于 RA-AF 方法不能准确定量研究岩石破裂演化的重要原因。所以，在利用特征参数的方法开展研究时，不能忽略应力波传播过程中的耗散和衰减带来的潜在影响。在岩石试样尺寸和性质不明确的情况下，定性认知裂纹比例的时序演化特征是更为客观的。

参 考 文 献

[1] Kemeny J M, Cook N G W. Micromechanics of Deformation in Rocks[M]// Shah S P. Toughening mechanisms in Quasi-Brittle materials. vol 195. Dordrecht: Springer, 1991.

[2] Zhao Y, Wang Y, Tang L. The compressive-shear fracture strength of rock containing water based on Druker-Prager failure criterion[J]. Arabian Journal of Geosciences, 2019, 12(15).

[3] Shiotani T, Ohtsu M, Ikeda K. Detection and evaluation of AE waves due to rock deformation[J]. Construction and Building Materials, 2001, 15(5-6): 235-246.

[4] Ohno K, Ohtsu M. Crack classification in concrete based on acoustic emission[J]. Construction and Building Materials, 2010,24(12): 2339-2346.

[5] Hu Q, Dong L. Acoustic emission source location and experimental verification for two-dimensional irregular complex structure. IEEE Sensors Journal, 2020, 20(5): 2679-2691.

[6] Dong L, Sun D, Han G, et al. Velocity-free localization of autonomous driverless vehicles in underground intelligent mines[J]. IEEE Transctions on Vehicular Technology, 2020, 69(9): 9292-9303.

[7] Shiotani T, Ohtsu M, Ikeda K. Detection and evaluation of AE waves due to rock deformation[J]. Construction and Building Materials, 2001, 15(5): 235-246.

[8] Aggelis D G, Matikas T E, Shiotani T. Advanced Acoustic Techniques for Health Monitoring of Concrete Structures[M]//Kim S H, Ann KY. The Song's handbook of concrete durability. Heathsrille: Middleton Publishing Inc, 2010: 331-378.

[9] Aggelis D G. Classification of cracking mode in concrete by acoustic emission parameters[J]. Mechclnics Research Communications, 2011, 38: 153-157.

[10] He M H, Zhao F, Zhang Y, et al. Feature evolution of dominant frequency components in acoustic emissions of instantaneous strain-type granitic rockburst simulation tests[J]. Rock and Soil Mechanics, 2015, 36(1): 1-8.

[11] Li L R, Deng J H, Zheng L, et al. Dominant frequency characteristics of acoustic emissions in white marble during direct tensile tests[J]. Rock Mechanics and Rock Engineering, 2017, 50(5): 1337-1346.

[12] Zhang Z, Deng J, Zhu J, et al. An experimental investigation of the failure mechanisms of jointed and intact marble under compression based on quantitative analysis of acoustic emission waveforms[J]. Rock Mechanics and Rock Engineering, 2018, 51(7): 2299-2307.

[13] Wang Y, Deng J, Li L, et al. Micro-failure analysis of direct and flat Loading Brazilian tensile tests[J]. Rock Mechanics and Rock Engineering, 2019, 52(11): 4175-4187.

[14] 张艳博, 于光远, 田宝柱, 等. 花岗岩破裂过程声发射主频多元前兆信息识别[J]. 采矿与安全工程学报, 2017, 34(2): 355-362.

[15] 王创业, 常新科, 刘沂琳, 等. 单轴压缩条件下大理岩破裂过程声发射频谱演化特征实验研究[J]. 岩土力学, 2020(S01): 51-62.

[16] 赵奎, 杨道学, 曾鹏, 等. 单轴压缩条件下花岗岩声学信号频域特征分析[J]. 岩土工程学报, 2020(12): 2189-2197.

[17] Shahidan S, Pulin R, Bunnori N M, et al. Damage classification in reinforced concrete beam by acoustic emission signal analysis[J]. Construction and Building Materials, 2013, 45: 78-86.

[18] Wang M, Tan C, Meng J, et al. Crack classification and evolution in anisotropic shale during cyclic loading tests by acoustic emission[J]. Journal of Geophysics and Engineering, 2017, 14(4): 930-938.

[19] Du K, Li X, Tac M, et al. Experimental study on acoustic emission (AE) characteristics and crack classification during rock fracture in several basic lab tests[J]. International Journal of Rock Mechanics and Mining Sciences, 2020, 133: 104411.

[20] 刘希灵, 刘周, 李夕兵, 等. 劈裂荷载下的岩石声发射及微观破裂特性[J]. 工程科学学报, 2019, 41(11): 1422-1432.

[21] Hu X, Su G, Chen G, et al. Experiment on rockburst process of borehole and its acoustic emission characteristics[J]. Rock Mechanics and Rock Engineering, 2019, 52(3): 783-802.

[22] Zhang Z, Deng J. A new method for determining the crack classification criterion in acoustic emission parameter analysis[J]. International Journal of Rock Mechanics and Mining Sciences, 2020, 130: 104323.

[23] Jost M U, Herrmann R B. A student's guide to and review of moment tensors. Seismol Res Lett. 1989; 60(2):37-57.

[24] Zhang P, Yu Q, Li L, et al. The radiation energy of AE sources with different tensile angles and implication for the rock failure process[J]. Pure and Applied Geophysics, 2020, 177(7): 3407-3419.

[25] Yamamoto K, Naoi M, Chen Y, et al. Moment tensor analysis of acoustic emissions induced by laboratory-based hydraulic fracturing in granite[J]. Geophysical Journal International, 2019, 216(3): 1507-1516.

[26] Mclaskey G C, Lockner D A. Shear failure of a granite pin traversing a sawcut fault[J]. International Journal of Rock Mechanics and Mining Sciences, 2018, 110: 97-110.

[27] Zhang X, Zhang Q. Distinction of crack nature in brittle rock-like materials: a numerical study based on moment tensors[J]. Rock Mechanics and Rock Engineering, 2017, 50 (10): 2837-2845.

[28] Stierle E, Vavryčuk V, Kwiatek G, et al. Seismic moment tensors of acoustic emissions recorded during laboratory rock deformation experiments: sensitivity to attenuation and anisotropy[J]. Geophysical Journal International, 2016, 205 (1): 38-50.

[29] Hampton J, Gutierrez M, Matzar L, et al. Acoustic emission characterization of microcracking in laboratory-scale hydraulic fracturing tests[J]. Journal of Rock Mechanics and Geotechnical Engineering, 2018, 10 (5): 805-817.

[30] Wong L N Y, Xiong Q. A method for multiscale interpretation of fracture processes in Carrara marble specimen containing a single flaw under uniaxial compression[J]. Journal of Geophysical Research, 2018, 123 (8): 6459-6490.

[31] Liu Q, Liu Q, Pan Y, et al. Microcracking mechanism analysis of rock failure in diametral compression tests[J]. Journal of Materials in Civil Engineering, 2018, 30 (6): 04018082.

[32] Liu J, Li Y, Xu S, et al. Moment tensor analysis of acoustic emission for cracking mechanisms in rock with a pre-cut circular hole under uniaxial compression[J]. Engineering Fracture Mechanics, 2015, 135: 206-218.

[33] Ohtsu M. Simplified moment tensor analysis and unified decomposition of acoustic emission source: application to in situ hydrofracturing test[J]. Journal of Geophysical Research, 1991, 96: 6211-6221.

[34] Ohtsu M, Okamoto T, Yuyama S. moment tensor analysis of acoustic emission for cracking mechanisms in concrete[J]. Aci Structural Journal, 1998, 95 (2): 87-95.

[35] 柴金飞, 金爱兵, 高永涛, 等. 基于矩张量反演的矿山突水孕育过程[J]. 工程科学学报, 2015, 37 (3): 267-274.

[36] Ma J, Dong L, Zhao G, et al. Focal mechanism of mining-induced seismicity in fault zones: a case study of yongshaba mine in China[J]. Rock Mechanics and Rock Engineering, 2019, 52 (9): 3341-3352.

[37] Dong L, Zhang Y, Ma J. Micro-crack mechanism in the fracture evolution of saturated granite and enlightenment to the precursors of instability[J]. Sensors, 2020, 20 (16): 4595.

[38] Vavryčuk, V. Seismic Moment Tensors in Anisotropic Media: A Review[M]//D'Amico S. Moment Tensor Solutions. Cham: Springer, 2018: 29-54.

[39] Dong L, Hu Q, Tong X, et al. Velocity-free MS/AE source location method for three-dimensional hole-containing structures[J]. Engineering, 2020, 6 (7): 827-834.

第7章 不同加载环境下的岩体声学频谱分析

岩体声学频谱分析是指根据记录的波形信息，将声发射信号从时域转换到频域，分析岩石产生的声发射源的频谱特征和规律。相比时域特征，频谱分析方法能够揭示许多在时域里难以显现的问题，尤其是声发射源类型的特征信息。最为典型的频谱特征参数就是主频和频率质心，声发射主频反映了声发射能量释放的主导频率，声发射频率质心是一种不同于主频的频率分布特征参数，反映了声发射信号高低频能量的占比。在岩石加载过程中频率特征的变化是一个从有到无、从多到少，或从无到有、从少到多的变化过程，与应力状态、环境、岩体组构和力学性质等有关。国内外很多学者围绕声发射的频谱分析进行了深入而广泛的研究。邓建辉等[1]分析了大理岩不同加载环境下的声发射波形信号，发现大理岩加载过程中存在双主频特征；Zhang 等[2]研究发现在大理岩单轴压缩试验中高主频波形比低主频波形多；张艳博等[3,4]通过对声发射主频特征分析，将花岗岩双轴试验划分为岩爆孕育前期、孕育中期和发生阶段，同时在对花岗岩单轴压缩试验声发射信号分析时，将其分为低频高幅值、低频低幅值、中频低幅值和高频低幅值；苗金丽等[5]通过对花岗岩岩爆前后的声发射信号频谱特征分析，发现花岗岩岩爆过程中声发射主频大致为 180 kHz，在宏观破坏发生前不同频段声发射幅值增大较明显；Wang 等[6]研究发现岩石变形过程中应力释放波的频率与裂纹大小成反比，尺度较大的裂纹对应低频信号，尺度较小的裂纹对应高频信号；Schiavi 等[7]利用峰值频率将对应的损伤过程分为两个不同阶段，认为频率的下降与形成贯通的微裂纹的合并有关；董陇军等[8]总结了不同尺度下声源与震源的频率范围；He 等[9]分析了单轴压缩测试和循环测试的频谱，得出在低应力状态下，低频成分占主导地位，而在高应力状态下，高频成分占主导地位；Li 等[10]进一步探索了不同加载条件下不同岩石的双主频带特征。上述研究增强了对岩石损伤演化过程中声发射信号频谱特征的认识，为从频谱角度提取合理的岩体失稳破裂指标并预测岩体失稳破裂给予启示。

本章围绕声发射信号的主频和频率质心、波形频域频谱分布等内容进行介绍。通过开展单轴压缩试验、双轴压缩试验以及膨胀试验，采集整个试验过程的波形信号，结合快速傅里叶变换，基于频谱分析理论，提取波形信号的主频、频率质心等特征，讨论岩石声发射信号主频与频率质心随时间的演化特征，揭示并分析岩石在不同加载环境下的频谱演化规律，并基于声发射信号的功率谱、幅值谱和能量谱对典型声发射波形进行全频域特征分析，归纳声发射信号类型。

7.1 岩体声学频谱特征参数

7.1.1 频谱主频

声发射信号是一种非平稳信号，快速傅里叶变换是分析非平稳信号中应用最广泛的经典频谱分析方法，它能很好地反映信号的全局频谱特征。

傅里叶变换通过积分变换能将满足一定条件的某个函数表示成正弦基函数的线性组合或者积分。在不同的研究领域，傅里叶变换具有多种不同的变体形式，如连续傅里叶变换和离散傅里叶变换。傅里叶变换一个最直观的说明是将一个复杂的波形分解成许多不同频率的正弦波之和，所以傅里叶变换可以看作是时间函数在频率域上的表示。

声发射信号的主频可以反映岩体破裂的本质特征，通过分析岩体不同加载过程中声发射信号的主频变化特征，可以得到岩体破裂的内部演化规律，为岩体破裂机理的研究和预测提供依据。

根据 Cooley 和 Tukey 在 1965 年提出的快速计算离散傅里叶变换的算法(即快速傅里叶变换)，利用 MATLAB 软件对声发射波形信号进行快速傅里叶变换分析，其计算公式如下[11]

$$X(k) = \text{FFT}\big[x(j)\big] = \sum_{j=1}^{N} x(j)\omega_N^{(j-1)(k-1)} \tag{7-1}$$

式中：$x(j)$ 为要进行频谱分析的数据列；N 为频率点数；$\omega_N = \mathrm{e}^{(-2\pi\mathrm{i})/N}$。

为了分析声发射信号在不同加载环境下的频谱特征，利用 MATLAB 软件对原始声发射信号进行快速傅里叶变换，将其变为二维频谱图，如图 7-1 所示，可知该二维频谱图中最大幅值所对应的频率为主频[12]，则其主频为 29.25kHz。

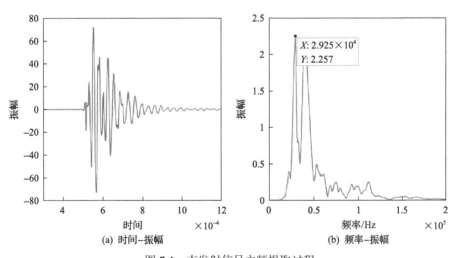

图 7-1　声发射信号主频提取过程

本章将对单轴压缩、双轴压缩及膨胀加载环境下岩体整个破裂过程中的声发射波形信号进行快速傅里叶变换，得到岩体加载过程中的声发射信号主频特征，进而分析主频的变化趋势和分布规律。

7.1.2　频率质心

频率质心(spectral centroid,SC)是声发射信号频谱分析中一个重要特征值，其定义为给定子带的加权平均频率，其中权值是该子带中每个频率分量的归一化能量，即可以得到每个子带的"重心"[13]。

根据频率质心的定义可得到频率质心的计算公式：

$$\& f_{\text{sc}} = \frac{\int_{f_1}^{f_2} f S(f) \mathrm{d}f}{\int_{f_1}^{f_2} S(f) \mathrm{d}f} \tag{7-2a}$$

$$f_{\text{sc}} = \frac{\sum_{f_i=f_1}^{f_2} f_i S(f_i)}{\sum_{f_i=f_1}^{f_2} S(f_i)} \tag{7-2b}$$

式中：$f_1 \sim f_2$ 为声发射信号频率范围；$S(f)$ 为信号的能量谱或功率谱。

本章将对单轴压缩、双轴压缩和膨胀加载环境下的声发射信号进行处理，得到声发射频率质心数据，并进行分析比较，进而得到不同加载环境下的频率质心变化特征。

7.2 试 验 介 绍

7.2.1 试验试样准备

如图 7-2 所示为单轴压缩试验中选用常见的脆性岩石花岗岩，其取自山东某金矿地下−100m，将所用花岗岩块制成 100mm×100mm×200mm 的标准长方体试样。双轴压缩试验和膨胀试验使用 100mm×100mm×100mm 的花岗岩立方体试样，取自长沙浏阳未风化花岗岩。按照 ISRM 岩石力学试验要求，对本次试验的试样表面进行抛光处理，以确保每个试样表面的平整、平行和垂直度均符合要求。为了尽可能地减少试样之间的差异，相同尺寸的试样分别取自同一块花岗岩。

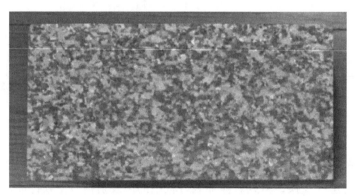

图 7-2　100mm×100mm×200mm 尺寸花岗岩试样图片

7.2.2 声发射监测设备

试验采用声发射测试系统，采样率高达 40MHz，通道 ADC 为 40MHz，精度为 18bit，

宽带工作频率为 18kHz～2.4MHz。采用 USB3.0 接口，传输速度为 500M/s。采用的声学
传感器是一种具有宽频响应的压电声发射传感器，响应频率为 20～450kHz，且在 280kHz
处存在一个峰值，可以较好地覆盖低频和标准频率范围。前置放大器默认为 34dB，门槛
值设置为 55dB。通过上述设备对试样在不同加载环境下的变形破裂过程产生的声发射信
号进行监测，分析岩体不同加载环境下声发射信号的主频与频率质心，为进一步结合声
发射特征对岩体破裂理论分析提供依据。

7.2.3　试验设计

　　单轴压缩试验中试样表面分别布置了 28 个声学传感器，用于记录声发射信号的参数
与波形。100mm×100mm×200mm 的试样探头的布置方式如图 7-3 所示，基于同一平面
交替、相对平面错位、全局覆盖的传感器布置原则，形成声学传感器监测网络。通过在
传感器和试样表面之间涂抹凡士林，保证信号的正常采集；并使用胶带或者磁铁夹具对
声学传感器进行固定，避免加载过程中声发射探头脱落。为消除初始加载设备扰动引起
的噪声干扰，使用 80 目砂纸反复打磨岩石试样的端部，并在压头和岩石顶面之间垫一层
聚四氟乙烯薄膜。试验开始前，检查试样安装、声学传感器耦合程度和系统定位精度。

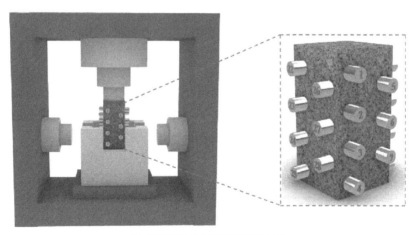

(a) 试样加载方式及传感器布置方式

(b) 前置放大器

图 7-3　加载系统及传感器布置方式

　　为避免试样与压力板接触产生的噪声对声发射监测结果产生影响，本次试验采取将
试样预先加载 1～2kN，使试样与压力板充分接触。花岗岩单轴压缩试验过程中采用的控

制位移加载速率为 0.15mm/min，控制应力加载速率为 40kN/min。为保证加载设备和声发射监测装置时间同步，试验过程中实时对试验数据采集记录，加载至试样破裂达到峰值强度后试验结束。

双轴压缩试验加载设备为中南大学的真三轴电液伺服诱变试验系统(TRW-3000)。TRW-3000 型试验系统主要由加载框架系统、计算机测控系统和液压伺服系统等组成。沿垂直(Z)和水平(X 和 Y)方向上施加的最大载荷分别可以达到 3000kN、2000kN 和 2000kN，3 个方向的主应力的加载速率为 10N/s～10kN/s，位移测量精度小于±0.5%，分辨力为 0.001mm。通过载荷、变形、位移的自动控制，除了实现不同规格的试样真三轴压缩 ($\sigma_1 > \sigma_2 > \sigma_3$)、三/四点弯曲、单轴压缩、单轴拉伸和单向剪切等静态载荷试验外，还可以施加扰动载荷并进行单向动态试验。试验系统的特点是测控精度高、试验种类完备、加载框架刚度高并可实现改装扩展。单轴压缩试验主要通过该试验系统竖直方向加载框架进行。

在本次试验中，仅使用 Y 与 Z 方向的加载系统加载中间主应力与最大主应力，最小主应力始终保持为 0。试验中 Y 与 Z 方向同时加载，加载速率均为 0.05MPa/s，Y 方向加载到预先设定的值后保持不变，Z 方向持续加载直到岩体发生宏观破裂并听到持续不断的岩体破裂声为止。在岩石样品的 Y 和 Z 方向施加 1kN 的预应力，以确保它与加载机承接器完全接触，从而进一步消除在承接器和试样接触过程中产生的噪声。为了消除非均布应力对试验结果可能造成的影响，在加载机与试样之间加了一个特制的加载块以获得均布应力。

双轴压缩试验声发射采集频率设置为 10MHz，试验共使用 24 个响应频率为 20～450kHz 的声学传感器。使用特制的夹具将声学传感器固定在岩石试样及加载块上面，传感器与试样之间涂抹了耦合剂以获得良好的耦合效果。为了使试验结果具有代表性，减小试验结果的偶然性，声学传感器布置在岩石试样及加载块的典型位置。

声学传感器具有发射脉冲信号的功能，同时采集系统可以辨识脉冲信号。试验中声学传感器循环发射脉冲信号，自动传感器脉冲测试的脉冲宽度和脉冲振幅分别为 5.2s 和 200VPP。一次脉冲循环中每个声学传感器轮流发射 4 次间隔约为 10ms 的脉冲信号，1 次脉冲循环时间大约为 13s。发射脉冲信号的声学传感器可被视为主动震源，其余的 23 个声学传感器接收脉冲信号，根据声学传感器之间的距离及脉冲信号的到时差即可实现波速的实时测量。数据分析处理时，为了探究真三轴应力加载中不同加载方向波速的变化情况，岩石试样及加载块上的传感器数据全都用来分析处理。而分析声发射特征参数时为了消除不同材质界面对声发射数据可能造成的影响，仅采用布置在岩石试样上的 10 个传感器数据分析处理。

膨胀试验是一个自膨胀过程，主要利用膨胀剂遇水产生较大的膨胀压力对岩石产生较强的张拉力，最终导致岩体破裂。在膨胀试验中将膨胀剂干粉和水按照 3:1 的质量比进行调制，将膨胀剂干粉与水混合搅拌后装入花岗岩事先布眼的钻孔内，浇灌膨胀剂 10min 后，膨胀剂开始发生剧烈的水化反应，产生大量的水化热，膨胀剂由浆体变为粉体，同时产生巨大膨胀力，花岗岩在膨胀力作用下发生变形和开裂，6～9h 后花岗岩会发生破裂。在膨胀试验中花岗岩会经历裂缝出现、裂缝传播、裂缝扩大三个过程。

7.3 岩体单轴压缩破裂过程声学频谱特征演化规律

7.3.1 花岗岩单轴压缩破裂过程中声发射信号主频演化规律

声发射信号的主频特性与岩石内的微破裂密切相关，花岗岩单轴压缩破裂过程声发射信号主频演化特征如图 7-4 所示，横坐标为时间，左侧纵坐标为主频，右侧纵坐标为主频带宽。从图 7-4 中可以看出，花岗岩单轴压缩破裂过程中主频分布呈频带分布，出现Ⅰ主频带(30～90kHz)、Ⅱ主频带(100～120kHz)、Ⅲ主频带(150～180kHz)、Ⅳ主频带(290～310kHz)，如图 7-4 中阴影所示。在花岗岩压实阶段，岩石中的原生裂隙和微孔洞在压力作用下发生闭合和变形。这一阶段，新裂纹较少，裂纹扩展不明显。主频主要分布在 30～120kHz 的Ⅰ、Ⅱ主频带之间，主频分布在低频段。在弹性阶段，随着大量新裂纹的出现，声发射的高频分量开始出现，出现中频主频分布带 150～180kHz，低、中频主频分布带均有主频分布。在塑性阶段，随着应力的增加，岩石中裂纹的产生、扩展和贯通达到峰值，声发射频带宽度也快速增大，出现高频主频分布带 290～310kHz，声发射信号的高频分量越来越密集，后期出现了 275kHz、300kHz 和 325kHz 的高频声发射信号，在峰值应力附近，声发射频带宽度迅速增大，呈现多峰值特征。

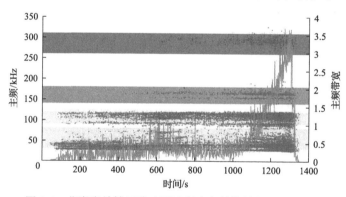

图 7-4 花岗岩单轴压缩破裂过程声发射信号主频演化特征

从花岗岩单轴压缩破裂过程中的主频带宽变化可以看出，加载初期以花岗岩原生裂纹闭合为主，声发射主频带宽维持在整个水平的低位，随着花岗岩内次生裂纹的产生，声发射主频带宽缓慢增加，接近峰值应力，花岗岩中裂纹扩展和贯通过程中微破裂类型复杂，主频更为丰富，主频带宽达到峰值。

由图 7-4 可知，在花岗岩单轴压缩破裂过程中初始加载阶段，原始微裂隙的闭合变形导致声发射事件产生较少，此阶段花岗岩声发射信号主频主要分布在低频段。随着加载的继续，此时声发射事件显著增多，主频分布逐渐出现在中、高频段。随着应力增大，主频大于 250kHz 的高频信号逐渐产生，峰值应力附近高频信号数量和比例均快速增加。临近破坏时，高频声发射信号数量急剧增加对应更大程度破裂的发生。岩体破裂失稳的实质是岩体中微裂纹的初始扩展，直至岩体宏观破裂。由于岩石损伤的声发射源非常复杂，包括岩石中的微缺陷，岩石材料的裂纹萌生、扩展和弹塑性变形。不同损伤源的主频范围不同，同时不同损伤阶段声发射信号的主频分布也不同。因此，在单轴压缩破裂过程中声发射信号主频成分的复杂程度与花岗岩破坏剧烈程度密切相关。

由上述分析可知，主频在 30～50kHz 和 90～115kHz 的声发射信号贯穿花岗岩单轴压缩破裂全过程，由于主频分布特征往往具有本征性、唯一性，说明该频带与花岗岩矿物成分相关，是花岗岩声发射信号的主导频率，且单轴压缩过程中大多数声发射信号主要集中在该频带。

7.3.2　紫砂岩单轴压缩破裂过程中声发射信号主频演化规律

图 7-5 为紫砂岩单轴压缩破裂过程声发射信号的主频演化特征，横坐标为时间，左侧纵坐标为主频，右侧纵坐标为主频带宽。由图 7-5 可以看出，在紫砂岩单轴压缩破裂过程中，声发射事件的主频出现在 4 个连续密集频带：Ⅰ主频带(35～95kHz)、Ⅱ主频带(100～125kHz)、Ⅲ主频带(150～180kHz)、Ⅳ主频带(290～310kHz)，图中用阴影进行了表示。在紫砂岩压实阶段声发射事件具有低频率、低声发射事件率的特征，主频主要分布在 35～120kHz 的Ⅰ、Ⅱ主频带之间。这一阶段，新裂纹较少，裂纹扩展不明显。声发射信号的主要来源为原生裂纹闭合和晶粒间的摩擦位错。弹性阶段中声发射活动基本平静，特征与前一阶段相似，出现中频主频分布带 150～180kHz。在裂纹稳定扩展阶段声发射事件率的增加伴随着大量中高频的声发射事件，出现高频主频分布带 290～310kHz。紫砂岩中具有不同规模、多种断裂模式的原生裂隙和次生裂隙稳定传播。临近破裂时，紫砂岩高频主频声发射事件水平急剧增加，低频带变宽，低、中、高频段同时存在，表明紫砂岩裂纹扩展速度加快，微裂纹萌生与大裂纹穿透是同步的，声发射信号的高频分量越来越密集，在峰值应力附近，声发射频带宽度达到最大，主频呈现出多频段分布特征。高频域(主频大于 200kHz)首次在能量积聚的线弹性阶段分布，在峰值应力前开始增加，并在岩爆前后密集出现，同时，紫砂岩加载后期出现了 300kHz 的高频声发射信号。因此，高频域主频分布的密度可作为紫砂岩岩爆前的特征判据。紫砂岩的主频带宽变化与花岗岩的变化规律相仿，原生裂纹闭合产生的声发射信号主频单一，而次生裂纹产生的声发射信号主频更为丰富，在临近破裂时迅速上升至峰值，预示着主破裂形成过程中的复杂性。

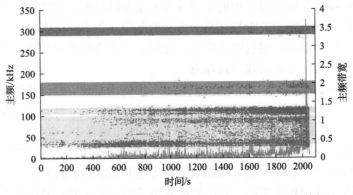

图 7-5　紫砂岩单轴压缩破裂过程声发射信号主频演化特征

通过对紫砂岩单轴压缩破裂过程中声发射频谱主频特征的分析，发现主频的频率是可变的。高频分量反映了岩石中微孔隙的活动强度，而低频分量则表明岩石保持了相对稳定或存在较大的宏观裂缝。在加载初期，高频域（大于 200kHz）未出现，随着加载的进行，高频域呈现相对安静的状态。在这些阶段之后，在峰值应力前高频域开始增大，并在岩爆前后密集分布，主频密集分布在高频域，可以作为紫砂岩岩爆的预测和预警的特征标准。

综合分析上述花岗岩和紫砂岩单轴压缩破裂过程可以发现如下规律。

（1）花岗岩与紫砂岩在单轴压缩破裂过程中声发射信号主频均呈频带分布，出现多条频带。随着应力加载，其主频带变化规律相似。在加载初期，主频分布单一，主要分布在低频带区间内，随着加载的进行，主频在不同区间各频带中均有分布，花岗岩与紫砂岩临近破裂前，高频域较之前出现更为密集。

（2）花岗岩与紫砂岩的主频在峰值应力前高频域分布开始增多，并在岩爆前后密集分布，主频密集分布在高频域，主频带宽迅速增加，可以作为花岗岩与紫砂岩岩爆的预测和预警的特征标准。

7.3.3　花岗岩与紫砂岩单轴压缩破裂过程中声发射信号频率质心演化特征

图 7-6 为花岗岩与紫砂岩单轴压缩破裂过程声发射信号频率质心演化特征，横坐标为时间，左侧纵坐标为频率质心，右侧纵坐标为频率质心平均值。由花岗岩与紫砂岩单轴压缩过程中声发射信号频率质心演化特征可以看出，频率质心分布较为集中，同样表现出低、中、高频的三个明显分布区间，但是低频带分布更为集中，在加载初期，频率质心只分布在低频带，随着加载的进行，低频带变窄，声发射信号向较高的数值水平集中，在临近破裂时，频率质心在三个频带中均有分布，低频带变宽，与单轴压缩过程中的主频演化特征相似。频率质心平均值表现出先上升后波动下降的规律。在花岗岩单轴压缩加载环境下，声发射信号频率质心主要分布在 30～130kHz，在高频区间 250～300kHz内分布较少，与其主频分布相比，频率质心在低频区间内较高，在高频区间内较低。在紫砂岩单轴压缩环境下，声发射信号频率质心主要分布在 30～120kHz，在 260～300kHz高频区间内分布较少，在低、中频区间内密集分布。对比花岗岩与紫砂岩单轴压缩破裂

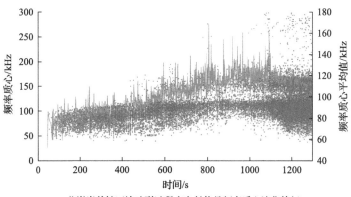

(a) 花岗岩单轴压缩破裂过程声发射信号频率质心演化特征

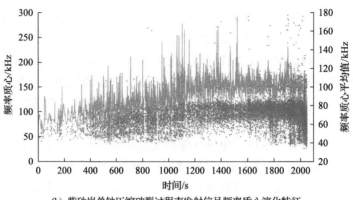

(b) 紫砂岩单轴压缩破裂过程声发射信号频率质心演化特征

图 7-6　花岗岩与紫砂岩单轴压缩破裂过程声发射信号频率质心演化特征

过程声发射信号频率质心演化特征可以发现，花岗岩频率质心整体比紫砂岩较高，花岗岩与紫砂岩高频段频率质心在峰值应力前分布集中，与主频分布相似，高频段频率质心密集分布和频率质心平均值从高位下降可作为其岩爆的前兆特征。

7.4　岩体双轴压缩和膨胀加载破裂过程声发射信号主频的演化规律

7.4.1　花岗岩双轴压缩破裂过程中声发射信号主频演化规律

　　观察花岗岩在双轴压缩状态下的主频变化规律，根据声发射信号数据，得到了花岗岩在双轴压缩状态下的主频分布特征，结果如图 7-7 所示。

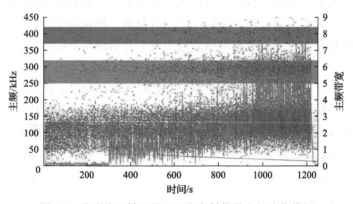

图 7-7　花岗岩双轴压缩过程声发射信号主频演化特征

　　花岗岩双轴压缩破裂过程中声发射信号主频演化特征如图 7-7 所示，横坐标为时间，左侧纵坐标为主频，右侧纵坐标为主频带宽。从图 7-7 中可以看出，花岗岩双轴压缩破裂过程中主频分布呈频带分布，出现低（40～180kHz）、中（250～330kHz）、高（370～430kHz）三个频带，图中用阴影进行了表示。在加载初期，主频主要分布在 40～180kHz 低频带，少量分布在 250～330kHz 中频带，高频带内未出现声发射信号，主频带宽数值处于低位。随着继续加载，声发射信号主频在中频带内增多，高频带内开始出现，主频带宽开始增加。临近破裂时，声发射信号出现密集，信号频率丰富，高频成分逐渐增多，低中频成分集中，主频带宽维持在高位波动，标志着此时岩体内部裂纹迅速扩展贯通，各种尺度、类型的微破裂共生。在整个加载过程中，声发射主频分布的频带宽度和数量均呈现增加的趋势，且高频信号分布密集。

通过对比花岗岩单轴压缩与双轴压缩破裂过程声发射信号主频的演化特征可以发现，在双轴压缩过程中，声发射信号的主频高于单轴压缩过程声发射信号主频。同时，在花岗岩单轴压缩与双轴压缩过程中，声发射信号主频在加载初期主要在低频带内出现，随着加载的进行主频在中频带内集中，峰值应力前，主频在高频带出现增多，整体变化趋势相似。

7.4.2　花岗岩膨胀加载破裂过程中声发射信号主频演化规律

在膨胀加载试验中，花岗岩在最终主破裂之前会有微裂纹开裂扩展发生，在高应力环境下，这种微裂纹发生突变贯通。随着膨胀剂继续作用，当内应力发展到一定程度，微裂纹沿裂纹损伤方向继续加速扩展，之前扩展的微裂纹形成主裂纹，并发生相互贯通，花岗岩发生主破裂，在贯通断裂时，声发射信号事件急剧增多，接收到的声发射信号急剧增加。

花岗岩膨胀加载受力集中，不同于压缩试验中多条宏观裂纹的产生，整个过程中产生了 1～2 条贯通花岗岩预制孔的主破裂，声发射事件数较少，图 7-8 频谱主频只分析花岗岩膨胀加载过程中声发射活跃期。由图 7-8 可以看出，花岗岩膨胀加载环境下频谱主频呈频带分布，它可划分为四个频带，分别为 40～75kHz、100～120kHz、150～180kHz 及 290～340kHz，图中用阴影进行了表示。在花岗岩膨胀加载声发射活跃初期，主破裂迅速形成，微裂纹加剧扩展，主频带宽达到峰值，频谱主频分布在四个频带，随着膨胀加载进行，主频带宽逐渐回落，声发射频谱主频主要集中在低频带 40～75kHz，高频带 290～340kHz 逐渐减少。当花岗岩膨胀加载接近结束时，声发射频谱主频只分布在低频带 40～75kHz，其他三个频带均未分布。因此，花岗岩膨胀加载环境下频谱主频分布的频带宽度和数量均呈现减小的趋势，主频带数量呈现"4-3-2-1"的变化。

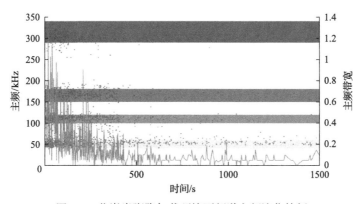

图 7-8　花岗岩膨胀加载环境下频谱主频演化特征

从图 7-7 和图 7-8 可以看出，花岗岩双轴压缩和膨胀加载环境下主频分布较为离散。具体表现为：从整体上看，花岗岩双轴压缩环境下的频谱主频高于膨胀加载环境下的频谱主频。在双轴压缩试验中，花岗岩声发射信号主频以分布在 50～180kHz 区间为主，在膨胀试验中，花岗岩声发射信号主频以分布在 40～75kHz 区间为主，具有明显的呈频段分布特征。同时，在膨胀试验中，花岗岩声发射信号主频波动较少，其中分布在 35～50kHz 低频带的主频数量明显多于双轴压缩试验，双轴压缩试验在 100～120kHz 的中频带及大于 350kHz 高频带内的主频数量远多于膨胀试验。主频成分的复杂性预示着多种破裂模式的产生，这表明由于花岗岩的各向异性和尺寸效应使得花岗岩在双轴压缩和膨胀加载破裂时，其损伤演化规律较为复杂，破裂模式具有多样性。声发射信号的特征受限于岩石类型、应力波传播介质、传感器差异等诸多因素影响，并不是声发射源特征的直接反映，严格意义上表征的是一种加载过程中岩体内部微破裂演化声学特征的相对变化关系，不同试验场景下的直接对比并不严谨，仅供参考。

7.5 岩体双轴压缩和膨胀加载破裂过程声发射信号频率质心的演化规律

7.5.1 花岗岩双轴压缩破裂过程中声发射信号频率质心演化规律

花岗岩双轴压缩破裂过程声发射信号频率质心演化特征如图 7-9 所示，横坐标为时间，左侧纵坐标为频率质心，右侧纵坐标为频率质心平均值。从图 7-9 中可以看出，花岗岩双轴加载过程中频率质心分布呈频带分布，出现低 (75～220kHz)、中 (250～330kHz)、高 (370～430kHz) 三个频带。在加载初期，频率质心主要分布在 75～120kHz 和 140～210kHz，频率质心平均值逐渐升高，频率质心分布在中低频段。随着继续加载，具有高频频率质心的声发射信号开始大量出现，存在高、中、低频三种成分，频率质心平均值开始维持在较高的数值并波动。同时，在临近破裂时声发射信号密集增加，变化规律同花岗岩双轴压缩过程中声发射信号主频演化特征相似。

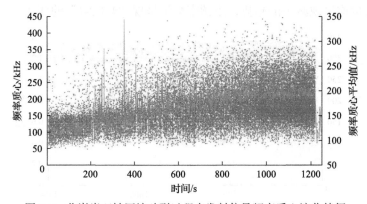

图 7-9 花岗岩双轴压缩破裂过程声发射信号频率质心演化特征

7.5.2 花岗岩膨胀加载破裂过程中声发射信号频率质心演化特征

图 7-10 为花岗岩膨胀加载环境下频率质心，同样选取膨胀加载过程中声发射活跃期

进行分析。由图 7-10 可以看出，花岗岩膨胀加载初期，声发射信号频率质心分布范围较广，在 60～300kHz 均有分布，随着膨胀过程的进行，声发射信号频率质心在高频段分布逐渐减少。当花岗岩临近破裂时，声发射信号频率质心只分布在低频段 50～130kHz，中高频段消失。整个过程中，频率质心从高位开始逐渐下降。因此，花岗岩膨胀加载环境下，主频与频率质心分布相似，均在临近破裂时只有低频段信号。

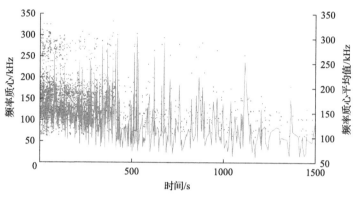

图 7-10　花岗岩膨胀加载环境下频率质心演化特征

从图 7-9 和图 7-10 可以看出，在双轴压缩和膨胀加载环境下，可以认为频率质心的升高与岩石内部次生的裂纹扩展有关。花岗岩的声发射信号频率质心变化规律与其主频变化规律相似，双轴压缩试验的频率质心分布在 60～420kHz，膨胀试验的频率质心分布在 60～340kHz，整体上双轴压缩试验的频率质心高于膨胀加载。其中，双轴压缩试验的频率质心密集分布在 60～210kHz，膨胀试验的频率质心密集分布在 60～200kHz。由此可知，两种加载环境下的频率质心有着明显的区别。

7.6　声发射波形频谱分布特征

不同加载环境下，岩石声发射信号的波形特征不同。声发射波形特征会根据加载环境的变化而发生相应改变，外部加载环境的变化对声发射信号波形的影响较明显。

曲线拟合是用连续曲线近似地刻画或比拟平面上离散点组函数关系的一种数据处理方法[14]。曲线拟合技术在图像处理、逆向工程及预测数据处理等领域中应用越来越广泛。高斯函数在自然科学、社会科学、数学及工程学等多领域应用广泛，科学和工程问题可以通过诸如采样、实验等方法获得若干离散的数据，从这些数据获取被测物理量之间某种近似的函数表达式具有非常重要的实际意义。高斯曲线的函数方程为

$$f(x) = h \mathrm{e}^{-\frac{(x-u)^2}{2c^2}} \tag{7-3}$$

式中：h 为曲线尖峰的高度；u 为中心偏移量；c 为方差。

同时，高斯分布中函数曲线的半峰宽度（FWHM）与方差值有如下关系：

$$\text{FWHM} = 2(2\ln 2)^{\frac{1}{2}}c \qquad\qquad (7\text{-}4)$$

因此根据一组特征参数(h, u, FWHM)可以还原出一幅高斯函数曲线,如图 7-11 所示。

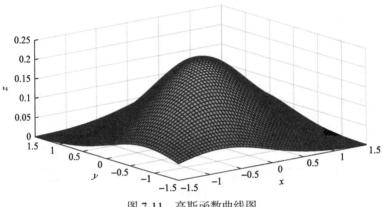

图 7-11　高斯函数曲线图

本章将利用高斯函数对频谱图进行拟合[15],分析双轴压缩与膨胀加载环境下的波形特征。

7.6.1　单峰频谱

由图 7-12 可以看出,在经过高斯拟合后频谱图初始波峰主要有一个。在双轴压缩试验中,可以看出波峰发生频率主要集中在 10~100kHz,其峰值频率为 61.65kHz;在膨胀试验中,可以看出波峰发生频率主要集中在 10~50kHz,其峰值频率为 29.74kHz。

7.6.2　双峰频谱

由图 7-13 可以看出,在经过高斯拟合后频谱图初始波峰主要有两个。在双轴压缩试验中,可以看出第一个波峰发生频率主要集中在 20~70kHz,其峰值频率为 54.43kHz,

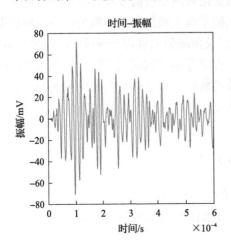

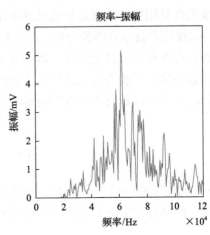

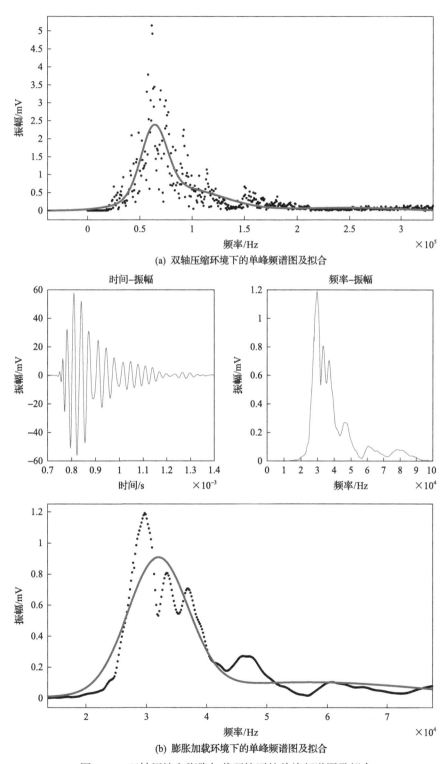

(a) 双轴压缩环境下的单峰频谱图及拟合

(b) 膨胀加载环境下的单峰频谱图及拟合

图 7-12　双轴压缩和膨胀加载环境下的单峰频谱图及拟合

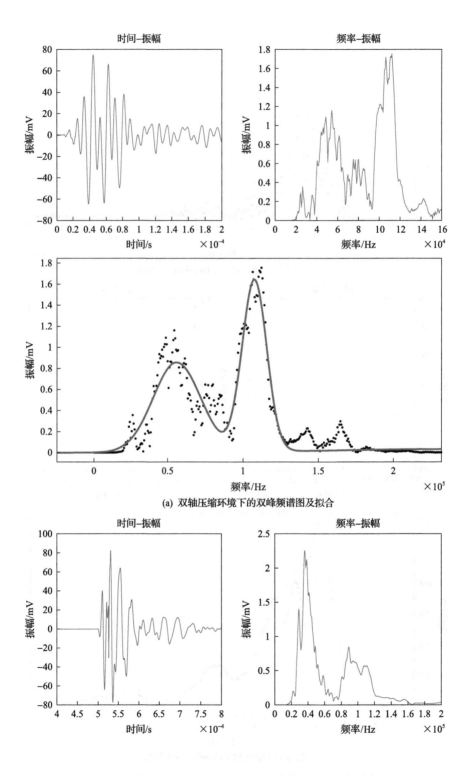

(a) 双轴压缩环境下的双峰频谱图及拟合

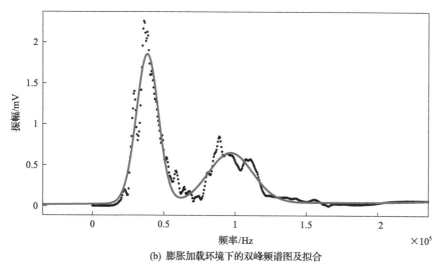

(b) 膨胀加载环境下的双峰频谱图及拟合

图 7-13　双轴压缩和膨胀加载环境下的双峰频谱图及拟合

第二个波峰发生频率主要集中在 100～150kHz,其峰值频率为 112.07kHz;在膨胀试验中,可以看出第一个波峰发生频率主要集中在 10～60kHz, 其峰值频率为 35.74kHz,第二个波峰发生频率主要集中在 70～120kHz,其峰值频率为 88.87kHz。

7.6.3　三峰频谱

由图 7-14 可以看出,在经过高斯拟合后频谱图初始波峰主要有三个。在双轴压缩试验中,可以看出第一个波峰发生频率主要集中在 10～50kHz,其峰值频率为 31.13kHz,第二个波峰发生频率主要集中在 50～120kHz,其峰值频率为 105.59kHz,第三个波峰发生频率主要集中在 120～160kHz,其峰值频率为 139.06kHz;在膨胀试验中,可以看出第一个波峰发生频率主要集中在 10～60kHz,其峰值频率为 42.82kHz,第二个波峰发生频率主要集中在 60～130kHz,其峰值频率为 104.75kHz,第三个波峰发生频率主要集中在 130～200kHz,其峰值频率为 152.2kHz。

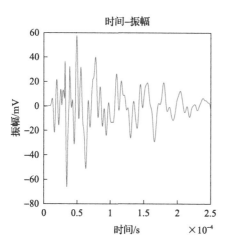

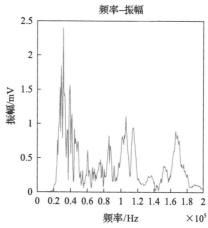

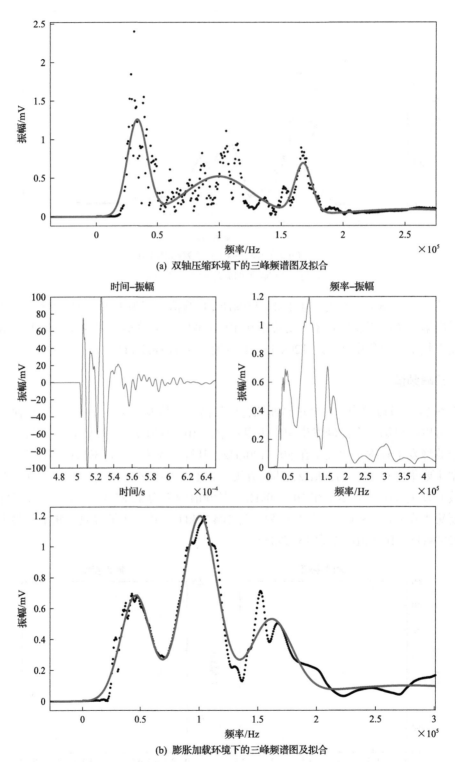

(a) 双轴压缩环境下的三峰频谱图及拟合

(b) 膨胀加载环境下的三峰频谱图及拟合

图 7-14 双轴压缩和膨胀加载环境下的三峰频谱图及拟合

7.6.4　四峰频谱

由图 7-15 可以看出，在经过高斯拟合后频谱图初始波峰主要有四个。在双轴压缩试验中，可以看出第一个波峰发生频率主要集中在 10～50kHz，其峰值频率为 31.13kHz，第二个波峰发生频率主要集中在 50～150kHz，其峰值频率为 102.54kHz，第三个波峰发生频率主要集中在 150～200kHz，其峰值频率为 170.29kHz，第四个波峰发生频率主要集中在 220～300kHz，其峰值频率为 286.26kHz；在膨胀试验中，可以看出第一个波峰发生频率主要集中在 10～50kHz，其峰值频率为 32.98kHz，第二个波峰发生频率主要集中在 50～130kHz，其峰值频率为 110.29kHz，第三个波峰发生频率主要集中在 130～210kHz，其峰值频率为 152.54kHz，第四个波峰发生频率主要集中在 210～320kHz，其峰值频率为 280.34kHz。

由图 7-12～图 7-15 可以看出，双轴压缩和膨胀加载环境下的波形分布呈现单峰、低高频双峰、三峰及四峰状态，波形形状经历了"多峰-单峰"的交替变化，在不同加载过程中声发射事件拥有不同的频谱特征，复杂多变。

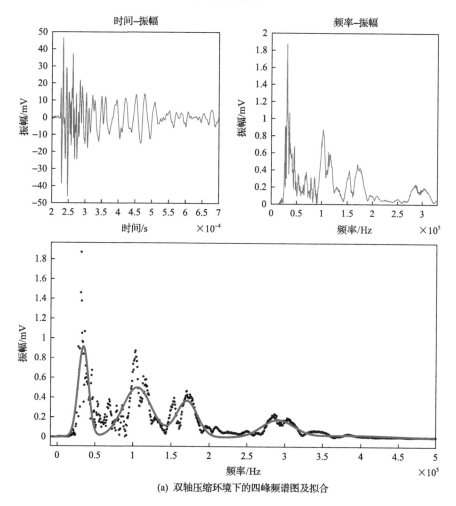

(a) 双轴压缩环境下的四峰频谱图及拟合

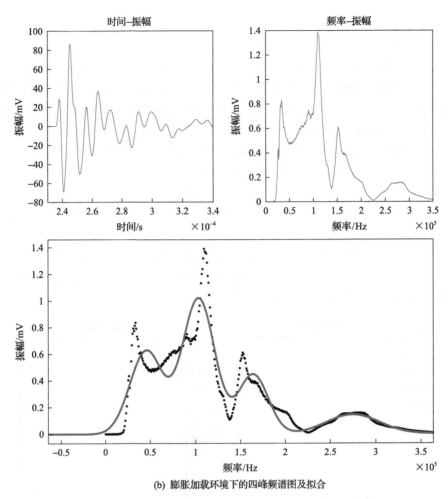

(b) 膨胀加载环境下的四峰频谱图及拟合

图 7-15　双轴压缩和膨胀加载环境下的四峰频谱图及拟合

从双轴压缩和膨胀加载试验全过程波形频谱图中可以明显看出，双轴压缩试验的二维频谱图的峰值频率基本上都有主频值和次频值，表现出两峰，膨胀加载试验的二维频谱图较多只有一个主频值，表现出单峰，而且其主频值分布较为集中。

7.6.5　声发射的功率谱与能量谱

信号的功率谱反映了声发射信号所携带的许多重要特征，利用功率谱对信号进行特征提取是信号处理领域的一个重要内容[16]。岩石加载破裂的过程实质上是能量吸收和释放的转化过程，本小节从声发射频率-能量的角度分析岩石加载试验过程中的变化特征。

能量谱是指信号能量在各频率点的分布情况，功率谱反映的是随机信号的功率随频率的分布情况，能够得到岩石类材料在加载过程中的能量变化信息，揭示岩体破裂规律。将声发射信号做傅里叶变换的模平方定义为能量谱。在傅里叶分析中，根据维纳-辛钦定理，声发射信号的功率谱 $P_x(\omega)$ 解释为信号自相关函数 $P_s(\tau)$ 的傅里叶变换：

$$P_s(\omega) = \int R_s(\tau) e^{-j\omega\tau} d\tau \tag{7-5}$$

在不同阶段，声发射信号的波形不同，导致信号对应的能量谱和功率谱也会出现较大差异。选取图 7-12(a)、图 7-13(a)、图 7-14(a) 及图 7-15(a) 对应的声发射信号进行处理，得到声发射信号能量谱和功率谱(图 7-16)。

从能量谱与功率谱中可以看出，岩石声发射信号频谱中都有明显的能量峰值，表明能量都较为集中，声发射信号主频范围内占据绝对的能量优势。另外，除能量主峰外，出现了若干个可见的能量次峰，表明每一次微破裂形成的物理力学机制都是复杂的，这也决定声发射信号频率成分的多样性。

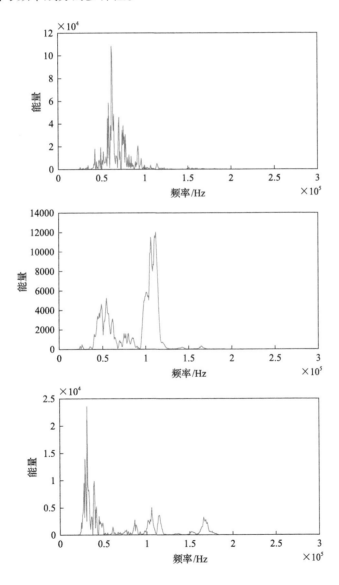

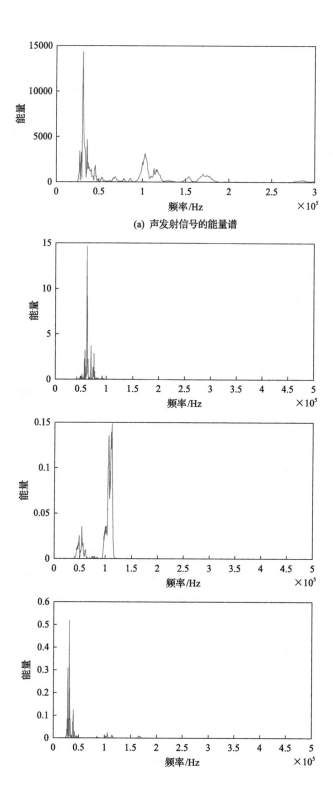

(a) 声发射信号的能量谱

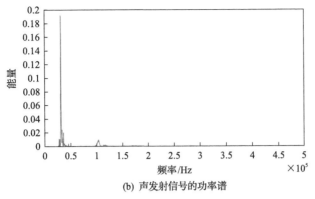

(b) 声发射信号的功率谱

图 7-16   声发射信号的能量谱和功率谱

7.7   岩体破裂过程声发射波形频谱演化规律

对花岗岩双轴压缩环境下的声发射信号波形进行快速傅里叶变换，得到如下加载过程中不同时刻声发射频谱图变化特征，如图 7-17 所示。

在 22s 初始加载时，声发射信号主频为 36.62kHz，对应的频谱图为单峰。

在 255s 和 586s 时，两个声发射频谱图均为双峰，其中 255s 的声发射信号主频为 37.8kHz，第二个峰值频率为 61.2kHz；586s 时的声发射信号主频为 47.61kHz，第二个峰值频率为 82.5kHz。

在 933s 时，声发射信号频谱图从双峰变为三峰，其中声发射信号主频为 89.11kHz，第二个峰值频率为 62.1kHz，第三个峰值频率为 179.2kHz。

在 1234s 和 1391s 时，相应的声发射信号频谱图为双峰。1234s 时，声发射信号主频为 105.6kHz，第二个峰值频率为 32.35kHz；1391s 时，声发射信号主频为 110.5kHz，第二个峰值频率为 84.23kHz。在 1560s 时，声发射信号主频为 115.4kHz。随着加载的进行，声发射信号主频逐渐增高。

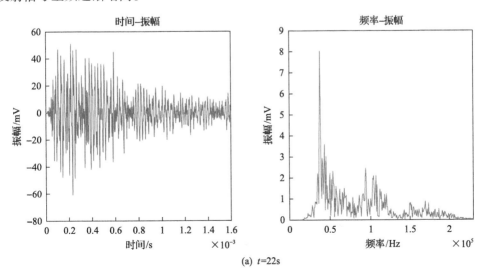

(a) t=22s

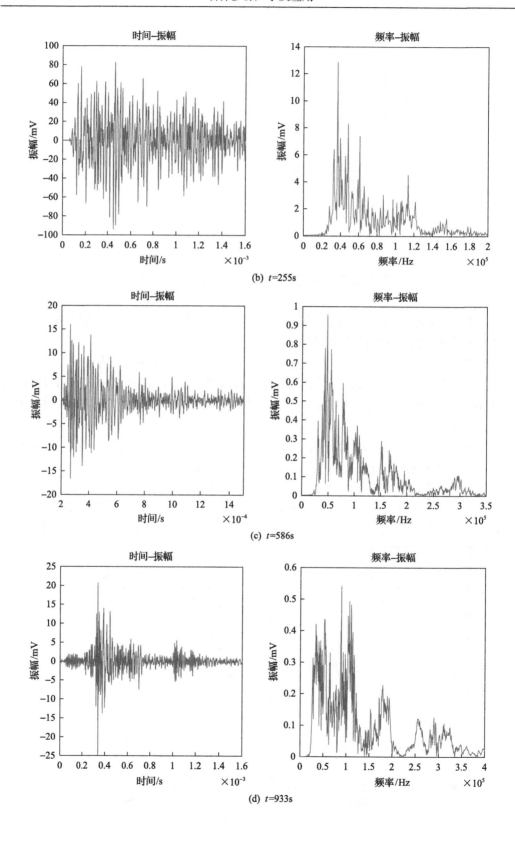

(b) $t=255\text{s}$

(c) $t=586\text{s}$

(d) $t=933\text{s}$

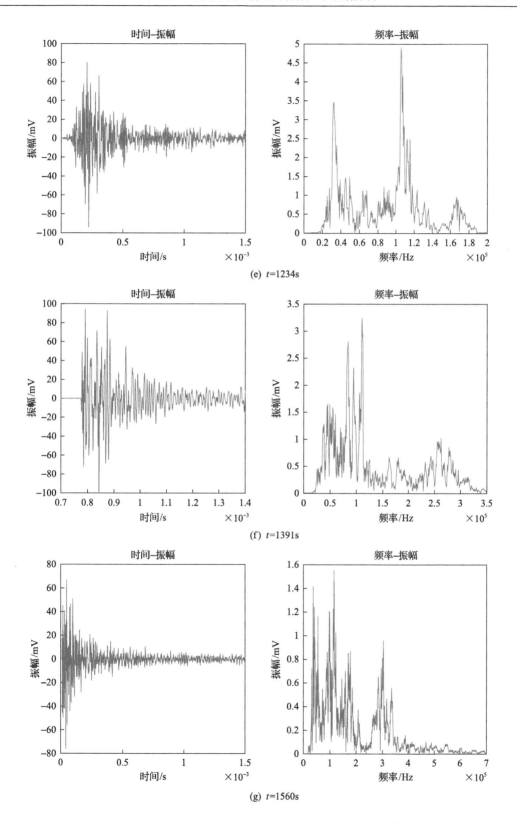

(e) t=1234s

(f) t=1391s

(g) t=1560s

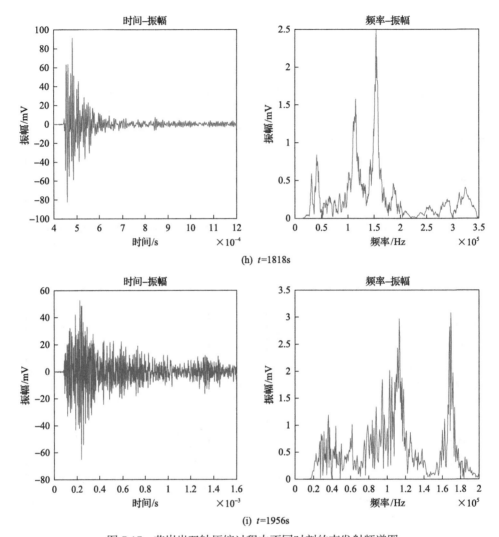

(h) t=1818s

(i) t=1956s

图 7-17　花岗岩双轴压缩过程中不同时刻的声发射频谱图

在 1818s 和 1956s 时，声发射信号主频分别为 153.8kHz 和 169.1kHz，两个频谱图均为三峰。

由此可见，在不同时刻声发射信号拥有不同的频谱特征，随着加载的进行，出现更多高主频声发射信号，整体趋势逐渐从低频向高频过渡；声发射频谱图形状从单峰向双峰及多峰变化。

参 考 文 献

[1] 邓建辉, 李林芮, 陈菲, 等. 大理岩破坏的声发射双主频特征及其机制初探[J]. 工程科学与技术, 2018, 50(5): 12-17.

[2] Zhang Z, Deng J, Zhu J, et al. An experimental investigation of the failure mechanisms of jointed and intact marble under compression based on quantitative analysis of acoustic emission waveforms[J]. Rock Mechanics and Rock Engineering, 2018, 51(7): 2299-2307.

[3] 张艳博, 于光远, 田宝柱, 等. 花岗岩巷道岩爆声发射信号主频特性试验研究[J]. 岩土力学, 2017, 38(5): 1258-1266.

[4] 张艳博, 梁鹏, 田宝柱, 等. 花岗岩灾变声发射信号多参量耦合分析及主破裂前兆特征试验研究[J]. 岩石力学与工程学报, 2016, 35(11): 2248-2258.

[5] 苗金丽, 何满潮, 李德建, 等. 花岗岩应变岩爆声发射特征及微观断裂机制[J]. 岩石力学与工程学报, 2009, 28(8): 1593-1603.

[6] Wang Y, Han J Q, Li C H. Acoustic emission and CT investigation on fracture evolution of granite containing two flaws subjected to freeze-thaw and cyclic uniaxial increasing-amplitude loading conditions-ScienceDirect[J]. Construction and Building Materials, 2020, 260(3): 119769.

[7] Schiavi A, Niccolini G, Tarizzo P, et al. Acoustic emissions at high and low frequencies during compression tests in brittle materials[J]. Strain, 2011, 47(52): 105-110.

[8] 董陇军, 李夕兵, 马举, 等. 未知波速系统中声发射与微震震源三维解析综合定位方法及工程应用[J]. 岩石力学与工程学报, 2017, 36(1): 186-197.

[9] He M C, Miao J L, Feng J L. Rock burst process of limestone and its acoustic emission characteristics under true-triaxial unloading conditions[J]. International Journal of Rock Mechanics and Mining Sciences, 2010, 47(2): 286-298.

[10] Li L R, Deng J H, Zheng L, et al. Dominant frequency characteristics of acoustic emissions in white marble during direct tensile tests[J]. Rock Mechanics & Rock Engineering, 2017, 50(5): 1-10.

[11] 杨永杰, 马德鹏, 周岩. 煤岩三轴卸围压破坏声发射本征频谱特征试验研究[J]. 采矿与安全工程学报, 2019, 36(5): 1002-1008.

[12] 贾雪娜. 应变岩爆试验的声发射本征频谱特征[D]. 北京: 中国矿业大学, 2013.

[13] Hosseinzadeh D, Krishnan S. On the use of complementary spectral features for speaker recognition[J]. EURASIP Journal on Advances in Signal Processing, 2008, 1(2008): 1-10.

[14] 王玉兰, 曾锦光. 实验数据处理中曲线拟合方法探讨[J]. 成都理工大学学报(自然科学版), 2004(1): 91-95.

[15] 唐冲, 惠辉辉. 基于 Matlab 的高斯曲线拟合求解[J]. 计算机与数字工程, 2013, 41(8): 1262-1263, 1297.

[16] 司刚全, 曹晖, 张彦斌. 一种基于功率谱重心的自适应特征信息提取方法[J]. 数据采集与处理, 2008, 23(6): 691-696.

第8章 岩体破裂的尺度特征

1982 年 Allegre 等[1]研究了岩体的破裂现象，指出破裂发生在岩体中的所有尺度，从微观(微裂隙)到大尺度(巨大的断层)，人们能够在显微照片和卫星照片上观察到破裂现象。这些不同尺度的破裂是互相关的，宏观尺度的破裂是一系列较小尺度破裂的聚集结果。

声发射 b 值度量了裂纹发展变化相对关系，b 值大小的变化对应于岩石内部大小事件数量所占比例的波动，即不同尺度的裂纹发展变化的趋势。b 值的概念源于地震学的研究。类似于地震发生的机制，脆性岩石内部的破裂过程与其内部微裂纹演化的过程也是一致的，b 值分析已经成为岩体声发射特性研究的重要手段之一[2]。b 值的变化形式可以说明岩体内部裂纹处于突发失稳扩展或渐进式稳定扩展，反映了岩体破裂的尺度特征[3]。

有关 b 值变化特征的研究众多，从中总结提炼出一些一般性规律，可以概括为以下内容。当 b 值在一定范围内波动且趋于稳定时，声发射大事件和小事件的比例基本维持在一个稳定的水准上，岩体内部尺度不一的微裂纹发展比较稳定，体现的是微破裂状态是缓慢变化的，处于一种渐进式稳定扩展的状态；当 b 值在大范围内突然跃迁，代表微裂纹状态的激烈变化，暗示着一种突发式失稳扩展；b 值逐步变大，代表材料内部微破裂以小尺度为主；在岩体破裂前 b 值逐渐减小，声发射大事件比例增加，裂纹加速扩展并贯通，代表材料内部微破裂以大尺度为主。失稳前低位持续性下降对应岩体裂纹不稳定持续扩展。

8.1 b 值研究现状

b 值产生于地震研究领域，由石本提出，原本表示地震震级——频度的关系。由 Gutenberg 等[4]进一步推广，于 1941 年在研究地震频度和震级之间的关系时，提出了 $\lg N = a - bM$ 的经验公式[2]。其中，M 为地震震级，N 为大于或等于 M 震级的累积频次，a 为经验常数，b 值的概念由此提出。早期的研究多集中在 b 值的影响因素上。Kiyoo[5]研究了非均质材料断裂引起的弹性冲击及其与地震现象的关系，认为介质的不均匀性是导致 b 值变化的主要因素；茂木清夫[6]在《日本的地震预报》一书中研究了应变对 b 值的影响；Warren 等[7]在热诱发微破裂及其与火山地震活动关系的实验中探讨了温度对 b 值的影响。

经过多年的发展与完善，现在对 b 值的研究已不局限于地震学范围。目前，人们已经大致掌握岩石声发射 b 值的变化规律及其机制[8]。Shiotani 等[9]基于声发射信号的分布特征，提出了改进的 b 值计算方法；Weeks 等[10]研究了花岗岩切面移动过程中 b 值的变化；Rao 等[11]利用声发射幅度分布数据改进得到 b 值测定的新方法；近年来，Meng 等[12]发现 b 值在对数尺度上随剪切率线性下降等变化特征可以反映动态地质灾害的演变过程，进而可以作为有效指标来预测花岗岩接缝的动态剪切破坏的时间顺序。Wang 等[13]通过多级循环加载实验研究裂纹扩展，量化损伤程度和裂纹分类类型，并通过 b 值分析揭示了不同循环水平下的损伤扩展。

我国对 b 值的研究起步较晚，一些真正的研究工作是从 1976 年唐山地震以后才开始的[14,15]。随后 b 值开始逐渐应用于岩体的稳定性监测中。方亚如等[16]利用声发射 b 值对含水岩石的破裂过程进行了监测，结果表明岩体破裂前声发射 b 值的变化规律在含水和不含水两种情况下有明显的不同；刘晓红等[17]研究了不同应力变化过程中岩石的声发射 b 值变化，结果表明岩石所处的应力状态和经历的应力变化过程对声发射 b 值都有影响；李元辉等[18]研究了岩石单轴压缩过程中的声发射参数，结果表明以分形维数 D 和 b 值较快速下降为前兆特征，能提高岩体稳定性监测的准确性；龚囵等[19]研究了红砂岩短时蠕变的声发射 b 值特征，发现根据 b 值在不同蠕变阶段的变化特征，在一定程度上可对红砂岩蠕变破裂进行预测；刘希灵等[20]对动静加载条件下花岗岩声发射 b 值进行了研究，结果表明冲击载荷下岩体声发射 b 值要小于静载，且随着加载速率的增加 b 值逐渐减小；秦四清等[21]研究了岩体变形破裂过程中 b 值的变化规律，结果表明随着应力的增加，b 值逐渐减小，峰值强度附近 b 值下降到最小值。

以上研究探讨了影响声发射 b 值的因素及不同岩石在不同加载条件下 b 值的变化特征，这些研究对于岩体破裂过程中的 b 值的变化规律具有一定的参考和借鉴价值。

8.2　b 值计算方法

由于地震 b 值研究丰富而声发射 b 值研究较少，参考地震 b 值的相关研究，当前岩体声发射 b 值的计算方法和地震 b 值的计算方法一样，主要有两种：最小二乘法和最大似然估计法。

8.2.1　最小二乘法

1944 年 Gutenberg 和 Richter[4]根据地震震级频次分布规律提出 GR 公式。GR 公式如下：

$$\lg N = a - bM \tag{8-1}$$

式中：M 为震级；N 为大于或等于 M 震级的累积频次；a 为经验常数；b 为地震 b 值。最小二乘法计算 b 值如图 8-1 所示，对于累积后的幅值分布，对其直线部分（大于幅值分布峰值，图 8-1 中 M_c 点）进行最小二乘法拟合[22]，拟合直线斜率的绝对值为 b，截距为 a。

8.2.2　最大似然估计法

1965 年，Utsu[23]根据地震震级频次服从指数分布推导出：

$$b = \frac{\lg e}{\overline{M} - M_{\min}} \tag{8-2}$$

式中：$\overline{M}$ 为平均震级；$M_{\min}$ 为最小震级。

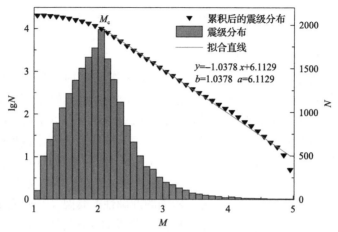

图 8-1 　最小二乘法计算 b 值示意图[22]

8.2.3 　修正公式

计算岩体破裂的声发射 b 值时，由于声发射事件的能量和幅值都能反映声发射事件的大小，参考对地震 b 值的研究来研究声发射 b 值，由于地震震级大小通常是 $0 \sim 9$ 级，而声发射能量的大小是 $10^2 \sim 10^9$ aJ，声发射幅值的大小是 $0 \sim 100$ dB，为了将表征声发射事件大小的数据换算成地震震级相同的大小，得到和地震震级类似的等效声发射震级，将声发射事件的幅值除以 20，能量用其对数形式，也就是将声发射目录向地震目录进行标准化，即 $A/20$ 和 $\lg E$，使得修正后的"声发射震级"目录和地震目录的"震级频率分布"大致似，故根据使用的数据源是幅值还是能量，将最小二乘法公式修正为[11,24]

$$\lg N(A/20) = a - b(A/20) \tag{8-3}$$

$$\lg N(\lg E) = a - b\lg E \tag{8-4}$$

式中：A 为声发射事件的幅值；E 为声发射事件的绝对能量；$N(A/20)$ 和 $N(\lg E)$ 都是声发射事件的累积频次，分别表示幅值大于等于 $A/20$ 或绝对能量大于等于 $\lg E$ 的事件总数；a 为经验常数；b 为声发射的 b 值。

将最大似然估计法计算岩体破裂声发射 b 值的公式修正为

$$b = \frac{20 * \lg e}{(\overline{A} - A_{\min})} \tag{8-5}$$

$$b = \frac{\lg e}{(\overline{\lg E} - \lg E_{\min})} \tag{8-6}$$

在声发射领域，b 值的大小表示低幅值或低能量事件相对于高幅值或高能量事件的比例，即 b 值越大，低幅值或低能量事件所占比例越大；b 值越小，低幅值或低能量事件所占比例越小。

8.3 影响 b 值计算的因素分析

b 值作为一个统计量，其结果必然受数据来源的影响，事实上其计算结果与拟合方法、震级间隔、震级完整性、样本量的大小等都有关系。尽管声发射幅值和能量都能用于计算 b 值，但将幅值和能量进行 $A/20$ 和 $\lg E$ 标准化后可以得到等效声发射震级。

8.3.1 拟合方法选择

20 世纪 40 年代提出的 GR 公式使用的是最小二乘法直接进行线性拟合，这种方法计算量较大，由于当时没有计算机或者计算机不普及，当地震目录样本量大时，运算非常麻烦，之后很快 Utsu 等就提出了最大似然估计法[23,25]，该方法只需要将整个地震目录下的所有震级累加求平均数，然后减去最小震级，用结果去除 $\lg e$，计算过程大大简化。相比于最小二乘法，最大似然估计法不能直接计算出相应的 a 值，也就不能做到对实际震级频次分布的直线拟合和直观检验。之后随着计算机的普及，这两种计算方法也都被广泛使用。同时，当 b 值拟合某些地区的震级频次分布时，发现有时候震级频次分布会出现曲线，使用直线拟合不太合适，部分学者使用非线性最小二乘法、加权最小二乘法、多次曲线拟合等各种拟合方法。

因为目前最主要的 b 值拟合方法是最小二乘法和最大似然估计法。将最小二乘法和最大似然估计法进行对比，最小二乘法是根据已有的震级频次分布散点图[26]，用一条可视的直线去拟合它，并使得拟合直线与震级频次分布散点的残差的平方和最小。作为一种一次线性拟合方法，其简明易懂又非常直观，这是最小二乘法的最大优点。另外，使用最大似然估计法的前提是震级频次分布符合指数分布，在震级频次分布不符合指数分布的情况下，其计算结果完全没有依据，误差非常大。

8.3.2 震级间隔

在地震 b 值统计过程中，国内研究者多将统计震级间隔设置为 0.1 级[27]，也有少部分研究者将其设置为 0.5，Hafiez[28]在研究欧洲和埃及地区的地震 b 值时，在地震目录数据量很大的情况下将震级间隔设置为 0.06。另外，由于一般的地震目录本身都是只保留小数点后一位，本身地震震级计算过程也不够精确，有些地震震级的误差有 0.3~0.5，将震级间隔分得过小，并不实际。也有部分学者不建议将震级进行分档，如孙文福等[26]认为震级间隔实际上却是对震级资料做了无根据的二次修正，震级间隔对地震 b 值的影响很小。对声发射幅值或能量间隔的研究很少，可以参考地震 b 值的相关研究。

8.3.3 震级完整性

地震学中的震级完整性是指地震目录的完备性，通常包括地震震级的下限和上限，其中下限又叫起算震级，保持震级完整性的下限叫作最小完整性震级，通常由于监测设备的限制，得到的地震目录中震级频次分布往往不是按照指数分布而是类似正态分布形状。如图 8-2 所示，存在部分未检测到的数据和历史未发生过的震级数据。只有右边部分(大于均值或者峰值)服从指数分布的地震目录才满足 GR 公式。所以，计算 b 值时采用不同的起算震级，得到的计算结果往往不同。吴兆营等[29]对东北地震区的 b 值进行了统计分析，发现起算震级在 2.0～3.5 级时，随着起算震级增大，b 值逐渐减小，最大差值为 0.06。因此，有必要根据实际的震级频次分布情况，选择起算震级，也就是确定地震震级完整性。

当前确定最小完整性震级的方法主要有 4 种，Wiemer 等[30]在 2000 年提出了最大曲率法(MAXC)，将最小完整性震级定义为频率幅值曲线一阶导数的最大值。在实践中，它是事件发生频率最高的点，即非累积频率幅值分布中的最大值，如图 8-2 所示，震级频次最高点处对应的震级，就是最小完整性震级。尽管这种方法具有广泛的适用性并且相对地计算简单，但是此法使用时最小完整性震级经常被低估，尤其是对于由时空异质性引起的频率幅度的逐渐弯曲分布，Woessner 等[31]推荐在此法计算得到的 b 值结果上加上 0.2 来减小误差。

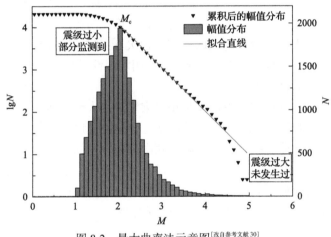

图 8-2　最大曲率法示意图[改自参考文献30]

Wiemer 等[30]还在同一文章中提出拟合优度测试法(GFT)，从小到大遍历级震级，记为 M_i，从 M_i 处开始对震级大于 M_i 的部分进行直线拟合，得到一个新的拟合直线的拟合优度 R、截距 a、斜率 b 关于震级 M_i 的函数，用式(8-7)表示：

$$R(a,b,M_i)=100-\frac{\sum\limits_{M_i}^{M_{\max}}|B_i-S_i|}{\sum\limits_{i}B_i}\times100 \tag{8-7}$$

式中：B_i 和 S_i 为观测的和预测的每个震级间隔中的累积事件数。在该函数模型中，R 值是观测到的数据的百分比(90%或 95%)，通常直接将 R 理解为直线的拟合优度。Wiemer 等绘制的示意图如图 8-3 所示，箭头所表示的位置 R 为 95%的地方，图中简写为 M_c，此时就是 GFT-95%对应的最小完整性震级，但是对于大部分情况 95%的拟合优度是很少见的，大多数情况使用 90%水平的拟合优度。

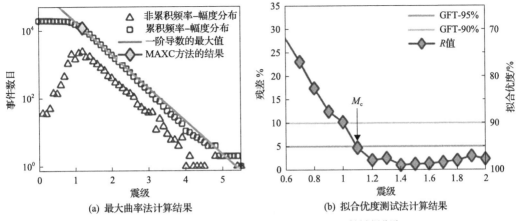

(a) 最大曲率法计算结果　　　　　　(b) 拟合优度测试法计算结果

图 8-3　Wiemer 等绘制的两种方法的示意图[改自参考文献30]

Cao 等[32]于 2002 年提出利用 b 值稳定性测试法（MBS），构造关于截止幅度 M_i 的 b 值稳定性函数，其模型的假设前提是：$M_i < M_c$ 时，b 值稳定上升，$M_i > M_c$ 时，b 值保持恒定后再次上升。Bolt 引入了 δb 为 b 值变化幅度的判据[33]如式（8-8），并定义 b 值连续两次变化幅度 $\Delta b / \delta b \leqslant 0.03$ 的点所对应的震级是 M_c，并能得到稳定地确定 M_c 的方法。

$$\delta b = 2.3 b^2 \sqrt{\frac{\sum_{i=1}^{N}(M_i - \overline{M})}{N(N-1)}} \tag{8-8}$$

式中：$\overline{M}$ 为平均震级；N 为事件数。Cao 等[32]在文章中绘制了示意图（图 8-4），从小到大遍历震级 M，b 值会随之变化，计算相邻 b 值变化的 Δb 值，并用公式（8-8）计算 δb。

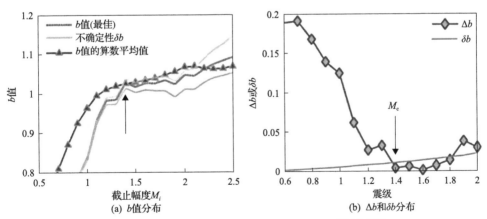

(a) b 值分布　　　　　　　　　　(b) Δb 和 δb 分布

图 8-4　利用 b 值稳定性测法计算 b 值示意图[改自参考文献32]

2005 年，Woessner 等提出了基于全部震级频率分布的全震级分布法（EMR），该方法是对 Ogata 方法[34]的改进，如图 8-5 所示，对震级 M 大于 M_c 的部分采用与 MAXC 方法一样的计算方法，并使用最大似然估计法计算 a、b 值，如式（8-9）所示。而对于震级低于 M_c 的部分则采用累积正态分布函数进行拟合，从地震目录的最小震级 $M_{\min}$，遍历

震级 M 直到最大震级 M_{max}，对小于 M_c 和大于 M_c 的部分分别使用累积正态分布和直线拟合，都使用最大似然估计法，与图 8-5 中箭头位置最大似然估计点对应的震级 M 值即为 M_c。

$$f(M) = \begin{cases} \dfrac{1}{\sigma\sqrt{2\pi}} \displaystyle\int_{-\infty}^{M_c} e^{-\frac{(M-\mu)}{2\sigma^2}} \, dM, & M \leqslant M_c \\ 1, & M \geqslant M_c \end{cases} \tag{8-9}$$

式中：μ 为检测到 50%地震的震级；σ 为描述部分地震探测范围宽度（小于 M_c 部分）的标准偏差。较高的 σ 值表示特定地震监测网络的监测能力下降得更快。大于或等于 M_c 的地震被假定是以 1 的概率被探测到的。自由模型参数 μ 和 σ 使用最大似然估计法来估计，并将同时进行两次估计的估计值之和累加最小为最佳拟合模型。

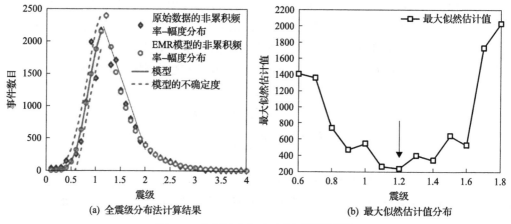

(a) 全震级分布法计算结果　　　　　　　(b) 最大似然估计值分布

图 8-5　全震级分布法示意图[改自参考文献 34]

　　Woessner 使用全球地震目录对上述 4 种方法进行了拟合分析，其结果表明全震级分布法计算最稳定，且数据的利用率高，最大曲率法的稳定性次之，且最大曲率法最快捷方便。但是对于声发射 b 值计算方法，尚未有人推荐，本章在进行计算时发现，由于声发射幅值存在门槛下限，一般门槛设置为 30～50dB，使用全震级分布法进行拟合时，幅值分布范围为门槛幅值到 100dB 之间，小于最小完整性震级的部分存在断档现象，完全不能拟合。

8.3.4　样本数的大小

　　由于 b 值计算过程中存在拟合，那么拟合样本数必定影响拟合效果。在地震 b 值样本数研究中，Nava 等[35]利用蒙特卡罗模拟方法生成服从指数分布的不同样本数大小的随机数地震目录来研究最大似然估计法计算 b 值时对样本数的需求，得出计算 b 值时样本数和精度之间的关系。李世杰等[36]采用 Nava 等的方法，使用汾渭地震带的地震资料验证了最小二乘法和最大似然估计法计算 b 值时的最小样本数，b 值随着样本数的增加逐渐接近真实 b 值；当样本数大于 200 时，最大似然估计法能够得出相对稳定可靠的 b 值；

当样本数大于 1000 时，最小二乘法才能得到相对稳定可靠的 b 值。但他们的研究主要是基于 b 值的均值和方差，且对声发射 b 值计算需要的样本数一直鲜有人研究，下面采用数值模拟对使用幅值计算声发射 b 值需要的样本数进行讨论。

8.4　声发射 b 值的蒙特卡洛模拟

8.4.1　蒙特卡洛方法

蒙特卡洛方法是通过产生随机数来得到变量的数字特征，并将其作为问题的解。因此只需要知道声发射事件的分布特征，就可以使用蒙特卡洛方法来分析最小二乘法计算岩体破裂声发射 b 值的误差。通常 b 值计算中使用的是声发射幅值，本节从样本数、起算幅值和幅值间隔 3 个方面，根据模拟结果中小于指定误差的数据占比对计算误差进行分析，并使用室内岩石三轴压缩的声发射幅值目录进行验证，有望为真实的岩体声发射 b 值计算提供参考。

假设岩石声发射幅值目录($A/20$)服从 b 值为 1 的指数分布[37]，由于声发射监测中用于滤波的门槛幅值通常设置为 30～50dB，即 A_{min} 为 30～50，最大幅值为 100dB，即 A_{max} 为 100，其概率密度函数为

$$f(A/20) = \frac{\ln 10 e^{-\ln 10(A/20 - A_{min}/20)}}{1 - e^{-\ln 10(A_{max}/20 - A_{min}/20)}} \tag{8-10}$$

使用反变换法得到服从指定分布的随机数时，需要先计算 $f(A/20)$ 的分布函数：

$$F(A/20) = \frac{e^{-A_{min}/20 \times \ln 10} - e^{-A/20 \times \ln 10}}{e^{-\ln 10 \times A_{max}/20} - e^{-\ln 10 \times A/20}} \tag{8-11}$$

再计算 $F(A/20)$ 的反函数：

$$A/20 = -\lg e \times \frac{e^{-A_{min}/20 \times \ln 10} - F}{e^{-\ln 10 \times A_{max}/20} - e^{-\ln 10 \times A_{max}/20}} \tag{8-12}$$

最后代入在区间[0,1]内服从均匀分布的随机数 F，可得服从概率密度函数式(8-10)的随机数幅值 $A/20$。利用 Python 生成的 10000 个声发射幅值随机数的分布(图 8-6)，可以看出生成的幅值随机数是服从指数分布的，验证了函数公式(8-10)～式(8-12)的正确性。

根据实际中岩体破裂声发射事件幅值的分布规律，设置样本数 N 为 10～100000，起算幅值 A_{min} 为 30～50，幅值间隔 ΔA 为 1～20，分析相应的 b 值误差。图 8-7 是样本数 N=10000，起算幅值 A_{min}=30 的情况下进行 10000 次模拟得到的 b 值分布图，其中幅值间隔 ΔA=10。

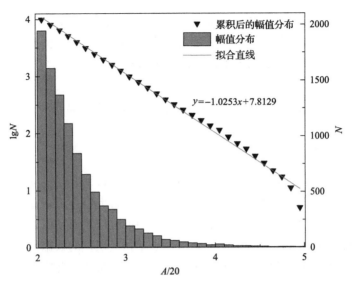

图 8-6 随机生成的声发射目录幅值与数量的关系

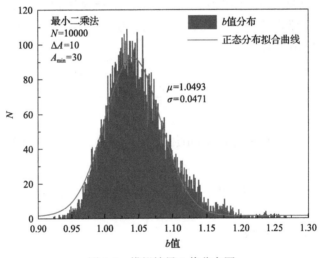

图 8-7 模拟结果 b 值分布图

图 8-7 中最小二乘法的模拟结果基本服从正态分布，其均值和标准差分别为 1.0493 和 0.0471，都比较小。

8.4.2 蒙特卡洛方法模拟结果分析

为了具体分析不同条件得到的 b 值误差情况，除了对模拟结果的均值和方差进行分析外，本节主要采用有效数据占比的方法：因为初始设置 b 值为 1，故将模拟结果 b 值分布在区间[0.99,1.01]、[0.97,1.03]、[0.95,1.05]和[0.9,1.1]内的数据比例分别记为误差在 1%、3%、5%和 10%内的有效数据占比，用有效数据占比来评价 b 值计算误差。例如，10000 次模拟结果中，b 值在区间[0.97,1.03]内的次数为 9501，则认为误差 3%的有效数据占比为 95.01%。

1. 样本数分析

设置起算幅值 $A_{min}=30$，幅值间隔 $\Delta A=20$，图 8-8 展示了模拟结果 b 值的均值和标准差与样本数的关系。随着样本数的增加，标准差逐渐减少，样本数足够大时，标准差趋近于 0；随着样本数增加，均值是从 0.93 逐渐增加，在 1.1 附近振荡；值得注意的是，小样本数计算 b 值时，结果都不太稳定，且偏小，在样本数 1000 左右时，均值约为 1。

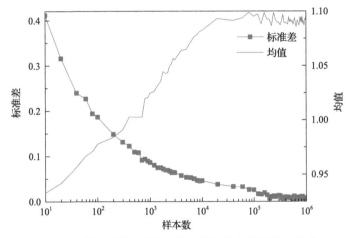

图 8-8 模拟结果 b 值的均值和标准差与样本数的关系

图 8-9 展示了有效数据占比与样本数的关系，可以看出，随着样本数的增加，误差 1%、3%、5% 的事件数占比先增加再减少，而误差 10% 的事件数占比先增加再减少最后持续增加，对应的最优坐标分别为图中 $N_1(2000,0.11)$、$N_2(1900,0.33)$、$N_3(1900,0.51)$、$N_4(2000,0.81)$。表明最小二乘法很难取得小误差，样本数约为 2000 时，有 81% 的数据误差小于 10%，此外在样本数大于等于 500000 时，误差 10% 以内的有效数据占比才大

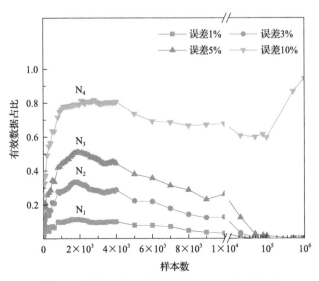

图 8-9 模拟结果有效数据占比与样本数的关系

于 80%，因此可将 2000 样本数作为使用最小二乘法估计 b 值的最佳样本数。样本数较大（大于 10^4）时图中误差 1%、3%、5%对应的有效数据占比与误差 10%的变化趋势不同，主要是因为样本数较大时 b 值分布的均值超过了 1.05，导致很难取得小误差。

2. 起算幅值与幅值间隔分析

根据模拟结果，样本数为 2000 时，有局部最优的有效数据占比，故使用样本数为 2000 来研究起算幅值和样本数的关系。图 8-10 展示了起算幅值为 30 时有效数据占比与幅值间隔的关系，随着幅值间隔的增加，有效数据占比表现为波动上升。在误差为 10%的情况下，幅值间隔为 21 时已经基本达到了有效数据占比 90%以上，然而幅值间隔为 18、19、23、24 对应的有效数据占比都有降低，表明过大的幅值间隔，分幅值组数过少，只有 2~4 个点进行直线拟合，可能造成 b 值误差增加。在幅值间隔为 22 时，有最佳的有效数据占比。由于误差 1%、3%、5%和 10%变化趋势大致相同，以下用不同幅值间隔对应的 10%误差范围内的数据占比来分析最佳幅值间隔。

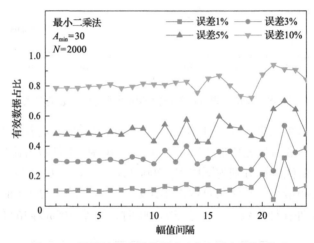

图 8-10　模拟结果有效数据占比与幅值间隔的关系

表 8-1 展示了起算幅值 30~50 时误差 10%以内的有效数据占比，表中以加粗文字标出了起算幅值对应的最佳幅值间隔。可以看出，在 21 个最佳的幅值间隔中有 19 个分布在 18~22 之间，起算幅值小的情况下（30~37）最佳幅值间隔为 22，起算幅值中等的情况下（38~43）最佳幅值间隔为 20，起算幅值大的情况下（46~50）最佳幅值间隔为 18，推荐以此对应的起算幅值和幅值间隔进行岩体破裂声发射 b 值计算。

表 8-1　有效数据占比与起算幅值和幅值间隔的关系

起算幅值	不同幅值间隔时的有效数据占比											
	2	4	6	8	10	12	14	16	18	20	22	24
30	0.79	0.80	0.80	0.79	0.82	0.83	0.76	0.87	0.74	0.88	**0.91**	0.84
31	0.78	0.78	0.80	0.78	0.81	0.82	0.75	0.87	0.73	0.88	**0.91**	0.83
32	0.77	0.77	0.78	0.78	0.81	0.82	0.75	0.87	0.72	0.87	**0.90**	0.82
33	0.74	0.76	0.75	0.76	0.79	0.82	0.74	0.86	0.70	0.88	**0.90**	0.82

起算幅值	不同幅值间隔时的有效数据占比											
	2	4	6	8	10	12	14	16	18	20	22	24
34	0.72	0.74	0.74	0.73	0.79	0.80	0.72	0.84	0.68	0.88	**0.88**	0.82
35	0.70	0.71	0.73	0.70	0.78	0.80	0.70	0.82	0.68	0.88	**0.88**	0.80
36	0.69	0.68	0.70	0.67	0.76	0.78	0.67	0.80	0.65	0.87	**0.88**	0.79
37	0.64	0.66	0.68	0.65	0.75	0.78	0.66	0.78	0.63	0.87	**0.87**	0.78
38	0.62	0.63	0.65	0.62	0.71	0.76	0.64	0.76	0.61	**0.87**	0.86	0.76
39	0.59	0.60	0.61	0.58	0.71	0.75	0.60	0.75	0.58	**0.89**	0.85	0.75
40	0.55	0.56	0.58	0.54	0.69	0.74	0.58	0.71	0.55	**0.91**	0.83	0.71
41	0.50	0.52	0.53	0.52	0.65	0.71	0.56	0.67	0.51	**0.90**	0.81	0.68
42	0.47	0.48	0.49	0.49	0.61	0.67	0.56	0.65	0.49	**0.89**	0.79	0.64
43	0.41	0.44	0.43	0.50	0.54	0.62	0.63	0.58	0.49	**0.88**	0.76	0.59
44	0.37	0.44	0.38	0.61	0.48	0.57	**0.81**	0.53	0.51	0.72	0.72	0.54
45	0.32	0.36	0.39	0.54	0.40	0.49	**0.79**	0.46	0.63	0.69	0.69	0.46
46	0.29	0.29	0.49	0.46	0.34	0.42	0.75	0.38	**0.92**	0.64	0.64	0.38
47	0.23	0.26	0.40	0.37	0.27	0.33	0.70	0.30	**0.91**	0.58	0.58	0.31
48	0.22	0.33	0.29	0.28	0.25	0.25	0.65	0.23	**0.89**	0.49	0.49	0.23
49	0.14	0.22	0.20	0.19	0.35	0.19	0.59	0.18	**0.87**	0.40	0.40	0.19
50	0.15	0.14	0.14	0.15	0.66	0.19	0.49	0.21	**0.84**	0.31	0.31	0.23

8.4.3　室内花岗岩破裂试验的声发射 b 值分析验证

一般认为 b 值与应力呈负相关关系[38,39]，本节以室内花岗岩常规三轴加载破坏的声发射 b 值随应力变化趋势验证上述模拟结果。对花岗岩试样进行常规三轴加载试验，加载时使用应力控制，轴向应力增加为 1.2kN/s，围压为 10MPa，经历 350s 岩体破裂，峰值强度为 217MPa，使用 PCI-2 声发射设备采集花岗岩加载至破裂过程中的声发射，应力和每秒声发射事件数与时间的关系如图 8-11 所示。采集的声发射事件幅值分布如图 8-12

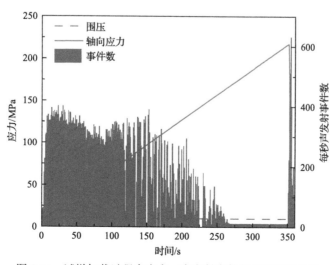

图 8-11　试样加载过程中应力、声发射事件数与时间的关系

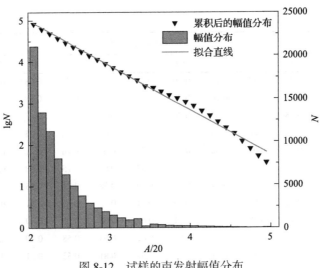

图 8-12　试样的声发射幅值分布

所示，可以看出其分布大致服从指数分布。声发射检测门槛幅值为 40dB，使用最小二乘法计算 b 值时，由表 8-1 可知在起算幅值为 40 时，最佳幅值间隔为 20，以此计算岩体破裂过程的声发射幅值 b 值为 0.9884，表明岩体破裂 b 值也约为 1。

在事件数 N 为 8000、4000、2000、1000、600 和 300 的 6 种情况下使用最小二乘法计算 b 值随应力的变化如图 8-13 所示，图(a)～(c)中随应力增加 b 值下降趋势都非常明显，图(d)～(f)中 b 值下降趋势不明显，尽管整体趋势仍然是下降，但是 b 值存在跳跃

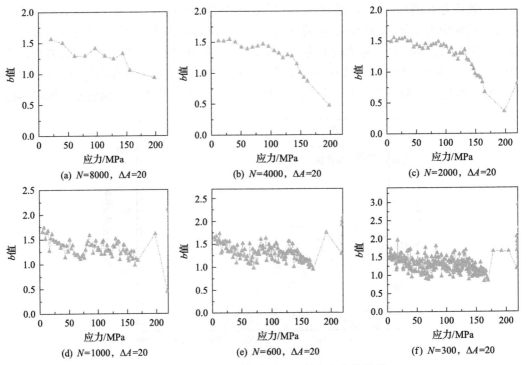

图 8-13　花岗岩岩样加载过程 b 值与应力的关系

振荡，b 值变化趋势不够清晰。表明最小二乘法计算 b 值在事件数较少的情况下，随机性较大，结果不稳定，导致不易分辨 b 值的变化趋势，与蒙特卡洛方法模拟结果相符。

综上所述，通过讨论样本数、起算幅值、幅值间隔对 b 值的影响，结果表明：

(1)最小二乘法计算 b 值时，误差与样本数、起算幅值和幅值间隔都有关，有效数据占比随着样本数先增加再减少，样本数 2000 左右时取得较好的有效数据占比。

(2)计算 b 值时，起算幅值较小(30～37)时，设置幅值间隔为 22，起算幅值中等(38～43)时，设置幅值间隔为 20，起算幅值大(46～50)时，设置幅值间隔为 18，误差相对稳定较小。

本节使用蒙特卡洛方法，通过加大计算密度和重复次数而得到更加精确的结果，此外在 b 值计算时还有一些优化方法，如使用最大曲率法确定起算幅值，对整个幅值范围进行截取只保留直线部分来计算 b 值等。

8.5　含水状态花岗岩单轴压缩条件下的 b 值特征

本节通过单轴压缩条件下的自然状态花岗岩和含水状态花岗岩声发射试验，对含水状态花岗岩破裂过程中 b 值变化进行分析，进而探究其破裂尺度特征。

8.5.1　含水状态花岗岩破裂声发射试验

1. 试样制备

试验选用的脆性岩石花岗岩取自山东玲珑金矿地下−100m，将花岗岩制成 50mm×50mm×100mm 和 100mm×100mm×200mm 的标准长方体试样(图 8-14)。按照 ISRM 岩石力学试验建议，对试样表面进行抛光处理，保证各岩面的平整、平行和垂直度均符合要求。为了尽可能地减少试样之间的差异，相同尺寸的试样分别取自同一块花岗岩。试验中设置自然状态和含水状态两种花岗岩，将自然状态试样平放在水箱中，第一次加水到达试样总高 1/4 的位置，间隔 2h 梯度加水，每次使水面高度抬升试样总高的 1/4，直至试样完全浸没在水中，待 18h 后制成含水状态试样取出。

图 8-14　100mm×100mm×200mm 尺寸花岗岩试样

2. 力学加载设备

(1) MTS322 岩石力学试验系统，可进行岩石、混凝土等脆性材料的拉伸、压缩、剪切、弯曲、断裂等力学性能测试，实时换算记录岩体的变形和受力状态数据，并绘制显示载荷和位移、应力和应变之间的关系。最大载荷量程可达 500kN，载荷测量精度为 ±0.5%，刚度超过 1370kN/mm。

(2) TRW-3000 型试验系统，主要由加载框架系统、计算机测控系统和液压伺服系统等组成。试验系统具有测控精度高、试验种类完备、加载框架刚度高并可实现改装扩展等特点。通过载荷、变形、位移的自动控制，除了实现不同规格的试样真三轴压缩($\sigma_1 > \sigma_2 > \sigma_3$)、三/四点弯曲、单轴压缩、单轴拉伸和单向剪切等静态载荷试验外，还可以施加扰动载荷并进行单向动态试验。本节主要通过该试验系统竖直方向加载框架进行单轴压缩试验。图 8-15 为加载系统及传感器布置方式。

(a) 100mm×100mm×200mm
花岗岩试样、声学传感器和加载装置　　　(b) 前置放大器

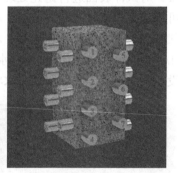

(c) 声发射采集界面及主机　　　(d) 传感器布置方式

图 8-15　加载系统及传感器布置方式

3. 声发射监测设备

(1) 试验使用的 PCI-2 型声发射监测设备，包括 PICO 型谐振式频带传感器 [200(750)kHz 的中心响应频率]、NANO 型谐振式窄频带传感器 [125(750)kHz 的中心响应频率]；信号放大器为 2/4/6 型前置放大器；采集分析软件为 AE-win 声发射采集软件。

系统采用并行 DSP 处理技术，可对声发射信号的参数和波形进行实时监测并分析处理。在本节试验中，设定声发射监测分析系统的采样频率为 10MHz，前置放大器为 40dB，声发射信号采集阈为 50dB。

(2)试验使用的声发射监测分析系统具有 32 通道(由 16 块独立板卡组成)，采样率高达 40MHz。每块板块具有独立的 2 个通道，通道 ADC 为 40MHz，精度为 18bit，宽带工作频率为 18kHz～2.4MHz。采用 USB 3.0 接口，传输速度为 500M/s。采用的 VS45-H 型声学传感器是一种具有宽频响应的压电声发射传感器，响应频率为 20～450kHz，且在 280kHz 处存在一个峰值，可以较好地覆盖低频和标准频率范围。试验使用的声发射监测系统的前置放大器默认为 34dB，门槛值设置为 55dB，采样频率同为 10MHz。

4. 传感器布置方式及试验方案

50mm×50mm×100mm 和 100mm×100mm×200mm 的试样表面分别布置了 6 个和 28 个声学传感器，用于记录声发射信号的参数与波形。

利用 PCI-2 型声发射监测分析系统，在 50mm×50mm×100mm 小尺度试样的 4 个侧面按照一定高度差交替布置了 6 个声学传感器。但在试验过程中，由于加载进行，传感器不可避免地脱落，以及部分通道的采集故障，致使声发射事件触发通道的数目过少，小于 5 个通道的声发射事件无法进行有效定位。因此，为了开展定位数据处理工作，在相同试验方式和加载路径下利用某公司声发射监测分析系统和 TRW-3000 型试验系统对 100mm×100mm×200mm 大尺度试样开展了单轴压缩试验。

100mm×100mm×200mm 的试样探头的布置方式如图 8-15 所示，基于同一平面交替、相对平面错位、全局覆盖的传感器布置原则，形成声学传感器监测网络。

通过在传感器和岩石表面之间涂抹凡士林，保证信号的正常采集；并使用胶带或者磁铁夹具对声学传感器进行固定，避免加载过程中声发射探头脱落。为消除初始加载设备扰动引起的噪声干扰，使用 80 目砂纸反复打磨岩石试样的端部，并在压头和岩石顶面之间垫一层聚四氟乙烯薄膜。试验开始前，检查试样安装、声学传感器耦合程度和系统定位精度。

将试样放置在加载装置上，预先加载 1～2kN 使试样与压力板充分接触，避免试样与压力板接触产生的噪声对声发射监测结果有影响。花岗岩单轴压缩试验过程中采用控制位移和应力两种方式进行加载，试验中设定的加载速率分别为 0.15mm/min 和 40kN/min。试验开始后，保证加载设备和声发射监测装置时间同步，实时对试验数据采集记录，加载至试样破裂达到峰值强度后试验结束。

8.5.2　b 值的计算

基于上述试验条件得到的试验结果，对岩体内部损伤程度、尺度和类型在不同特征应力点区间下的声发射变化响应特性进行探究。

图 8-16 展示了选取单轴压缩试验中前 6 个传感器计算的 b 值和拟合优度 R，由于掺

杂噪声信号，分别利用未去噪的单个传感器记录的撞击信号计算的声发射 b 值不能准确反映岩体内部裂纹尺度分布的变化特征，故先给出 b 值的计算方法。

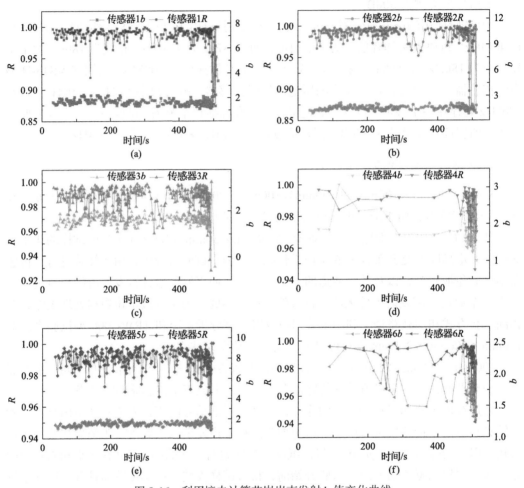

图 8-16　利用撞击计算花岗岩声发射 b 值变化曲线

声发射的幅值和能量都可以用来表征一次声发射事件的强弱，等同于震级的物理意义，故分别采用声发射事件的最大幅值、最大能量、平均幅值和平均能量加以代替对声发射 b 值进行计算。

在时间窗口中保证一定数量以上的声发射事件，能够确保 b 值拟合结果的稳定性，故小尺寸花岗岩每次以 200 个声发射事件为采样窗口计算 b 值，然后以 100 个声发射事件为步长在时间内滑动，反复计算 b 值。

大尺寸花岗岩计算 b 值时将声发射事件总数量的 10% 作为采样窗口，然后以声发射事件总数量的 5% 为步长按时间顺序滑动并重复计算 b 值，进而得到了单轴载荷下由 4 种参数计算的花岗岩 b 值随时间的变化规律。

8.5.3　两种状态下花岗岩的 b 值演化规律

图 8-17~图 8-20 中为自然状态和含水状态花岗岩在单轴压缩破裂过程中，分别利用声发射事件最大幅值、平均幅值、最大能量和平均能量计算的 b 值随应力、时间的变化曲线。

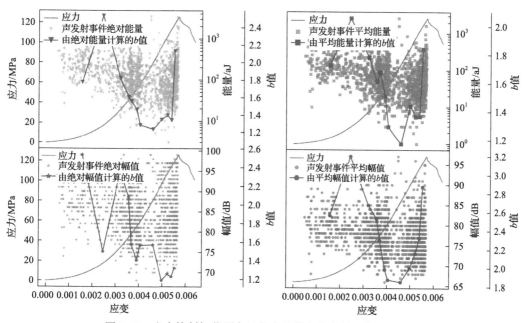

图 8-17　应力控制加载下自然状态花岗岩声发射 b 值变化曲线

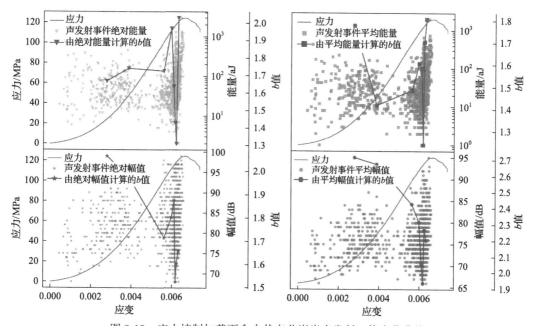

图 8-18　应力控制加载下含水状态花岗岩声发射 b 值变化曲线

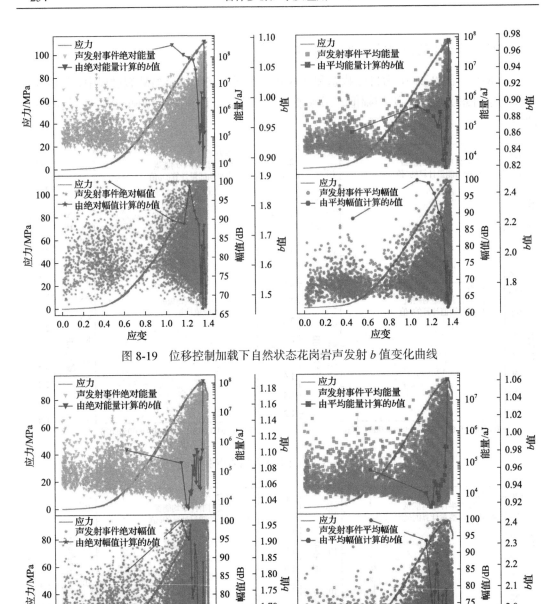

图 8-19　位移控制加载下自然状态花岗岩声发射 b 值变化曲线

图 8-20　位移控制加载下含水状态花岗岩声发射 b 值变化曲线

自然状态和含水状态花岗岩的 4 组 b 值曲线呈现出的变化规律基本一致。加载前中期，b 值相对整个加载过程的数值大小处于较高水平，均呈现波动下降的趋势；大量新生裂纹在这一过程中产生，新生裂纹的尺度大于被压密的原生裂纹，此阶段声发射大事件的比例逐渐增加，岩体内部微破裂的产生开始聚集变得有序，裂纹呈渐进稳定扩展。临近失稳前，b 值波动较大并到达最小值；在此过程中，大量不同尺度的裂纹呈突发扩展并相互贯通，大尺度的声发射事件表现出明显的聚集性。当花岗岩达到峰值应力瞬间，b 值急剧上升并达到较高水平，局部岩体在失稳瞬间被压碎，花岗岩整体失稳垮塌且断层节理间发生明显错动摩擦滑移。

b 值异常变化的原因：一方面可能是受到岩体体积膨胀和应力集中产生的局部胀碎等因素影响，传感器与岩体间耦合变差甚至脱落，造成岩体破裂信号的采集丢失，失稳瞬间的声发射信号不能客观地反映声发射事件真实大小；另一方面基于能量的频次震级统计，各个能级对应的数量以 lg 为底取对数后呈现出指数分布特征，往往不能得到较好的线性关系，利用最小二乘法拟合计算会带来一定偏差。

花岗岩作为一种典型的脆性岩石，内部节理裂隙发育程度的差异对其影响十分敏感，b 值的较大变化反映了裂纹扩展的急剧变化。以图 8-17 和图 8-18 为例，相较于自然状态花岗岩，含水状态花岗岩 4 组 b 值的最小值更大，b 值的最大值更小。含水状态花岗岩的声发射 b 值在前中期下降趋势相对平缓，b 值下降的幅度在 0.7～1。水岩作用下，岩体内部微裂纹的变化状态是稳定且缓慢的，大尺度裂纹稳定扩展持续累积，比重逐渐增加。自然状态花岗岩在这一过程中，声发射 b 值出现剧烈波动，下降的幅度和梯度更大，b 值下降前后的差值达到 1.5。这一点揭示了岩体内部微破裂尺度变化显著，大尺度裂纹扩展得更为充分，呈现出急剧突发扩展状态。

孔隙充水减少了岩石压密所产生的摩擦，裂隙充水易于原生裂纹的进一步扩展，反映出加载前期含水状态花岗岩的 b 值更小。由于加载后期水对岩体的应力腐蚀和压溶作用，小尺度裂纹占比更高，b 值相较自然状态花岗岩更高。单轴加载下 b 值的下降幅度和变化规律表明：自然状态花岗岩在加载过程中内部微破裂状态是急剧变化的，损伤内部破裂程度更充分。花岗岩含水后裂纹扩展趋势平缓，降低了岩体本身的岩爆倾向性，岩体出现软化，塑性增强。

综上所述，在单轴压缩过程中，自然状态和含水状态花岗岩 b 值的变化规律基本一致，b 值下降是岩体失稳的前兆特征。但是含水状态花岗岩 b 值在加载前期水平较低，加载后期水平较高，变化相对平缓，下降幅度更小，反映内部裂纹扩展贯通的损伤累积过程更为平和。

8.6　花岗岩真三轴压缩过程的声发射 b 值特征

本节通过在不同应力水平条件下进行花岗岩真三轴压缩试验，采集声发射数据的细节，将声发射最大幅值、最大能量、平均幅值、平均能量 4 组数据，在不同的事件数、不同的应力/时间区间、不同的最大主应力比例，共 12 种情况下，计算岩体真三轴压缩破裂过程中的 b 值，并分析 b 值的变化趋势特征，进而探究其破裂尺度特征[41]。

8.6.1　花岗岩真三轴试验

1. 试样制备

试验使用的花岗岩取自湖南省浏阳市的一个采石场，该采石场产出的花岗岩品质非常稳定，是湖南省内高校的岩石试样提供点之一。试验中使用采石场提供的标准的边长为 50mm 的立方体花岗岩试样，其主要组成矿物为长石、石英和黑云母。经过单轴压缩试验得到试样的平均单轴抗压强度为 (140 ± 5) MPa，弹性模量为 (65 ± 3) GPa，泊松比为 0.2 ± 0.2，并且自身显示出良好的一致性。

2. 力学加载设备

本次岩石不同应力水平下的真三轴试验在中南大学高等试验中心进行，采用的设备是 TRW-3000 型试验系统，具有操作简单、维护方便、控制精确、噪声低等优点。

真三轴测试系统的三个主应力方向通过液压驱动活塞独立控制，沿水平 X 方向、水平 Y 方向和垂直 Z 方向的最大加载负荷分别是 2000kN、2000kN 和 3000kN，设备加载过程中使用应变控制时的线性最小可控应力可达 0.001N，使用应变控制时的线性最小可控应变可达 0.5mm。试验过程中，使用一个硬树脂制成的带有正方形凹槽的盒子作为加载框架来放置岩石试样，该加载框架可以测试的岩石尺寸为 100mm×100mm×100mm、200mm×200mm×200mm 和 300mm×300mm×300mm，也可以根据需要定制更大规格的加载框架。加载框架如图 8-21 所示，一个加载框架的前、后、左、右、上、下 6 个方位都有相适应的加载夹具，加载框架凹槽边缘与夹具之间留有 2mm 的间隙，避免了箱体在加载过程中挤压变形。夹具具有极高的刚度和抗压强度，以转移各个方向的负载至试样上，减少设备自身变形导致的误差。

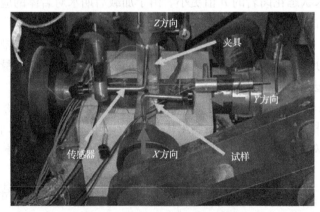

图 8-21　真三轴加载框架示意图

3. 声发射监测设备

(1)声发射监测主机：一般只需要普通 Windows 或者 Ubantu 的计算机即可，主要用作显示波形、控制声发射设备，本试验直接使用高等试验中心的台式计算机进行试验（图 8-22，图 8-23）。

(2)采集器：是处理声发射数据的核心，其性能直接决定着采集数据的质量，从而决定最终采集到的声发射数据的精度和可靠性。本试验中，使用 PCI-2 声发射监测系统来采集花岗岩真三轴试验中的声发射信号，并在 6 个通道中配置了传感器，设置采样频率为 3MHz。

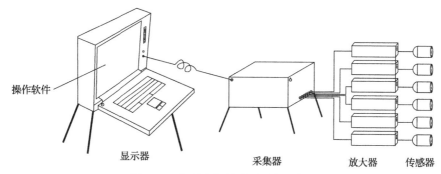

图 8-22　典型声发射监测设备示意图

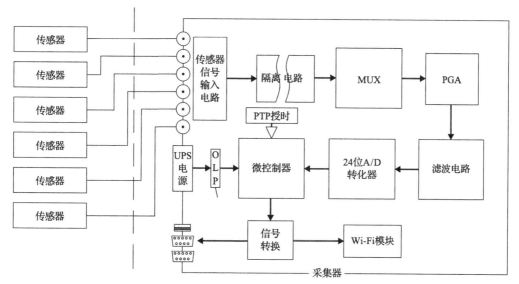

图 8-23　声发射采集器内部示意图

（3）信号放大器：主要起声发射信号的放大和保真作用，当前主流的放大器通常有 20dB、40dB、60dB 三个档位信号放大选择。本试验中配套安装了 6 个 2 型/4 型/6 型前置放大器并设置 40dB 档位进行试验。

（4）传感器：是声发射设备技术的关键。本试验根据室内试验主要要求精度高、灵敏度好的需求，使用了 6 个声学传感器，包括 4 个中心响应频率为 200（750）kHz 的 PICO 型谐振式窄频带传感器和 2 个中心响应频率为 125（750）kHz 的 NANO 型谐振式窄频带传感器。声学传感器均匀固定在上、下、左、右、前、后 6 个方向的 6 个夹具上。

（5）声发射分析软件：是声发射设备的核心，软件核心包括对多个声学传感器采集到的数据的时间同步，对声发射事件的标记拾取，以及声发射源的定位算法和可视化成像。本试验使用的是 AEwin 软件，图 8-24 显示了 AEwin 软件的操作界面。

4. 试验方案

进行花岗岩不同三轴应力水平下的声发射试验，花岗岩试样加载计划见表 8-2。

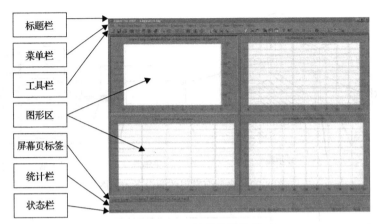

图 8-24　AEwin 软件的操作界面

图片来自 AEwin 操作手册

表 8-2　花岗岩试样加载计划

序号	σ_3/MPa	σ_2/MPa	加载/(kN/s)
G-10-10	10	10	0.3
G-10-30	10	50	0.3
G-10-50	10	50	0.3
G-10-100	10	100	0.3
G-10-175	10	175	0.3
G-10-200	10	175	0.3
G-10-240	10	175	0.3
G-20-20	20	20	0.3
G-20-50	20	50	0.3
G-20-150	20	150	0.3
G-20-200	20	200	0.3
G-20-300	10	175	0.3
G-20-350	10	175	0.3
G-30-30	30	30	0.3
G-30-50	10	175	0.3
G-30-100	30	100	0.3
G-30-150	30	150	0.3
G-30-200	10	175	0.3
G-30-300	30	300	0.3
G-30-360	10	175	0.3
G-50-200	50	200	0.3
G-50-300	50	300	0.3
G-50-400	10	175	0.3
G-100-260	100	260	0.3
G-100-340	10	175	0.3
G-100-420	100	420	0.3

为了减少加载路径对声发射的影响，控制三轴加载过程中变量的个数，对于每个试样的加载路径方式都相同，试验加载过程如图 8-25 所示，大致可以分为如下 3 个步骤。

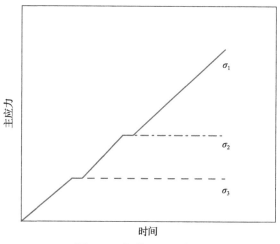

图 8-25　加载过程示意图

(1)将 σ_1、σ_2、σ_3 加载至 1MPa 保持试样附着在加载框架上；然后加载 σ_3 达到设定的值，而 σ_1 和 σ_2 保持恒定。

(2)加载 σ_1 和 σ_2 直到 σ_2 达到设定的值，而 σ_3 保持恒定。

(3)加载 σ_1 直到花岗岩试样破裂，而 σ_2 和 σ_3 保持恒定。

图 8-26 为花岗岩试样破裂的照片。

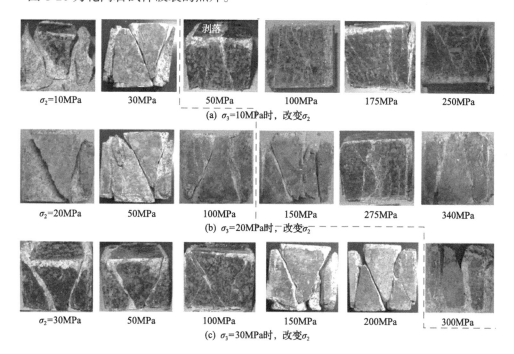

图 8-26　花岗岩试样破裂的照片

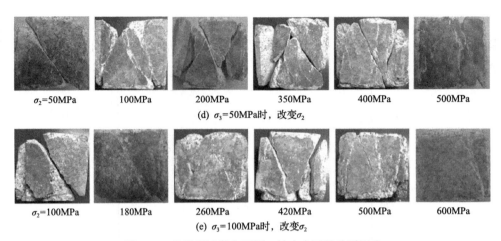

$\sigma_2=50\text{MPa}$　　100MPa　　200MPa　　350MPa　　400MPa　　500MPa

(d) $\sigma_3=50\text{MPa}$时，改变σ_2

$\sigma_2=100\text{MPa}$　　180MPa　　260MPa　　420MPa　　500MPa　　600MPa

(e) $\sigma_3=100\text{MPa}$时，改变σ_2

图 8-26　花岗岩试样在不同三轴应力下的破裂照片

8.6.2　岩体破裂过程中的 b 值变化特征

基于上述试验条件得到的试验结果，对岩体内部损伤程度、尺度和类型在不同特征应力点区间下的声发射变化响应特性进行探究。

1. 单一传感器采集到的声发射数据的 b 值特征

当前大部分研究都是以单个传感器的幅值($A/20$)计算 b 值[39]，用单个传感器幅值计算 b 值时，必然存在不同地点安装的传感器采集到不同的声发射数据，b 值计算结果必然不一样。图 8-27 是根据试样 G-30-30 的 6 个传感器分别计算的 b 值，根据 8.4 节的模拟使用最小二乘法，每 2000 个事件计算一次 b 值，使用最大曲率法确定最小完整性震级。图 8-27 展示了传感器 1~传感器 6 单个传感器计算的 b 值。首先，传感器 5 和传感器 6 的数据量较少，误差可能更大；传感器 1~传感器 4 采集的数据计算出的 b 值中，除了传感器 4 有略微的先上升后下降的趋势，其他传感器的 b 值数据变化并不明显，不能看清 b 值的变化趋势。使用单一传感器计算 b 值时，受传感器的位置影响很大，所以推荐各个方位都贴上传感器以增加容错率，减少试验失败的概率。然而安装了多个传感器后，更加推荐使用 4 个以上传感器的到时相同来进行声发射震源定位，筛选声发射事件数据。

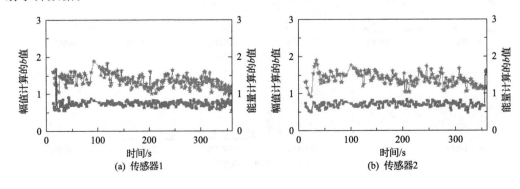

(a) 传感器1　　　　　　　　　　　　　　　　(b) 传感器2

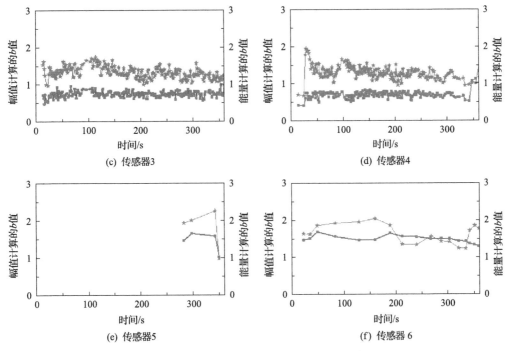

(c) 传感器3　　　　　　　　　　　　　(d) 传感器4

(e) 传感器5　　　　　　　　　　　　　(f) 传感器 6

图 8-27　试样 G-30-30 单个传感器的声发射 b 值变化图

2. 不同事件数区间下的 b 值特征

在 8.4 节中, 已对用于计算 b 值的事件数进行了数值模拟, 结果表明 b 值随应力下降, 2000 个及其以上的事件数计算 b 值时, b 值的变化趋势较清晰, 事件数较小时, b 值变化趋势并不能清晰识别。然而实际中, 使用 b 值对岩体破裂过程进行分析时, 需要尽可能多地取得 b 值的变化数据, 因此对小事件数(事件数小于 1000 个)下 b 值的变化趋势进行讨论。图 8-28 展示了在试样 G-30-30 中不同声发射事件数计算出的 b 值的变化趋势, 由每 60 个、80 个、100 个、200 个、300 个、400 个、500 个、600 个、700 个、800 个、900 个、1000 个事件计算一次 b 值得到, 表 8-3 是其对应的拟合过程中产生的拟合优度 R 值。一般的 b 值范围是 0.4~3, 且拟合优度达到 0.8, 按照每 100 个、80 个、60 个事件数计算 b 值时, 存在 b 值大于 3 或小于 0 且拟合优度 R 小于 0.8 的情况, 说明由于事件数较少 b 值拟合不佳。而为了尽可能多地利用 b 值反映岩体的损伤程度, 得到尽可能多的 b 值, 将事件数 b 值的最小事件数设定为 200, 即根据事件发生的顺序, 按照每 200 个事件统计一个 b 值, 滑移步长为 100 个事件, 选取至少 200 个事件计算 b 值基本能满足。图 8-29 展示了全部岩样每 200 个事件计算一次 b 值, 在图中分析 b 值变化趋势可以发现, 加载初期 b 值先下降, 之后又小幅上升, 之后再下降, b 值呈现较小波动下降的趋势。在图 8-30 和图 8-31 中结合三轴应力展示了全部试样每 300 个和 500 个事件数计算一次 b 值, 其变化趋势与图 8-29 基本相同。

表 8-3　使用不同样本数计算 b 值时 4 种数据拟合过程中的 R 值

声发射事件数/个	$R_{E_{\max}}$	$R_{E_{\mathrm{avg}}}$	$R_{A_{\max}}$	$R_{A_{\mathrm{avg}}}$
60	0.890	0.902	0.945	0.945
80	0.883	0.900	0.955	0.954
100	0.879	0.892	0.959	0.960
200	0.881	0.895	0.968	0.971
300	0.888	0.910	0.973	0.977
400	0.897	0.917	0.974	0.978
500	0.905	0.917	0.974	0.980
600	0.916	0.923	0.976	0.980
700	0.920	0.929	0.979	0.979
800	0.923	0.935	0.979	0.978
900	0.926	0.939	0.980	0.976
1000	0.927	0.935	0.980	0.977

注：$R_{E_{\max}}$，$R_{E_{\mathrm{avg}}}$，$R_{A_{\max}}$，$R_{A_{\mathrm{avg}}}$ 分别表示使用最大能量、平均能量、最大幅值、平均幅值计算 b 值时的拟合优度 R。

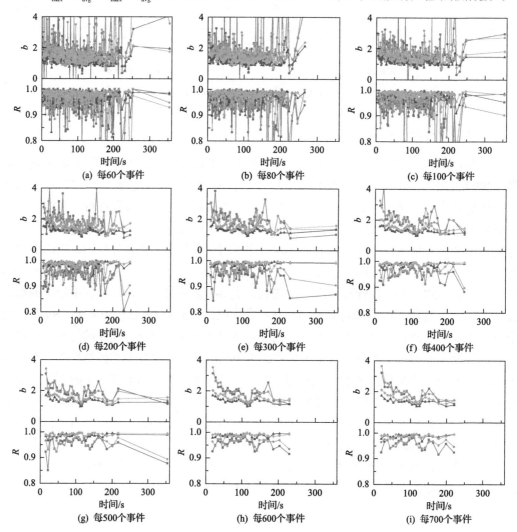

(a) 每60个事件　　(b) 每80个事件　　(c) 每100个事件

(d) 每200个事件　　(e) 每300个事件　　(f) 每400个事件

(g) 每500个事件　　(h) 每600个事件　　(i) 每700个事件

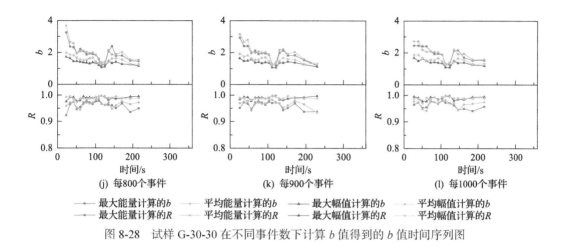

(j) 每800个事件 (k) 每900个事件 (l) 每1000个事件

—■— 最大能量计算的 b　　—◆— 平均能量计算的 b　　—▲— 最大幅值计算的 b　　—*— 平均幅值计算的 b
—■— 最大能量计算的 R　　—◆— 平均能量计算的 R　　—▲— 最大幅值计算的 R　　—*— 平均幅值计算的 R

图 8-28　试样 G-30-30 在不同事件数下计算 b 值得到的 b 值时间序列图

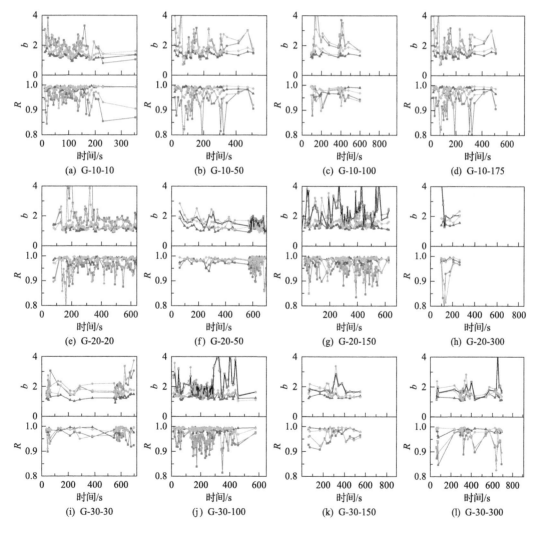

(a) G-10-10　　　　(b) G-10-50　　　　(c) G-10-100　　　　(d) G-10-175

(e) G-20-20　　　　(f) G-20-50　　　　(g) G-20-150　　　　(h) G-20-300

(i) G-30-30　　　　(j) G-30-100　　　　(k) G-30-150　　　　(l) G-30-300

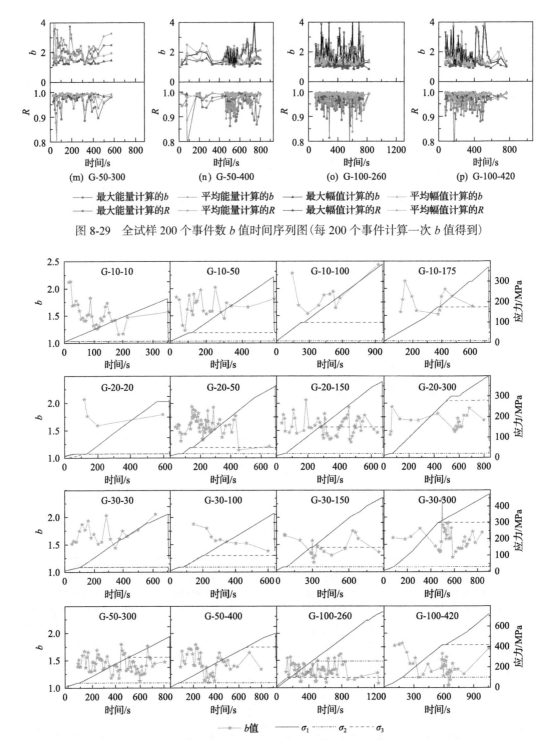

图 8-29　全试样 200 个事件数 b 值时间序列图（每 200 个事件计算一次 b 值得到）

图 8-30　全试样 300 个事件数 b 值时间序列图（每 300 个事件计算一次 b 值得到）

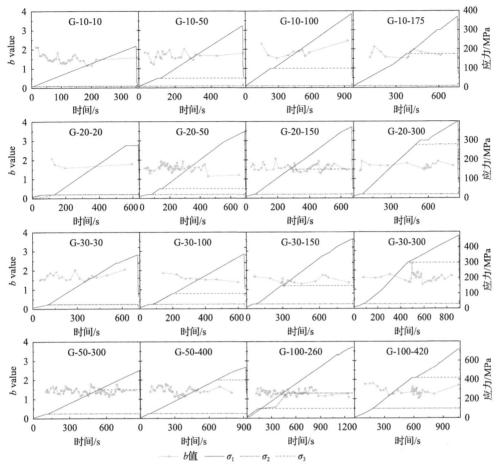

图 8-31　全试样 500 个事件数 b 值时间序列图（每 500 个事件计算一次 b 值得到）

3. 不同峰值应力区间的 b 值特征

为了区分岩体在加载各阶段 b 值的变化，根据岩体的 σ_1 峰值应力，将其按照 σ_1 达到峰值前的不同阶段，（如 σ_1 达到峰值应力的 4% 记为 $\Delta p=4\%$，之后每 4% 峰值应力统计一个 b 值）将全加载按照 $\Delta p=4\%$、6%、8%、10%、12%、15% 划分多个阶段，滑移步长为 Δp 的 1/2，分别统计 b 值，如图 8-32 所示，呈现出先下降后上升的规律，与图 8-28 的结果一致。表 8-4 列出了具体的拟合过程中的拟合优度 R，$\Delta p=10\%$ 时，b 值变化趋势比较明显，且在应力区间达到 10% 时各个 R 值都表现较好，分别达到了 0.906、0.928、0.980 和 0.974，因此，图 8-33 数据处理中采用 $\Delta p=10\%$ 进行 b 值计算，可以看出 b 值变化趋势大都满足先下降后上升或者一直下降。

表 8-4　使用不同峰值应力区间计算 b 值时 4 种数据拟合过程中的 R 值

应力区间	$R_{E_{max}}$	$R_{E_{avg}}$	$R_{A_{max}}$	$R_{A_{avg}}$
2%	0.867	0.875	0.955	0.971
4%	0.883	0.896	0.970	0.973

续表

应力区间	$R_{E\max}$	$R_{E\mathrm{avg}}$	$R_{A\max}$	$R_{A\mathrm{avg}}$
6%	0.887	0.907	0.973	0.974
8%	0.904	0.909	0.977	0.973
10%	0.906	0.928	0.980	0.974
12%	0.914	0.919	0.982	0.971

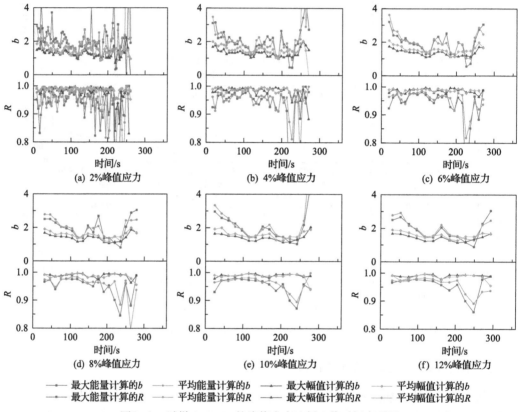

图 8-32　试样 G-30-30 的峰值应力比例 b 值时间序列图

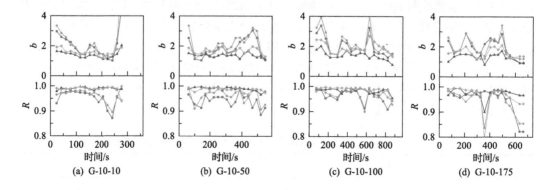

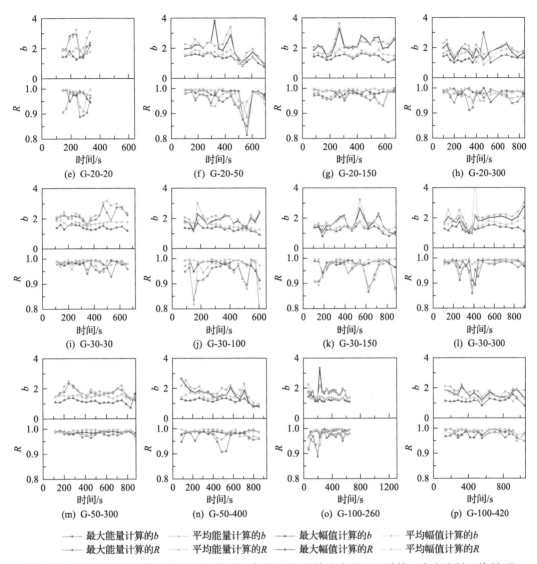

图 8-33　全试样 10%峰值应力区间 b 值时间序列图（每峰值应力的 10%计算一次声发射 b 值得到）

4. 不同应力区间/时间区间的 b 值特征

在地震研究中一般按照年或月统计 b 值的变化趋势，然而室内试验加载过程中，通常数十分钟就能压碎试样，因为本节使用分钟或秒进行 b 值统计，由于试验中应力受时间控制且增幅为 0.3kN/s，故按照应力增加与单位时间统计 b 值效果是相同的，图 8-34是按照 σ_1 增加统计 b 值，如 σ_1 每增加 5MPa 计算一次 b 值，记为 Δs=5MPa，设置 σ_1 增加值 Δs=5MPa，10MPa，15MPa，20MPa，25MPa，30MPa，从图 8-34 中可以看出存在大量时间段声发射事件数极少，导致其 b 值无法计算。表 8-5 展示了使用不同应力区间计算 b 值时 4 种数据拟合过程中的 R 值，当 Δs=20MPa 时，b 值的拟合优度都在 90%以上，且 b 值的变化趋势也比较明显，与图 8-29 和图 8-33 基本相同，认为使用 Δs=20MPa计算 b 值比较合理，并用此计算应力增加 b 值。图 8-35 展示了花岗岩试样应力每增加

20MPa 声发射 b 值,对应的是计算 b 值过程中的拟合优度 R,b 值变化受到随机影响比较大,总体趋势先下降后上升,但是部分 b 值存在大幅跳跃,影响分析。

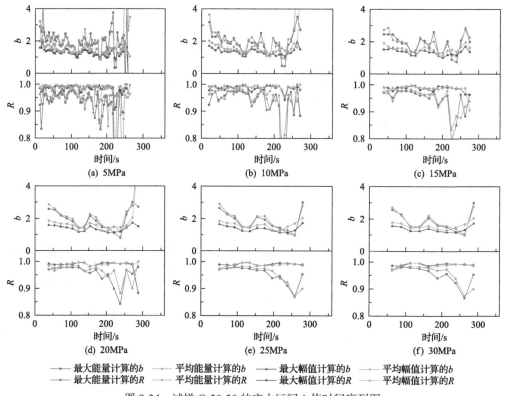

图 8-34　试样 G-30-30 的应力区间 b 值时间序列图

表 8-5　使用不同应力区间计算 b 值时 4 种数据拟合过程中的 R 值

应力区间/MPa	$R_{E_{\max}}$	$R_{E_{\mathrm{avg}}}$	$R_{A_{\max}}$	$R_{A_{\mathrm{avg}}}$
5	0.859	0.882	0.967	0.971
10	0.878	0.904	0.967	0.973
15	0.897	0.898	0.972	0.970
20	0.912	0.927	0.970	0.978
25	0.908	0.909	0.981	0.976
30	0.907	0.913	0.982	0.975

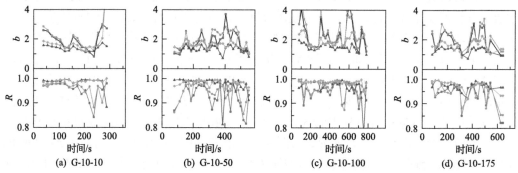

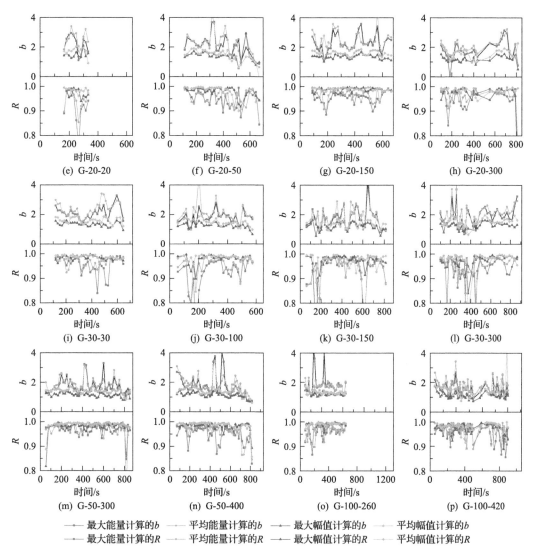

图 8-35　全试样 20MPa 应力区间声发射 b 值时间序列图（由最大主应力每增加 20 MPa 计算一次 b 值得到）

5. 加载全过程 b 值特征分析与 4 种数据来源比较

　　使用一个试样真三轴加载的全过程产生的所有声发射有效事件计算一次 b 值时，可以横向比较中间主应力对 b 值的影响，利用每个花岗岩试样的加载过程所有的声发射事件的平均幅值计算一次 b 值其结果如图 8-36 所示，同时可以发现其变化趋势如图中方形区域所示，在单个试样中，随着应力的增加，大部分 b 值降低；或者说随着应力的增加，b 值减小。

　　图 8-37～图 8-40 显示了一组试样 $\sigma_1=10$MPa，σ_2 逐渐增加时的 b 值，可以发现幅值的分布与地震分布比较类似，在大于 M_c 的部分基本服从指数分布，但是小于 M_c 的部分下降非常快；对于能量的分布，在大于 M_c 的部分存在断档，但是能量的累积分布仍然是近似直线。

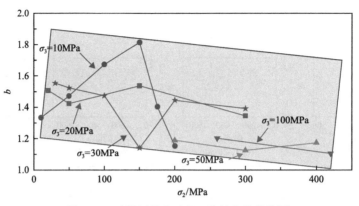

图 8-36 试样压缩全过程 b 值的变化趋势图

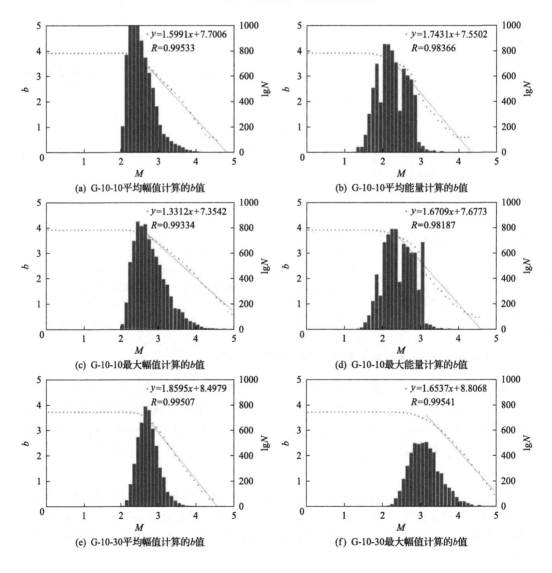

(a) G-10-10平均幅值计算的b值

(b) G-10-10平均能量计算的b值

(c) G-10-10最大幅值计算的b值

(d) G-10-10最大能量计算的b值

(e) G-10-30平均幅值计算的b值

(f) G-10-30最大幅值计算的b值

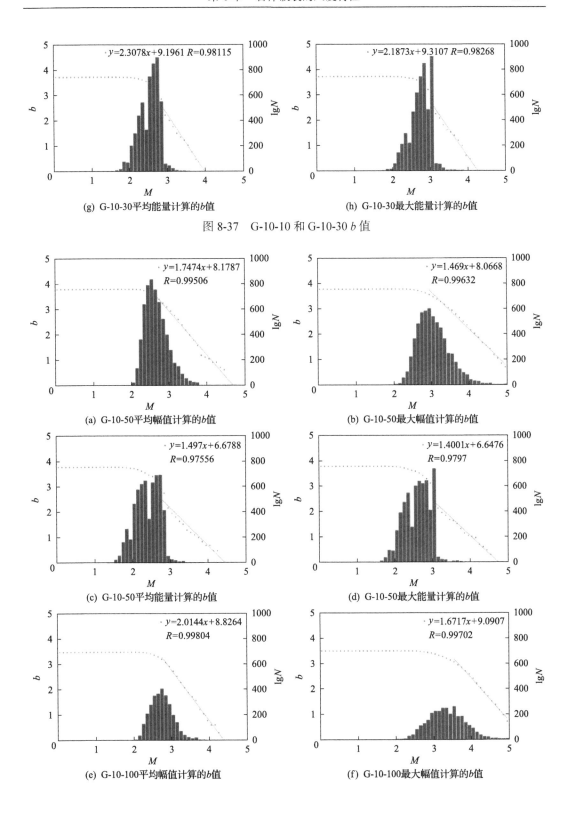

(g) G-10-30平均能量计算的b值　　　(h) G-10-30最大能量计算的b值

图 8-37　G-10-10 和 G-10-30 b 值

(a) G-10-50平均幅值计算的b值　　　(b) G-10-50最大幅值计算的b值

(c) G-10-50平均能量计算的b值　　　(d) G-10-50最大能量计算的b值

(e) G-10-100平均幅值计算的b值　　　(f) G-10-100最大幅值计算的b值

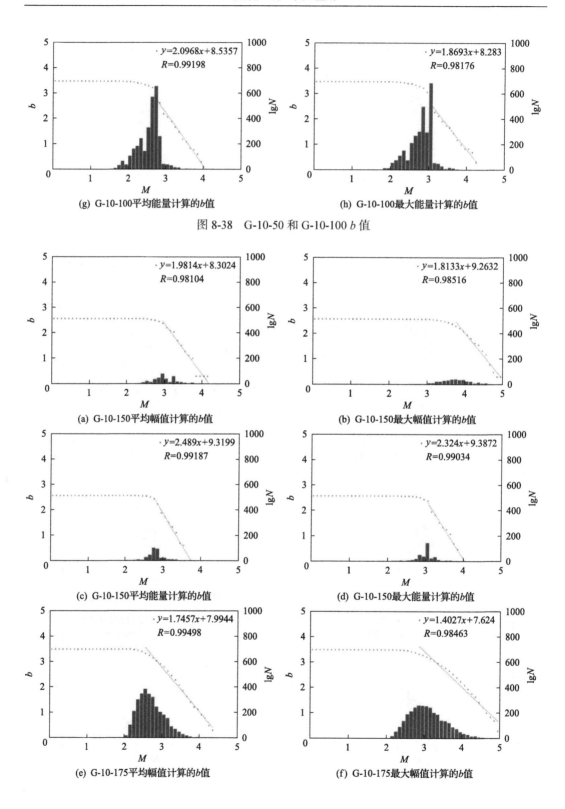

(g) G-10-100平均能量计算的b值　　　　　　(h) G-10-100最大能量计算的b值

图 8-38　G-10-50 和 G-10-100 b 值

(a) G-10-150平均幅值计算的b值　　　　　　(b) G-10-150最大幅值计算的b值

(c) G-10-150平均能量计算的b值　　　　　　(d) G-10-150最大能量计算的b值

(e) G-10-175平均幅值计算的b值　　　　　　(f) G-10-175最大幅值计算的b值

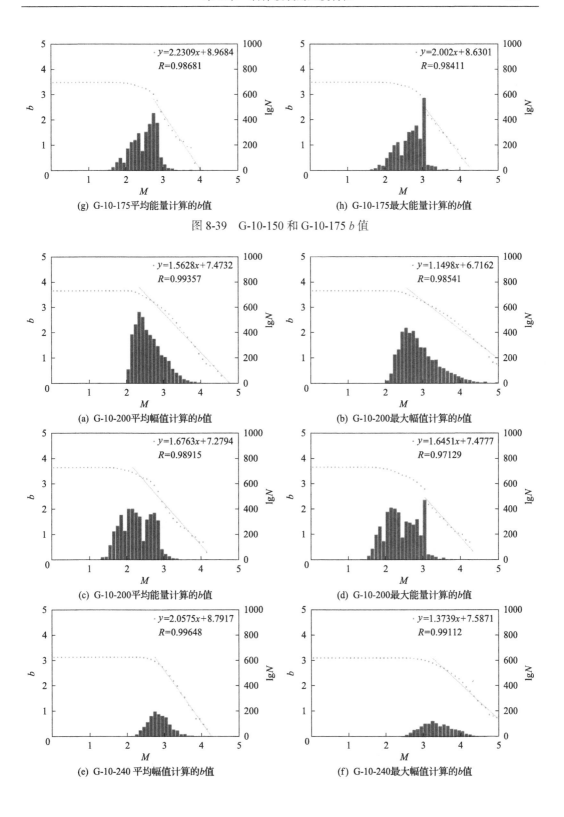

(g) G-10-175平均能量计算的b值　　　　(h) G-10-175最大能量计算的b值

图 8-39　G-10-150 和 G-10-175 b 值

(a) G-10-200平均幅值计算的b值　　　　(b) G-10-200最大幅值计算的b值

(c) G-10-200平均能量计算的b值　　　　(d) G-10-200最大能量计算的b值

(e) G-10-240平均幅值计算的b值　　　　(f) G-10-240最大幅值计算的b值

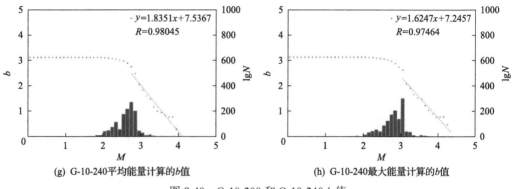

(g) G-10-240平均能量计算的b值　　　　　　　(h) G-10-240最大能量计算的b值

图 8-40　G-10-200 和 G-10-240 b 值

直观地讲，我们认为这条直线已经不能真正反映大小能量事件分布的频次关系。另外，结合图 8-28～图 8-35，发现最大能量和平均能量计算的 b 值变化趋势基本与最大幅值和平均幅值计算的 b 值变化趋势相同，但是拟合时的拟合优度明显小于最大幅值和平均幅值计算 b 值时的拟合优度；尽管最大幅值和平均幅值拟合优度 R 都大于 0.95，计算其平均值和标准差分别为 0.986、0.007 和 0.988、0.007，但是平均幅值的 b 值拟合优度最好，表明平均幅值计算 b 值的结果优于最大幅值，推荐使用平均幅值计算 b 值。

6. 声发射 b 值特征综合分析

上文展示了 σ_3、σ_2 不变，σ_1 增加时 3 种方法计算的 b 值和 σ_3 不变、σ_1 增加时的 b 值，可以看出，b 值大小都在 0.4～3，整体呈下降或先下降后上升的趋势。另外，对于应力区间/时间区间法和峰值应力法，事件数法计算 b 值更可靠。事件数法中采用 200 个事件进行 b 值计算效率更高，其结果对于使用 b 值评价岩体破裂程度更加及时。上文展示了每 200～1000 个事件计算一次声发射事件的 b 值变化时，发现在部分试样中，b 值并没有明显的变化趋势，其原因在于：

(1)理论上至少 200 个事件计算一次 b 值，但是实际上，在数据量为 200 个和 300 个时，由于在完整性震级间的斜线段部分才能用来计算 b 值，部分数据震级小于最小完整性震级而未使用，可能造成数据量过少，使得拟合不够，结果欠准确。

(2)整个岩体加载过程的声发射震源事件目录数据量达到数万时，b 值自身的随机性不容忽视，数百个 b 值按照时间序列排列时，其自身偶尔会大幅跳跃，大大改变其变化趋势。

针对上述两种情况，提出了 3 点解决办法：

(1)统计声发射幅值的分布特征，完整性震级目录在所有样本中所占比例，之后根据比例来扩大最小样本数，但是概率统计并不能完全解决问题。

(2)对得到的 b 值进行包络线拟合，直接使用拟合线来判断 b 值变化趋势，如图 8-41 所示，每 200 个事件计算一次 b 值时，试样 G-10-10 的声发射 b 值包络线拟合直线图，在除去奇点之后 b 值基本下降，但是拟合基于人工观察选点，完全不满足一般情况下的自动化判断需求，对 b 值进行拟合本身的意义不大，另外在图 8-42 试样 G-10-50 拟合图中，b 值本身随机性较强，b 值包络线拟合直线呈上升趋势，由其 b 值本身非常分散所致，直线包络拟合并没有意义。

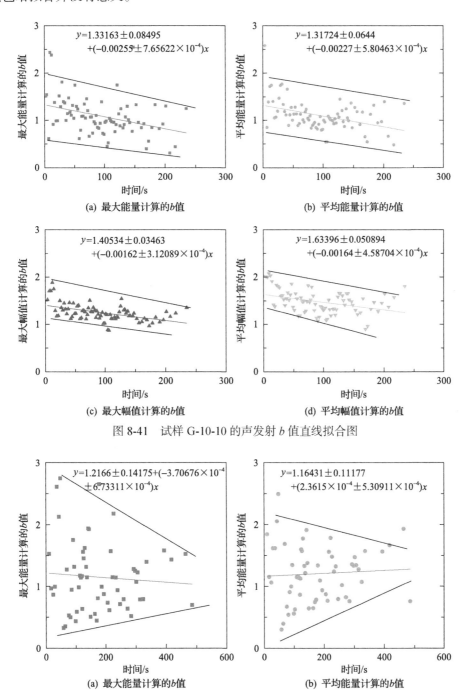

图 8-41　试样 G-10-10 的声发射 b 值直线拟合图

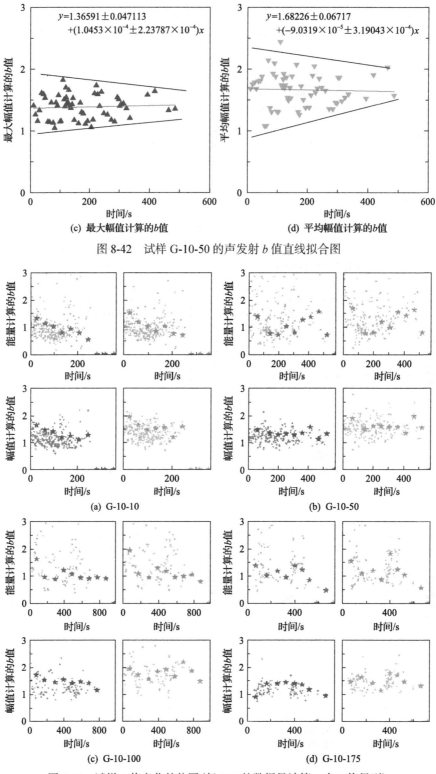

图 8-42　试样 G-10-50 的声发射 b 值直线拟合图

图 8-43　试样 b 值变化趋势图（每 10% 的数据量计算一次 b 值得到）

(3)继续加大计算 b 值时的样本数,达到饱和而避免产生上述问题,如使用总数目的10%直接计算 b 值,只产生 10 个 b 值点,那么其变化规律趋势将有迹可循。如图 8-43所示,在每 10%的数据量计算一次 b 值的情况下, b 值变化趋势非常明显,总体满足下降趋势,部分存在下降后又上升再下降趋势。可将 b 值的降低或升高再降低作为一个岩体破裂的前兆。

此外,由于在 σ_1 达到峰值应力69%(约 7/10)时,出现平静期,由于平静期的存在,部分时间段内无法计算 b 值,如图 8-43 中 G-10-10、G-10-50 后段均存在大幅的 b 值空区,出现有效的声发射事件开始迅速减少同时声发射 b 值出现较快速的下降,这说明大尺度微裂纹所占的比例开始逐步增加,岩体内部的微破裂开始融会贯通、聚小成大,同时岩体内部弹性势能也大量积累。当应力接近峰值强度时,声发射 b 值(如果有)下降到最低,岩体内部裂纹贯通延伸至表面并最终导致岩体宏观的失稳破裂。试验中发现可将平均幅值的事件 b 值下降作为花岗岩破裂的前兆信息,但是平静期的存在导致 b 值无法计算,或由于数据量少计算出的 b 值拟合优度较低,此外平静期暂时长度不可预测,都会导致使用 b 值预测岩体破裂失败。

综上所述,本节使用不同三轴应力下花岗岩的声发射数据应用最小二乘法计算了 b 值,并分析了 b 值的变化特征。具体来说,是将声发射最大幅值、最大能量、平均幅值、平均能量 4 组数据,在不同的事件数、不同的应力区/时间区间、不同的最大主应力比例,共 12 种情况下,计算了岩石真三轴加载过程中的 b 值,并分析了 b 值的变化趋势特征,结果表明:

(1)在一次试验中利用不同传感器分析声发射参数结果不尽相同,推荐使用多个传感器筛选有效声发射事件分析声发射特征,进行 b 值计算。

(2)平静期的存在使声发射数据大量减少甚至完全消失,由于数据量少计算出的 b 值拟合优度较低,此时计算的 b 值可能偏差较大。

(3)比较多种 b 值计算方法,利用平均幅值计算 b 值的拟合优度更好,而事件数法计算的 b 值更加稳定,结合这两点,建议使用多个传感器的平均幅值计算 b 值作为最大幅值 b 值统计的有效替换,并以至少 200 个事件进行计算时拟合优度较好。

(4)利用最大数据量的 10%计算出的 b 值变化趋势明显,且计算方便快捷,但是不能作为实时监测预警方法。

(5)在单个试样中,随着应力的增加,大部分 b 值降低或者先降低后增加;结合所有试样,随着围压的增加, b 值减小,可将 b 值减小作为岩体破裂的前兆。

(6)在岩体破裂的全过程中,声发射 b 值有时会随机跳动,对 b 值的变化趋势判断产生影响。

8.7　本章结论

从微裂隙到大断层,岩体破裂具有一定的尺度特征,声发射 b 值则是度量裂纹发展变化相对关系的重要工具。本章基于声发射 b 值的分析对岩体破裂的尺度特征展开描述。从 b 值研究现状、 b 值计算方法以及 b 值误差分析等理论分析出发,进一步通过两个室内试验过程(单轴压缩条件下的自然状态和含水状态花岗岩声发射试验与真三轴压缩条件下花岗岩声发射试验)中 b 值的变化趋势全面展示 b 值在岩体破裂尺度特征分析中的应用,主要内容和结论如下。

(1)对比分析了 b 值计算的各种理论方法,考虑不同的样本数、起算幅值和幅值间隔,使用最小二乘法对 b 值的影响因素进行蒙特卡洛方法模拟,分析了最小二乘法计算岩体破裂声发射 b 值误差,并以室内花岗岩常规三轴加载破裂的声发射 b 值随应力变化趋势验证了模拟结果的可信性。

(2)在单轴压缩条件下自然状态和含水状态花岗岩声发射试验中,两种状态的试样 b 值变化规律基本一致。但是含水状态花岗岩的 b 值变化特征反映其内部裂纹扩展贯通的损伤累积过程更为平和。b 值的变化趋势可以作为一个岩体破裂的前兆信息。

(3)在不同应力水平条件下进行花岗岩真三轴压缩试验,在不同事件数、不同应力区间/时间区间、不同最大主应力比例,共 12 种情况下,计算分析的岩体真三轴压缩过程中的 b 值变化趋势,进而探究岩体内部裂纹的扩展情况,发现可将平均幅值的事件 b 值下降作为花岗岩破裂的前兆信息。

参 考 文 献

[1] Allegre C J, Le Mouel J L, Provost A. Scaling rules in rock fracture and possible implications for earthquake prediction[J]. Nature, 1982, 297(5861): 47-49.

[2] Wang C, Wu A, Liu X, et al. Study on fractal characteristics of b value with microseismic activity in deep mining[J]. Procedia Earth and Planetary Science, 2009, 1(1): 592-597.

[3] 曾正文, 马瑾, 刘力强, 等. 岩石破裂扩展过程中的声发射 b 值动态特征及意义[J]. 地震地质, 1995(1): 7-12.

[4] Gutenberg B, Richter C F. Frequency of earthquakes in California [J]. Bulletin of the Seismological Society of America, 1944, 34(4): 185-188.

[5] Kiyoo M. Study of elastic shocks caused by the fracture of heterogeneous materials and its relations to earthquake phenomena[R]. Tokyo: Bulletin of the Earthquake Research Institute, University of Tokyo, 1962: 125-173.

[6] 茂木清夫. 日本的地震预报[M]. 庄灿涛, 译. 北京: 地震出版社, 1986: 103-108.

[7] Warren N W, Latham G V. An experimental study of thermally induced microfracturing and its relation to volcanic seismicity[J]. Journal of Geophysical Research, 1970, 75(23): 4455-4464.

[8] 徐子杰, 齐庆新, 李宏艳, 等. 不同应力水平下大理石蠕变损伤声发射特性[J]. 煤炭学报, 2014, 39(S1): 70-74.

[9] Shiotani T, Fujii K, Aoki T, et al. Evaluation of progressive failure using AE sources and improved b-value on slope model tests[R]. Progress in Acoustic Emission Ⅶ. Tokyo: Japanese Society for Non-Destructive Inspection, 1999: 529-534.

[10] Weeks J, Lockner D, Byerlee J, et al. Change in b-values during movement on cut surfaces in granite[J]. Bulletin of the Seismological Society of America, 1978, 68(2): 333-341.

[11] Rao M, Lakshmi K J P. Analysis of b-value and improved b-value of acoustic emissions accompanying rock fracture[J]. Current Science, 2005, 89: 1577-1582.

[12] Meng F, Wong L N Y, Zhou H, et al. Shear rate effects on the post-peak shear behaviour and acoustic emission characteristics of artificially split granite joints[J]. Rock Mechanics and Rock Engineering, 2019, 52(7): 2155-2174.

[13] Wang Y, Zhang B, Gao S H, et al. Investigation on the effect of freeze-thaw on fracture mode classification in marble subjected to multi-level cyclic loads[J]. Theoretical and Applied Fracture Mechanics, 2021, 111: 102847.

[14] 李全林, 陈锦标, 于渌, 等. b 值时空扫描——监视破坏性地震孕育过程的一种手段[J]. 地球物理学报, 1978(2): 101-125.

[15] 黄德瑜, 冯浩. 强震前大范围地震活动性参数的时空扫描[J]. 地震学报, 1981 (3): 69-77.

[16] 方亚如, 蔡戴恩, 刘晓红, 等. 含水岩石破裂前的声发射 b 值变化[J]. 地震, 1986 (2): 3-8.

[17] 刘晓红, 李纪汉, 郝晋升, 等. 不同应力变化过程岩石的声发射 q 值[J]. 地震地磁观测与研究, 1986 (2): 60-67.

[18] 李元辉, 刘建坡, 赵兴东, 等. 岩石破裂过程中的声发射 b 值及分形特征研究[J]. 岩土力学, 2009, 30 (9): 2559-2563.

[19] 龚囡, 李长洪, 赵奎. 红砂岩短时蠕变声发射 b 值特征[J]. 煤炭学报, 2015 (S1): 85-92.

[20] 刘希灵, 潘梦成, 李夕兵, 等. 动静加载条件下花岗岩声发射 b 值特征的研究[J]. 岩石力学与工程学报, 2017 (S1): 35-42.

[21] 秦四清, 李造鼎. 岩石声发射事件在空间上的分形分布研究[J]. 应用声学, 1992 (4): 19-21.

[22] Turcotte D, Brown S. Fractals and chaos in geology and geophysics[J]. Physics Today, 1993, 46 (5): 68.

[23] Utsu T. A method for determining the value of "b" in a formula log $n=a–bM$ showing the magnitude-frequency relation for earthquakes[J]. Geophys. Bull. Hokkaido Univ. , 1965, 13: 99-103.

[24] Sagasta F, Zitto M, Piotrkowski R, et al. Acoustic emission energy b-value for local damage evaluation in reinforced concrete structures subjected to seismic loadings[J]. Mechanical Systems and Signal Processing, 2018, 102: 262-277.

[25] Aki K. Maximum likelihood estimate of b in the formula log $N=a–bM$ and its confidence limits[J]. Bulletin of the Earthquak Research Institute, University of Tokyo, 1965, 43: 237-239.

[26] 孙文福, 顾浩鼎. 怎样正确计算 b 值[J]. 防灾减灾学报, 1992 (4): 13-27.

[27] 谢卓娟, 吕悦军, 彭艳菊, 等. 东北地震区小震资料完整性分析及其对地震活动性参数的影响研究[J]. 中国地震, 2012, 28 (3): 256-265.

[28] Hafiez H. Estimating the magnitude of completeness for assessing the quality of earthquake catalogue of the ENSN, EGYPT [J]. Arabian Journal of Geosciences, 2015, 8 (11): 9315-9323.

[29] 吴兆营, 薄景山, 刘志平, 等. 东北地震区 b 值和地震年平均发生率的统计分析[J]. 防灾减灾学报, 2005, 21 (3): 27-32.

[30] Wiemer S, Wyss M. Minimum magnitude of completeness in earthquake catalogs: examples from Alaska, the Western United States, and Japan[J]. Bulletin of the Seismological Society of America, 2000, 90 (90): 859-869.

[31] Woessner J, Wiemer S. Assessing the quality of earthquake catalogues: Estimating the magnitude of completeness and its uncertainty[J]. Bulletin of the Seismological Society of America, 2005, 95 (2): 684-698.

[32] Cao A, Gao S. Temporal variation of seismic b-values beneath northeastern Japan island arc[J]. Geophysical Research Letters, 2002, 29 (9): 48-1-48-3.

[33] Bolt Y S. The standard error of the Magnitude-frequency b value[J]. Bulletin of the Seismological Society of America, 1982, 72 (5): 1677-1687.

[34] Ogata Y, Katsura K. Analysis of temporal and spatial heterogeneity of magnitude frequency distribution inferred from earthquake catalogues[J]. Geophysical Journal International, 1993, 113 (3): 727-738.

[35] Nava F, Márquez Ramírez V, Zúñiga F, et al. Gutenberg-Richter b -value maximum likelihood estimation and sample size[J]. Journal of Seismology, 2016, 21 (1): 1-9.

[36] 李世杰, 吕悦军, 刘静伟. 古登堡-里希特定律中的 b 值统计样本量研究[J]. 震灾防御技术, 2018, 13 (3): 150-159.

[37] 刘善琪, 李永兵, 田会全, 等. 影响 b 值计算误差的 Monte Carlo 实验研究[J]. 地震, 2013, 33 (4): 135-144.

[38] Scholz C. The frequency-magnitude relation of microfracturing in rock and its relation to earthquakes[J]. Bull. seism. soc. am, 1968, 58 (9): 1909-1911.

[39] Liu X L, Li X B, Hong L, et al. Acoustic emission characteristics of rock under impact loading[J]. Journal of Central South University, 2015, 22 (9): 3571-3577.

[40] 董陇军, 张义涵, 孙道元, 等. 花岗岩破裂的声发射阶段特征及裂纹不稳定扩展状态识别[J]. 岩石力学与工程学报, 2022, 41 (1): 120-131.

[41] 董陇军, 张凌云. 岩石破坏声发射 b 值的误差分析[J]. 长江科学院院报, 2020, 37 (8): 75-81.

第9章　岩体滑移的摩擦特性

在岩石力学中，岩体的破坏主要包括破裂和滑移两种模式。前面的章节中着重讲述了岩体破裂的内容，这一章将就岩体滑移的相关研究进行介绍。岩体滑移指一块岩石块体与另一个岩石块体相接触，并沿着接触面做切线运动。对于完整岩体，当其出现断裂面时，沿该断裂面的滑移是岩体进一步运动的主要方式[1]。由于岩体滑移所导致的地震、滑坡、岩爆、冲击地压等灾害频繁发生，因此，岩体滑移也是各个领域中的研究重点。

自然界中，两个相互接触的岩体界面不是绝对平整的，当岩体发生相对滑动时，岩体的实际接触面只是凸凹体接触的部分。当两接触面之间的凹凸体是刚性体时，两接触面滑移过程中，上层岩体沿下层岩体界面的凸凹不平面发生上下运动，产生摩擦力；当两接触面的凹凸体是完全弹性体时，两接触面滑移过程中，凹凸体会发生弹性变形，产生摩擦力[2,3]。因此，岩体滑移也是岩体摩擦滑移。岩体摩擦滑移是一个非常复杂的过程，摩擦特征及演化过程决定了岩体的强度特征，这直接影响着滑移的启动与终止。在摩擦滑移过程中，温度、压力、滑移速率等很多因素，都会对滑移过程产生影响，理解各因素影响下岩体滑移的摩擦特性对探究微地震、地震等灾害发生机制是重要且必要的。在探索岩体摩擦滑移的过程中，声发射事件可以助于分析成核位置、摩擦演化等。因此声学技术也被应用于岩体滑移摩擦特性的研究中。

本章将对岩体摩擦滑移的基础理论、试验方法、影响因素进行回顾和总结，并对应力与速度变化的岩体摩擦滑移数值模拟和室内试验结果进行介绍，综合考虑力学参数与声学参数变化探讨岩体滑移摩擦演化特性。

9.1　岩体滑移与摩擦

9.1.1　岩体滑移临界条件

20 世纪 40 年代，岩体摩擦滑移问题被首次提出，其被解释为岩体在剪切时发生阶跃式应力降和位移突跳所引起的岩体运动[4]。岩体摩擦滑移的要求是沿着滑移方向的剪应力达到滑移所需的剪应力的临界值[5]。对于不受孔隙流体压力作用的岩体，临界剪应力为摩擦系数与法向应力的乘积。由于工程注入流体或者自然流体流入岩体[6]会致使孔隙流体压力增大，岩体因此会重新活化[7]，此时滑移所需的临界剪应力如式 (9-1) 所示：

$$\tau_c = \mu\sigma_n' = \mu(\sigma_n - P_f) \tag{9-1}$$

式中：μ 为摩擦系数；σ_n' 为有效正应力；σ_n 为正应力；P_f 为孔隙流体压力。通过流体注入增加孔隙流体压力会导致有效正应力和临界剪应力均降低，根据阈值准则，当沿岩体的实际剪应力超过临界剪应力时，岩体发生滑移。

9.1.2 摩擦力及摩擦系数

滑移的初始摩擦系数为静摩擦系数 μ，摩擦滑移时产生的摩擦系数为动摩擦系数 μ_d，两者的关系为 $\mu_d < \mu$。岩体滑移时，岩体间的实际接触是凸凹体的接触。凹凸体是岩体破裂面上的不均匀体[8]，研究者对于凹凸体的概念和范围存在多种定义，如滑移面上应力更强、更集中的部分[9]；滑移量明显高于其他区域的部分[10]；滑移面上阻碍岩体错动而被卡住的部分[11]。这些关于凹凸体的定义集中于三个重要的点：应力、滑移量及摩擦力。

当岩体的法向力和切向力分别为 N、F 时，凹凸体与滑移面呈 α 角时，作用在上面的法向力和切向力分别为

$$\begin{cases} N' = N\cos\alpha + F\sin\alpha \\ F' = N\sin\alpha - F\cos\alpha \end{cases} \tag{9-2}$$

对于沿着凹凸体发生滑移的岩体，摩擦滑移临界条件满足式(9-1)，即 $F' = \mu N'$。将其代入式(9-2)，可得到凹凸体上的法向力与切向力的关系：

$$F = (\tan\alpha - \mu)N / (\mu\tan\alpha + 1) = \left[(1 + \mu^2)\theta - \mu\right]N \tag{9-3}$$

由式(9-3)可知，凹凸体上的实际摩擦系数为 $\mu' = (1 + \mu^2)\theta - \mu$，同时受凹凸体上的摩擦系数和凹凸体与滑移面夹角大小的影响。

9.1.3 岩体摩擦滑移模式

岩体摩擦滑移表现为两种形式的运动，蠕滑(稳定滑移)和黏滑(不稳定滑移)。如果摩擦面上的滑移平稳地发生，滑移面上的剪应力不会急剧增大或减小，应力与应变的关系保持连续，即稳定滑移；如果摩擦面上的滑动断续地、急跳式地发生，剪应力不断出现急剧增大或减小的现象，即不稳定滑移。岩体断层发生蠕滑与黏滑运动，从而触发各震级地震事件，因此蠕滑和黏滑是地震发生机制研究中的核心问题。

最初研究地震发生机制时，Reid[12]提出弹性回跳假说。弹性回跳假说认为，地壳新旧断层由于相互挤压发生弹性变形，当积累的大量弹性势能达到一定程度时释放能量，挤压的断层整体弹跳回去恢复到原来的状态，从而发生了地震。1950 年，Bowden 等[13]通过系统的岩体黏滑失稳试验研究，建立了近代摩擦理论——黏附摩擦理论。该理论认为，岩体若发生黏滑，岩体两侧需要克服摩擦面之间的摩擦力，通常情况下两侧岩体断层好像黏附在一起。1966 年，Brace 等[14]提出岩体摩擦过程中重复出现的黏滑现象可能是构造地震的一种可能机制，于是地壳中老断层或者新形成的断层的黏滑受到广泛关注。当应力积累超过岩体摩擦面的强度时，两侧岩体发生位移突跳和阶跃式应力降。通过突然滑动释放了部分能量后，两侧岩体又黏附在一起，直到下次应力积累到一定程度导致岩

体黏滑失稳。摩擦滑移作用下的准静态运动和稳定性可以由单自由度弹性系统(图 9-1)表示[15,16]。

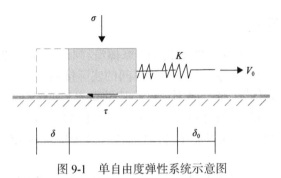

图 9-1　单自由度弹性系统示意图

图 9-1 中，V_0 为加载在弹簧上的牵引速度，V 为滑块的滑移速度，K 为弹簧的弹力系数，δ 为滑块的位移，δ_0 为弹簧加载点的位移，σ 为正应力，τ 为剪应力。在该单自由度弹性系统下，对其进行的线性稳定性分析假设系统发生一个小扰动，如果摩擦强度随着该扰动发生微小的变化且很快恢复，那么这样的系统是稳定的；如果这个系统会渐渐脱离稳态而发生不稳定事件，那么这样的系统是不稳定的。

9.1.4　岩体摩擦滑移尺度

地壳运动时会产生强大的张拉、剪切力造成岩层的断裂，之后岩层或岩体沿着破裂面错动。在不同的地质环境中，发生滑移的岩体大小不一、规模不等，小的不足 1m，大的有数百米至数千米。这里我们所说的岩体摩擦滑移尺度包括了两种尺度，一是滑移岩体的尺度，二是摩擦行为的尺度。

在岩体滑移的研究中，根据岩体的大小和规模，摩擦滑移尺度可分为两种：发生滑移的岩体长不足 1m，可用厘米级尺寸衡量的岩体滑移；岩体长为数米至数千米的米级岩体滑移。厘米级岩体滑移更多在室内试验研究中被考虑，而米级岩体滑移在数值试验中被考虑。对于发生地震的岩体断层而言，米级岩体滑移是更为贴切的。Yamashita 等[17]在日本国家地球科学和灾害预防研究所使用第二代大型双轴摩擦装置(以振动台为驱动力，使得能够进行高加载速率和大滑动距离加载)进行了米级岩体滑移的试验。同时，他们也使用旋转剪切装置进行了小尺度的高速摩擦滑移试验，与双轴滑移试验进行尺度差异的对比。该对比试验发现，米级岩体的摩擦以比厘米级岩体小一个数量级的工作率减小，天然断层的强度的损失可能会比从厘米大小的岩体样本中估计的特性所预期的快。这样的结果也表明厘米级岩体滑移的试验结果可能需要进行尺度缩放，才能更好地还原和理解断层滑移的摩擦演化过程。

另外，从微观与宏观的角度，岩体滑移的摩擦行为尺度可划分为三种：发生在岩体内部微小的微裂隙表面的摩擦行为；发生在单个颗粒和岩石块体之间的摩擦行为；发生在大尺度断层和节理面上的摩擦行为[18]。微观尺度和中等尺度主要用于理论研究，更趋向于微观机理的探讨。较大尺度主要用于解决工程技术方面的有关问题，研究大尺度断层和节理面上的摩擦力，是判断地质结构稳定性的重要依据。

9.2　岩体滑移摩擦定律与失稳判据

9.2.1　岩体滑移摩擦定律

摩擦定律是评价滑移不稳定性和地震成核的重要依据。由于岩石是多种矿物的集合体，所以和单一介质相比其摩擦机制要复杂得多。在低正应力条件下，岩体的摩擦甚至不服从古典摩擦定律。通过进行岩体摩擦滑移试验，Dieterich[19]发现在黏滑时静摩擦系数与静接触时间的对数成正比，证明了滑移时摩擦系数对时间的依赖性。之后，Scholz等[20]进一步发现摩擦系数与滑移速度的对数成反比。在此之上，Dieterich[21]提出用描述稳态滑移摩擦力的速度依赖性所需的记忆效应和历史依赖性来解释准静态接触过程中摩擦力的演化，即速度状态摩擦定律。静摩擦的时间依赖性和滑动摩擦的速度依赖性与临界滑动距离 D_c（恢复表面接触所必需的滑动）和滑动速度 V 的比值相关（图 9-2），当 $t<t_1$，摩擦处于稳定状态，摩擦演化定律如下[21,22]：

$$\mu = \mu_0 + a\ln\left(\frac{V}{V_0}\right) + b\ln\left(\frac{V_0\theta}{D_c}\right) \tag{9-4}$$

式中：μ_0 为初始摩擦系数；V_0 为稳态滑移的速率；V 为滑移速率；θ 为状态变量；a 和 b 为经验常数。

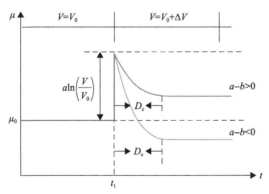

图 9-2　摩擦演化示意曲线

状态变量 θ 具有特征接触寿命的解释，Dieterich[21]及 Ruina[23]分别对其进行了定义：

$$\frac{\mathrm{d}\theta}{\mathrm{d}t} = 1 - \frac{V\theta}{D_c} \tag{9-5}$$

$$\frac{\mathrm{d}\theta}{\mathrm{d}t} = -\frac{V\theta}{D_c}\ln\left(\frac{V\theta}{D_c}\right) \tag{9-6}$$

在 Dieterich 定律中，状态和摩擦在 $V=0$ 的静态接触时也会演化，摩擦力主要根据时间依赖性和静摩擦系数来计算。即使在静态接触过程中，状态和摩擦力也会发生变化。而 Ruina 定律中，摩擦力的任何变化都需要滑移。Marone[24]解释了这两种摩擦演化观点之间的区别是从微观力学角度解释潜在过程的基础，根据试验数据，速率在某些情况下减弱的长期演化过程与短期直接效应会相互竞争。速率状态摩擦反映出了滑移速度对于整个摩擦系统的瞬时影响和长期影响，瞬时影响是指滑移速率变化，摩擦力会发生瞬时变化，是短期过程；长期影响是指滑移过程中滑移速率发生改变，状态变量也会随之变化，是长期过程。

上述 Dieterich 定律与 Ruina 定律在岩石力学及地震学中被广泛认可和采用。之后的研究中，考虑不同的影响因素，摩擦定律也在持续的探索和完善之中。如 Linker 等[25]认为正应力也会影响摩擦演化，在式(9-4)所示的摩擦演化定律下，将状态演化改写为

$$\frac{\mathrm{d}\theta}{\mathrm{d}t} = \left[\left(\frac{\partial\theta}{\partial\delta}\right)_{\sigma=\mathrm{const}}\frac{\mathrm{d}\theta}{\mathrm{d}t}\right] - \left(\frac{\alpha\theta}{b\delta}\right)\frac{\mathrm{d}\sigma}{\mathrm{d}t} \tag{9-7}$$

式中：δ 为滑移距离；σ 为正应力；α 为经验常数。除此之外，Chester 等[26]认为除速率之外，滑移摩擦还受温度的影响，将 Ruina 定律进一步改写：

$$\mu = \mu_0 + a\left[\ln\left(\frac{V}{V_0}\right) + \frac{Q_\mathrm{a}}{RT}\right] + b\ln\left(\frac{V_0\theta}{D_\mathrm{c}}\right) \tag{9-8}$$

$$\frac{\mathrm{d}\theta}{\mathrm{d}t} = -\frac{V\theta}{D_\mathrm{c}}\left[\ln\left(\frac{V\theta}{D_\mathrm{c}}\right) + \frac{Q_\mathrm{b}}{RT}\right]\ln\left(\frac{V\theta}{D_\mathrm{c}}\right) \tag{9-9}$$

式中：R 为常数；T 为绝对温度；Q_a 为直接的表面激活能；Q_b 为演化的表面激活能。

9.2.2 岩体滑移失稳判据

在不同时期和不同区域，岩体摩擦滑移的模式并不是固定的。在浅部由于不稳定滑移而引起地震发生的断层，在深部也许进行着稳定滑移[27]。大量不同条件下的滑移试验数据表明，稳定滑移是许多岩体在低正应力条件下特有的运动方式。若正应力、滑移速率、凹凸体的形状尺寸、矿物成分、温度等条件发生变化，会影响岩体滑移失稳的过程机理，滑移可能会在稳定滑移和不稳定滑移之间相互转换[21,28]。在摩擦滑移研究中，可通过摩擦率参数 a–b 或加载系统与岩体的刚度来判断岩体的滑移模式。

摩擦演化定律中，a 和 b 是最重要的参数，分别是摩擦强度对于速率改变的直接响应参数与表示演化效应强弱的演化效应参数(图 9-2)。对于同种岩石，在不同条件下 a 和 b 直接反映了其内在的物理变化及控制机制。a–b 表示如下[24,29]：

$$a - b = \frac{\Delta\mu_\mathrm{ss}}{\ln(V/V_0)} \tag{9-10}$$

式中：$\Delta\mu_\mathrm{ss}$ 为摩擦系数从 V_0 到 V 的变化值。a–b 小于 0，代表速率弱化摩擦行为，表明滑移一旦开始后，摩擦会随着速率的增大而减小。速率弱化时，滑移不断地加速，整体结构稳定性降低，滑移面急剧地扩大，这就是地震。因此，速率弱化也是滑移失稳成核的要求。a–b 大于 0，代表速率强化摩擦行为，摩擦会随着速率的增大而增大，随之滑移又减速。速率强化时，滑移速率变小后摩擦也随之变小，滑移又会加速，接触面以减速

和加速平衡的速率进行缓慢的稳定滑移。

除 a–b 外，滑移失稳的判据还来自力平衡，在速率与状态摩擦中，加载系统的弹性刚度 K(应力/长度)与岩体特性定义的临界刚度 K_c 的关系决定了稳定与不稳定滑移，临界刚度的表示如下[23,29]：

$$K_c = \frac{-(a-b)\sigma_n'}{D_c} \tag{9-11}$$

对应于岩体摩擦滑移模式，如果 $K > K_c$，岩体会稳定滑移，为蠕滑事件；如果 $K < K_c$，滑移会不稳定，为黏滑事件。结合式(9-6)，可以知道孔隙流体压力的增加也会导致临界刚度降低。加载系统的刚度是由样品和设备的刚度共同决定的，一种测量 K 的方法是假设加载活塞在快速滑移事件中不会前进[30]，计算公式如下：

$$K = \frac{\Delta \tau_{\text{mech}}}{d} \tag{9-12}$$

式中：$\Delta \tau_{\text{mech}}$ 为平均剪应力变化；d 为以一个滑移事件测量的模拟断层的平均滑移。

9.3 摩擦演化试验研究方法

9.3.1 室内试验研究

岩体滑移机制与自然环境密切相关，室内试验是研究岩体滑移摩擦演化的最基本和最常用的方法[31]。室内试验中使用的岩石样品虽然并不具备天然岩石和断层的许多复杂性，但滑移过程、摩擦特性和强度变化等可以通过缩放和类比得到[18,22]。目前，室内试验方法主要有直接剪切试验、旋转剪切试验和三轴试验(图 9-3)。

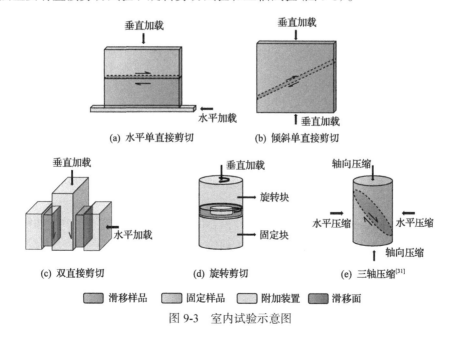

图 9-3 室内试验示意图

1. 直接剪切试验

直接剪切是指在岩石上施加垂直压力后，再施加水平剪切力进行剪切的过程。直接剪切试验又包括单直接剪切试验和双直接剪切试验。

在单直接剪切试验中，根据滑移面方向的不同，分为两种剪切方向：水平[图 9-3(a)]和倾斜[图 9-3(b)]。水平剪切时先对岩石样品施加垂直压力，然后再施加水平剪切力进行剪切[32]。倾斜剪切时通过在一个方向施加垂直力来产生法向应力和剪切应力[33]。对于单直接剪切而言，样品的两个部分可以是一个固定、一个滑移，也可以是同时滑移。

在双直接剪切试验中，两个断层凿层样品分别被夹在两个固定的侧块和一个中间块之间[图 9-3(c)]，试验时从水平方向施加恒定的法向力，之后通过控制加载装置垂直位移速率来控制剪切速率。用于剪切的断层凿层初始层厚度通常为 3~5mm，它的摩擦特性和构成参数与具有相同粗糙度的岩石相同，可以代表自然断层表面的粗糙度[34]。

2. 旋转剪切试验

旋转剪切是指施加垂直载荷和旋转力使岩土样品滑动的方法[图 9-3(d)]。1986 年，Tullis 等[35]报道了一种高压旋转剪切装置，该装置样品环的上表面和下表面固定在工具钢夹具上，一个样品夹具保持不动，另一个样品夹具旋转以施加扭矩，法向应力由封闭压力和额外的轴向载荷共同作用。在旋转剪切试验中，样品可以连续剪切以实现长期滑移，样品尺寸一般较小，而加载速率较大，以实现高速摩擦滑移。最初，旋转剪切装置用于模拟摩擦熔化[36]。Shimamoto 等[37]报道称，旋转剪切装置产生了地震滑移速率(高达1.3m/s)。之后，旋转剪切装置在岩石断层动态强度及其随地震滑移和滑移速率演化的研究中被更多地应用[38]。目前，国内外已有数十种旋转剪切装置的报道。不同的旋转剪切装置具有不同的特点，包括高速、中高速和低速至高速，主要性能差异在于滑移速率、载荷、温度和流体压力。Ma 等[39]很好地总结了全世界具有高速摩擦能力的旋转剪切装置，可在该文章中具体了解各旋转剪切装置的作用和性能。

3. 三轴试验

三轴试验是指通过轴向系统对岩石施加垂直压力，然后在水平方向对样品施加压力以滑移的方法[图 9-3(e)]。在三轴试验中，最大主应力是轴向的，最小主应力是径向的。三轴变形仪可以产生和控制数吉帕围压和数百兆帕孔隙流体压力[40,41]。三轴变形仪的轴向载荷是通过内部测力计测量的，如果考虑孔隙流体压力的作用，可将孔隙流体压力控制连接到三轴变形装置。

在岩体摩擦滑移的研究中，除加载条件外，有多种影响因素需要考虑，如样品类型、样品尺度、流体作用等。因此，研究者依据研究重点，对基本的试验方法进行了设计和改进。如考虑样品材料，Lykotrafitis 等[42]进行了双材料水平剪切试验，将两块相似材料的聚甲基丙烯酸甲酯板分开，中间放置一块聚碳酸酯板，在上下两块板之间进行挤压和滑移。与单一材料相比，两种材料之间的异质界面的摩擦力减弱得更慢，滑移持续时间更长。双材料水平剪切试验更接近于天然地质板块边界和断层带结构上的双材料界面滑移环境，在跟踪连续的滑移脉冲和描述各种剪切裂纹的研究中多次被开展[42,43]。考虑样品尺度，除 9.1 节中所提到的大型双轴试验外，还有 McLaskey 等[44]在 400mm 厚的花岗岩板上进行了试验，并以 2m 长的模拟断层面为倾斜滑移面。试验中，不仅岩石尺寸大，而且滑移速率也达到每秒几十毫米。此外，McLaskey 等[30]对两个 760mm 长的矩形花岗岩块进行了水平直接剪切，岩块上的垂直力和剪切力是由液压缸提供的，通过改变加载条件，产生快速和缓慢的滑移事件。Wu 等[45]在一块含有锯切模拟断层的 3m 花岗岩板上进行了水平剪切，产生了从慢到快、自发成核的滑移事件。考虑断层的饱和度，Ikari 等[32]开发了一个直接剪切装置，在两个钢块中放置了一个圆柱体样品室。上面的钢块是固定的，而下面的钢块是水平驱动的，钢块的相对位移引起样品室的相对位移，从而带动样品的剪切。装置允许样品室与多孔流体储存器和大气沟通，保证流体的注入以获得不同饱和度的断层沉积物，同时又可消散多余的孔隙流体压力。考虑流体的作用，Samuelson 等[46]在三轴压力容器中进行双直接剪切，并同时向断层泥注入流体，流体通过连接在侧块和中心块上的通道进入凿岩层，断层孔隙流体压力由高精度伺服控制增压器控制。

9.3.2　数值试验研究

　　除了室内试验研究，针对岩体滑移摩擦特性开展的数值试验的作用也不可忽视。岩体滑移数值试验主要基于有限元、边界元、离散元、有限差分等数值技术开展，不同类型的岩体模型，法向应力、剪切应力和孔隙流体压力等各种应力状态均被充分考虑。主要包括探索岩体断层的整体变化连续弹性模型和观察断层内部的相互作用和变形的不连续离散模型[31]。例如，针对应力变化与摩擦特性，Fan 等[47]构建了平面应变多孔弹性有限元模型，将流体流动和地质力学变形耦合起来，评价了注水井附近孔隙流体压力场和应力场的时空演化。Tal 等[48]提出了一个有限元模型来模拟粗糙界面上的剪切断裂，该模型由速率和状态摩擦规律控制。基于该有限元模型，他们讨论了断层粗糙度对地震成核和摩擦行为的影响。此外，为了观察断层内部的相互作用，Dorostkar 等[49]建立了一个由 7996 个小颗粒组成的颗粒断层模型，并模拟流体注入，以实现对不同饱和度断层内部作用力的分析。Yang 等[50]建立了一个离散元和孔隙网络流耦合的断层区域模型，分析了连续均匀和不连续非均匀孔隙流体压力存在下的断层强度变化及其稳定性。Wang 等[51]通过填充颗粒建立了不同粗糙度的断层模型，并分析了断裂面与粗糙纹理的相互作用。

9.4　应力与速率依赖的摩擦特性及其声学特征

　　应力和速率变化对岩体强度和滑移稳定性的影响是滑移机制研究的一个重要问题。岩体的局部剪切滑移会诱发区域应力扰动[52]，导致地震活动频繁[53]。就应力的影响而言，Kilgore[54]表示法向应力变化引起的滑移速率变化程度与滑移面的摩擦特性和加载系统的弹性特性密切相关。Lykotrafitis 等[42]指出法向应力的突然变化会导致剪应力的线性弹性响应和摩擦力的瞬间演变。一般来说，在低应力条件下，岩体的摩擦与表面粗糙度密切相关，在高应力条件下，粗糙度的依赖性将被削弱，岩体类型对摩擦的影响将被降低[55]。另外，在高应力下，剪切区存在晶粒断裂区，这也会影响到岩体强度[56]。

对于经常观察到的蠕变和震颤的断层，如果它们遇到快速的干扰，可能会出现地震耦合[44]。地震成核期间的滑移速率通常为微米每秒至毫米每秒[57]，地震破裂的传播率为毫米每秒至千米每秒[58]。在快速滑移过程中，岩体表面存在应力异质性和温度异质性[59, 60]。研究表明，速率依赖性可以作为摩擦模型的定性措施[61]。随着滑移的进行和滑移量的积累，速率的变化将导致摩擦强度的瞬时变化，因此，滑移趋向于不稳定的反震滑移[62]。Marone[24]对地震事件之间的断层强化（由两个表面之间增加的静摩擦来表示）过程进行了分析，发现滑移速率对静摩擦的影响明显大于对稳态滑移摩擦的影响，静摩擦和愈合率随着滑移速率和时间的变化而变化。在具有较高滑移速率的天然断层上，即使是较小的扰动也会导致强烈的滑移弱化行为，从而诱发大规模的滑移，摩擦力的变化可能与速率的历史无关，而是与速率本身有关[63]。滑移试验中，主要通过速率步进试验（速度增量变化）探究速率扰动对摩擦特性的影响机制，最小滑移速率低至 $10\sim12\text{m/s}$[64]，最大滑移速率达到了每秒数十米[39]。

基于数值试验及室内试验，本节比较了不同应力条件和速率的滑移行为，对应力变化和速率扰动下的摩擦特性和声学特征进行了研究分析，以下将具体介绍。

9.4.1 基于 ABAQUS 的滑移模拟

使用有限元软件 ABAQUS 建立模型，考虑到复杂的载荷环境，模拟总共设置 20 种加载方式以进行分析对比[60]，其中，加载速率从 $1\times10^{-4}\text{m/s}$ 至 $3\times10^{-2}\text{m/s}$ 变化，法向应力从 1.3MPa 至 6.7MPa 变化（表 9-1）。

表 9-1　加载参数

模型编号	法向应力/MPa	加载速率、滑移速率/(m/s)	模型编号	法向应力/MPa	加载速率、滑移速率(m/s)
MX1-1	1.3	1×10^{-4}	MX3-1	3.3	1×10^{-4}
MX1-2	1.3	1×10^{-3}	MX3-2	3.3	1×10^{-3}
MX1-3	1.3	1×10^{-2}	MX3-3	3.3	1×10^{-2}
MX1-4	1.3	1.5×10^{-2}	MX3-4	3.3	1.5×10^{-2}
MX1-5	1.3	3×10^{-2}	MX3-5	3.3	3×10^{-2}
MX2-1	2.7	1×10^{-4}	MX4-1	6.7	1×10^{-4}
MX2-2	2.7	1×10^{-3}	MX4-2	6.7	1×10^{-3}
MX2-3	2.7	1×10^{-2}	MX4-3	6.7	1×10^{-2}
MX2-4	2.7	1.5×10^{-2}	MX4-4	6.7	1.5×10^{-2}
MX2-5	2.7	3×10^{-2}	MX4-5	6.7	3×10^{-2}

1. 岩体滑移行为

对模型采取不同的应力条件及加载速率加载，实现快速与慢速的滑移。通过进行不同受力环境及滑移速率下的滑移模拟(图 9-4)，得到滑移前、滑移中、滑移后的应力、应变等变化情况。

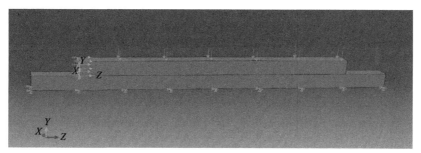

图 9-4　滑移模型[60]

结果显示，随着法向应力的增加，等效应力的分布明显更加均匀(图 9-5)。上部滑块

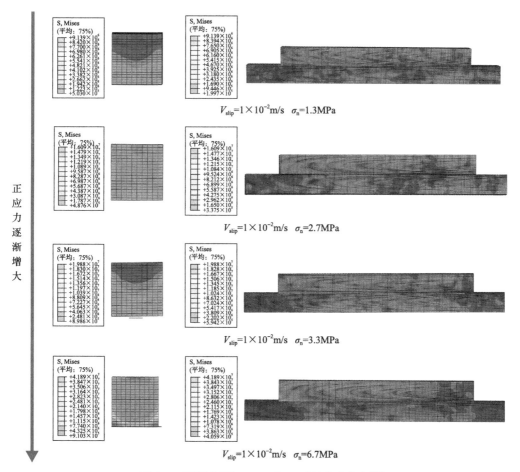

图 9-5　滑移速率为 1×10^{-2}m/s 时的应力分布[60]

的应力普遍偏大，而下部固定块的应力普遍较小。对于整体的模型而言，下部固定块未与上部滑块接触的部分，应力较小，上部滑块进行切向加载的侧面，应力较大。对于上部滑块来说，底面是滑移面，其切向加载面靠滑移面一侧应力较大，应力最大值处于加载面的边角处。这也表示上部滑块滑移面一侧是最易发生微小破裂的地方，在实际的滑移试验中，由于应力过大并且受摩擦的影响，滑移面会有局部损坏，在试验结束后拍摄的照片中能看到一系列的凹槽，凹槽以非常锋利的边缘开始，并且随着连续滑移而变宽，凹槽中充满凿料，有的看起来严重粉碎并部分固结，甚至还会溢出到旁边的试样表面上。

　　滑移速率相同时，随着法向应力的增大，应变会越来越小(图 9-6)。法向应力为 1.3MPa 时，对整体模型来说，除切向加载面之外，应变的差异并不明显，随着法向应力逐渐增大，应变差异反而变得明显了。法向应力为 1.3MPa 和 2.7MPa 时，切向加载面的应变在一个较小的范围内；法向应力为 3.3MPa 时，应变的范围开始分成两部分；法向应力为 6.7MPa 时，分布成四个部分。即法向应力小时，切面整体应变均在一个较大的范围内，没有明显地因为靠近上表面或靠近滑移面而产生不同。

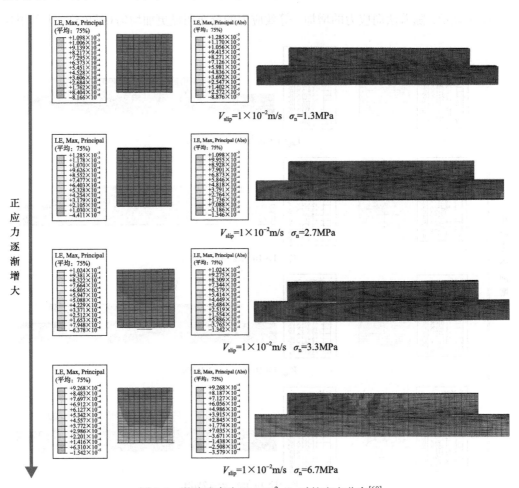

图 9-6　滑移速率为 1×10^{-2} m/s 时的应变分布[60]

法向应力相同时，滑移速率越小，等效应力分布越均匀（图 9-7）。当滑移速率较小时，下部固定块未与滑移块接触的部分所受的影响并不明显，随着加载速率增加，滑移距离变大，两侧才有了明显的应力变化。从 1×10^{-4}m/s 到 3×10^{-2}m/s，应力的最大值并没有逐渐递增的趋势，说明加载速率或者滑移速率的大小并不直接影响应力。不同滑移速率下切向加载面的应力分布是相似的，最大值也同样在靠近滑移面一侧的两个角点处，这也说明，最容易发生局部损坏的地方也是在滑移面上。

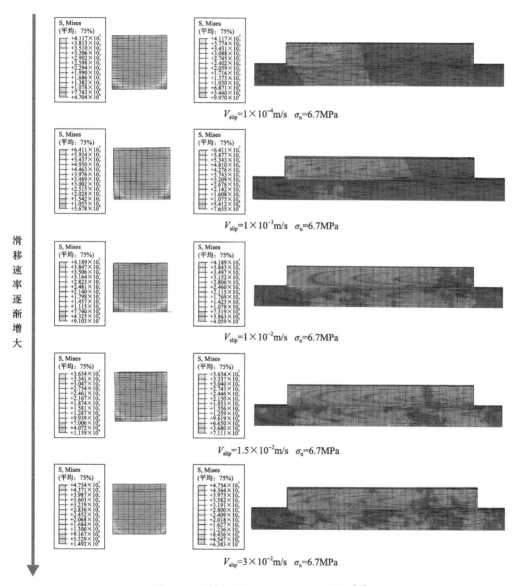

图 9-7 法向应力为 6.7MPa 的应力分布[60]

滑移速率较小时，应变成块区分得较为明显（图 9-8）。当滑块快速滑移时，局部应变大小较慢速滑移时更不均匀，即相邻位置局部剪切应力的大小差异也可能会较大。所以，实际在进行滑移试验时，需要在滑块与固定块上贴上应变片以测量局部线应变，再根据线应变计算局部剪切应变以及局部剪切应力。对于整体模型而言，固定块与滑块未接触的部分是应变最小的地方，随着加载速率的增大，才开始有一点变化。

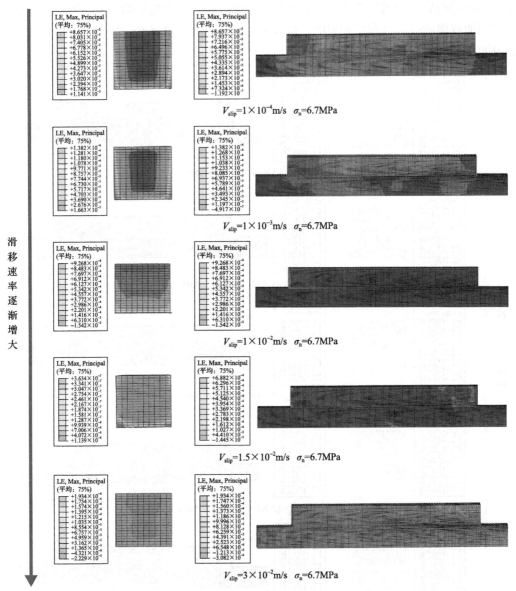

图 9-8　法向应力为 6.7MPa 的应变分布[60]

不同滑移速率下，随着法向应力的增加，等效应力的最大值也逐渐增加（图 9-9(a)）。在进行滑移试验时，法向应力越小，临界剪切应力越小，剪切应力越容易达到临界剪切应力，岩体也越容易滑移。然而，并不是滑移速率越大，滑块和固定块所受的应力就越大，也不是滑移速率越小，应力越大。不过，根据后面法向应力较大时的变化，可以看出，慢滑时的应力多数是大于快滑时的，这可能是因为慢滑时，为了达到一定的滑移距离，能量积累的时间会更多。相对于等效应力变化来说，应变的变化显得比较杂乱（图 9-9(b)）。较慢速率加载及滑移时，应变较小并且随法向应力的增加缓慢变大，而以较大速率加载及滑移时，应变的变化是时大时小且没有相似的规律。

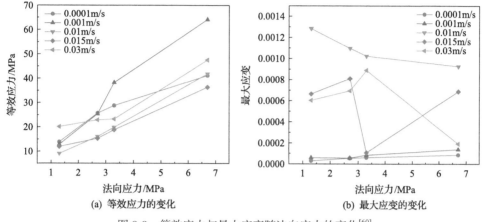

（a）等效应力的变化　　　　　　　（b）最大应变的变化

图 9-9　等效应力与最大应变随法向应力的变化[60]

2. 摩擦演化过程

在滑移中，岩体上会存在应力集中的区域，产生比外部区域更多的磨损材料（凿孔），导致这些区域进一步应力集中。断层上的剪切应力主要由应力集中区域承受，该区域经历高工作率（单位面积上剪切应力和滑移速率的乘积），因此这些区域摩擦应迅速减弱并导致宏观摩擦强度突然降低[18]。许多实验室试验研究了在高滑移速率下减少摩擦（弱点）的潜在机制。其中，工作率可能是一个关键参数。根据计算的剪切应力的大小、不同滑移速率下的工作率（表 9-2），获得摩擦系数随工作率的变化情况（图 9-10）。

表 9-2　不同模型的滑移工作率

模型编号	法向应力/MPa	滑移速率/(m/s)	剪切应力/MPa	剪切应力/法向应力	工作率/[MJ/(m²·s)]
MX1-1	1.3	1×10^{-4}	1.05	0.808	1.05×10^{-4}
MX1-2	1.3	1×10^{-3}	1.00	0.769	1.00×10^{-3}
MX1-3	1.3	1×10^{-2}	0.99	0.762	9.87×10^{-3}
MX1-4	1.3	1.5×10^{-2}	0.95	0.731	1.43×10^{-2}
MX1-5	1.3	3×10^{-2}	0.88	0.678	2.64×10^{-2}
MX2-1	2.7	1×10^{-4}	2.06	0.763	2.06×10^{-4}
MX2-2	2.7	1×10^{-3}	1.96	0.726	1.96×10^{-3}
MX2-3	2.7	1×10^{-2}	1.89	0.700	1.89×10^{-2}
MX2-4	2.7	1.5×10^{-2}	1.85	0.685	2.78×10^{-2}
MX2-5	2.7	3×10^{-2}	1.79	0.663	5.37×10^{-2}
MX3-1	3.3	1×10^{-4}	2.63	0.797	2.63×10^{-4}
MX3-2	3.3	1×10^{-3}	2.62	0.794	2.62×10^{-3}

模型编号	法向应力/MPa	滑移速率/(m/s)	剪切应力/MPa	剪切应力/法向应力	工作率/[MJ/(m²·s)]
MX3-3	3.3	1×10^{-2}	2.46	0.745	2.46×10^{-2}
MX3-4	3.3	1.5×10^{-2}	2.35	0.712	3.53×10^{-2}
MX3-5	3.3	3×10^{-2}	2.20	0.667	6.60×10^{-2}
MX4-1	6.7	1×10^{-4}	5.43	0.806	5.43×10^{-4}
MX4-2	6.7	1×10^{-3}	5.25	0.784	5.25×10^{-3}
MX4-3	6.7	1×10^{-2}	5.00	0.746	5.00×10^{-2}
MX4-4	6.7	1.5×10^{-2}	4.69	0.700	7.04×10^{-2}
MX4-5	6.7	3×10^{-2}	4.42	0.660	1.33×10^{-1}

　　分析发现,在滑移时,高法向应力、高滑移速率导致高工作率,同时导致磨损材料的高生产率,由于断层表面脱位而产生的凿料被拖拽,导致凹槽进一步延伸,产生进一步的凿料和应力异质性,此为正反馈效应,其增强了空间应力的异质性。由于局部区域的高工作率,摩擦强度随着滑移速率的增加而下降,摩擦强度的降低减缓了凿孔产生,此为负反馈效应。这两种相反的反馈效应在断层滑移期间竞争,因此摩擦行为取决于竞争[60]。

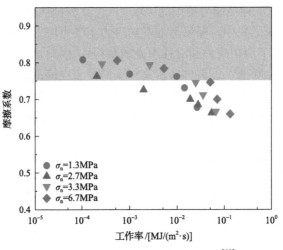

图 9-10　摩擦系数随工作率的变化[60]

　　由于应力条件的原因,岩体滑移模式可以在慢滑与快滑间切换,滑移速率的增加会促使滑移变得不稳定,局部应力与变形的大小也变得无规律,空间应力异质性和由此产生的局部高工作率导致摩擦强度的下降,例如大型岩体在较小的工作率下失去其摩擦强度,则在滑动期间的早期阶段,滑移可能就会迅速减弱。

9.4.2　双轴剪切滑移试验

　　我们对 3 块花岗岩进行了双轴剪切滑移试验(图 9-11),两侧岩块尺寸为 400mm× 100mm×45mm,中间岩块尺寸为 360mm×100mm×45mm。将岩块放置于双轴装置中,连接声发射传感器、位移传感器及力传感器。试验开始前，预先对岩块试样施加一定大小的侧向力使 3 块岩块接触固定，之后拆除中间岩块下部垫块开始试验。将侧向力增加至预设垂直压力的大小，待侧向力稳定后开始竖向加载，试验时持续采集声发射波形、位移、竖向力等的变化，待滑移量超过量程后停止试验。试验共采用 6 种加载路径(表 9-3)，控制方式为载荷控制。

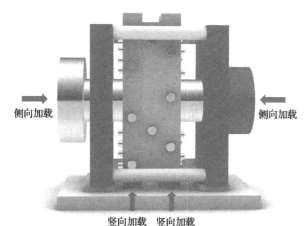

图 9-11　双轴试验示意图

表 9-3　试验加载参数

样品尺寸/mm	试验编号	侧向加载/kN	竖向加载速率/(kN/s)	滑移累积至 10mm 的时长/min
	SY-1	20	0.01	36
	SY-2	25	0.01	52
两侧：400×100×45	SY-3	15	0.0083	29
中间：360×100×45	SY-4	20	0.0083	78
	SY-5	40	0.005	163
	SY-6	80	0.005	245

试验采集系统是多通道设备，每个模块有 2 个独立的通道。通道 ADC 为 40MHz，精度为 18bit，宽带工作频率为 18kHz～2.4MHz，主底盘采用军用级 VME 总线结构，具有多种传动形式，传输速度可达 5Gb/s。试验中可以同步获得声发射特征参数、波形、位移及竖向加载力数据。试验所使用声学传感器响应频率为 20kHz～450kHz，不受环境噪声影响，采样频率为 10MHz。使用特制的夹具将声学传感器固定在岩石试样及加载块上面，传感器与试样之间涂抹耦合剂以获得良好的耦合效果。用于测量滑块滑移距离的设备是激光位移传感器，其测量原理是：将位移传感器固定在中心岩块上方垫块上，测量面面向滑块，垂直于滑动方向。滑块和激光位移传感器之间存在初始相对距离，随着试样滑移，相对距离缩短，两个相对距离之差即为滑移距离。光源为红色半导体激光器，光束直径约为 50μm，测量范围为–5～5mm，测量精度为 10μm。用于测量竖向力的设备是力传感器，该传感器将高频力传感器与现代数字测量技术相结合，可以测量瞬时力值，试验中，采集仪的采集频率设定为 15kHz，精度可达 24bit，所测水平

力强度大，精度高。

对于 SY-1 至 SY-6 加载方式，SY-1 与 SY-2 侧向加载不同，竖向加载速率相同；SY-3 与 SY-4 侧向加载不同，竖向加载速率相同；SY-1 与 SY-4 侧向加载相同，竖向加载速率不同；SY-5 与 SY-6 侧向加载不同，竖向加载速率相同。由于施加的侧向加载力较小，SY-1 至 SY-4 滑移量累积至 10mm 的时间较短，而 SY-5 与 SY-6 施加的侧向加载力较大，滑移量累积至 10mm 的时间较长。

1. 岩体滑移行为

通过试验，得到了不同载荷条件下的滑移曲线。图 9-12 展示了 SY-1 至 SY-6 的竖向加载力与位移随时间的变化图。试验时 1#位移传感器与 2#位移传感器分别测量两侧试样的位移，对应图 9-12 中的位移 1 和位移 2。由于滑移面形貌的差异性，位移 1 和位移 2 的数据也有略微的差异，但整体趋势保持一致。为保证数据的准确性，对于最后一次滑移，若位移 1 和位移 2 差异过大，在分析中不视为完整的滑移。

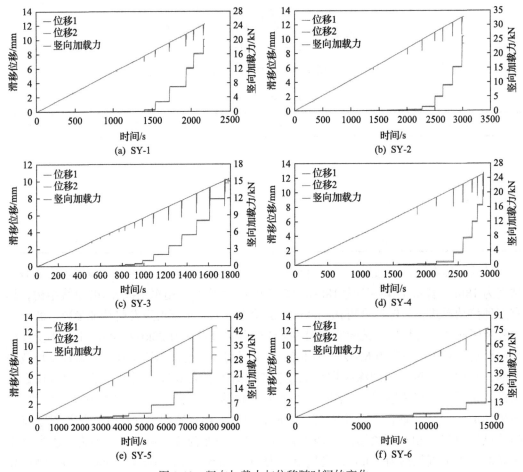

图 9-12　竖向加载力与位移随时间的变化

由图 9-12 可以看到，SY-1 至 SY-6 中产生了多次的黏滑事件，每次滑移后由于应力松动而产生应力降。图 9-12 中也显示了滑移与应力降的一一对应关系。拾取每次试验的滑移事件，通过位移差与时间差计算每个事件试样的滑移速率。图 9-13 显示了 SY-1 至 SY-6 的滑移事件及对应的滑移速率，浅灰色区域为滑移事件更集中的区域。

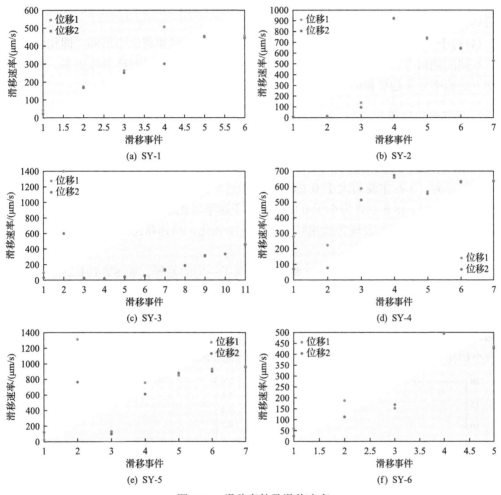

图 9-13　滑移事件及滑移速率

在这里，我们分别对 6 组试验进行了 4 次对比分析。

（1）SY-1 与 SY-2，两次试验侧向加载力不同，但具有相同的竖向加载速率。即不同的法向力，相同的侧向力。SY-1 的试样进行了 6 次滑移，SY-2 的试样进行了 7 次滑移。由图 9-12 和图 9-13 可知，相同的侧向力下，法向力大时，滑移更晚开始，但滑移速率最大值更大，两种法向力下的速率分布趋势不同。

（2）SY-3 与 SY-4，两次试验侧向加载力不同，但加载速率相同。累积 10mm 的滑移量，SY-3 的试样进行了 11 次滑移，SY-4 的试样进行了 7 次滑移，两种法向力下的速率分布趋势不同。

（3）SY-5 与 SY-6，两次试验也是侧向加载力不同，但加载速率相同，这两次试验累积 100mm 滑移量的时间相对于前面 4 次试验时间更长，滑移进行得更缓慢，分别持续了 163min 和 245min。SY-5 的试样进行了 11 次滑移，SY-6 的试样进行了 7 次滑移。由图 9-12 和图 9-13 可知，相同的侧向力下，法向力小的滑移量呈梯度稳定增加，时间间隔更平均，这个规律在滑移时间较短的 SY-1 与 SY-2 中，并未显现出来。另外，两种法向力下的速率分布趋势相似。

(4) 对于 SY-1 与 SY-4，两次试验侧向加载力相同，但加载速率不同。即相同的法向力，不同的侧向力。累积 10mm 的滑移量，更慢的加载速率时滑移事件更多。两种加载速率下的速率分布趋势相同。

2. 摩擦演化过程

针对 SY-1 至 SY-6 双轴剪切滑移试验，计算 9.3.2 节中所提到的摩擦率参数 a–b，得到 a–b 随滑移速率的变化(图 9-14)。SY-1 至 SY-6 显示出了较为一致的变化趋势：当滑移速率较小时，a–b 主要为大于 0 的，即处于速率强化摩擦状态，稳定滑移占主导；当滑移速率较大时，a–b 主要为小于 0 的，即处于速率弱化摩擦状态，不稳定滑移占主导，滑移失稳成核。整体上表现为低速状态下的速率强化，高速状态下的速率弱化，同时速率强化占主导的行为。

不过，由图 9-14 也可看出各试验结果呈现了一定的差异，如 SY-4 中 a–b 更多为负值，SY-6 中最大滑移速率对应的 a–b 为正值。对比 6 个试验，可发现法向力恒定时，侧向加载速率越大，滑移过程越短，速率强化摩擦行为越明显，滑移更多为稳定滑移；侧向加载速率恒定时，法向力越大，滑移全过程越长，速率弱化摩擦行为越明显，滑移更多为不稳定滑移。综合应力状态的变化情况，摩擦状态的变化可总结为图 9-15。

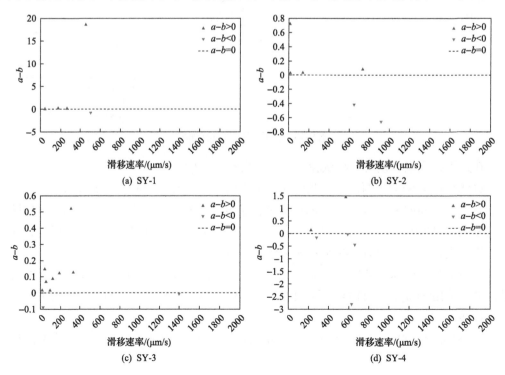

(a) SY-1　　　　　　　　　　(b) SY-2

(c) SY-3　　　　　　　　　　(d) SY-4

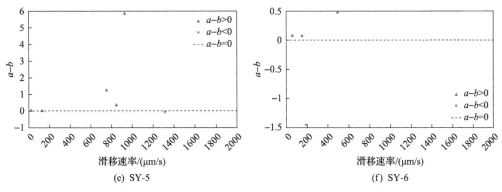

(e) SY-5　　　　　　　　　　　　(f) SY-6

图 9-14　$a-b$ 随滑移速率的变化

3. 摩擦滑移的声学特征

在进行双轴剪切滑移试验时，同步测量了声发射参数的变化，在滑块与固定块上共放置 32 个声学传感器。对于 6 次试验中时间较长的两次试验 SY-5 与 SY-6，传感器坐标见表 9-4。图 9-16 与图 9-17 显示了 SY-5 与 SY-6 的滑移时间历程与声学参数的变化，直观地展示了摩擦滑移进程中声发射事件数、能量、撞击幅值、主频等参数变化特征。

综合对比 SY-5 与 SY-6 两次滑移试验，在相同的竖向加载速率下，法向应力大时累积声发射事件数更多，在最后一个滑移事件处有大幅上升。法向应力小时累积声发射能量与位移曲线相似，法向应力大时累积声发射能量只在最后一个滑移事件处有大幅上升。两次试验主频主要均分布在 25～350kHz，法向应力小时最大声发射撞击幅值分布在 100kHz 与 250kHz 为核心的两个主频带，法向应力大时最大声发射撞击幅值分布在 100kHz 为核心的主频带。

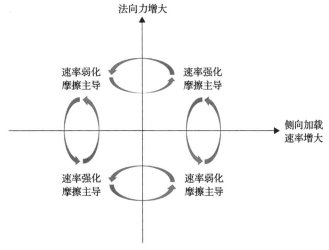

图 9-15　摩擦状态随应力状态的变化

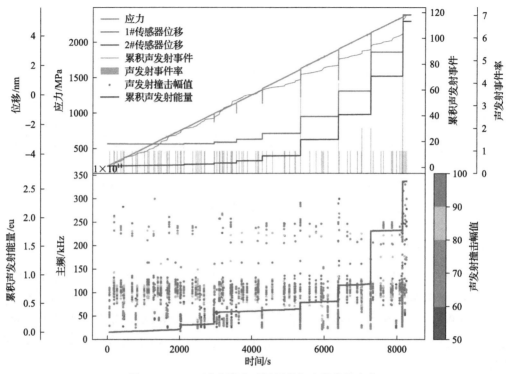

图 9-16　SY-5 试验滑移时间历程与声学参数变化

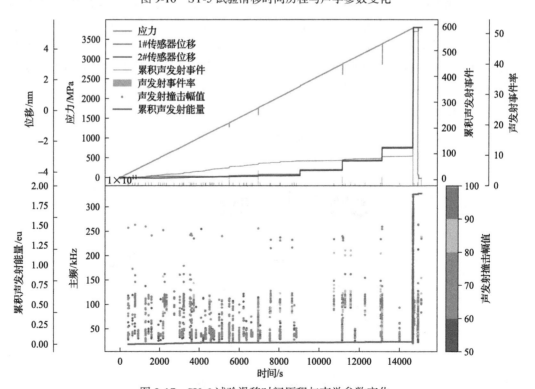

图 9-17　SY-6 试验滑移时间历程与声学参数变化

表9-4 SY-5和SY-6试验声学传感器坐标

试验编号	传感器序号	x	y	z	试验编号	传感器序号	x	y	z
	1	0	80	40		1	0	80	50
	2	0	20	70		2	0	20	70
	3	0	80	100		3	0	80	100
	4	0	20	140		4	0	20	140
	5	0	80	260		5	0	80	260
	6	0	20	300		6	0	20	300
	7	0	80	330		7	0	80	330
	8	0	20	360		8	0	20	350
	9	135	80	40		9	135	80	50
	10	135	20	70		10	135	20	70
	11	135	80	100		11	135	80	100
	12	135	20	140		12	135	20	140
	13	135	20	260		13	135	20	260
	14	135	80	300		14	135	80	300
	15	135	20	330		15	135	20	330
	16	135	80	360		16	135	80	350
SY-5	17	22.5	0	130	SY-6	17	22.5	0	100
	18	22.5	0	250		18	22.5	0	300
	19	22.5	0	370		19	22.5	20	400
	20	67.5	0	160		20	67.5	0	120
	21	67.5	0	270		21	67.5	0	280
	22	112.5	0	70		22	112.5	0	100
	23	112.5	0	190		23	112.5	0	200
	24	112.5	0	300		24	112.5	0	300
	25	22.5	100	100		25	22.5	100	80
	26	22.5	100	200		26	22.5	100	200
	27	22.5	100	300		27	22.5	100	320
	28	67.5	100	150		28	67.5	100	70
	29	67.5	100	360		29	67.5	100	250
	30	112.5	100	70		30	112.5	100	80
	31	112.5	100	170		31	112.5	100	330
	32	112.5	100	270		32	112.5	100	400

两次试验中明显的声发射参数变化差异是出现在最后一次滑移事件时。对于 SY-6 而言，累积声发射事件数与能量的突然增加，可能是最后一次滑移时加载装置的持续松动导致的。相对而言，SY-5 试验更好地呈现了滑移进程中声发射参数的变化规律。从图 9-17 可以看出，累积声发射能量与位移变化有相同的上升趋势，滑移从低频向高频转变。

总体而言，相同的滑移速率下，法向应力大时累积声发射事件数更多；声发射撞击幅值分布更集中；法向应力小时累积声发射事件数更少，声发射撞击幅值分布更分散。

整体而言，累积声发射能量与位移变化有相同的上升趋势，滑移从低频向高频转变。

9.5 岩体滑移摩擦特性的其他影响因素

岩体滑移摩擦特性的影响因素一直是研究的热点内容，国内外研究者通过室内试验、理论分析及数值模拟等手段开展了大量的研究工作。通过大量试验及分析结果，除 9.4 节中所讨论的应力条件与速率变化外，摩擦特性的其他影响因素还包括矿物成分、表面形貌、流体作用、温度变化几个方面。基于国内外研究者的前沿工作，在这里对几个因素影响下的摩擦特性进行总结。

9.5.1 矿物成分

岩体的强度和摩擦滑移行为受岩体的内部结构、成因状态、组成成分影响[32,65]。对于同样的岩体，粉状状态下的摩擦强度要高于固态状态下的摩擦强度[66]。粉状状态的颗粒特性的差异也是一个影响因素[67,68]。对于滑移岩体，碎屑皮质聚集物[69]可能在浅层部分形成。较慢和较小的滑移事件更可能发生在富含小粒径的岩体中[70]。颗粒的直径和比例影响滑移行为[56,70]。

许多研究对富含各类矿物岩体断层的摩擦滑移进行了分析。通常来说，一个成熟的断层带富含黏土矿物。黏土矿物在应力、温度等影响下发生的物理化学反应和断层的力学过程被认为是相互作用的[71]。黏土矿物在应力和温度影响下的变化被认为是滑移的原因[72,73]。黏土矿物的存在是断层弱化的影响机制[29,74,75]。例如，2011 年中国东北冲绳地震的大滑移原因被认为是断层中存在蒙脱石[76,77]。

弱断层的成因和模型的解释是一个大家感兴趣且有意义的问题。与强断层相比，弱断层具有更高的滑移倾向[78]。这可以解释为断层中的石墨、蒙脱石、滑石等软弱物质不能积累大量的弹性应变，容易发生黏滑事件[79]。Collettini 等[66]从富含方解石的叶理带内采集断层岩石的原状样品，分别将其切成薄片和粉碎成粉末并进行摩擦试验，测量了完整的断层岩体和粉体在 10～150MPa 法向应力下的稳态剪应力、残余剪应力和摩擦剪应力。数据表明与粉状样品相比，具有良好叶理完整的断层岩体较为软弱，低摩擦是由定义岩石组构的富含层状硅酸盐的弱表面上的滑移造成的。Niemeijer 等[80]对砂石和滑石粉合成的混合物进行双直接剪切试验，试验结果表明只要滑石的质量分数为 4%，断层泥的弱化就可以完成，通过观测成熟大偏移断层中的叶理化断层岩，发现它们是由持续的断层位移而产生的，这样的结论为成熟断层的软弱性提供了一个可能的解释。Collettini 等[81]提出了一个非均质断层带的滑动行为模型，模型分为由弱矿物相组成和由强矿物相组成(强矿物相是受碎裂作用影响的滑动小断层)，进行双剪切滑移试验，发现层状岩石摩擦强度低，表现出固有的稳定滑移和速率强化的摩擦行为，强矿物相具有高摩擦强度，并表现出潜在的不稳定滑移和速率减弱的摩擦行为。相关工作证实，由强矿相组成的岩石断层具有较高的摩擦强度，表现出潜在的不稳定性和速率减弱的摩擦行为，而由弱矿相组成的岩体断层具有较低的摩擦强度，表现出固有的稳定性和速率增强的摩擦行为[66,82]。弱质材料的极低摩擦力不足以防止断层滑移和地震破裂[82]。即使软弱矿物只占一小部分，也会发生断层的削弱[66]。

9.5.2　表面形貌

实验室测试中的大多数岩石样品都是抛光的。但是，岩体滑移时一个重要影响因素是滑移面的表面形貌。对于发生断裂岩体而言，断裂面是起伏不平的粗糙面，表面的粗糙度影响着滑移摩擦特性，从而影响着滑移稳定性[48,83]。通常在低应力条件下，岩体摩擦强烈依赖于表面粗糙度，而在高法向应力下，这种依赖性会减弱，不同岩石类型对摩擦的影响变小[55]。Yoshioka 等[65]提出粗糙的表面比光滑的表面更容易发生黏滑。粗糙度的存在会增加附加阻力的作用，岩体的局部滑移会更加明显。对于岩体而言，最初的缓慢滑移可能是由粗糙度引起的额外阻力引起的，快速滑移可能是由局部法向应力变化后临界刚度的增加和接触损失导致的加载刚度变化引起的[84]。由于粗糙部分的存在，岩体上将形成局部不均匀的应力场[48]。在俯冲隆起的强耦合区域，无声滑移可能先于灾难性滑移[85]。此外，在岩体断层摩擦滑移的过程中，滑移面间会产生一定量的断层泥，断层泥的出现也会使滑移面的表面形貌发生变化，导致滑移的接触方式发生变化，会使得摩擦系数以及摩擦滑移的方式发生改变，致使滑移速度弱化，从而影响滑移的稳定性。

9.5.3　流体作用

流体在岩层中很常见。孔隙流体压力在岩体强度和滑移稳定性的变化中起着重要作用[14]。流体的存在会使岩体的滑移面一方面发生力学和化学变化，另一方面会改变岩体的表面能，使得有效应力降低从而导致滑移面的摩擦性质发生改变。近年来，加拿大西部和中美洲震级大于 3.0 的地震大幅增加，被认为与流体注入有关[86]。了解流体压力变化下的摩擦滑移行为，对于研究自发地震和诱发地震非常重要。

一些工作表明，静水孔隙压力的存在有利于岩体的重新激活，这将促进岩体的剪切滑移[87]。虽然就岩体的滑移量和滑移速率而言，法向应力的变化比孔隙流体压力的变化更有效[5]。但流体的存在会使岩层区域得到润滑，导致岩层表面的附着力明显下降[88]。在一定的流体黏度范围内，岩体的滑移减弱距离明显增加，有利于中小震的缓慢滑移[89]。Dieterich 等[90]对石英的摩擦性质研究发现，干燥石英的摩擦系数(0.85～1.00)明显高于含水石英的摩擦系数(0.55～0.65)。此外，流体对颗粒的阻力导致颗粒产生更大的动能。与干性岩石相比，饱和岩石有更大的滑移和更长的复发时间[49]。

在工程中流体注入过程中，流体的扰动将导致断层蠕动和打开的加速，甚至引起不稳定滑移，直接或间接引发地震运动[91]。流体压力的异质性和流体扩散速度的异质性，诱发了滑移的异质性[92]。当压力不连续时，岩体由两侧的最大压力控制，孔隙流体压力较大的局部区域会发生滑移[50]。孔隙流体压力积累后，较快的滑移速率不能释放孔隙流体压力。孔隙流体的周期性加压可能会重置孔隙度，导致岩层压实能力的减弱[91]。同时，孔隙流体压力的增加引起复杂膨胀效应，会降低孔隙压力。这两个因素共同作用，阻止了不稳定滑移的形成[46]。另外,由于流体的存在,一些需要流体才可以发生的变形过程(如压溶作用)也会导致摩擦滑移性质的改变[93]。

除了流体压力，滑移行为还受到储层渗透性和岩石应力状态的影响[94]。随着相对湿度的增加，最大摩擦力、黏滑摩擦力下降，摩擦力愈合率也系统地增加[95]。如果弱断层的渗透率小到足以增加流体的摩擦压力，岩体强度将急剧下降[82]。渗透性增强的地区与潜在的地震破裂之间存在差异。注入流体后，岩体断层可能会滑移几个月、几年甚至更长时间[96]。

9.5.4 温度变化

在地震期间，滑移断层带中的可用机械功和相关温升会触发凝胶化、脱碳和脱水反应等物理化学过程，致使岩体断层被润滑[97,98]。润滑的问题主要通过旋转剪切试验进行研究。Di Toro 等[99]估算了摩擦引起的采出熔体和高速(1.28 m/s)摩擦试验中的动态剪切阻力，将其与实验室结果对比，阻力估计值一致，远低于 Byerlee 强度，他们得到摩擦引起的熔体可以润滑中等地壳深度的断层；Rowe 等[100]进行摩擦试验后提出了一种含石英大陆地壳可能的弱化和强化因素：热增强塑性和流体动力润滑辅助的颗粒流。对于大多数的火成岩和变质岩，摩擦滑移性质随温度的升高而降低。这可能是由于温度足够高时，岩体剪切带的物质变得充分延性，将滑移面表面熔融，使其表观面积近似于实际接触面积，物质内部的滑移以延性剪切的方式发生，其本构关系类似流动律。Yasuhara 等[101]对细颗粒的石英泥进行试验并建立断层力学预测模型，将实验室结果与力学模型预测的任意平均应力、流体压力和温度条件下的断层强度增益进行对比，并将该模型应用于石英岩断裂带愈合行为的长期预测，发现在不同的温度、应力和反应速率下断层强度的恢复应在小于 1 年至 104 年的重复间隔内完成。Blanpied 等[102]发现在温度变化影响下岩体摩擦模式可能在黏滑和稳滑之间转变，在不同的温度状态下，岩体摩擦系数可能会存在不同的演化规律。

参 考 文 献

[1] 陈颙, 黄庭芳, 刘恩儒. 岩石物理学[M]. 合肥: 中国科学技术大学出版社, 2009.

[2] 黄平, 温诗铸. 摩擦学原理[M]. 北京: 清华大学出版社, 2002.

[3] Indraratna B, Haque A. Experimental study of shear behavior of rock joints under constant normal stiffness conditions[J]. International Journal of Rock Mechanics and Mining Sciences, 1997, 34(3-4): 141. e1-141. e14.

[4] 米亚奇金 В И, 布雷斯 W F, 等. 地震理论与实验译文集[M]. 国家地震局地球物理研究所第三研究室, 译. 北京: 地震出版社, 1979.

[5] French M E, Zhu W, Banker J. Fault slip controlled by stress path and fluid pressurization rate[J]. Geophysical Research Letters, 2016, 43: 4330-4339.

[6] King H M, Rubey W W. Mechanics of fluid-filled porous solids and its application to overthrust faulting[J]. Geological Society of America Bulletin, 1959, 70: 115-166.

[7] Keranen K M, Savage H M, Abers G A, et al. Potentially induced earthquakes in Oklahoma, USA: Links between wastewater injection and the 2011 Mw 5. 7 earthquake sequence[J]. Geology, 2013, 41(6): 699-702.

[8] 李正芳, 周本刚. 地震断层面上凹凸体和障碍体含义的解析[J]. 国际地震动态, 2015(5): 22-27.

[9] Kanamori H, Stewart G S. Seismological aspects of the Guatemala earthquake of February 4, 1976[J]. Journal of Geophysical Research, 1978, 83: 3427-3434.

[10] Aki K. Asperities, barriers, characteristic earthquakes and strong motion prediction[J]. Journal of Geophysical Research: Solid Earth, 1984, 89: 5867-5872.

[11] Lay T, Kanamori H, Ruff L. The asperity model and the nature of large subduction zone earthquake[J]. Earthquake Prediction Research, 1982, 1: 3-71.

[12] Reid H F. Mechanics of the earthquake, the California Earthquake of April 18, 1906[R]. Report of the State Earthquake Investigation Commission, 1910: 16-28.

[13] Bowden F P, Tabor D, Palmer F. The friction and lubrication of solids[J]. Journal of Chemical Education, 1950, 21(10): 1-8.

[14] Brace W F, Byerlee J D. Stick-slip as a mechanism for earthquakes[J]. Science, 1966, 153: 990-992.

[15] Gu J C, Rice J R, Ruina A L, et al. Slip motion and stability of a single degree of freedom elastic system with rate and state dependent friction[J]. Journal of the Mechanics and Physics of Solids, 1984, 32(3): 167-196.

[16] Roy M, Marone C. Earthquake nucleation on model faults with rate and state dependent friction: effects of inertia[J]. Journal of Geophysical Research, 1996, 101: 13919-13932 .

[17] Yamashita F, Fukuyama E, Mizoguchi K, et al. Scale dependence of rock friction at high work rate[J]. Nature, 2015, 528: 254-257.

[18] 韩文梅. 岩石摩擦滑动特性及其影响因素分析[D]. 太原: 太原理工大学, 2012.

[19] Dieterich J H. Time-dependent friction in rocks[J]. Journal of Geophysical Research, 1972, 77(20): 3690-3697.

[20] Scholz C H, Engelder J T. The role of asperity indentation and ploughing in rock friction — I: asperity creep and stick-slip[J]. International Journal of Rock Mechanics and Mining Sciences & Geomechanics Abstracts, 1976, 13(5): 149-154.

[21] Dieterich J H. Modeling of rock friction: 1. experimental results and constitutive equations[J]. Journal of Geophysical Research: Solid Earth, 1979, 84: 2161-2168.

[22] Scuderi M M, Niemeijer A R, Collettini C, et al. Frictional properties and slip stability of active faults within carbonate-evaporite sequences: the role of dolomite and anhydrite[J]. Earth and Planetary Science Letters, 2013, 369-370: 230-232.

[23] Ruina A. Slip instability and state variable friction laws[J]. Journal of Geophysical Research: Solid Earth, 1983, 88(B12), 10359-10370.

[24] Marone C. Laboratory-derived friction laws and their application to seismic faulting[J]. Annual Review of Earth and Planetary Sciences, 1998, 26: 643-696.

[25] Linker M F, Dieterich J H. Effects of variable normal stress on rock friction: observations and constitutive equations[J]. Journal of Geophysical Research, 1992, 97: 4923-4940.

[26] Chester F M, Higgs N G. Multimechanism friction constitutive model for ultrafine quartz gouge at hypocentral conditions[J]. Journal of Geophysical Research Solid Earth, 1992, 97(B2): 1859-1870.

[27] 宇津德治. 地震学[M]. 陈铁成, 全莹道, 译. 北京: 地震出版社, 1981.

[28] Mora P, Place D. Simulation of the frictional stick-slip instability[J]. Pure and Applied Geophysics, 1994, 143(1-3): 61-87.

[29] Ikari M J, Marone C, Saffer D M, et al. Slip weakening as a mechanism for slow earthquakes[J]. Nature Geoscience, 2013, 6: 468-472.

[30] McLaskey G C, Yamashita F. Slow and fast ruptures on a laboratory fault controlled by loading characteristics[J]. Journal of Geophysical Research: Solid Earth, 2017, 122: 3719-373.

[31] Dong L, Luo Q. Investigations and new insights on earthquake mechanics from fault slip experiments[J]. Earth-Science Reviews, 2022, 228: 104019.

[32] Ikari M J, Kopf A J. Cohesive strength of clay-rich sediment[J]. Geophysical Research Letters, 2011, 38: L16309.

[33] Rubino V, Rosakis A J, Lapusta N. Understanding dynamic friction through spontaneously evolving laboratory earthquakes[J]. Nature Communication, 2017, 8: 15991.

[34] Marone C, Raleigh C B, Scholz C H. Frictional behavior and constitutive modeling of simulated fault gouge[J]. Journal of Geophysical Research, 1990, 95: 7007-7025.

[35] Tullis T E, Weeks J D. Constitutive behavior and stability of frictional sliding of granite[J]. PAGEOPH, 1986, 126: 383-414.

[36] Spray J G. Artificial generation of pseudotachylyte using friction welding apparatus: simulation of melting on a fault plane[J]. Journal of Structural Geology, 1987, 9(1): 49-60.

[37] Shimamoto T, Tsutsumi A. A new rotary-shear high-speed frictional testing machine: its basic design and scope of research（in Japanese with English abstract）[J]. Journal of Structural Geology, 1994, 39: 65-78.

[38] Di Toro G, Aretusini S, Cornelio C, et al. Friction during earthquakes: 25 years of experimental studies[J]. IOP Conference Series: Earth Environmental Science, 2021, 861: 52032.

[39] Ma S, Shimamoto T, Yao L, et al. A rotary-shear low to high-velocity friction apparatus in Beijing to study rock friction at plate to seismic slip rates[J]. Earthquake Science, 2014, 27: 469-497.

[40] Chernak L J, Hirth G. Syndeformational antigorite dehydration produces stable fault slip[J]. Geology, 2011, 39（9）: 847-850.

[41] Faulkner D R, Armitage P J. The effect of tectonic environment on permeability development around faults and in the brittle crust[J]. Earth and Planetary Science Letters, 2013, 375: 71-77.

[42] Lykotrafitis G, Rosakis A J. Dynamic sliding of frictionally held bimaterial interfaces subjected to impact shear loading[J]. Proceedings of the Royal Society A, 2006, 462: 2997-3026.

[43] Shlomai H, Fineberg J. The structure of slip-pulses and supershear ruptures driving slip in bimaterial friction[J]. Nature Communication, 2016, 7: 11787.

[44] McLaskey G C, Kilgore B D, Beeler N M. Slip-pulse rupture behavior on a 2m granite fault[J]. Geophysical Research Letters, 2015, 42: 7039-7045.

[45] Wu B S, McLaskey G C. Contained laboratory earthquakes ranging from slow to fast[J]. Journal of Geophysical Research: Solid Earth, 2019, 124: 10270-10291.

[46] Samuelson J, Elsworth D, Marone C. Shear-induced dilatancy of fluid-saturated faults: experiment and theory[J]. Journal of Geophysical Research: Solid Earth, 2009, 114（B12404）: 1-15.

[47] Fan Z, Eichhubl P, Gale J F W. Geomechanical analysis of fluid injection and seismic fault slip for the Mw4. 8 Timpson, Texas, earthquake sequence[J]. Journal of Geophysical Research: Solid Earth, 2016, 121: 2798-2812.

[48] Tal Y, Hager B H. Dynamic mortar finite element method for modeling of shear rupture on frictional rough surfaces[J]. Computational Mechanics, 2018, 61: 699-716.

[49] Dorostkar O, Guyer R A, Johnson P A, et al. On the micromechanics of slip events in sheared, fluid-saturated fault gouge[J]. Geophysical Research Letters, 2017, 44: 6101-6108.

[50] Yang Z, Juanes R. Two sides of a fault: grain-scale analysis of pore pressure control on fault slip[J]. Physical　Review　E, 2018, 97: 22906.

[51] Wang C, Elsworth D, Fang Y, et al. Influence of fracture roughness on shear strength, slip stability and permeability: a mechanistic analysis by three-dimensional digital rock modeling[J]. Journal of Rock Mechanics and Geotechnical Engineering, 2020, 12: 720-731.

[52] Krietsch H, Gischig V, Evans K, et al. Stress measurements for an in situ stimulation experiment in crystalline rock: integration of induced seismicity, stress relief and hydraulic methods[J]. Rock Mechanics and Rock Engineering, 2019, 52: 517-542.

[53] Barros, L D, Guglielmi Y, Rivet D. Seismicity and fault aseismic deformation caused by fluid injection in decametric in-situ experiments[J]. Computer Rendus Geoscience, 2018, 350: 464-475.

[54] Kilgore B, Beeler N M, Lozos J, et al. Rock friction under variable normal stress[J]. Journal of Geophysical Research: Solid Earth, 2017, 122（9）: 7042-7075.

[55] Byerlee J. Friction of rocks[J]. Pure and Applied Geophysics, 1978, 116: 615-626.

[56] Kimura S, Kaneko H, Noda S. Shear-induced permeability reduction and shear-zone development of sand under high vertical stress[J]. Engineering Geology, 2018, 238: 86-98.

[57] Dieterich J H. Earthquake nucleation on faults with rate- and state-dependent strength[J]. Tectonophysics, 1992, 211（1-4）: 115-134.

[58] Heaton T H. Evidence for and implications of self-healing pulses of slip in earthquake rupture[J]. Physics of the Earth and Planetary Interiors, 1990, 64: 1-20.

[59] Brown K M, Fialko Y. 'Melt welt' mechanism of extreme weakening of gabbro at seismic slip rates[J]. Nature, 2012, 488: 638-641.

[60] Dong L, Luo Q. Stress Heterogeneity and Slip Weakening of Faults under Various Stress and Slip[J]. Geofluids, 2020, 8860026.

[61] Beeler N M, Tullis T E, Blanpied M L, et al. Frictional behavior of large displacement experimental faults[J]. Journal of Geophysical Research: Solid Earth, 1996, 101: 8697-8715.

[62] Mair K, Marone C. Friction of simulated fault gouge for a wide range of velocities and normal stresses[J]. Journal of Geophysical Research, 1999, 104: 28899-28914.

[63] Ito Y, Ikari M J. Velocity-and slip-dependent weakening in simulated fault gouge: implications for multimode fault slip[J]. Geophysical Research Letters, 2015, 42: 9247-9254.

[64] Kawamoto E, Shimamoto T. Mechanical behavior of halite and calcite shear zones from brittle to fully-plastic deformation and a revised fault model[M]//Structural Geology and Geomechanics. Boca Raton: CRC Press, 2018: 89-105.

[65] Yoshioka N, Iwasa K. A laboratory experiment to monitor the contact state of a fault by transmission waves[J]. Tectonophysics, 2006, 413: 221-238.

[66] Collettini C, Niemeijer A, Viti C, et al. Fault zone fabric and fault weakness[J]. Nature, 2009, 462: 907-910.

[67] Mair K, Frye K M, Marone C. Influence of grain characteristics on the friction of granular shear zones[J]. Journal of Geophysical Research: Solid Earth, 2002, 107: B10.

[68] Morgan J K, Boettcher M S. Numerical simulations of granular shear zones using the distinct element method 1. Shear zone kinematics and the micromechanics of localization[J]. Journal of Geophysical Research: Solid Earth, 1999, 104: 2703-2719.

[69] Rempe M, Smith S A F, Ferri F, et al. Clast-cortex aggregates in experimental and natural calcite-bearing fault zones[J]. Journal of Structural Geology, 2014, 68: 142-157.

[70] Randolph- Flagg J, Reber J E. Effect of grain size and grain size distribution on slip dynamics: an experimental analysis[J]. Tectonophysics, 2020, 774: 228288.

[71] Vrolijka P, van der Pluijm B A. Clay gouge[J]. Journal of Structural Geology, 1999, 21: 1039-1048.

[72] Marone C, Scholz C H. The depth of seismic faulting and the upper transition from stable to unstable slip regimes[J]. Geophysical Research Letters, 1988, 15: 621-624.

[73] Saffer D M, Marone C. Comparison of smectite-and illiterich gouge frictional properties: application to the updip limit of the seismogenic zone along subduction megathrusts[J]. Earth and Planetary Science Letters, 2003, 215: 219-235.

[74] Deng X, Underwood M B. Abundance of smectite and the location of a plate-boundary fault, Barbados accretionary prism[J]. Geological Society of America Bulletin, 2001, 113: 495-507.

[75] Wu F T, Blatter L, Roberson H. Clay gouges in the San Andreas fault system and their possible implications[J]. Pure and Applied Geophysics, 1975, 113: 87-95.

[76] Chester, F M, Rowe C, Ujiie K, et al. Structure and composition of the plate-boundary slip zone for the 2011 Tohoku-Oki earthquake[J]. Science, 2013, 342: 1208-1211.

[77] Fulton P M, Brodsky E E, Kano Y, et al. Low coseismic friction on the Tohoku-Oki fault determined from temperature measurements[J]. Science, 2013, 342: 1214-1217.

[78] Shimamoto T, Logan J M. Effects of simulated clay gouges on the sliding behavior of Tennessee sandstone[J]. Tectonophysics, 1981, 75: 243-255.

[79] Oohashi K, Hirose T, Shimamoto T. Graphite as a lubricating agent in fault zones: an insight from low-to high-velocity friction experiments on a mixed graphite-quartz gouge[J]. Journal of Geophysical Research: Solid Earth, 2013, 118: 2067-2084.

[80] Niemeijer A, Marone C, Elsworth D. Fabric induced weakness of tectonic faults[J]. Geophysical Research Letters, 2010, 37: L03304.

[81] Collettini C, Niemeijer A, Viti C, et al. Fault structure, frictional properties and mixed-mode fault slip behavior[J]. Earth and Planetary Science Letters, 2011, 311 (3-4): 316-327.

[82] Hirono T, Tsuda K, Kaneki S. Role of weak materials in earthquake rupture dynamics[J]. Scientific Reports, 2019, 9: 6604.

[83] Ohnaka M. A constitutive scaling law and a unified comprehension for frictional slip failure, shear fracture of intact rock, and earthquake rupture[J]. Journal of Geophysical Research: Solid Earth, 2003, 108: 2080.

[84] Tal Y, Goebel T, Avouac J P. Experimental and modeling study of the effect of fault roughness on dynamic frictional sliding[J]. Earth and Planetary Science Letters, 2020, 536: 116133.

[85] Kodaira S, Iidaka T, Kato A, et al. High pore fluid pressure may cause silent slip in the nankai trough[J]. Science, 2004, 304: 1295-1298.

[86] Scuderi M M, Collettini C, Marone C. Frictional stability and earthquake triggering during fluid pressure stimulation of an experimental fault[J]. Earth and Planetary Science Letters, 2017, 477: 84-96.

[87] Fagereng A, Remitti F, Sibson R H. Shear veins observed within anisotropic fabric at high angles to the maximum compressive stress[J]. Nature Geoscience, 2010, 3: 482-485.

[88] Dou Z, Gao T, Zhao Z, et al. The role of water lubrication in critical state fault slip[J]. Engineering Geology, 2020, 271: 105606.

[89] Cornelio C, Spagnuolo E, Di Toro G, et al. Mechanical behaviour of fluid-lubricated faults[J]. Nature Communication, 2019, 10: 1-7.

[90] Dieterich J H, Conrad G. Effect of humidity on time-and velocity-dependent friction in rocks[J]. Journal of Geophysical Research: Solid Earth, 1984, 89 (B6): 4196-4202.

[91] Faulkner D R, Sanchez-Roa C, Boulton C, et al. Pore fluid pressure development in compacting fault gouge in theory, experiments, and nature[J]. Journal of Geophysical Research: Solid Earth, 2018, 123: 226-241.

[92] Jia Y, Wu W, Kong X. Injection-induced slip heterogeneity on faults in shale reservoirs[J]. International Journal of Rock Mechanics and Mining Sciences, 2020, 131: 104363.

[93] He C, Tan W, Zhang L. Comparing dry and wet friction of plagioclase: implication to the mechanism of frictional evolution effect at hydrothermal conditions[J]. Journal of Geophysical Research: Solid Earth, 2016, 121: 6365-6383.

[94] Johnson P A, Ferdowsi B, Kaproth B M, et al. Acoustic emission and microslip precursors to stick-slip failure in sheared granular material[J]. Geophysical Research Letters, 2013, 40: 5627-5631.

[95] Scuderi M M, Carpenter B M, Marone C. Physicochemical processes of frictional healing: effects of water on stick-slip stress drop and friction of granular fault gouge[J]. Journal of Geophysical Research: Solid Earth, 2014, 119: 4090-4105.

[96] Sainoki A, Mitri H S. Evaluation of fault-slip potential due to shearing of fault asperities[J]. Canadian Geotechnical Journal, 2015, 52: 1417-1425.

[97] Di Toro G, Han R, Hirose T, et al. Fault lubrication during earthquakes[J]. Nature, 2011, 471: 494-498.

[98] Okazaki K, Hirth G. Dehydration of lawsonite could directly trigger earthquakes in subducting oceanic crust[J]. Nature, 2016, 530: 81-84.

[99] Di Toro G, Hirose T, Nielsen S, et al. Natural and experimental evidence of melt lubrication of faults during earthquakes[J]. Science, 2006, 311 (5761): 647-649.

[100] Rowe C D, Lamothe K, Rempe M, et al. Earthquake lubrication and healing explained by amorphous nanosilica[J]. Nature Communication, 2009, 10: 1-11.

[101] Yasuhara H, Marone C, Elsworth D. Fault zone restrengthening and frictional healing: the role of pressure solution[J]. Journal of Geophysical Research: Solid Earth, 2005, 110 (B06310): 1-11.

[102] Blanpied M L, Lockner D A, Byeder J D. Frictional slip of granite at hydrothermal conditions[J]. Journal of Geophysical Research: Solid Earth, 1995, 100 (B7): 13045-13064.

第 10 章　岩体声学参数与应力状态的关系

当岩石受到外界拉、压、剪等应力作用时，储存在岩石中的应变能以应力波的形式迅速释放，称为声发射[1]。声发射的成因反映出声发射对岩石晶体的位错摩擦和岩石微裂纹的形成扩展高度敏感，并且与岩石的应力状态存在千丝万缕的联系[2-4]。声发射参数主要包括声发射信号到时、声发射撞击数、振铃计数、幅值、上升时间、持续时间、声发射能量、峰值频率、频率质心、声发射事件数等，以上特征参数可以从不同角度多方面展示应力波所携带的关键信息。

应力波是反映介质物理力学状态的综合指标，波速是最直观有效的参数之一。许多学者在地震波速结构[5-8]和波速场成像[9,10]等方面开展了广泛的研究。根据研究对象各向异性特征的强弱将这些研究分为两大类。一类是对强各向异性岩石(沉积岩、片麻岩、页岩)应力波速关系的研究[11,12]。另一类是对弱各向异性岩石(如砂岩、玄武岩)应力波速关系的研究[13,14]。这些有指导意义的工作表明，波速与介质的内部结构密切相关。从波速的角度反演岩石的应力状态是合理可行的。

基于以上理论基础，本章对声学参数与应力大小、声学参数与应力方向两大方面开展的室内试验结果进行分析介绍，给出岩体声学参数与应力状态之间的相互关系，进一步提出一种复杂环境下的应力方向辨识方法。

10.1　单轴压缩试验声学参数与应力大小

10.1.1　试验条件

1. 试样规格和加载条件

试验制备成 100mm×100mm×200mm 的标准长方体试样，试样表面平整光滑，试样相对于长轴的平面度公差为±0.01mm，垂直度公差为 0.001rad，无宏观节理裂隙，符合试验规程。试验制备后，在室温条件下静置干燥 72h。试验加载设备为真三轴电液伺服突变试验系统，试验中仅采用竖向加载进行单轴压缩试验。在整个试验过程中，保持恒定的轴向应力速率为 0.05MPa/s，直至听到明显的破裂声响结束加载。岩石试样施加 1～2kN 的预应力，保证试样与加载机压头充分接触，同时消除压头与试样接触时产生的噪声。试验实时记录载荷、应力、位移和应变，同时绘制载荷-位移、应力-应变曲线。为了减小应力集中对试验结果的影响，在试样与加载机之间添加了一块大小略大于试样面积的小钢板，以得到均布应力。

2. 传感器布置方式及声发射系统

试验中声发射系统实时采集特征参数与波形数据。数据采集频率 10MHz，试验过程

中循环发射脉冲信号，一次循环中每个传感器轮流发射 4 次脉冲信号，发射间隔设置为
10ms，切换信号发射传感器时间约为 330ms。由于试验加载时间大约为 30min，一轮脉冲
循环时间大约为 11s，因此在分析试验数据时仅选用单个通道 4 次脉冲信号的第 1 次为
研究对象。

试验所用传感器响应频率为 20～450kHz，可以实现接收和发射脉冲信号的功能。试
验共使用 18 个声学传感器，传感器网格分为菱形和矩形，交错布置在试样侧面（图 10-1）。
传感器用特制的夹具固定在试样表面，防止脱落，并在传感器与试样的接触区域涂抹
耦合剂，以达到良好的耦合效果。此外，脉冲信号具有可辨识性，一次脉冲中信号发
射的传感器可被视为主动震源，剩余的 17 个传感器接收信号，以此实现对波速的实时
测量。

图 10-1　单轴压缩试验系统及传感器布置方式

3. 声发射事件率及波速计算方法

对于多传感器监测系统，一个声发射事件的定义如下：第 i 个传感器的到时为 t_i
（$i = 0, 1, 2, 3, 4, \cdots$）；传感器接收到信号的首到时为震源发震时刻。时间差 Δt_i、到时差阈
值 Δt_{cr} 和传感器数量阈值 N_{cr} 分别通过式（10-1）、式（10-2）和式（10-3）计算。只有当
[$\Delta t_i \leqslant \Delta t_{cr}$ （$i = 1, 2, 3, 4, \cdots$）] 的数量大于或等于 N_{cr} 时才定义为一个声发射事件。单位时间
内声发射事件的个数就是声发射事件率。

$$\Delta t_i = t_i - t_0, \quad i = 1, 2, 3, 4, \cdots \tag{10-1}$$

$$\Delta t_{cr} = \alpha(s/v) \tag{10-2}$$

$$N_{cr} = \max\{5, N/2\} \tag{10-3}$$

式中：α 为介于 1.5～2 的修正系数；s 为传感器之间的最大距离；v 为目标区域的平均波
速；N 为传感器个数且不小于 8。

假设波的传播路径是直线，波速的计算见式（10-4）：

$$v^{ij} = \frac{l^{ij}}{t^{ij}} = \frac{\sqrt{(x_i - x_j)^2 + (y_i - y_j)^2 + (z_i - z_j)^2}}{|t_i - t_j|} \tag{10-4}$$

式中：(x_i, y_i, z_i) 和 (x_j, y_j, z_j) 分别为传感器 i 和 j 的坐标；t_i 和 t_j 分别为传感器 i 和 j 的到时。

使用 Sen$i$-j 表示传感器 i 和传感器 j 路径的波速变化。式(10-5)给出了波速变化值的计算方法：

$$\text{Sen}i\text{-}j = v_{\text{rt}}^{ij} - v_0^{ij} \tag{10-5}$$

式中：v_0^{ij} 为加载前传感器 i 和传感器 j 路径上的波速；v_{rt}^{ij} 表示加载时传感器 i 和传感器 j 路径上的实时波速。

4. 岩石应力阶段的划分

在单轴压缩条件下，依据岩石的应力-应变曲线可以将岩石的变形过程划分为五个阶段：Ⅰ 微裂缝闭合阶段；Ⅱ 弹性变形阶段；Ⅲ 微裂纹萌生及稳定扩展阶段；Ⅳ 微裂纹不稳定扩展阶段；Ⅴ 峰后阶段。试验中载荷的加载速率为 0.05MPa/s，加载至岩体破裂失稳结束，因此将岩石的应力-应变曲线与应力-时间曲线相对应，转化为以时间节点划分的四个岩石变形阶段(图 10-2)，以便进一步开展岩体声学参数与应力大小关系的研究。本节仅选用多组岩石试样结果中较为典型的一组展开介绍。

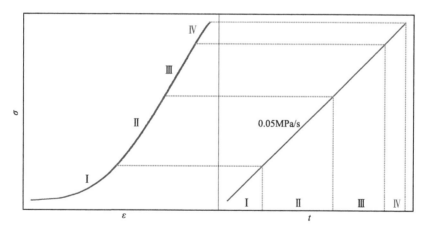

图 10-2　花岗岩试样应力-应变曲线与应力-时间曲线对应关系

10.1.2　声发射振铃计数

声发射振铃计数为每个声发射信号的振铃计数，可以粗略地反映声发射信号的强度和频度，信号处理简单便捷，广泛应用于声发射活动性评价。当监测传感器数量较少时($N<6$)，各个传感器接收到声发射信号的振铃计数有良好的理论意义与应用价值。当传感器数量较多时，综合考量多传感器数据计算得到的声发射事件具有更好的研究意义。其优点主要体现在两个方面：一是避免了岩石试样工况的局部偶然性，多传感器监测数据可以更好地反映岩石内部真实的破裂情况；二是数据分析处理时可以通过算法消除部分噪声信号，进一步提高监测数据的可靠性。因此，本试验所分析的声发射振铃计数为

基于声发射事件的声发射振铃计数平均值，即声发射振铃计数值为该次声发射事件所涉及的多个通道振铃计数的平均值。

图 10-3 展示了花岗岩在单轴压缩条件下声发射振铃计数与累积声发射振铃计数的演化规律。可以清楚地看出声发射振铃计数在不同的岩石变形阶段表现出特定的变化特点。具体来说，在Ⅰ阶段（0～400s），高计数的声发射事件数量逐渐减小；累积声发射振铃计数曲线在经历一小段突增时刻后逐渐变缓，斜率变小。岩石在Ⅰ阶段产生了一段聚集型的高计数声发射事件，其来源为岩石内部晶体之间的位错摩擦。在Ⅱ阶段（400～1200s），高计数的声发射事件偶然出现，累积声发射振铃计数曲线基本保持平稳状态。处于Ⅱ阶段的岩石内部仍然存在晶体颗粒的相对微小错动，其数量与能量相比第Ⅰ阶段的位错摩擦均要小得多。在Ⅲ阶段（1200～1800s），高计数的声发射事件逐渐密集，事件的计数值较Ⅱ阶段有了整体的提升，累积声发射振铃计数曲线呈凹曲线状且斜率逐渐增大。在Ⅲ阶段，高计数的声发射事件均为岩石的破裂信号。在Ⅳ阶段（1800～2052s），高计数的声发射事件井喷式出现，累积声发射振铃计数曲线呈指数式增大，岩石产生大量的微裂纹且微裂纹逐渐贯通连接产生宏观裂缝，岩石即将发生破裂失稳。

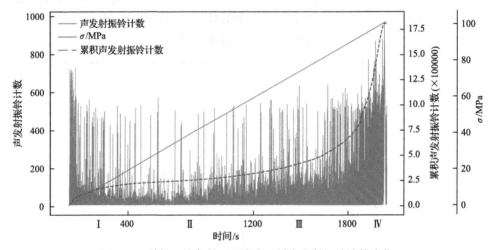

图 10-3　单轴压缩条件下花岗岩试样声发射振铃计数演化

总的来说，声发射振铃计数与岩石的应力大小之间存在明显的对应关系。递减状的声发射振铃计数与斜率减小的累积声发射振铃计数曲线对应岩石的微裂缝闭合阶段；声发射振铃计数与累积声发射振铃计数无显著变化对应岩石的弹性变形阶段；递增状的声发射振铃计数与斜率逐渐增大的累积声发射振铃计数曲线对应岩石的微裂纹萌生和稳定扩展阶段；大量高位声发射振铃计数与指数型增长的累积声发射振铃计数曲线对应岩石的微裂纹不稳定扩展阶段。

10.1.3　声发射幅值

声发射幅值为声发射信号波形的最大振幅值，通常用分贝表示。声发射幅值与信号源的强度有直接的关系，不受门槛值的影响，直接决定信号源的可测性。本试验所分析的声发射幅值同 10.1.2 节声发射振铃计数的分析方法，同样为该次声发射事件所涉及的多个通道幅值的平均值。

图 10-4 展示了单轴压缩条件下花岗岩试样声发射幅值的分布及演化。在整个试验过程中，声发射幅值主体分布在 60～70dB，幅值主体分布随应力的增大变化不显著，而处于主体分布之外的中高幅值声发射事件数变化情况存在一定的阶段性特征。此外，统计在 85dB 以上的高幅值声发射事件个数绘制于图 10-4。在 Ⅰ 阶段(0～400s)，中高幅值声发射事件的分布逐渐变疏，高幅值声发射事件数呈减小趋势，这与岩石 Ⅰ 阶段晶体的摩擦错动相对应。在 Ⅱ 阶段(400～1200s)，中高幅值声发射事件数分布十分稀疏，高幅值声发射事件数保持较低水平的平稳状态，只有个别高幅值声发射事件的产生。在 Ⅲ 阶段(1200～1800s)，中高幅值声发射事件的分布逐渐密集，高幅值声发射事件的个数缓慢增加。在 Ⅳ 阶段(1800～2052s)，中高幅值的声发射事件分布十分密集，高幅值声发射事件的个数急剧增大并维持在较高水平。

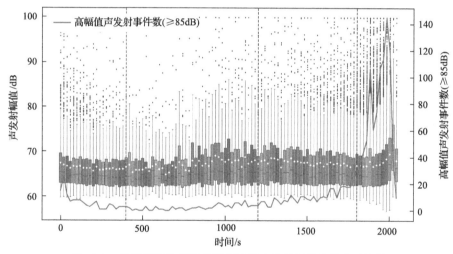

图 10-4 单轴压缩条件下花岗岩试样声发射幅值的分布及演化

不难发现，中高幅值的声发射事件个数与岩石的应力大小存在明显的对应关系，特别是高幅值声发射事件个数的变化趋势。高幅值声发射事件主要集中在两个时间段，分别是加载初期的微裂缝闭合阶段和加载后期的微裂纹扩展阶段，这表明岩石内部的晶体摩擦错动和微裂纹萌生扩展均可产生大量高幅值的声发射信号，而这两个阶段的区别在于加载初期高幅值声发射事件个数是递减的，加载后期高幅值声发射事件个数是急剧增大的。

10.1.4 RA、AF 值及平均频率质心

1. RA 与 AF 值

RA 值又称声发射上升角，单位 ms/V 或 μs/V，是一个波形形状定义参数(式 10-6)。AF 值表示的是声发射信号波形越过门槛值的频率，单位 kHz，因此也称声发射平均频率(式 10-7)。声发射 RA 值与 AF 值与波形形状息息相关，为减小弹性波衰减对结果造成

的影响，本文使用了一次声发射事件的首撞击波形计算 RA 值与 AF 值，尽可能还原真实声发射源产生情况。

$$RA = \frac{RT}{Amp} \tag{10-6}$$

$$AF = \frac{Count}{Dur} \tag{10-7}$$

式中：RT 为声发射信号的上升时间，ms；Amp 为声发射信号的幅值，V；Count 为声发射信号的振铃计数；Dur 为声发射信号的持续时间，ms。

在本节中，取首触发通道声发射撞击的持续时间、上升时间、幅值和振铃计数计算声发射事件的 AF 值和 RA 值并绘制于图 10-5 中，按照 10s 的统计间隔计算 AF 值和 RA 值的平均值，绘制到得 AF 值和 RA 值的变化规律。

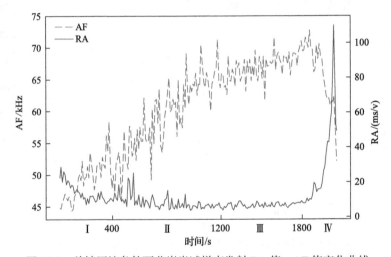

图 10-5　单轴压缩条件下花岗岩试样声发射 RA 值、AF 值变化曲线

由图 10-5 可以看出，岩石的 RA 值与 AF 值在岩石的不同应力阶段表现出一定的变化规律。微裂缝闭合阶段中，岩石内部以原生裂纹闭合、小尺度的形式为主导，AF 值和 RA 值均处于相对低位并平稳变化；拉伸裂缝在该阶段持续占据主导地位，小尺度破裂的大量积累孕育着断裂面的产生，AF 值波动升高，RA 值基本维持在低位变化；接近损伤应力点时，小尺度裂纹已经成核，大尺度的微裂纹集中出现，损伤加剧的过程中，岩石逐渐从拉伸向剪切断裂过渡，AF 值大幅度下降和 RA 值迅速上升，导致加快声发射频谱信息在传播过程中的衰减速率，特别是高频成分缺失明显，AF 值呈下降趋势。

2. 平均频率质心

声发射撞击信号中高频能量成分占比越多，其频率质心就会越高，反之，其声发射频率质心就会越低。在本节中，取首触发通道声发射撞击的频率质心作为声发射事件的频率质心，将平均频率质心定义为统计时间窗口内所有声发射事件频率质心的平均值。

图 10-6 中，按照 10s 的统计间隔计算了声发射事件的平均频率质心，绘制得到了平均频率质心的变化规律。

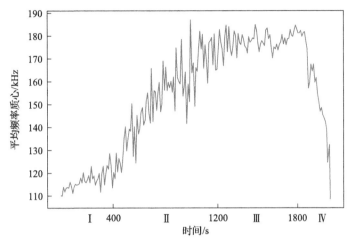

图 10-6　单轴压缩条件下花岗岩试样平均频率质心变化曲线

加载初期，声发射信号主要来自岩石内部原生裂缝的闭合，岩石的应变大幅增大，低频成分占据主导地位，声发射平均频率质心在较低水平波动维稳。岩石进入弹性变形阶段后，原生微裂缝已基本闭合，伴随着岩石内部孔隙的不断压缩，岩石逐渐趋于致密状态，高频信号的衰减不断减小，此时声发射平均频率质心呈现出较大幅度的上升现象，应变值与时间近乎呈线性关系。随着荷载的进一步增加，由岩石内部微裂纹萌生和扩展产生的各种高低频声发射信号混杂在一起，声发射平均频率质心的增长停止，处于相对较高水平的波动维稳状态。在损伤应力点至峰值应力点的区间内，应变值加速变大，岩石内部微裂纹贯通成核形成大尺度的岩石裂缝，宏观裂缝逐步发育，导致了高频信号的迅速衰减，平均频率质心呈现出迅速下降的现象。

综上所述，声发射平均频率质心表现出"相对较低水平波动-逐步波动增大-相对较高水平波动-骤然减小"的变化趋势，分别对应了岩石"微裂缝压密闭合-弹性变形-微裂纹萌生和稳定扩展-微裂纹不稳定扩展"四个典型的应力阶段。将声发射平均频率质心作为前兆参数，数值的平稳波动或者增大是岩石具备承载能力的体现，当数值突然大幅减小时预示着岩石即将发生失稳破坏。

10.1.5　声发射事件率及波速

图 10-7 展示了花岗岩试样在单轴压缩条件下的声发射事件率、应力、不同路径上的波速变化值与时间的关系。图 10-7(a) 和 (b) 分别显示了应力平行和垂直方向上的波速变化情况。图 10-7 中的散点是不同时间和路径下波速变化的计算值；曲线是对不同路径上的波速变化值进行的最小二乘法拟合。从图 10-7(b) 中可以看出，在单轴压缩条件下，花岗岩的声发射事件率呈现出典型的"U"字形变化。根据图 10-2 的应力-应变曲线，整个加载过程可以分为四个应力阶段。

Ⅰ阶段(0~400s)，是峰值载荷的 0%~20%。声发射事件率逐渐降低，岩样趋于致密，岩石处于微裂缝压密阶段。应力平行方向的波速显示出较大的增量，平均增量约为 700m/s，增长率较大；而应力垂直方向的波速变化较小，最大增量仅约为 250m/s。可以看出，在加载初期，应力平行方向的波速变化量要比应力垂直方向的波速变化量更为显著。

Ⅱ阶段(400~1200s)，是峰值载荷的 20%~60%。声发射事件率较低且稳定，岩石处于弹性变形阶段。应力平行方向的波速变化量仍然很大，但波速变化率逐渐降低并趋于稳定。应力垂直方向的波速基本保持不变，只有小幅的增量。不难看出，在岩石弹性变形阶段，应力平行方向的波速变化量仍然大于应力垂直方向的波速变化量。

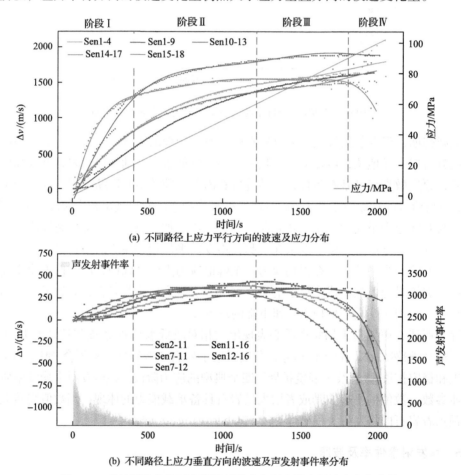

(a) 不同路径上应力平行方向的波速及应力分布

(b) 不同路径上应力垂直方向的波速及声发射事件率分布

图 10-7　单轴压缩条件下花岗岩试样声发射事件率及波速变化曲线

Ⅲ阶段(1200~1800s)，是峰值载荷的 60%~90%。声发射事件率略有增加，增长率随着应力的增加而逐渐增大。在此阶段，试样中的微裂纹刚刚开始萌生，试样处于微裂纹发展及稳定扩展阶段。随着试样中微裂纹的初步萌生，应力垂直方向上的一些路径的波速开始下降。波速随时间变化的关系曲线呈现出明显的下凹形状，下降率逐渐增大。同时，应力平行方向的波速进入平静期，在这一阶段出现了小的增量。应力垂直方向上的波速比应力平行方向上的波速表现出更强的"敏感性"。此外，此阶段岩石的密度最大，岩石内部的波是高速传播的。

Ⅳ阶段(1800~2052s)，是峰值载荷的 90%~100%。声发射事件率急剧增加。岩石试样中产生大量的微裂纹，微裂纹逐渐贯通连接形成宏观的断裂面，并伴随着清晰的断裂声。此时，岩石处于微裂纹不稳定扩展阶段。如果继续增加载荷，岩石将会发生脆性破裂，破碎成大小和形状不同的碎片。在此阶段，应力垂直方向上的波速变化明显减少。所有应力垂直方向的波速都显示出下降趋势，并且下降率急剧增加。相比之下，应力平行方向上的波速变化很小。在岩石微裂纹的不稳定扩展阶段，应力垂直方向的波速变化量比应力平行方向的波速变化量大得多，这与岩石微裂缝压密阶段形成了鲜明的对比。

众所周知，波在传播时会沿着所需时间最少的路径进行传播(费马原理)，并且波在固体中的传播速度要远远大于空气中的传播速度。因此，当岩石中存在微裂缝时，波的传播路径往往会选择绕开微裂缝而非穿过微裂缝传播。在加载前期，应力平行方向上的微裂缝会在外应力的作用下大量闭合，其数量要远远大于应力垂直方向。应力平行方向的波在传播时由受力前的绕开微裂缝传播到受力压密后的近乎直线传播，其传播路径发生了很大的变化，宏观表现为该方向波速的大幅变化。而应力垂直方向的波传播路径几乎没变，表现为该方向波速在加载前中期变化幅度较小。因此，应力平行方向的波速比应力垂直方向的波速对微裂缝的压密闭合更为敏感。而在加载后期，岩石内部产生了大量长轴方向平行于应力方向的微裂纹，导致波的传播路径大大增长，宏观表现为波速的大幅减小。更进一步地，微裂纹形态的特点决定了应力垂直方向的波速对微裂纹的萌生和扩展更为敏感。

综上，声发射事件率以及岩石内部应力垂直和平行方向的波速与应力大小存在显著的对应关系。声发射事件率逐渐减小、应力平行方向波速的显著增大对应岩石的低应力微裂缝压密阶段；声发射事件率很小且保持稳定、波速的缓慢增大对应岩石的弹性变形阶段；声发射事件率增大速率逐渐变大、应力垂直方向波速逐渐减小对应岩石的微裂纹萌生及稳定扩展阶段；声发射事件率急剧增大、应力垂直方向波速急剧减小对应岩石的微裂纹不稳定扩展阶段。

10.2 双轴压缩试验声学参数与应力大小

10.2.1 试验条件

1. 试样规格和加载条件

试验共使用 5 个 100mm×100mm×100mm 的花岗岩立方体试样。试样表明光滑平整，无宏观节理裂隙和弱结构面。试样相对于长轴的平面度公差为±0.01mm，垂直度公差为 0.001rad，符合试验规定。为保证试验结果的对照性，所有花岗岩试样取自同一岩块的相同方向，并在室温下进一步静置干燥72h。

试验加载设备为中南大学的真三轴电液伺服诱变试验系统(TRW-3000)。加载设备可以对各种规格试样进行三个方向独立的动、静加载(图10-8)。试验机在 Z 方向最大载荷为3000kN，X与Y方向的最大载荷为2000kN。三个方向的加载速率范围为10～10000N/s，位移测量精度小于±0.5%，分辨力为0.001mm。在本次试验中，仅使用Y与Z方向的加载系统加载中间主应力与最大主应力，最小主应力始终保持为0。试验中Y与Z方向同时加载，加载速率均为0.05MPa/s，Y方向加载到预先设定的值后保持不变，Z方向持续加载直到岩石发生宏观破裂并听到持续不断的岩石破裂声。为了消除非均布应力对试验结果可能造成的影响，在加载机与岩石试样之间加了一个特制的加载块以获得均布应力。试验中实时采集Y与Z方向的载荷、位移、应力、应变等参数并同时绘制应力-应变、应力-时间、位移-时间等曲线。

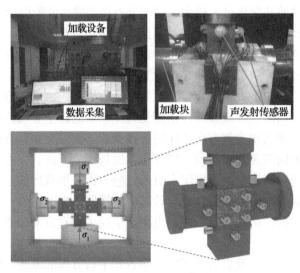

图10-8 双轴压缩试验系统及传感器布置方式

2. 传感器布置方式及声发射系统

声发射采集频率设置为10MHz，试验共使用24个响应频率为20～450kHz的声学传感器。使用特制的夹具将声学传感器固定在岩石试样及加载块上面，传感器与试样之间涂抹了耦合剂以获得良好的耦合效果。为了使试验结果具有代表性，减小试验结果的偶然性，声学传感器布置在岩石试样及加载块的典型位置（图10-8）。

试验中声学传感器循环发射脉冲信号。发射脉冲信号的传感器可被视为主动震源，其余的23个传感器接收脉冲信号，根据声学传感器之间的距离及脉冲信号的到时差即可实现波速的实时测量。数据分析处理时，为了探究真三轴应力加载中不同加载方向波速的变化情况，岩石试样及加载块上的传感器数据全都用来分析处理。而分析声发射特征参数时为了消除不同材质界面对声发射数据可能造成的影响，仅采用布置在岩石试样上的10个传感器数据分析处理。

3. 岩石应力阶段的划分

岩石在破裂失稳的过程中存在一定的阶段性特征，不同阶段岩石的性质、承载能力、变形特点具有显著的差异性。本节依据岩石的轴向应力-应变曲线的曲率变化特征定性划分岩石的应力阶段(图 10-9)，主要应力阶段如下。

Ⅰ阶段(0%～20%峰值应力)，应力-应变曲线为明显的凹曲线，此阶段岩石形变较大，较小的应力即可发生较大的应变，岩石处于微裂缝闭合阶段。

Ⅱ阶段(20%～55%峰值应力)，应力-应变曲线近乎为直线，此阶段应力-应变关系为线性，应力与应变的比值即岩石的弹性模量 E，可以看作岩石处于弹性变形阶段。

Ⅲ阶段(55%～85%峰值应力)，应力-应变曲线较Ⅱ阶段无明显变化，此阶段岩石变形较小，仍具有较强的承载能力。

Ⅳ阶段(85%～100%峰值应力)，应力-应变曲线为凸曲线，此阶段岩石的应力增长缓慢直到达到峰值应力，岩石产生大量的宏观裂缝并即将丧失承载能力。

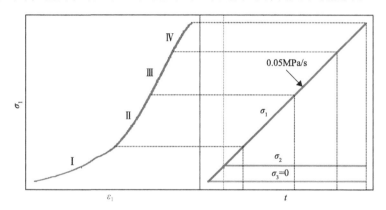

图 10-9　双轴条件花岗岩试样的轴向应力-应变曲线与应力加载方式

10.2.2　声发射事件率

声发射事件率是单位时间内声发射事件的个数，可以直观反映声发射事件的总量和频度。图 10-10 展示了花岗岩试样在不同中间主应力条件下的声发射事件率及累积声发射事件数与时间的变化关系。依据岩石试样轴向应力-应变曲线划分的四个应力阶段(图 10-9)可以得出，在Ⅰ阶段，不同中间主应力条件下声发射事件率均呈现出逐渐减小的特点，此时岩石试样处于微裂缝闭合阶段。在Ⅱ阶段，当中间主应力较小，为 5MPa 时[图 10-10(a)]，整个阶段几乎没有声发射事件的产生。而当中间主应力为增大到 10MPa、20MPa、25MPa 时[图 10-10(b)、(c)、(d)]，不同于中间主应力为 5MPa 的情况，声发射事件率均出现了较大幅度的增量，这表明随着中间主应力的增大，岩石在加载中期就会产生损伤微裂纹，岩石的破裂过程发生了变化。在Ⅲ阶段，随着中间主应力的增大，声发射事件率逐渐保持恒定，累积声发射事件数曲线逐渐平缓，此时岩石试样内部损伤加剧。在Ⅳ阶段，中间主应力为 5MPa 的岩石试样声发射事件率突然增大，累积声发射事件数曲线呈指数型增长趋势，而中间主应力为 10MPa、20MPa、25MPa 的岩石试样声发射事件率维持在较低水平，累积声发射事件数曲线较为平缓。

由图 10-10 同样可以得出，当中间主应力加载到预先设定的值时，岩石的声发射事件率出现突然减小的现象，说明岩石试样声发射事件率的大小会受到中间主应力的影响，

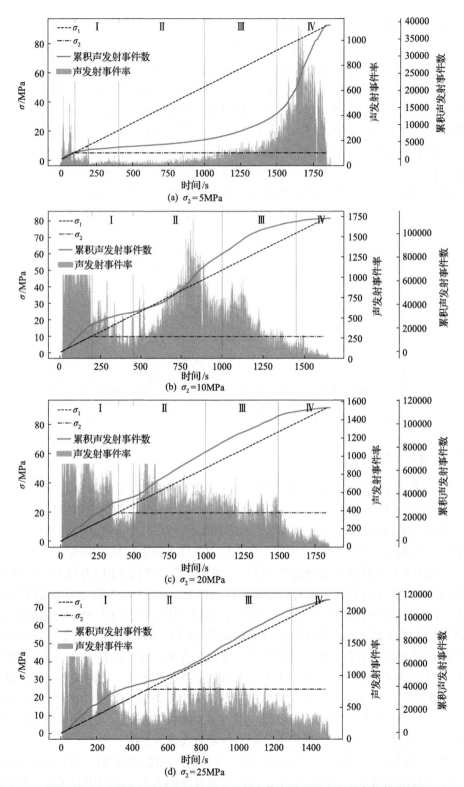

图 10-10　不同中间主应力条件下声发射事件率及累积声发射事件数特征

中间主应力的加载加剧了岩石内部晶体之间的摩擦与错动，从而产生了更多的声发射事件。此外，在中间主应力加载结束后，随着中间主应力的增加，峰值声发射事件率出现的时刻逐渐提前，声发射事件率的峰值逐渐平缓，总累积声发射事件数随之增大。这表明岩石的微裂纹扩展过程由中间主应力较小时的"突发型、聚集型"特征转变为中间主应力较大时的"持续性、分散型"特征，岩石内部积聚能量的释放更加平缓。

10.2.3 声发射幅值

声发射幅值在一定程度上客观反映声发射信号的强度，计算方法为该次声发射事件所涉及的多个通道幅值的平均值。图 10-11 揭示了 4 种中间主应力条件下岩石试样在不同阶段声发射幅值的统计分布规律。可以看出岩石在真三轴压缩过程中声发射信号的幅值主要分布在 65～90dB。声发射幅值的分布规律具有一定的阶段性特征，随着外部载荷的增大，声发射信号的平均幅值呈现增大的趋势，幅值大于 90dB 的高幅信号数量比例明显增多。分别对比图 10-10(b)、(c) 和图 10-11(b)、(c) 可以发现，虽然Ⅳ阶段的声发射事件率要远远小于Ⅱ阶段，但是Ⅳ阶段的声发射幅值却普遍大于Ⅱ阶段，声发射幅值与事件率的大小之间没有显著的对应关系。此外，从图 10-11 中同样可以得出中间主应力的增大对各阶段声发射信号幅值的影响不显著，但是中间主应力的增大会增加岩石不稳定破裂的可能性。

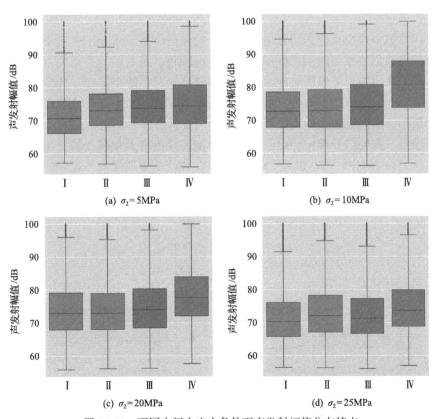

图 10-11　不同中间主应力条件下声发射幅值分布特点

10.2.4　声发射峰值频率

声发射峰值频率，又称声发射主频，即声发射波形频谱转换后最大能谱点所对应的频率(图 10-12)。声发射峰值频率的大小和分布与信号源息息相关，可以在一定程度上反映信号源的基本类型特征。

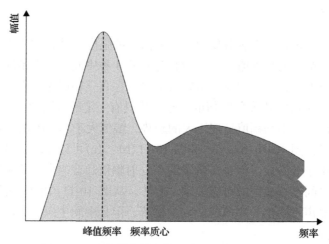

图 10-12　声发射信号峰值频率和频率质心示意图

一次声发射事件中首撞击信号包含该事件的主要信息。图 10-13 展示的是声发射事件首撞击信号峰值频率与时间之间的关系，坐标轴顶部及右侧为数据的直方图示意图。声发射信号的峰值频率可以明显地分为 3 个频带，分别为低频带(25～125kHz)、中频带(150～200kHz)、高频带(275～350kHz)，且峰值频率属于低频带的占比最大，属于高频带的占比最小。不同中间主应力条件下各频带声发射事件数的占比见表 10-1。随着中间主应力的增大，高频信号和中频信号的占比分别表现出增大和减小的变化趋势。此外，当中间主应力为 10MPa、20MPa、25MPa 时，在加载前中期就有了较多的高频信号，而

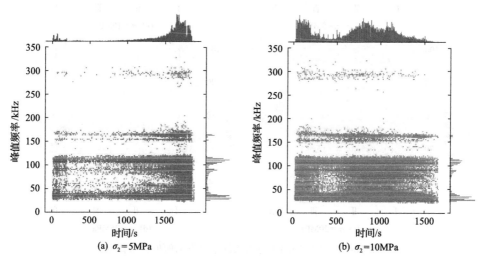

(a) $\sigma_2 = 5$MPa　　　　　　　　　　　　(b) $\sigma_2 = 10$MPa

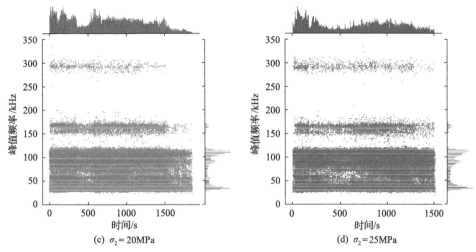

图 10-13 不同中间主应力条件下声发射峰值频率分布特点

表 10-1 不同中间主应力条件下各频带声发射事件数占比（%）

频带	σ_2=5MPa	σ_2=10MPa	σ_2=20MPa	σ_2=25MPa
低频带	91.98	93.18	93.44	93.36
中频带	7.46	6.23	5.91	5.74
高频带	0.56	0.59	0.65	0.90

在加载后期岩石临近失稳状态时几乎没有高频信号的产生，与中间主应力 5MPa 状态下形成了鲜明的对比。这与图 10-10 得出的结论相一致，当中间主应力较大时，岩石在加载中期就会持续不断地产生微裂纹，微裂纹不断贯通连接最终形成宏观裂缝。岩石内部裂缝的存在会使得岩体破裂信号在传播过程中发生衰减，高频信号相比低频信号更容易发生衰减，因此出现中间主应力较大状态下加载后期几乎无高频信号的现象。

10.2.5 波速变化特征

不同应力条件下岩石的波速变化表现出显著的阶段性特征。图 10-14 展示了花岗岩试样在 4 种中间主应力状态下 3 个主应力方向的波速、应力随时间的变化关系（σ_2 加载后）。可以清楚地看到花岗岩在真三轴应力条件下波速的变化表现出明显的阶段性与各向异性特征。

当中间主应力与最小主应力差值较小时［图 10-14(a)］，在Ⅰ阶段，最大主应力方向的波速显著增大，中间主应力与最小主应力方向的波速只有微小幅度的波动，最大主应力方向上的不断加载是引起不同方向波速变化差异性的主要原因。在Ⅱ阶段，最大主应力方向只有部分路径的波速有增大的现象，总体保持平稳状态，中间主应力与最小主应力方向上的波速仍然只有微小幅度的波动，结合图 10-10(a)可知岩石处于弹性变形阶段，波速起伏程度较小。在Ⅲ阶段，最大主应力方向的波速保持平稳，中间主应力与最小主应力方向均有部分路径波速出现下降现象，且最小主应力方向波速的减小幅度及数量比例要大于中间主应力方向，这可能是两个方向应力的微小差异所引起的。在Ⅳ阶段，最

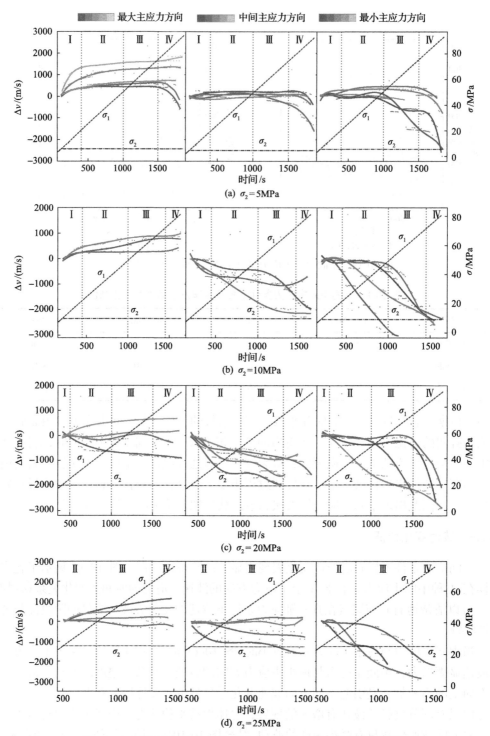

图 10-14　不同中间主应力条件下 3 个主应力方向波速变化情况

大主应力方向部分路径的波速出现减小，而中间主应力及最小主应力方向的所有路径波速均减小，最小主应力方向波速的减小幅度最大。

当中间主应力与最小主应力的差值逐渐增大时[图 10-14(b)、(c)、(d)]，随着中间主应力的增大，岩石的Ⅰ阶段越来越短，最大主应力方向的波速增加量也越来越小，但是最大主应力方向波速的骤减现象也随之消失。中间主应力方向的波速在Ⅱ阶段出现了不同程度的骤减现象，而在Ⅲ阶段和Ⅳ阶段仅有小幅度的减小。最小主应力方向的波速在Ⅱ阶段有部分路径也出现了骤减现象，但是在Ⅲ阶段和Ⅳ阶段该方向所有路径的波速均出现了大幅度的骤减现象。

总的来说，真三轴应力条件下花岗岩在各主应力方向不同阶段波速变化情况见表 10-2。无论中间主应力的大小如何，最大主应力方向的波速在加载前中期保持平稳状态，在加载后期可能出现小幅下降的情况。中间主应力方向的波速在加载前中期会出现大幅度减小的现象，而在后期表现为平稳或缓慢减小。最小主应力方向的波速在加载前中期主要特征为平稳状态，在加载后期主要特征为骤减状态。此外，随着中间主应力的增大，中间主应力方向的波速由平稳状态转变为骤减状态，这可能是由于中间主应力的加载引起了岩石在该方向的压缩，岩石内部的微裂缝逐渐闭合，中间主应力加载到固定值后，最大主应力的加载会使得岩石在中间主应力方向发生膨胀，使得闭合的微裂缝再度张开，引起了该方向波速的骤减现象。

表 10-2　双轴应力条件下花岗岩在各主应力方向不同阶段的波速变化情况

各主应力方向	Ⅰ阶段	Ⅱ阶段	Ⅲ阶段	Ⅳ阶段
最大主应力方向	增大/平稳	平稳	平稳	平稳/减小
中间主应力方向	平稳/骤减	平稳/骤减	平稳/减小	平稳/减小
最小主应力方向	平稳	平稳/骤减	平稳/骤减	骤减

10.2.6　中间主应力对岩体破裂过程的影响

图 10-15 展示的是花岗岩在加载破坏后中间主应力方向的形貌。可以看出双轴应力条件下花岗岩的宏观破裂为典型的共轭"X"型剪切破裂，宏观破裂面多垂直于最小主应力方向。近年来，一些学者的研究指出可以根据岩体声发射信号的 RA 值与 AF 值定性判别岩体的破裂类型[15,16]。RA 值与 AF 值的计算方法见式(10-6)和式(10-7)。本节基

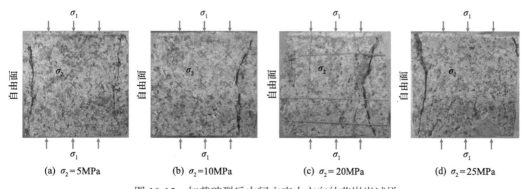

(a) $\sigma_2 = 5\mathrm{MPa}$　　(b) $\sigma_2 = 10\mathrm{MPa}$　　(c) $\sigma_2 = 20\mathrm{MPa}$　　(d) $\sigma_2 = 25\mathrm{MPa}$

图 10-15　加载破裂后中间主应力方向的花岗岩试样

于 Zhang 等[17]的研究将 RA 与 AF 的比值设置为 1∶100[(ms/V)∶kHz]。4 种中间主应力条件下(σ_2加载后)的 RA 与 AF 的关系绘制于图 10-16。可以清楚地看到，真三轴应力条件下花岗岩的微观破裂类型主要为剪切破裂，占比在 90%以上，这与宏观共轭"X"型剪切破裂相一致。此外，随着中间主应力的增大，岩石剪切破裂的占比增大，张拉破裂的占比减小，岩石的破裂类型逐渐向剪切转化。

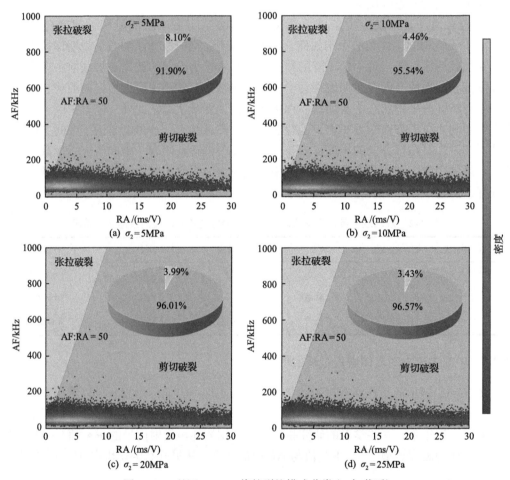

图 10-16　基于 RA-AF 值的裂纹模式分类(σ_2加载后)

　　分析岩石的受力情况可以对以上现象做出解释。当中间主应力加载到预先设定的值后，岩石处于双向受力状态时，岩石在最大主应力与中间主应力方向处于压缩状态，而在最小主应力方向靠近自由面的局部处于膨胀状态。随着外部载荷的增大，最小主应力方向膨胀区与压缩区的交界处最先达到岩石的抗剪强度，该交界面率先产生剪切微裂纹，微裂纹的产生形成了新的自由面，进一步调整了岩石局部的受力情况，加剧了岩石的破裂损伤。岩石内部微裂纹的不断贯通连接形成了宏观剪切破裂面。在这个过程中，如果中间主应力越大，岩石所受的外部合力也就越大，较小的外部载荷即可在岩石内部弱结构面处产生剪切破裂，进而使得岩石的破裂过程特点由"突发型、聚集型"转变为"持续型、分散型"。

10.3　应力方向辨识方法

地下岩体应力状态分析对工程的高效生产具有重要的实际意义，若能识别出岩体所受应力的最大主应力方向，便能因地制宜地采取精准有效的防护措施与制定相应的应急预案。岩体力学的研究表明，在漫长的地质作用下，岩体内部的剪应力会逐渐减弱，岩体结构趋于稳定的静水围压状态。深部原生岩体的主应力方向为铅垂方向与水平方向，且最大主应力方向取决于上覆岩体的密度、弹性模量与泊松比。地下硐室、采场、巷道等结构开挖后，岩体应力发生重分布，自由面上的岩体受力状态由三维转为二维，自由面附近岩体的应力状态会发生改变，形成一定范围的塑性区。此时，自由面岩体的主应力方向分别为垂直和平行于自由面。但在远离自由面处的主应力方向会因岩体内部剪切应力的存在而变得异常复杂。若假设岩石为各向同性的弹性体，则主应力可由式(10-8)、式(10-9)得出：

$$\begin{cases} \sigma_1 \\ \sigma_3 \end{cases} = \frac{\sigma_x + \sigma_y}{2} \pm \sqrt{\left(\frac{\sigma_x - \sigma_y}{2}\right)^2 + \tau_x^2} \tag{10-8}$$

$$\tan(2\alpha_0) = \frac{2\tau_x}{\sigma_x - \sigma_y} \tag{10-9}$$

由式(10-8)、式(10-9)可以看出，使用该方法计算岩体主应力大小及方向需要测出该点处的两个正交应力与剪切应力，且需假设岩石为各向同性的弹性体。包括常用的原位应力测试方法，如孔壁应变法、孔径变形法、孔底应变法等，这些测量方法均具有成本高、操作复杂等缺点。但在现场岩体中，岩石的性质各不相同，我们更需关注的是监测目标区域内的应力状态，单点测量应力状态会存在很大的局限性。此外，应力的精确大小对工程现场的意义不是很大，判断岩体所处的应力状态即可指导现场的安全生产。因此，寻求一种适用性强、操作简单便捷的应力方向辨识方法具有重要的工程价值。

10.3.1　理论基础

1. 波速变化各向异性

在 10.1 节花岗岩单轴压缩试验中，使用 α 表示波传播路径与应力之间的夹角，即 $0° \leqslant \alpha \leqslant 90°$。图 10-17(a)展示了花岗岩试样在 $\alpha=0°$、33°、54°、90°时波速变化和应力的关系。整个加载过程中，波速随应力的增大呈先增大后减小的趋势，波速的增加量随着夹角 α 的增大而减小。在Ⅲ阶段，各个角度的波速出现了不同幅度的下降，波速的减少量随着夹角 α 的增大而增大。此外，从波速下降路径的数量比例上来看，当 $\alpha=0°$、33°、54°、90°，波速发生明显下降路径的数量比例分别为 16.7%、50%、75%、84.6%，可见夹角越大，波速下降路径的数量比例也越大。对每组角度波速变化值做拟合曲线得到该角度下拟合波速曲线最大增加量及最大减小量，并绘制于图 10-17(b)。从图 10-17(b)中可以得出，波速最大增加量随着夹角的增大而减小，而波速最大减小量随着夹角的增大而增大。波速最大增加量与最大减小量分别在 α 为 0°与 90°时取得，即应力平行方向与应力垂直方向的波速变化情况最为显著，这两个方向的波速更适用于试验研究及现场应用。

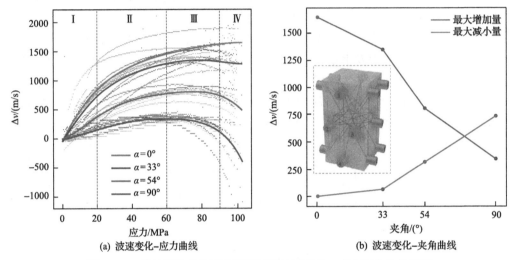

图 10-17　单轴压缩条件下花岗岩试样波速变化、应力和夹角的关系

　　花岗岩在双轴应力条件下的波速变化同样呈现出显著的各向异性特征(10.2.5 节)。与单轴应力条件下不同的是，在双轴应力条件下受到中间主应力的影响，岩体的破裂过程发生了一定的变化，波速变化各向异性情况也更加复杂，往往是多种情况的综合与组合，但其本质上还是具有一定的规律性，波速变化各向异性的特征仍然显著。

　　试验中声学传感器分三层布置，图 10-18(a)展示了震源位置高度为 20mm、100mm及 175mm 时平均波速变化与应力之间的关系。从图 10-18 中可以看出，岩石内部的平均波速随着应力的增大表现出先增大后减小的趋势；震源位于试样两端(Z=20mm, Z=175mm)的平均波速变化情况类似，波速增幅大于震源位于试样中部(Z=100mm)的平均波速，但波速的减小幅度与之相反，震源位于试样中部的平均波速减小幅度最大。对位于不同震源高度的平均波速变化值做拟合曲线得到该高度下拟合波速曲线最大增加量及最大减小量，并绘制于图 10-18(b)，当震源位置在试样两端附近时波速的最大增加量最大，当震源位置在试样中部位置时波速的最大减小量最大，这启示我们在室内试验与现场应用中，波速监测设备应布置于监测目标的中部位置。

　　此外，对比图 10-17(a)与图 10-18(a)可以发现，当综合多个角度的波速取平均值后，不同角度波速的增加量与减小量会相互抵消，波速的变化特性会被"中和"，表现出变化规律相对减弱的特征，因此在试验探索时考虑波速的方向性是十分必要的。

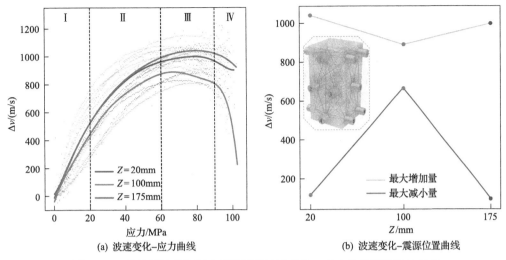

(a) 波速变化-应力曲线　　　　　　　(b) 波速变化-震源位置曲线

图 10-18　单轴压缩条件下花岗岩试样波速变化、应力和震源位置的关系

2. 微观机理

图 10-19(a)展示了花岗岩试样在单轴加载试验后的宏观裂缝形态，属于典型的共轭 "X" 型剪切破裂。图 10-19(b)为考虑单个裂缝解释波速各向异性的简化模型。试验中试样表面受端部效应的影响发生应力集中，导致岩石内部微裂隙扩展、贯通，逐渐产生平行于轴向方向的微裂缝，并随着压应力的增加不断向内部扩展，形成潜在的剪切破裂面[18]。在图 10-19(b)中，受次生微裂纹的影响，应力平行方向传感器 A 和传感器 D 之间的波传播路径由虚直线变为实曲线，传播路径发生了很小幅度的增长。但是在应力垂直方向传感器 B 和传感器 C 的波传播路径由虚直线变为实曲线，传播路径发生了大幅度的增长。其他角度方向如传感器 E 和传感器 C 的波传播路径由虚直线变为实直线，传播路径发生了小幅度的增长。将该简化模型多个组合叠加即为波的真实传播情况。波在微观传播路径的改变是宏观速度变化的本质原因。

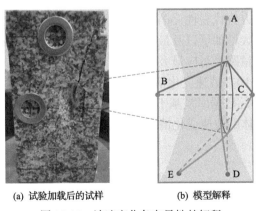

(a) 试验加载后的试样　　　　(b) 模型解释

图 10-19　波速变化各向异性的解释

单轴压缩试验中由于端部效应会在试样两端形成两个压缩区，压缩区内的岩石处于

三轴受压状态，岩石结构相比中部两帮更为致密，由于岩石的抗拉及抗剪强度要远远小于抗压强度，因此单轴压缩过程中，波穿过岩石两端三轴压缩区的传播路径要比波穿过岩石中部及两帮的传播路径更为稳定。试验中震源在试样两端(Z=20mm，Z=175mm)发出的脉冲传播路径穿过岩石两端压缩区的占比约为 76.5%，要大于震源在试样中部(Z=100mm)处的 64.7%，因此震源在试样两端的平均波速增长量要大于震源在试样中部的平均波速增长量，而平均波速减小量的情况恰好与之相反。

在双轴压缩试验中，当中间主应力与最大主应力同时加载后，岩石在最大主应力与中间主应力方向处于压缩状态，而在最小主应力方向靠近自由面的局部处于膨胀状态。随着外部载荷的增大，最小主应力方向膨胀区与压缩区的交界处最先达到岩石的抗剪强度，该交界面率先产生长轴垂直于最小主应力方向的剪切微裂纹，微裂纹的产生构成了新的自由面，进一步调整了岩石局部的受力情况，加剧了岩体的破裂损伤。最小主应力方向波的传播路径随着剪切微裂纹的出现而大幅增加，因此最小主应力方向的波速在加载前中期主要特征为平稳状态，在加载后期主要特征为骤减状态。中间主应力的加载引起了岩石在该方向的压缩，岩石内部的微裂缝逐渐闭合，中间主应力加载到固定值后，最大主应力的持续加载会使得岩石在中间主应力方向发生膨胀，使得闭合的微裂缝再度张开，引起了该方向波速的骤减现象。因此中间主应力方向的波速在加载前中期会出现大幅减小的现象，而在后期表现出平稳或缓慢减小的现象。最大主应力方向是持续不断施加载荷的，岩石在该方向始终趋于致密状态，直到加载后期由于其他方向剪切微裂纹的出现并不断扩展才引起该方向波速的缓慢减小。综合来说，岩石波速变化的各向异性与内部结构特点存在密切的联系，内部结构特点又会受到外部主应力方向的影响，这便将岩石波速变化的各向异性与主应力方向之间搭建起了桥梁，由波速变化各向异性的特征反演岩石的主应力方向是合理可行的。

10.3.2　实施过程建议

以上的理论与试验结果为我们辨识岩石的主应力方向提供了一个方法。具体实施方案如下：第一，在目标区域多方位多角度布置实时波速测量传感器，传感器网格应将目标区域包含在内且具有方位代表性。第二，绘制工程扰动前后各方位波速实时变化情况图。第三，根据波速最大增加量以及最大减小量初步辨识岩石的最大主应力与最小主应力方向，波速最大增加量路径对应最大主应力方向，波速最大减小量路径对应最小主应力方向。第四，依据表 10-2 波速变化情况数据库进一步调整与验证岩石的主应力方向。值得注意的是，表 10-2 的数据库是基于花岗岩室内试验的结果得出的且数据量较小，这可能与部分工程现场岩体的波速变化情况相一致。工程现场岩体中表 10-2 的数据库还需要进一步的完善与验证。

参 考 文 献

[1] Kurita K, Fujii N. Stress memory of crystalline rocks in acoustic emission[J]. Geophysical Research Letters, 1979, 16(5): 103-104.

[2] Gao L, Gao F, Zhang Z, et al. Research on the energy evolution characteristics and the failure intensity of rocks[J]. International Journal of Mining Science and Technology, 2020, 30(5): 705-713.

[3] Dong L, Chen Y, Sun D, et al. Implications for rock instability precursors and principal stress direction from rock acoustic experiments[J]. International Journal of Mining Science and Technology, 2021(8): 789-798.

[4] Dong L, Chen Y, Sun D, et al. Implications for identification of principal stress directions from acoustic emission characteristics of granite under biaxial compression experiments[J]. Journal of Rock Mechanics and Geotechnical Engineering, 2022. doi: 10.1016/J. Jrmge. 2022.06.003.

[5] Li A, Forsyth D W, Fischer K M. Shear velocity structure and azimuthal anisotropy beneath eastern North America from Rayleigh wave inversion[J]. Journal of Geophysical Research Solid Earth, 2003, 108(B8): 2362.

[6] Pyle M L, Wiens D A, Weeraratne D S, et al. Shear velocity structure of the Mariana mantle wedge from Rayleigh wave phase velocities[J]. Journal of Geophysical Research Solid Earth, 2010, 115(B11): 1-15.

[7] Chang S J, Var Der Lee S, Flanagan M P, et al. Joint inversion for three-dimensional S velocity mantle structure along the Tethyan margin[J]. Journal of Geophysical Research Solid Earth, 2010, 115(B8): B08309.

[8] Koulakov I. High-frequency P and S velocity anomalies in the upper mantle beneath Asia from inversion of worldwide traveltime data[J]. Journal of Geophysical Research: Solid Earth, 2011, 116(B4): B04301.

[9] Dong L, Tong X, Ma J. Quantitative investigation of tomographic effects in abnormal regions of complex structures[J]. Engineering, 2020, 7(7): 1011-1022.

[10] Goodfellow S D, Tisato N, Ghofranitabari M, et al. Attenuation properties of fontainebleau sandstone during true-triaxial deformation using active and passive ultrasonics[J]. Rock Mechanics & Rock Engineering, 2015, 48(6): 2551-2566.

[11] Johnston J E, Christensen N I. Seismic anisotropy of shales[J]. Journal of Geophysical Research, 1995, 100(B4): 5991-6003.

[12] Kim H, Cho J, Song I, et al. Anisotropy of elastic moduli, P-wave velocities, and thermal conductivities of Asan Gneiss, Boryeong Shale, and Yeoncheon Schist in Korea[J]. Engineering Geology, 2012, (47): 68-77.

[13] Stanchits S, Vinciguerra S, Dresen G. Ultrasonic velocities, acoustic emission characteristics and crack damage of basalt and granite[J]. Pure and Applied Geophysics, 2006, 163(5): 975-994.

[14] Sayers C M. Effects of borehole stress concentration on elastic wave velocities in sandstones[J]. International Journal of Rock Mechanics & Mining Sciences, 2007, 44(7): 1045-1052.

[15] Ohno K, Ohtsu M. Crack classification in concrete based on acoustic emission[J]. Construction & Building Materials, 2010, 24(12): 2339-2346.

[16] Ohtsu M. Quantitative AE techniques standardized for concrete structures[J]. Advanced Materials Research, 2006, 13-14: 183-192.

[17] Zhang Z H, Deng J H. A new method for determining the crack classification criterion in acoustic emission parameter analysis[J]. International Journal of Rock Mechanics and Mining Sciences, 2020, 130: 104323.

[18] Li C. The stress-strain behaviour of rock material related to fracture under compression[J]. Engineering Geology, 1998, 49(3-4): 293-302.

第11章 岩体波速场成像方法与试验验证

11.1 岩体波速场成像方法概述

随着社会经济的快速发展和资源需求的日益增加，隧道掘进、凿岩采矿等地下作业活动也日趋频繁，逐渐向深部蔓延，断层、采空区、陷落柱等空洞区域极大制约了掘进作业，岩体开采中高应力储能突然释放所诱发的岩爆等灾害严重威胁着安全开采。这些岩体中所隐伏的空洞和高应力区域往往与岩石主体在应力上具有明显差异，但目前应力异常区域辨识技术空缺，开采影响区域内应力场处于不断调整之中，时间、空间、强度上的演化规律未知，造成潜在风险区域圈定、灾源动态演化模型构建异常困难，难以开展灾害精准防控。

岩体受应力变形破裂之前存在弹性形变阶段，通过该阶段中波速的变化可以表征岩体应力状态，因此可通过对岩体波速场成像感知岩体波速变化分布，并推演出岩体应力变化分布，进而获知工程结构完整性、异常地质体，辨识潜在灾源高风险区域分布，精准预测掘进工作面的前方断层、采空区、陷落柱等区域，实现地下岩体异常区域超前辨识，对于安全高效地开展隧道掘进、凿岩采矿等地下作业活动具有重要意义。

当前波速场成像方法以层析成像和全波形反演为主，分别基于射线理论和波动方程实现了地下未知区域波速分布成像，但当前研究以大尺度下海上和陆地地震勘探资料为主，而在隧道掘进、凿岩采矿等地下工程尺度中应用较少，因此本书将以岩体作为研究对象，利用层析成像和全波形反演开展岩体异常区域波速场成像研究。

11.2 层 析 成 像

11.2.1 层析成像概述

层析成像起源于医学 CT 技术，20 世纪 70 年代，Aki 等[1,2]采用矩形块体离散三维地质结构，建立了基于 P 波到时的扰动线性方程组，通过阻尼最小二乘法迭代计算慢度模型，成功反演了加利福尼亚州圣安地列斯断层结构。这一开创性的工作将医学 CT 技术引入地球物理学科，此后层析成像技术不断发展，并成为勘探地层结构、油气存储和地质灾害等的重要手段。

层析成像方法众多，分类复杂。按照所使用的地震波参数可以分为使用走时数据的走时层析成像和使用各类波形数据的波形层析成像；按照波的类型可以分为透射波层析成像、折射波层析成像和反射波层析成像；按照成像的目标可分为反演速度场的速度层析成像和反演衰减系数的衰减层析成像；按照成像原理可分类为基于射线理论的射线层析成像和基于波动理论的散射(衍射)层析成像等。

在众多层析成像方法中，走时层析成像发展最早、最成熟也最稳定。由于地震波的走时通常只受地层速度结构的影响，且地震波走时数据易提取，因此走时层析成像成为反演速度结构应用最广泛的方法之一。走时层析成像的核心内容可主要分为数据采集、正演计算和反演计算。正演计算即地震波旅行时计算，为了准确快速地获取地下速度结构，走时层析成像对正演方法提出了很高的准确性和效率要求；对于反演方法，则要求具有快速收敛性能，且必须能解决反演方程组的病态、非线性问题。

正演部分，最为常用的旅行时计算方法是基于射线理论的射线追踪技术，通过对慢度在射线路径上进行线积分计算射线的旅行时。20 世纪 90 年代，不依赖射线路径计算，而考虑波前传播特性的波前追踪技术逐渐发展起来，以有限差分法为代表，在快速计算整个震源的走时场方面取得了巨大的成功。另一种不依赖于射线理论的方法是最短路径射线追踪，将图论中的最短路径求解方法引入射线路径计算领域，同样获得了广泛研究和应用。

反演部分，通常是预先假定初始模型，然后通过迭代的方式对速度模型进行更新，这一过程本质上是对目标函数进行优化的问题。目标函数通常由接收台站走时的观测值和理论值残差的范数构建而成。部分学者为了避免走时数据采集引起的误差，采用了台站间的观测走时差和理论走时差的残差构建目标函数，即双差层析成像。

在过去的四十余年间，地震层析成像从产生到发展，已经衍生许多成像方法，并成为地球物理学的重要分支。至今，层析成像已经在地球物理学中取得了许多应用，而走时层析成像由于其稳定性被广泛用于反演地下速度结构，是岩体波速场成像的有效方法。

11.2.2　射线追踪技术

1. 射线走时积分方程

射线追踪技术是最早用于计算地震波到时的方法，在层析成像正演中占据重要的位置。射线追踪技术的理论基础是射线追踪理论，以下对定义了计算理论到时的射线积分方程进行简单的推导。

假设介质是弹性的，则地震波在地层中的传播满足弹性波动方程：

$$\rho \frac{\partial^2 u_i}{\partial t^2} = \frac{\partial \tau_{ij}}{\partial x_j} \tag{11-1}$$

其中：

$$\tau_{ij} = \lambda \delta_{ij} \frac{\partial u_k}{\partial x_k} + \mu \left(\frac{\partial u_i}{\partial x_j} + \frac{\partial u_j}{\partial x_i} \right) \tag{11-2}$$

式中：k 为 x，y，z 三个维度；u 为对应相应维度的位移；ρ 为介质密度；λ 和 μ 分别为两个拉梅常数。

在满足高频近似的条件下，弹性波动方程被简化为

$$\left(\frac{\partial t}{\partial x}\right)^2 + \left(\frac{\partial t}{\partial y}\right)^2 + \left(\frac{\partial t}{\partial z}\right)^2 = \frac{1}{c^2(x,y,z)} \tag{11-3}$$

式中：c 为波速。这个方程就是著名的程函方程，更简洁的表达方式是

$$|\Delta T| = \frac{1}{c} \tag{11-4}$$

其中：∇T 为走时场关于射线路径位置的梯度，方向垂直于波前。如图 11-1 所示，射线追踪理论假想一条射线，地震波的波前沿着这条射线路径传播至接收器，两点直接的走时近似等价于介质慢度沿射线路径的线积分。如果沿梯度方向的微小增量用 dl 表示，通过对从震源到接收点的路径进行积分，就可以得到单一射线走时的计算积分方程：

$$t = \int \frac{\mathrm{d}l}{c(x,y,z)} \tag{11-5}$$

必须说明，这是一个非线性积分，因为被积函数和射线路径都依赖于速度场。

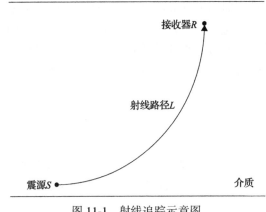

图 11-1　射线追踪示意图

2. 射线追踪方法

从式(11-5)不难看出，获取震源到接收点之间的射线路径是计算两点间走时的关键。下面介绍几种经典的射线追踪方法。

1) 两点射线追踪

1977 年，Julian 等[3]提出了经典的两点射线追踪方法，这种朴素的射线追踪方法有两类：一类是针对求解初值问题的试射法，另一类是针对求解边值问题的弯曲法，如图 11-2 所示。

在试射法中，震源点处射线的出射方向给出，通过调整出射角并根据 Snell 定律计算不同出射方向下的射线路径，寻找恰好经过接收点的射线。而在弯曲法中，震源点和接收点的初始路径给出(通常是直接连接两点间的直线)，调整射线路径，基于 Fermat 原理，认为具有最小走时的射线路径即真实射线路径。

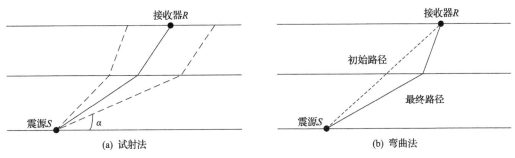

图 11-2　两点射线追踪

两点射线追踪方法在早期天然地震层析成像中取得了广泛运用，但由于计算效率极低，存在追踪盲区，且容易陷入局部最优，因此随着射线追踪技术的发展被逐渐淘汰。

2) 最短路径射线追踪

最短路径射线追踪方法(shortest path method, SPM)源于图论中运用网络理论对最短路径问题的求解，由 Nakanish 等[4]于 1986 年提出，如今已经成为应用最广泛的射线追踪方法之一。Dong 等[5,6]提出了改进的 A*最短路径搜索算法，实现了三维复杂含空洞结构的精准定位，并且通过结合改进的 A*搜索算法和匹配思想，Dong 实现了复杂结构中空洞区域的辨识。这一射线追踪方法遵循 Fermat 原理，首先将计算区域离散化为若干单元体，在单元边界上设置节点，然后计算节点旅行时，并将节点最小旅行时连线视为射线路径。

最短路径射线追踪对介质进行离散和速度建模的方法主要有两类。第一类是将节点设置在矩形单元体的角点上并在节点定义模型慢度，网格内部和边界点处的慢度以角点处的值离散采样表示，如图 11-3(a)所示。节点间的旅行时近似为两点间的欧氏距离与其平均慢度之积。第二类则将节点设置在矩形单元体的边界上，而角点处不设节点，如图 11-3(b)所示。每个单元体内的介质慢度是一个常值，节点之间的连接要求两点间不存在单元体边界。

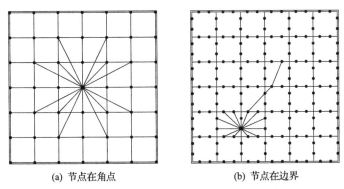

(a) 节点在角点　　　　　　　　(b) 节点在边界

图 11-3　最短路径射线追踪的两类离散和速度建模方法

最短路径射线追踪方法的精度与网格间距有较大关系，细化网格的同时必然影响计算效率。另外，最短路径射线追踪方法无法保证局部满足 Snell 定律。

3）走时线性插值法

走时线性插值法（linear traveltime）是 Asakawa 等[7]于 1993 年提出的射线追踪方法，在计算效率和精度上比 Vidale 有限差分法更高，Asakawa 还从理论上证明，Vidale 法是线性插值法的一个特例。线性插值法计算走时最核心的部分是通过插值公式计算局部走时，在网格线上，线性插值法采用了线性分布假设，而局部走时的计算公式是基于 Fermat 原理给出的。在计算上，线性插值法从震源节点所在的单元开始，通过按列（或行）进行扫描的方式，逐步扩展计算每一列（行）的走时，进而得到所有单元节点的走时。为了获取射线路径，线性插值法还包含一个反向追踪的过程，即根据节点走时场，从接收点处逐个网格追踪至震源处。线性插值法是一类常用的射线追踪方法，计算效率和计算精度较高，对于一些具有起伏地表的速度模型采用线性插值法是很好的选择。

4）波前构建法

波前构建法（wavefront construction method）本身是一种通过波前来检验射线场的方法，波前构建法将邻近射线归类为射线管，然后用波前检验射线场的射线密度，从而在必要时可以通过插值提高射线覆盖率，以提高计算整个射线场的效率。波前构建法是一种非常特殊的射线追踪方法，1993 年，由 Vinje 等[8]在研究基于水平地表条件下的二维光滑速度模型时提出。波前构建法包含两套方程组，第一套方程组是基于运动学射线追踪的方程组，可用于计算射线的路径及网格节点走时；第二套方程组是动力学射线方程组，用于计算幅值及相应的相位信息。波前构建法包含了庞大的计算系统，与传统的射线追踪方法以及有限差分法均有所区别，这一方法既能快速计算走时场，也能计算射线路径，还能计算幅值信息，是一种较为全面的层析正演方法。波前构建法追踪的并不是单一射线，而是整个射线场，因此实现了对所有射线的同时追踪，也可以适应较为复杂的速度模型。尽管波前构建法具有较多理论上的优点，但由于其复杂性，因此在算法的实现上仍具有诸多困难。

11.2.3　有限差分法

计算旅行时的本质是计算程函方程的数值解，在这一点上，射线追踪方法通过积分（即射线方程）求解，而有限差分法则以差分近似替代微分从而达到近似解算程函方程的目的。有限差分法最早由 Vidale[9]于 1988 年提出，随后逐渐发展并成为计算地震波走时的重要方法。有限差分法的思想和射线追踪技术是不同的，射线追踪技术着眼于射线路径的求解，因此只能给出射线路径节点的走时，而有限差分法是一种波前追踪技术。有限差分法模拟了波前的传播特性，波前从震源向外扩展，且方向总是和梯度下降的方向垂直，基于这种传播特性可以计算出整个区域所有节点的走时。

在 Vidale[10]提出有限差分法之后，诸多学者对其进行了研究，通过改进差分形式和波前扩展方法提升其稳定性和效率，其中最著名、应用最广泛的是 Sethian 等提出的快速推进法（fast marching method，FMM）[11]和 Zhao[12]提出的快速扫描法（fast sweeping method，FSM）。Dong 等[13]基于快速推进法量化评价了先验模型、传感器分布、射线覆盖、事件分布等参数对于复杂结构下异常区域辨识的影响。值得说明的是，相比于射线追踪技术，有限差分法在效率上有了极大提升，尤其适合大规模正演运算。另外，有限差分法计算的是震源的走时场分布，不能直接给出射线路径。根据走时场计算射线路径也是可行的，通常的做法是计算走时场的梯度，从接收点处沿梯度下降最大的方向反向追踪至震源点，从而得到射线路径。

以下对几种有限差分法的原理和基本计算方法进行简要的介绍，为方便起见，其中所讨论的情况均是二维、离散的，且极易推广到三维情况。

1. Vidale 法

在二维情况下，程函方程写为

$$\left(\frac{\partial t}{\partial x}\right)^2 + \left(\frac{\partial t}{\partial z}\right)^2 = \frac{1}{c^2(x,z)} \tag{11-6}$$

Vidale 采用差分算子近似代替程函方程中的偏导数。首先对速度模型进行离散，如图 11-4 所示。

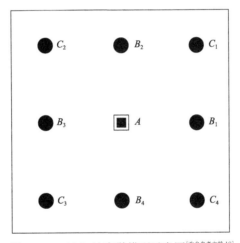

图 11-4　Vidale 法离散模型示意图[改自参考文献 10]

假设地震波到达 A、B_1、B_2、C_1 时的走时分别为 t_0、t_1、t_2、t_3，则节点 A 处，

$$\frac{\partial t}{\partial x} = \frac{t_0 + t_2 - t_1 - t_3}{2h} \tag{11-7a}$$

$$\frac{\partial t}{\partial z} = \frac{t_0 + t_1 - t_2 - t_3}{2h} \tag{11-7b}$$

式中：h 为离散单元的边长。将差分格式的偏导数代入程函方程中，计算得到 C_1 处的走时为

$$t_3 = t_0 + \sqrt{2\left(\frac{h}{c}\right)^2 - (t_2 - t_1)^2} \tag{11-8}$$

式中：c 为 A、B_1、B_2、C_1 四点的平均慢度。为了简化从震源向外扩展波前的过程，假定波阵面是圆形的，并不失一般性地假定 A 点位于坐标系原点处。发震时刻为 t_s，震源坐标为 (x_s, z_s)，则 A、B_1、B_2 处的旅行时可以表示为

$$t_0 = t_s + \frac{\sqrt{x_s^2 + z_s^2}}{c} \tag{11-9a}$$

$$t_1 = t_s + \frac{\sqrt{(x_s + h)^2 + z_s^2}}{c} \tag{11-9b}$$

$$t_1 = t_s + \frac{\sqrt{x_s^2 + (z_s + h)^2}}{c} \tag{11-9c}$$

对于给定的 x_s、z_s 和 t_s，C_1 点的走时就可以表示为

$$t_3 = t_s + \frac{\sqrt{(x_s + h)^2 + (z_s + h)^2}}{c} \tag{11-10}$$

Vidale 提出的有限差分法实际运用起来稳定性不足，且计算量也比较大，但为计算地震波走时提供了很好的思路，后续的各类有限差分法都是从 Vidale 法的基本思路出发，以有限差分近似代替偏导数，通过递推或迭代求解程函方程的数值解。

2. 快速推进法

快速推进法是 Sethian 于 1996 年提出的一种运用水平集方法快速求解程函方程的数值算法[14]，1999 年 Sethian 等又将其扩展用于三维地震波走时计算[15]。2004 年，Rawlinson 等[16]在此基础上提出了多级快速推进法，从而使快速推进法能计算初至波以外其他类型地震波的走时。

为了保证一阶无条件稳定性，快速推进法使用了满足熵守恒的迎风差分格式近似代替偏导数，此时，程函方程写为

$$\left[\max\left(D_a^{-x}T, -D_b^{+x}T, 0 \right)^2 + \max\left(D_c^{-z}T, -D_d^{+z}T, 0 \right)^2 \right]_{i,j}^{\frac{1}{2}} = \frac{1}{c_{i,j}} \tag{11-11}$$

式中：(i, j) 为网格节点；$D_a^{-x}T$，$D_b^{+x}T$，$D_c^{-z}T$，$D_d^{+z}T$ 分别表示 x 和 z 方向的前项和后向迎风差分算子。一阶精度和二阶精度的迎风差分算子分别是

$$D_1^{-x}T_i = \frac{T_i - T_{i-1}}{\Delta x} \tag{11-12}$$

$$D_2^{-x}T_i = \frac{3T_i - 4T_{i-1} + T_{i-2}}{2\Delta x} \tag{11-13}$$

快速推进法的无条件稳定性只在采用一阶迎风差分格式时才完全有效，不过对于高

度复杂的介质，采用二阶迎风差分也是非常有效的。建议的做法是采用混合格式，如果节点处满足二阶迎风差分格式的程函方程的计算条件，则采用二阶迎风算子近似，否则采用一阶迎风算子近似。这种做法既可以保证计算精度，也可以保证复杂介质下的稳定性。

快速推进法结合了窄带技术(narrowband technology)描述波前的传播方式，这种技术有效地确定了网格点的更新顺序。窄带技术将所有网格点划分为三类并做标记，分别是完成点(accepted)、窄带点(close)和远离点(far)，如图 11-5 所示。

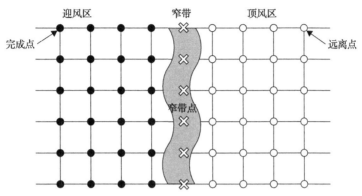

图 11-5　快速推进法的窄带技术[改自参考文献 15]

初始时，震源节点的走时为 0，震源周围的节点走时通过迎风差分格式的程函方程计算，其他节点的走时被设为无穷大。震源节点被标记为 accepted，震源周围的节点被纳入窄带内，标记为 close，其他所有节点都被标记为 far。窄带推进从震源节点开始，并遵循以下循环步骤。

(1) 从窄带中选择走时最小的节点作为子震源，将其标记为 accepted。

(2) 判断子震源节点周围的 4 个节点：若其标记为 far，则将该节点纳入窄带并标记为 close；若其标记为 close，则更新其走时值；若其标记为 accepted，则保持原有属性不变。

(3) 判断窄带是否为空集，若为空集，则循环计算结束，否则返回第①步。

值得一提的是，快速推进法还采用了堆排序技术，这种技术被用于快速选择窄带中的走时最小点。由于每次循环都需要对窄带点的走时值进行排序，因此排序方法对快速推进法的效率具有重要影响。采用堆排序技术使得快速推进法操作量下降为 $O(N \lg N)$，这里 N 是网格节点总数。

3. 快速扫描法

快速扫描法是 Zhao 于 2005 提出的一种通过 Gauss-Seidel 迭代交替扫描快速求解程函方程数值解的方法[12]，并在 2006 年被 Leung 等[17]用于计算地震波的走时场。与快速推进法不同，快速扫描法采用的是 Godunov 迎风差分格式的程函方程：

$$[(T_{i,j} - T_{x\,\min})^+]^2 + [(T_{i,j} - T_{y\,\min})^+]^2 = \frac{h^2}{c_{i,j}^2} \tag{11-14}$$

式中：$T_{x\min} = \min(T_{i-1,j}, T_{i+1,j})$，$T_{y\min} = \min(T_{i,j-1}, T_{i,j+1})$，且节点 $(x)^+$ 为

$$(x)^+ = \begin{cases} x, & x > 0 \\ 0, & x = 0 \end{cases} \qquad (11\text{-}15)$$

在计算域的边界上，节点不能满足双边差分的要求，此时应采用单边差分。Zhao 给出了程函方程在二维情况下的唯一解：

$$\tilde{T} = \begin{cases} \min(a,b) + \dfrac{h}{v}, & |a-b| \geqslant \dfrac{h}{v'} \\ \dfrac{a+b+\sqrt{2\dfrac{h^2}{v^2} - (a-b)^2}}{2}, & |a-b| < \dfrac{h}{v'} \end{cases} \qquad (11\text{-}16)$$

式中：$a = T_{x\min}$，$b = T_{y\min}$。

快速扫描法采用 Gauss-Seidel 迭代计算所有节点的走时值，图 11-6(a) 和 (b) 分别是在一维和二维情况下的快速扫描示意图。

快速扫描法，通过循环扫描更新区域节点走时场，直至达到收敛条件。其步骤如下。

(1) 震源节点处的走时初始化为 0，其他节点处被赋予一个远大于最大可能走时的值。若要避免一阶精度误差，可对震源的周围节点赋予精确值。

(2) 在交替的 4 个方向上使用 Gauss-Seidel 迭代求解程函方程，在每个节点的计算中，保留原值和新值中的较小值。

(3) 在 4 个方向扫描完成后，检验结果的收敛性，如果满足 $\|T^{k+1} - T^k\| \leqslant \varepsilon$，$\varepsilon$ 为极小数，则迭代结束，否则返回第 2 步。

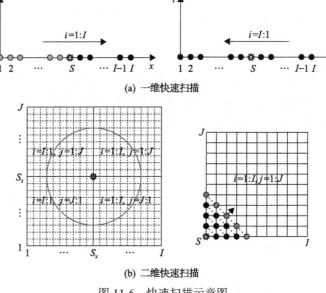

(a) 一维快速扫描

(b) 二维快速扫描

图 11-6　快速扫描示意图

i 为节点，I 为总节点数

在三维情况下，快速扫描法的扫描方向将由 4 个增加至 8 个，Gauss-Seidel 迭代解则通过递归的方式计算。Zhao 证明了快速扫描法的单调性和稳定性，而在精度和计算效率方面，快速扫描法也展现了极大优势。实际上，快速扫描法的计算效率比快速推进法还高，远远超过了射线追踪法。快速扫描法实现了更高效率的正演计算，在层析成像中，正演计算实际上是耗时最长的部分，这一算法的产生对快速层析成像具有重要意义。

11.2.4　反演问题

1. 反演数理模型

地震层析成像的目的是要利用台站记录的地震波数据（走时、幅值、频率等）对目标区域结构进行成像，这一目标要求构建地震信息和目标区域结构特征之间的关系式，即

$$d = Lm \tag{11-17}$$

式中：L 为一个非线性算子，它构建起了数据 d 和模型 m 的关系。所谓层析成像，即是通过这一关系式，根据地震信息 d 推断结构特征 m。在走时层析成像中，d 表示台站记录的走时数据，对于岩石波速场成像，m 表示岩体结构本身的速度属性。

走时层析成像的目的是通过反演地震事件来估计地下速度分布，这一流程可以概况如下。

（1）对模型 m 进行离散化。速度模型通常可离散化为矩形网格，速度值假设在网格节点上，单元体内的速度假设为常数且可通过节点速度进行插值计算。这一假设构建了反演区域的未知速度模型。

（2）对数据 d 进行离散化。以初至波走时为例，假设震源数量为 M，台站数量为 N，则走时数据 d 是一个 $M \times N$ 的列向量。这个向量记录了每一道接收的结果。

（3）对算子 L 进行离散化。非线性算子 L 是连接走时数据 d 和速度模型 m 之间的桥梁，要反演结构的速度模型，必须构建离散的关系算子。以射线层析成像为例，速度模型和走时数据通过射线路径连接，即

$$\sum_j l_{i,j} m_j = d_i \tag{11-18}$$

式中：$l_{i,j}$ 为第 i 根射线在第 j 个单元格中的路径长度；m_j 为第 j 个单元格的速度；d_i 为第 i 根射线的走时。通过这种方式，建立了离散化的算子 L，这个算子是射线长度矩阵，记录了所有射线在模型中的路径。

（4）线性化。上述方程是非线性方程，因为射线路径长度隐式地依赖于速度模型本身。层析成像反演本质上仍然是一个非线性问题，理论上最优的解决方式是全局优化方法，但是由于层析成像往往维度很高，采用全局优化方法进行反演对于算法和计算机的性能提出了很高的要求。现有的解决方式是将这一非线性问题线性化，从一个接近实际模型的初始模型开始迭代计算，根据梯度更新模型，直至最终收敛为止。

2. 目标函数

层析成像的目标函数一般是基于台站走时的观测值和计算值之间的残差构建的。根据走时数据处理方法的不同，可以分为绝对走时差、共源双差和共接收器双差，如图 11-7 所示。虽然三类层析成像方法具有不同的目标函数，但其数学本质是相同的，因此在理论上，这三类层析成像方法应当给出同样的结果。

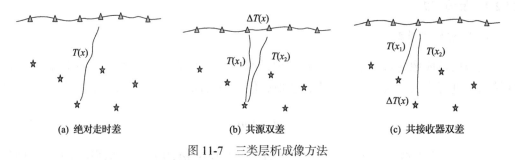

图 11-7　三类层析成像方法

简单介绍这三类层析成像方法。

1) 绝对走时差

绝对走时差是震源点从发震时刻开始，到接收器接收到地震数据的时刻之间的绝对差值。以初至波走时层析成像为例，假设震源发震时刻为 t_s，接收器接收到信号的时刻为 t_r，那么绝对走时差为

$$T_n(x_{r,l}) = t_{r,i} - t_{s,n} \tag{11-19}$$

2) 共源双差

所谓双差，即到时差之差，共源双差是指针对同一震源，两个接收器的到时差之差，即

$$\Delta T_n(x_{r,j-k}) = T_n(x_{r,j}) - T_n(x_{r,k}) \tag{11-20}$$

3) 共接收器双差

共接收器双差是指针对两个不同震源到同一接收器的走时差之差，即

$$\Delta T_{n-k}(x_{r,l}) = T_n(x_{r,l}) - T_k(x_{r,l}) \tag{11-21}$$

根据三类走时数据处理方法，分别给出三种层析成像方法的目标函数，这里的目标函数均是根据数据残差的 L_2 范数建立的。

(1) 绝对走时差层析成像：

$$J(\boldsymbol{m}) = \frac{1}{2}\sum_{n=1}^{N}\sum_{l=1}^{L}\left[T_n(x_{r,l}) - T_n^{\text{obs}}(x_{r,l})\right]^2 \tag{11-22}$$

(2) 共源双差层析成像：

$$J(\boldsymbol{m}) = \frac{1}{2} \sum_{j=1}^{L} \sum_{k=1}^{L} \sum_{n=1}^{N} \left\{ \left[T_n(x_{r,j}) - T_n(x_{r,k}) \right] - \left[T_n^{\mathrm{obs}}(x_{r,j}) - T_n^{\mathrm{obs}}(x_{r,k}) \right] \right\}^2 \tag{11-23}$$

（3）共接收器双差层析成像：

$$J(\boldsymbol{m}) = \frac{1}{2} \sum_{n=1}^{N} \sum_{k=1}^{N} \sum_{l=1}^{I} \left\{ \left[T_n(x_{r,l}) - T_k(x_{r,l}) \right] - \left[T_n^{\mathrm{obs}}(x_{r,l}) - T_k^{\mathrm{obs}}(x_{r,l}) \right] \right\}^2 \tag{11-24}$$

层析成像的目的是针对目标函数的最小化，即 $\min_{\boldsymbol{m}} J$，在反演的过程中，迭代从一个初始模型开始，基于目标函数值评价新模型，当目标函数值满足收敛条件 $\left\| J(\boldsymbol{m}^{k+1}) - J(\boldsymbol{m}^k) \right\| \leqslant \varepsilon$ 时，就停止迭代。

3. 线性化反演

层析成像反演是一个极其复杂的非线性问题，对该问题进行线性化从而使用线性优化方法是一个更好的选择。对反演问题的线性化建立在扰动理论上。假设模型 $\boldsymbol{m}$ 的扰动量为 $\delta \boldsymbol{m}$，则数据的扰动量可以近似通过式（11-25）计算：

$$\delta \boldsymbol{d} = \boldsymbol{L} \delta \boldsymbol{m} \tag{11-25}$$

这一方程是在泰勒级数中展开后舍弃高阶误差 $O(\boldsymbol{m})$ 的结果。因此，将程函方程代入式（11-25）中，得到扰动程函方程：

$$\left| \nabla t(\boldsymbol{X}) + \nabla \delta t(\boldsymbol{X}) \right|^2 = \left[s(\boldsymbol{X}) \right]^2 + 2\delta s(\boldsymbol{X}) s(\boldsymbol{X}) + \left[\delta s(\boldsymbol{X}) \right]^2 \tag{11-26}$$

式中：$s(\boldsymbol{X})$ 为慢度。相应地就可以得到扰动旅行时积分方程：

$$\delta t(\boldsymbol{X}) = \int_r \delta s(\boldsymbol{X}') \mathrm{d}l' \tag{11-27}$$

上述扰动旅行时积分方程实际上描述了速度模型扰动量 $\delta(\boldsymbol{X})$ 和走时观测值与计算值残差 $t_{\mathrm{obs}} - t_{\mathrm{cal}}$ 之间的近似线性关系，扰动程函方程是式（11-27）的微分形式。

无论是哪种形式的扰动方程，都构建起了模型扰动量和数据扰动量之间的近似线性关系。这意味着，通过对模型施加一个小扰动，就可以根据扰动方程近似计算走时扰动量；同样地，也可以根据走时观测值和理论值的残差（目标函数值）寻找模型更新的方向。

11.2.5　模型更新方法

前述内容表明可以通过扰动初始速度模型线性地反演真实速度模型，因此层析成像反演问题的关键在于如何对模型进行扰动，即如何确定模型更新的方向。这关系到层析反演是否可靠，影响了成像结果的准确性。地震反演问题是一个复杂的非线性问题，且存在解的不唯一性，因此一个好的反演算法必须兼具鲁棒性、准确性和高效性。至今已经产生了许多线性化的反演算法，以下介绍经典的反投影法和最常用的梯度法、牛顿法。

1. 反投影法

反投影法是医学 CT 中常用的反演方法，这一方法的基本原理是将走时残差沿射线路径按比例分配，并以此对速度模型进行扰动。两种著名的反投影法是代数重构技术（algebraic reconstruction technique, ART）和同步迭代重构技术（simultaneous iterative reconstruction technique, SIRT）。

ART 是一种基于迭代的反演方法，尤其适用于病态线性方程组的求解[18]。这种方法逐个考虑每一道接收的数据残差，将一道接收的数据参数沿射线路径扰动模型后，计算扰动模型的残差，然后根据下一射线的走时参数再次扰动模型，这个迭代过程重复直到目标函数满足收敛条件。

SIRT[19]是 ART 的变型形式，它和 ART 的不同之处在于，ART 的每次校正只采用一根射线的走时残差，而 SIRT 每次校正都采用了所有射线的走时残差。相比于 ART，SIRT 这种扰动方式具有快速收敛性。

反投影法是地震层析成像早期研究中用到的反演方法，在计算机上实现相对简单，迭代也非常迅速，但反投影法不够稳定，且不适合正则化，因此现有的地震层析成像技术已经很少采用反投影法。

2. 梯度法

梯度法是目前线性反演中最常用的一种方法。模型梯度的正方向表征了目标函数在模型节点上变化最快的方向，相应地，梯度的负方向表征了目标函数在当前模型节点上下降最快的方向。在实现流程上，梯度法本身也是一类基于迭代的最优化方法。

最简单的梯度法是最速下降法（steepest descent method）[20]，其迭代公式为

$$m^{k+1} = m^k + \alpha_k d_k \tag{11-28}$$

式中：d_k 为梯度的负方向，即 $d_k = -g_k$；α_k 为模型更新的步长。步长 α_k 的计算一般是通过线性（一维）搜索或二次插值搜索得到的，在地震层析成像中，反演结果的可靠性通常不依赖于步长的精确计算，而正演计算又将耗费巨量的计算时间，因此不精确的一维搜索是更合适的步长求解方法，这一方法能有效节省反演的时间。

最速下降法的实现是极其简单的，计算量小且需要的内存也很小。但最速下降法仍存在收敛慢的问题，尤其是在优化复杂问题时不够稳定和高效。为了解决最速下降法的这一问题，Hestenes 等[21]提出了共轭梯度法（conjugate gradient method）。共轭梯度法的下降方向 d_k 不再只取决于当前模型的梯度 g_k，还取决于上一次迭代时的下降方向 d_{k-1} 和梯度 g_{k-1}。d_k 的计算方式为

$$d_k = \begin{cases} -g_k, & k = 0 \\ -g_k + \beta_{k-1} d_{k-1}, & k > 0 \end{cases} \tag{11-29}$$

式中：β_{k-1} 为一个线性组合系数，与 g_k，d_{k-1}，g_{k-1} 有关，是三者的线性组合，不同学者提出了不同的组合方法。共轭梯度法是比最速下降法收敛更快的梯度下降方法，有效克

服了最速下降法收敛缓慢的问题，在线性最优化问题和非线性最优化问题领域取得了广泛应用。

3. 牛顿法

无论是最速下降法还是共轭梯度法，都只使用了目标函数关于模型的一阶导数(即梯度)，这意味着梯度下降法是一阶收敛的，在面对某些复杂问题时收敛不够快。牛顿法(Newton method)[22]则同时使用了一阶导数和二阶导数作为迭代准则，这一方法是二阶收敛的，在收敛性能上具有良好表现，是最优化问题中常用的方法。简单推导牛顿法的迭代公式，对目标函数 $J(\boldsymbol{m})$ 在 $\boldsymbol{m}_k$ 处进行泰勒展开，得到

$$J(\boldsymbol{m}) = J(\boldsymbol{m}_k) + \nabla J(\boldsymbol{m}_k)(\boldsymbol{m} - \boldsymbol{m}_k) + \frac{1}{2}\nabla^2 J(\boldsymbol{m}_k)(\boldsymbol{m} - \boldsymbol{m}_k)^2 + \cdots \tag{11-30}$$

舍去高阶误差，就得到

$$J(\boldsymbol{m}) \approx J(\boldsymbol{m}_k) + \nabla J(\boldsymbol{m}_k)(\boldsymbol{m} - \boldsymbol{m}_k) + \frac{1}{2}\nabla^2 J(\boldsymbol{m}_k)(\boldsymbol{m} - \boldsymbol{m}_k)^2 \tag{11-31}$$

对式(11-31)两边同时求导，得到

$$\nabla J(\boldsymbol{m}) = \nabla J(\boldsymbol{m}_k) + \nabla^2 J(\boldsymbol{m}_k)(\boldsymbol{m} - \boldsymbol{m}_k) \tag{11-32}$$

令 $\boldsymbol{m} = \boldsymbol{m}_{k+1}$，进一步得到

$$\boldsymbol{m}_{k+1} - \boldsymbol{m}_k = -\nabla^2 J(\boldsymbol{m}_k)^{-1} \nabla J(\boldsymbol{m}_k) \tag{11-33}$$

式(11-33)给出了牛顿法的模型更新公式，是二阶收敛的迭代方法。这一公式没有规定迭代的步长，是定步长迭代，对于非二次型目标函数可能会导致函数值上升，因此可以仿照梯度法在式(11-33)的基础上添加一个步长系数 α_k，则式(11-33)变为

$$\boldsymbol{m}_{k+1} = \boldsymbol{m}_k - \alpha_k \boldsymbol{H}_k^{-1} \boldsymbol{g}_k \tag{11-34}$$

式中：$\boldsymbol{H}_k^{-1}$ 为 Hessian 矩阵(即二阶导数矩阵)的逆；$\boldsymbol{g}_k$ 为梯度矩阵。这种带有迭代步长的牛顿法称为阻尼牛顿法。

不难看出，式(11-34)需要计算目标函数关于模型的 Hessian 矩阵的逆矩阵，这要求Hessian 矩阵必须是正定的，如果 Hessian 矩阵无法保持正定，那么牛顿法就失效了。牛顿法的另一个问题是必须在每一步迭代中计算 Hessian 矩阵，而 Hessian 矩阵往往计算非常复杂而且占用大量内存，对计算机性能要求很高。为了解决这两个问题，产生了拟牛顿法(quasi-Newton method)[23]。拟牛顿法采用一个正定矩阵 $\boldsymbol{G}_k$ 近似代替 Hessian 矩阵 $\boldsymbol{H}_k$，这一近似矩阵通过迭代得到，且满足拟牛顿条件。

11.2.6　伴随状态层析成像

对于走时层析成像来说，目标函数关于速度模型的梯度计算是反演中最基本的问题，

考虑最简单的梯度下降法，速度模型的迭代公式为

$$c_{k+1} = c_k - \alpha_k \nabla J(c_k) \tag{11-35}$$

这一迭代公式提出了一个问题，即如何根据对应速度模型 c_k 的目标函数值计算梯度？我们知道，目标函数和速度模型是直接存在非线性关系的，这是走时场和速度模型存在相关关系导致的，传统方法计算梯度要求必须计算和存储 Fréchet 矩阵，这是一种效率很低的方法。为了解决这个问题，伴随状态法被引入地震反演中，用于计算目标函数关于模型梯度，可以避免 Fréchet 导数的计算。伴随状态法源于控制论，后被引入地震反演理论中，现在已经成为地震层析成像和全波形反演的重要方法。

在这一节中，基于目标函数的增广泛函，阐述了计算伴随状态变量的基本方法。必须说明，阐述的内容仅针对走时层析成像，成像的目标是速度场，因此目标函数和模型参数均只涉及速度模型和走时[24]。

在连续情况下，根据绝对走时差定义目标函数：

$$J(c) = \frac{1}{2} \int_{\partial \Omega} dr \left| T(c,r) - T_{\text{obs}}(r) \right|^2 \tag{11-36}$$

式中：$\partial \Omega$ 为模型边界，由所有位于地面的接收器的位置坐标构成。根据拉格朗日乘数法，定义增广函数：

$$L(c,t,\lambda) = \frac{1}{2} \int_{\partial \Omega} dr \left| t(r) - T_{\text{obs}}(r) \right|^2 - \frac{1}{2} \int_{\Omega} dx \lambda(x) \left(\left| \nabla t(x) \right|^2 - \frac{1}{c(x)^2} \right) \tag{11-37}$$

式中：λ 为伴随状态变量。原始目标函数可以通过求解下列偏微分方程组得到：

$$\frac{\partial L}{\partial c} = -\int_{\Omega} dx \frac{\lambda(x)}{c^3(x)} = \frac{\partial J}{\partial c} \tag{11-38a}$$

$$\frac{\partial L}{\partial t} = 0 \tag{11-38b}$$

$$\frac{\partial L}{\partial \lambda} = 0 \tag{11-38c}$$

在三个方程都满足的情况下，式 (11-38a) 表明，增广函数对速度模型的梯度与原始目标函数对速度模型的梯度是相同的，而式 (11-38b) 可以用于计算伴随状态变量 λ，式 (11-38c) 可以得到程函方程。

方程组 (11-38) 意味着，增广函数在原始目标函数的基础上增加了一个线性系统，通过求解这个额外的伴随状态变量 λ，就可以求解梯度 ∇J，从而避免 Fréchet 偏导数的计算。增广函数对走时的导数为

$$\frac{\partial L}{\partial t} = \int_{\partial \Omega} dr \left(t(r) - T_{\text{obs}}(r) \right) - \int_{\Omega} dx \lambda(x) \nabla t(x) \cdot \frac{\partial \nabla t}{\partial t} \tag{11-39}$$

这一方程的第二部分是一个分步积分，于是

$$\frac{\partial L}{\partial t} = \int_{\partial \Omega} \mathrm{d}r \left(t(r) - T_{\mathrm{obs}}(r) - \lambda \boldsymbol{n} \cdot \nabla t \right) + \int_{\Omega} \mathrm{d}x \nabla \cdot \lambda(x) \nabla T(x) \tag{11-40}$$

式中：$\boldsymbol{n}$ 为边界上的外法向量。为了求解 $\frac{\partial L}{\partial t} = 0$，让式（11-40）的两项均为 0，从而得到伴随状态变量的解。由此，在边界上，伴随状态变量满足：

$$\lambda \boldsymbol{n} \cdot \nabla t = T(r) - T_{\mathrm{obs}}(r) \tag{11-41}$$

而在模型内部，伴随状态变量满足：

$$\nabla \cdot \lambda(x) \nabla T(x) = 0 \tag{11-42}$$

式（11-41）和式（11-42）给出了求解伴随状态变量的方法，目标函数关于速度模型的梯度则通过式（11-38a）计算。通过式（11-41）可以看出，伴随状态法实际上是将接收点处的数据残差沿着射线路径反向传播至震源的过程。对于式（11-42），Leung 等[17]提出了一种基于快速扫描法的伴随状态变量计算方法，这种方法与快速扫描法一样是基于 Gauss-Seidel 迭代的，求解流程也与快速扫描法具有相似性。

伴随状态法的引入，为地震走时层析成像反演带来了极大的便利，对于反演算法的效率有了质的提升，对于极为复杂的各向异性介质也能有很好的反演效果。伴随状态层析成像由于其高效性和稳定性，已经取得了广泛的应用。

11.3　全波形反演

全波形反演作为地下结构成像、地震层析的主要方法之一，利用波动方程的数值解析，从运动学、动力学角度对全波形信息进行充分的挖掘，迭代优化模型参数和合成数据的非线性关系，实现地下结构的高精度成像，可揭示岩体复杂结构下的节理构造和岩性参数。全波形反演通过数值解精确模拟了声发射事件在非均匀介质的传播，是研究传播介质性质高度变化的重要方法，并且借助于伴随状态法，全波形反演可以利用任意类型的声发射事件波形提高地下结构的成像分辨率，而无需根据纵波或横波等经典地质相位识别特定的波形。

不同于走时层析成像，全波形反演利用了事件波形所有到达时刻的幅值和相位信息，而不仅仅局限于事件波形的到时信息。波形幅值、相位等波形数据相比于到时信息对传播介质参数的变化更加敏感，并且对于特定事件，波形数据往往包含了更多的信息量，针对到时数据而言，这也意味着相较于稀疏的到时数据，能够拟合所有波形的速度模型更少，地下结构成像的精度和分辨率更高。全波形反演也伴随着计算代价高、数据要求多、反演难度大等特点，迭代过程中往往因其目标函数高度非线性而陷入局部极小值。随着计算能力的不断提升，更多有效反演策略的提出，以及对准确岩性信息的更高需求，全波形反演方法的应用范围将越来越广。

自 Tarantola 等学者[20,25,26]提出时域全波形反演以来，声学全波形反演一直在全波形反演算法中占有重要的地位，因其计算便利性而被普遍应用，本章将采用声学全波形反演研究岩石波速场成像。

11.3.1 声学波动方程

假设声波在二维各向同性的介质中进行传播，其一阶声学波动方程的表达式如下所示：

$$\frac{\partial u}{\partial t} = \rho c^2 \left(\frac{\partial v_x}{\partial x} + \frac{\partial v_z}{\partial z} \right) + f(t)\delta(x - x_s)\delta(z - z_s) \tag{11-43}$$

$$\frac{\partial v_x}{\partial t} = \frac{1}{\rho} \frac{\partial u}{\partial x} \tag{11-44}$$

$$\frac{\partial v_z}{\partial t} = \frac{1}{\rho} \frac{\partial u}{\partial z} \tag{11-45}$$

式中：c 为纵波波速；v_x, v_z 分别为不同方向的速度分量；u 为压强场；ρ 为介质密度；$f(t)$ 为震源函数；x_s, z_s 为震源位置。对一阶声学波动方程采用链式法则，可转化为二阶声波方程：

$$\frac{\partial^2 u}{\partial t^2} = v^2 \left(\frac{\partial^2 u}{\partial x^2} + \frac{\partial^2 u}{\partial z^2} \right) + \frac{\partial f(t)}{\partial t} \delta(x - x_s)\delta(z - z_s) \tag{11-46}$$

式中：$v(x,z)$ 为纵波速度；u 为压强场。一阶和二阶声学波动方程是声学全波形反演的重要基础，二者之间可以互相转化。二阶声学波动方程中参数较少，仅用单一标量场(u)来完全描述，其特性只取决于声源项和声波速度的空间分布，因此后续内容将基于二阶声学波动方程展开。

11.3.2 时域建模

采用有限差分法求解二阶声学波动方程，对其进行时间和空间上的离散化，针对二阶导数有限差分系数，其推导过程如下。

首先得到 $\frac{\partial^2 u}{\partial x^2}, \frac{\partial^2 u}{\partial z^2}$ 的差分格式，假设波场 $u(x)$ 具有 $2N+1$ 阶，则 $u(x)$ 在 $x_0 \pm \Delta x$ 处的泰勒展开如下所示：

$$u(x_0 + \Delta x) = u(x_0) + \Delta x \frac{\partial u(x_0)}{\partial x} + \frac{\Delta x^2}{2!} \frac{\partial^2 u(x_0)}{\partial x^2} + \frac{\Delta x^3}{3!} \frac{\partial^3 u(x_0)}{\partial x^3} + \cdots$$
$$+ \frac{\Delta x^{2N}}{2N!} \frac{\partial^{2N} u(x_0)}{\partial x^{2N}} + o(\Delta x^{2N+1}) \tag{11-47}$$

$$u(x_0 - \Delta x) = u(x_0) - \Delta x \frac{\partial u(x_0)}{\partial x} + \frac{\Delta x^2}{2!} \frac{\partial^2 u(x_0)}{\partial x^2} - \frac{\Delta x^3}{3!} \frac{\partial^3 u(x_0)}{\partial x^3} + \cdots$$
$$+ \frac{\Delta(-\Delta x)^{2N}}{2N!} \frac{\partial^{2N} u(x_0)}{\partial x^{2N}} + o(\Delta x^{2N+1}) \tag{11-48}$$

两者之间相加，舍去高阶无穷小，可以得到：

$$u(x_0 + \Delta x) + u(x_0 - \Delta x) = 2u(x) + \sum_{n=1}^{N} 2 \frac{(\Delta x)^{2n}}{(2n)!} \frac{\partial^{2n} u(x_0)}{\partial x^{2n}} \tag{11-49}$$

同理得到：

$$u(x_0 + 2\Delta x) + u(x_0 - 2\Delta x) = 2u(x) + \sum_{n=1}^{N} 2 \frac{(2\Delta x)^{2n}}{(2n)!} \frac{\partial^{2n} u(x_0)}{\partial x^{2n}} \tag{11-50}$$

$$u(x_0 + 3\Delta x) + u(x_0 - 3\Delta x) = 2u(x) + \sum_{n=1}^{N} 2 \frac{(3\Delta x)^{2n}}{(2n)!} \frac{\partial^{2n} u(x_0)}{\partial x^{2n}} \tag{11-51}$$

$$u(x_0 + N\Delta x) + u(x_0 - N\Delta x) = 2u(x) + \sum_{n=1}^{N} 2 \frac{(N\Delta x)^{2n}}{(2n)!} \frac{\partial^{2n} u(x_0)}{\partial x^{2n}} \tag{11-52}$$

将所有 $u(x_0)$ 在 $x_0 \pm \Delta x$ 处的泰勒展开相加求和后再各项求和，令右端 $\frac{\partial^2 u(x_0)}{\partial x^2}$ 项系数为 1，其他项为 0，可得到：

$$q_1 [u(x_0 + \Delta x) + u(x_0 - \Delta x)] + q_2 [u(x_0 + 2\Delta x) + u(x_0 - 2\Delta x)] + \cdots$$
$$+ q_N [u(x_0 + N\Delta x) + u(x_0 - N\Delta x)] + q_0 u(xx_0) = (\Delta x)^2 \frac{\partial^2 u(x_0)}{\partial x^2} \tag{11-53}$$

式中：$q_0, q_1, \cdots, q_N$ 为待定系数，整理可得到：

$$\begin{bmatrix} 1 & 2^2 & \cdots & N^2 \\ 1 & 2^4 & \cdots & N^4 \\ \vdots & \vdots & & \vdots \\ 1 & 2^{2N} & \cdots & N^{2N} \end{bmatrix} \begin{bmatrix} q_1 \\ q_2 \\ \vdots \\ q_N \end{bmatrix} = \begin{bmatrix} 1 \\ 0 \\ \vdots \\ 0 \end{bmatrix} \tag{11-54}$$

因此可以得到 $q_0 = -2 \sum_{n=1}^{N} q_n$，以及空间微分的 $2N$ 阶精度展开：

$$\frac{\partial^2 u(x)}{\partial x^2} = \frac{1}{(\Delta x)^2} \sum_{n=1}^{N} q_n [u_{i+n,j}^k + u_{i-n,j}^k - 2u_{i,j}^k] \tag{11-55}$$

$$\frac{\partial^2 u(z)}{\partial z^2} = \frac{1}{(\Delta z)^2} \sum_{n=1}^{N} q_n \left[u_{i,j+n}^k + u_{i,j-n}^k - 2u_{i,j}^k \right] \tag{11-56}$$

式中：$u_{i,j}^k$ 的上标 k 表示时间点 t，i, j 分别表示网格点横纵坐标。

然后是求解 $\frac{\partial^2 u}{\partial t^2}$ 的差分格式，将 $u(t \pm k\Delta t)$ 分别在 $u(t)$ 处进行泰勒张开，然后采用与 $\frac{\partial^2 u}{\partial x^2}, \frac{\partial^2 u}{\partial z^2}$ 相同的方法进行处理，得到：

$$\frac{\partial^2 u(t)}{\partial t^2} = \frac{1}{(\Delta t)^2} \sum_{n=1}^{N} p_n \left[u_{i,j}^{t+n} + u_{i,j}^{t-n} - 2u_{i,j}^t \right] \tag{11-57}$$

式中：$p_0, p_1, \cdots, p_N$ 为待定系数，时间精度一般取 $n = 1$ 即可满足所需的成像精度，因此：

$$\frac{\partial^2 u(t)}{\partial t^2} = \frac{u_{i,j}^{t+n} + u_{i,j}^{t-n} - 2u_{i,j}^t}{(\Delta t)^2} \tag{11-58}$$

结合二阶声学波动方程、时间差分、空间差分结果，最终可以得到关于时域声学波动方程的时间二阶空间 $2N$ 阶精度差分等式：

$$
\begin{aligned}
u_{i,j}^{t+1} = {} & 2u_{i,j}^t - u_{i,j}^{t-1} + \frac{v^2 \Delta t^2}{\Delta x^2} \sum_{n=1}^{N} p_n \left[u_{i+n,j}^t + u_{i-n,j}^t - 2u_{i,j}^t \right] \\
& + \frac{v^2 \Delta t^2}{\Delta z^2} \sum_{n=1}^{N} p_n \left[u_{i,j+n}^t + u_{i,j-n}^t - 2u_{i,j}^t \right]
\end{aligned}
\tag{11-59}
$$

11.3.3 频域建模

在二阶声学波动方程两边分别对时间做傅里叶变换，就可以得到二维各向同性介质中的频域二阶声学波动方程：

$$\nabla^2 u(x, z, \omega) + \frac{\omega^2}{v(x, z)^2} u(x, z, \omega) = f(\omega) \delta(x - x_s) \delta(x - z_s) \tag{11-60}$$

式中：$\nabla^2 = \frac{\partial^2}{\partial x^2} + \frac{\partial^2}{\partial z^2}$；$u(x, z, \omega)$ 为 $u(x, z, t)$ 的傅里叶变换；$f(\omega)$ 为 $f(t)$ 的傅里叶变换。

由于岩石尺度限制，一般多采用 5 点和 9 点差分格式。5 点差分格式中仅采用 0° 坐标系表达式，$\nabla^2 u(x, z, \omega)$ 的差分表达式如下：

$$\nabla^2 u_{i,j} = \frac{u_{i+1,j} - 2u_{i,j} + u_{i-1,j}}{\Delta x^2} + \frac{u_{i,j+1} - 2u_{i,j} + u_{i,j-1}}{\Delta z^2} \tag{11-61}$$

代入频域二阶声学波动方程可得到：

$$\frac{1}{\Delta z^2}u_{i,j-1}+\left(\frac{\omega^2}{v(x,z)^2}-\frac{2}{\Delta x^2}-\frac{2}{\Delta z^2}\right)u_{i,j}+\frac{1}{\Delta z^2}u_{i,j+1}+\frac{1}{\Delta x^2}u_{i-1,j}+\frac{1}{\Delta x^2}u_{i+1,j}=f(\omega) \quad (11\text{-}62)$$

9 点差分格式中采用 0°, 45° 坐标系表达式，$\nabla^2 u(x,z,\omega)$ 的差分表达式如下：

$$\nabla^2 u_{i,j}=a\nabla^2_{(0)}u_{i,j}+(1-a)\nabla^2_{(45)}u_{i,j} \quad (11\text{-}63)$$

$$\nabla^2_{(0)}u_{i,j}=\frac{u_{i+1,j}-2u_{i,j}+u_{i-1,j}}{\Delta x^2}+\frac{u_{i,j+1}-2u_{i,j}+u_{i,j-1}}{\Delta z^2} \quad (11\text{-}64)$$

$$\nabla^2_{(45)}u_{i,j}=\frac{u_{i+1,j-1}-2u_{i,j}+u_{i-1,j+1}}{\Delta x^2+\Delta z^2}+\frac{u_{i+1,j+1}-2u_{i,j}+u_{i-1,j-1}}{\Delta x^2+\Delta z^2} \quad (11\text{-}65)$$

应用有限差分方法将各网格点的波场值重新用周围点和其本身点进行加权平均表示，即

$$\begin{aligned}u_{i,j}=&\,0.6248u'_{i,j}+0.09381\left(u'_{i+1,j}+u'_{i-1,j}+u'_{i,j+1}+u'_{i,j-1}\right)\\&+0.5461\left(u'_{i+1,j+1}+u'_{i-1,j-1}+u'_{i-1,j+1}+u'_{i+1,j-1}\right)\end{aligned} \quad (11\text{-}66)$$

代入频域二阶声学波动方程并整理后，可得到如下形式的矩阵表达式：

$$\boldsymbol{A}\boldsymbol{U}=\boldsymbol{F}(\omega) \quad (11\text{-}67)$$

式中：假设 N 为网格点总数，网格分布为 $N=N_x\times N_z$，$\boldsymbol{A}$ 为一个 $N\times N$ 的阻抗矩阵；$\boldsymbol{U}$ 为一个 $N\times 1$ 的待求解波场值矩阵；$\boldsymbol{F}(\omega)$ 为一个 $N\times 1$ 的震源项矩阵。频域全波形反演可以同时正演和反演多炮，假设共有炮数 P，则 $\boldsymbol{U}$ 是一个 $N\times P$ 的待求解波场值矩阵，$\boldsymbol{F}(\omega)$ 是一个 $N\times P$ 的震源项矩阵。

11.3.4　边界处理

1）自由边界处理

自由边界是传播媒介与空气之间的物性突变界面，其边界条件为垂直于突变界面的应力为零。目前有限差分法对于自由边界处理主要两种[27]，第一种方法是将自由边界所对应的网格上的压力场设为零，其对应的自由边界也位于压力场网格节点上；第二种方法是将自由边界设在整个网格点上的半网格点处，令自由边界上方的压力场和下方的压力场互相镜像对称，地表两侧应力呈现反对称，使得其自由边界处的压力场为 0。

2）吸收边界处理

为了计算效率，计算域需限制在真实物理域的一部分，引入真实地球上不存在的反射边界。如果不适当地处理，来自这些人工边界的反射会污染解决方案，并主导数值误差。最常见的用于抑制不需要的反射方法分为两类：吸收边界条件和吸收边界层。

（1）吸收边界条件。吸收边界条件规定了沿人工边界的时空导数。吸收边界条件是由波动方程的傍轴近似导出的[28]。傍轴近似只允许绕预定义坐标轴传播。傍轴近似，经常

被称为单向波方程，在地震迁移方面受到了相当大的关注。其推导过程如下。

假设声学波动方程处于各向同性且无声源的全空间：

$$\frac{\partial^2 u}{\partial t^2} = v^2 \left(\frac{\partial^2 u}{\partial x^2} + \frac{\partial^2 u}{\partial z^2} \right) + \frac{\partial f(t)}{\partial t} \delta(x - x_s) \delta(z - z_s) \tag{11-68}$$

该方程的解为平面波的加权叠加：

$$u = \mathrm{e}^{\mathrm{i}(k \cdot x - \omega t)} \tag{11-69}$$

式中：角频率 ω、波数向量 $k = (k_x, k_y)$ 和声波波速 v 通过色散关系相关，得

$$\frac{\omega^2}{v^2} - k_x^2 - k_y^2 = 0 \tag{11-70}$$

等价于：

$$k_y = \pm \frac{\omega}{v} \sqrt{1 - \frac{v^2}{\omega^2} k_x^2} \tag{11-71}$$

正垂直波数 $k_y > 0$ 对应于在正 y 方向传播的波，反之则对应于在负 y 方向传播的波。目标是修改色散关系，使其只允许波向增加的 y 方向传播，然后推导出相应的波动方程，因此仅考虑 $k_y > 0$，对应的波动方程：

$$\left[\frac{\partial}{\partial y} - \mathrm{i} \frac{\omega}{v} \sqrt{1 - \frac{v^2}{\omega^2} k_x^2} \right] u(k_x, y, \omega) = 0 \tag{11-72}$$

式(11-72)决定了在空间-频率-波数混合域的波场 u。使用傍轴近似作为吸收边界条件，假设人工边界沿 $z = 0$，可以施加条件：

$$\left[\frac{\partial}{\partial y} - \mathrm{i} \frac{\omega}{v} \sqrt{1 - \frac{v^2}{\omega^2} k_x^2} \right] u(k_x, y, \omega) |_{y=0} = 0 \tag{11-73}$$

为了评估式(11-73)的吸收效率，计算反射系数 R，它决定了从人工边界反射的波的振幅。对于在传播空间中的数值解，使用沿正 y 方向运动的平面波和沿负 y 方向运动的平面波的叠加：

$$u = u^+ + R u^- \tag{11-74}$$

$$u^+ = \mathrm{e}^{\mathrm{i}(k_x x + k_y y - \omega t)} \tag{11-75}$$

$$u^+ = \mathrm{e}^{\mathrm{i}(k_x x - k_y y - \omega t)} \tag{11-76}$$

将式 (11-75)、式 (11-76) 代入式 (11-74) 中得到

$$R = 0 \tag{11-77}$$

意味着边界是完全吸收的。等式位于 (k_x, y, ω) 域中。对它时空域的逆傅里叶变换得到一个积分微分方程，从计算的角度来说是非常不切实际的。因此，我们用傍轴近似代替完全吸收边界条件式 (11-73):

$$\frac{\partial u}{\partial t} + v \frac{\partial u}{\partial y}\Big|_{y=0} = 0 \tag{11-78}$$

(2) 吸收边界层。吸收边界层是在沿人工边界引入一个薄区域的基础上，对原有的波动方程进行修正，使入射波迅速衰减。本书采用完美匹配层 (perfect match lager, PML) 做吸收边界层，在构造二阶时间域声波方程 PML 边界时，需要借助频域声波方程的一部分推导[29]。

假设模拟区域 $x = 0$ 处存在一个最佳匹配层，其长度为 L，假设入射平面波方程为

$$u(k_x, k_y, \omega) = u(k_x, k_y, \omega) e^{\left(-\frac{k_x}{\omega} \int_0^x d(s)\,ds\right)} \tag{11-79}$$

入射平面波经过最佳匹配层传播到 $x = -L$ 处，然后返回到 $x = 0$ 处的反射平面波方程为

$$u_r(k_x, k_y, \omega) = R u_r(k_x, k_y, \omega) \tag{11-80}$$

入射平面波 $u_r(k_x, k_y, \omega)$ 经过两次 PML 的衰减，可得到:

$$u(k_x, k_y, \omega) = u(k_x, k_y, \omega) e^{\left(-\frac{2k_x}{\omega} \int_0^x d(s)\,ds\right)} \tag{11-81}$$

因此，$x = -L$ 处的反射系数:

$$R_0 = \frac{u_r}{u} = R_{x=-L} e^{\left(-\frac{2k_x}{\omega} \int_0^x d(s)\,ds\right)} \tag{11-82}$$

对式 (11-82) 等式两端进行傅里叶反变换，推导出频率-空间域的关系表达式:

$$\tilde{x} = x - \frac{\mathrm{i}}{\omega} \int_0^x d(s)\,ds \tag{11-83}$$

对等式两端求解关于 x 的二阶导数:

$$\frac{\partial}{\partial x} = \frac{\partial}{\partial \tilde{x}} \frac{\partial \tilde{x}}{\partial x} = \frac{\partial}{\partial \tilde{x}} \left[1 - \frac{\mathrm{i}}{\omega} d(x)\right] \tag{11-84}$$

$$\frac{\partial^2}{\partial x^2} = \frac{\partial}{\partial \tilde{x}} \left(\frac{\partial}{\partial \tilde{x}} \frac{\partial \tilde{x}}{\partial x}\right) \frac{\partial \tilde{x}}{\partial x} = \frac{\partial^2}{\partial x^2} \left[1 - \frac{\mathrm{i}}{\omega} d(x)\right]^2 \tag{11-85}$$

$$d(x) = \begin{cases} 2\pi A f_0 \left(x_i / L \right), & \text{PML层内} \\ 0, & \text{非PML层内} \end{cases} \tag{11-86}$$

式中：A 为衰减常数，常取 1.79；f_0 为震源主频；x_i 为边界层内到边界层交界处 x 轴的距离。

假设 $e^x = 1 - \dfrac{i}{\omega} d(x)$，$e^z = 1 - \dfrac{i}{\omega} d(z)$，得到：

$$\frac{\partial^2}{\partial x^2} = e_x^2 \frac{\partial^2}{\partial \tilde{x}^2} \tag{11-87}$$

$$\frac{\partial^2}{\partial z^2} = e_z^2 \frac{\partial^2}{\partial \tilde{z}^2} \tag{11-88}$$

将式(11-87)、式(11-88)代入二维声学波动方程，可得到匹配层内部的声学波动方程：

$$-\omega^2 u = v^2 \left(e_x^2 \frac{\partial^2 u}{\partial \tilde{x}^2} + e_z^2 \frac{\partial^2}{\partial \tilde{z}^2} \right) \tag{11-89}$$

将波场划分为横向和纵向波场：

$$-\omega^2 u_x = v^2 e_x^2 \frac{\partial^2 u}{\partial \tilde{x}^2} \tag{11-90}$$

$$-\omega^2 u_z = v^2 e_z^2 \frac{\partial^2}{\partial \tilde{z}^2} \tag{11-91}$$

进行拉普拉斯逆变换得到：

$$\left(\frac{\partial^2}{\partial t^2} + d(x) \right)^2 u_x = v^2 \frac{\partial^2 u}{\partial \tilde{x}^2} \tag{11-92}$$

$$\left(\frac{\partial^2}{\partial t^2} + d(z) \right)^2 u_z = v^2 \frac{\partial^2 u}{\partial \tilde{z}^2} \tag{11-93}$$

对式(11-92)和式(11-93)采用有限差分方法，便可以到二维时域 PML 层内的波动方程表达式。

11.3.5　目标函数及其梯度

全波形反演目标函数根据其反演目标有着不同的表现形式，常用的目标函数有 L_2 范数形式、包络形式、互相关形式。

1) L_2 范数形式

L_2 范数形式的全波形反演目标函数如下所示：

$$E(v) = \iiint \left\| u_{\text{sys}} - u_{\text{obs}} \right\|^2 \mathrm{d}x \mathrm{d}z \mathrm{d}t \tag{11-94}$$

式中：u_{sys} 为根据全波形正演得到的数据；u_{obs} 为所记录的声发射事件波形数据。该目标函数是一个高度非线性的优化问题，其目标是找到一个最优的速度场 v，使得目标函数 $E(v)$ 最小。由于该目标函数受时域二维声学波动方程的约束，因此可以采用拉格朗日算子法转化为无约束优化问题：

$$G(u, v) = \left(\frac{\partial^2 u}{\partial x^2} + \frac{\partial^2 u}{\partial z^2} + \frac{\partial f(t)}{\partial t} \right) - \frac{1}{v^2} \frac{\partial^2 u}{\partial t^2} = 0 \tag{11-95}$$

$$S = E + \iiint \lambda G(u, v) \mathrm{d}x \mathrm{d}z \mathrm{d}t \tag{11-96}$$

式中：S 为目标泛函；$\lambda(x, z, t)$ 为拉格朗日算子。对该目标泛函进行链式法则可得到：

$$S = E + \iiint u \left(\frac{\partial^2 \lambda}{\partial x^2} + \frac{\partial^2 \lambda}{\partial z^2} + \frac{\partial f(t)}{\partial t} - \frac{\partial^2 \lambda}{\partial t^2} \right) \mathrm{d}x \mathrm{d}z \mathrm{d}t \tag{11-97}$$

对 u 求导，且 $\dfrac{\partial^2 f(t)}{\partial t \partial u} = 0$，可得到伴随波动方程：

$$\frac{1}{v^2} \frac{\partial^2 \lambda}{\partial t^2} = \frac{\partial^2 \lambda}{\partial x^2} + \frac{\partial^2 \lambda}{\partial z^2} + \left(u_{\text{sys}} - u_{\text{obs}} \right) \tag{11-98}$$

式中：λ 为逆传波场。式 (11-98) 类似波动方程，但是波场残差作为震源进行逆时传播。求得目标泛函关于波速场的梯度：

$$\frac{\partial S}{\partial v} = \frac{2}{v^3} \int \lambda \frac{\partial^2 u}{\partial t^2} \mathrm{d}t \tag{11-99}$$

式中：$\dfrac{\partial^2 u}{\partial t^2}$ 可以根据波场方程的有限差分得到，λ 可通过式 (11-99) 的有限差分得到。

2) 包络形式

包络数据具有恢复声发射事件波形中低频信息的能力，将包络数据作为全波形反演的目标函数，对于构建以低频信息为主的宏观速度模型具有重要作用[30]。不同于 L_2 范数形式的目标函数，基于包络的全波形反演采用正演数据包络拟合观测数据包络，其优化目标是找到一个宏观速度模型使得数据包络残差最小化。

$$E(v) = \iiint \left\| e_{\text{sys}} - e_{\text{obs}} \right\|^2 \mathrm{d}x \mathrm{d}z \mathrm{d}t \tag{11-100}$$

式中：$e_{\text{sys}}, e_{\text{obs}}$ 分别为正演数据包络和观测数据包络。基于链式法则，包络全波形反演目标函数对于速度 v 的导数为

$$\frac{\partial E(v)}{\partial v} = \iiint \left[\left(e_{\text{sys}} - e_{\text{obs}} \right) \frac{\partial e_{\text{sys}}}{\partial u_{\text{sys}}} \frac{\partial u_{\text{sys}}}{\partial v} \right] \mathrm{d}x\mathrm{d}z\mathrm{d}t \tag{11-101}$$

等价于：

$$\frac{\partial E(v)}{\partial v} = \sum_{i}^{n_s}\sum_{j}^{n_r} \left[\left(e_{i,j}^{\text{sys}} - e_{i,j}^{\text{obs}} \right) \frac{\partial e_{i,j}^{\text{sys}}}{\partial u_{i,j}^{\text{sys}}} \frac{\partial u_{i,j}^{\text{sys}}}{\partial v} \right] = \sum_{i}^{n_s}\sum_{j}^{n_r} \left[\left(\frac{\Delta e u_{i,j}^{\text{sys}}}{e_{i,j}^{\text{sys}}} - H\left\{ \frac{\Delta e u_{\text{H}}^{\text{sys}}}{e_{i,j}^{\text{sys}}} \right\} \right) \frac{\partial u_{i,j}^{\text{sys}}}{\partial v} \right] \tag{11-102}$$

式中：n_s 为震源总数；n_r 为传感器总数；Δe 为包络残差；$H\{\}$ 为 Hilbert 转化；$u_{\text{H}}^{\text{sys}}$ 为正演数据 Hilbert 转化。与 L_2 范数全波形反演中伴随震源为波场残差 $\left(u_{\text{sys}} - u_{\text{obs}} \right)$ 不同，包络全波形反演中伴随源为 $\left(\dfrac{\Delta e u_{i,j}^{\text{sys}}}{e_{i,j}^{\text{sys}}} - H\left\{ \dfrac{\Delta e u_{\text{H}}^{\text{sys}}}{e_{i,j}^{\text{sys}}} \right\} \right)$。包络全波形反演中由于考虑了数据中的超低频信息，因此相比于 L_2 形式，包络形式在构建宏观速度模型方面略优。

3）互相关形式

互相关形式目标函数具有解决缺乏低频信息所导致周波跳跃问题，不同于 L_2 和包络形式，互相关形式目标函数侧重的是相位匹配[31]。基于互相关的全波形反演首先通过对波形归一化处理，减少振幅差异的影响，然后利用波形互相关评价正演数据和观测数据之间的相似性，其优化目标是找到一个宏观速度模型使得数据相似性最大化。

互相关形式目标函数：

$$E(v) = \iiint \left\| -\hat{d}_{\text{sys}} \cdot \hat{d}_{\text{obs}} \right\|^2 \mathrm{d}x\mathrm{d}z\mathrm{d}t = \sum_{i}^{n_s}\sum_{j}^{n_r} \left[-\hat{d}_{i,j}^{\text{sys}} \cdot \hat{d}_{i,j}^{\text{obs}} \right] \tag{11-103}$$

式中：$\hat{d}_{\text{sys}} = \dfrac{d_{\text{sys}}}{\sqrt{\sum d_{\text{sys}}^2}}$ 为正演数据的归一化；$\hat{d}_{\text{obs}} = \dfrac{d_{\text{obs}}}{\sqrt{\sum d_{\text{obs}}^2}}$ 为观测数据的归一化。

互相关形式目标函数速度 v 的导数为

$$\begin{aligned} \frac{\partial E(v)}{\partial v} &= \sum_{i}^{n_s}\sum_{j}^{n_r} \left[-\frac{\partial \hat{d}_{i,j}^{\text{sys}}}{\partial v} \hat{d}_{i,j}^{\text{obs}} \right] \\ &= \sum_{i}^{n_s}\sum_{j}^{n_r} \left\{ -\hat{d}_{i,j}^{\text{obs}} \left[\frac{\partial \left(\dfrac{d_{\text{sys}}}{\sum d_{\text{sys}}^2} \right)}{\partial v} \right] \right\} \\ &= \sum_{i}^{n_s}\sum_{j}^{n_r} \left\{ -\hat{d}_{i,j}^{\text{obs}} \frac{\partial d_{\text{sys}}}{\partial v} \left[\frac{\sqrt{\sum d_{\text{sys}}^2} - d_{\text{sys}}^2 / \sqrt{\sum d_{\text{sys}}^2}}{\sum d_{\text{sys}}^2} \right] \right\} \end{aligned} \tag{11-104}$$

将 $d_{\text{sys}} = \hat{d}_{\text{sys}} \cdot \left\| d_{\text{sys}} \right\|_2 = \hat{d}_{\text{sys}} \cdot \sqrt{\sum d_{\text{sys}}^2}$ 代入式(11-104)得到梯度表达式：

$$\frac{\partial E(v)}{\partial v} = \sum_{i}^{n_s} \sum_{j}^{n_r} \left[\frac{\partial d_{\text{sys}}}{\partial v} \cdot \frac{1}{\|d_{\text{sys}}\|_2} \left\{ \hat{d}_{\text{sys}} \left(\hat{d}_{\text{sys}} \cdot \hat{d}_{\text{obs}} \right) - \hat{d}_{\text{obs}} \right\} \right]$$

$$= \sum_{i}^{n_s} \sum_{j}^{n_r} \left[\frac{\partial d_{\text{sys}}}{\partial v} \cdot \hat{s} \right] \qquad (11\text{-}105)$$

其中：$\hat{s} = \dfrac{1}{\|d_{\text{sys}}\|_2} \left\{ \hat{d}_{\text{sys}} \left(\hat{d}_{\text{sys}} \cdot \hat{d}_{\text{obs}} \right) - \hat{d}_{\text{obs}} \right\}$ 为互相关形式全波形反演的波场残差。与 L_2 范数形式的全波形反演梯度求解方法相似，互相关形式全波形反演只需要将常规全波形反演波场残差替换为互相关形式全波形反演的波场残差进行反传，并通过计算正反传波场间零延迟互相关得到。

11.3.6　迭代优化方法

1）最速下降法

为了尽可能一次迭代提高初始模型 v_0，需要找到最快下降方向 h_0，仅对一个给定的较小步长 γ_0 就可以带来最大损失函数 E 的下降。对此，需要找到 h_0，$\|h_0\|_2 = 1$ 使得式 (11-106) 最小：

$$E(v_1) - E(v_0) = E(v_0 + \gamma_0 h_0) - E(v_0) \approx \gamma_0 h_0 \frac{\partial E(v_0)}{\partial v} \qquad (11\text{-}106)$$

设 $\dfrac{\partial E(v_0)}{\partial v} = g(v_0)$，$h_0$ 为下降方向，因此获得不等式：

$$\gamma_0 h_0 g(v_0) \geqslant -\gamma_0 \|h_0\|_2 \|g(v_0)\|_2 = -\gamma_0 \|g(v_0)\|_2 \qquad (11\text{-}107)$$

意味着我们寻求最小化 $\gamma_0 h_0 g(v_0)$ 的值总是大于或等于 $\gamma_0 \|g(v_0)\|_2$。$\gamma_0 h_0 g(v_0)$ 的最小值对应于在式 (11-107) 中等号成立的方向 h_0：

$$h_0 = -\frac{g(v_0)}{\|g(v_0)\|_2} \qquad (11\text{-}108)$$

这是最快下降方向。可以发现式 (11-108) 中定义的 h_0 在给定的小步长 γ_0 就可实现最快速下降，建议通过从当前模型 v_i 沿局部下降方向 $g(v_i)$ 迭代移动到更新模型 v_{i+1}，重复此过程。这就是最速下降法的概念。

(1) 选择初始模型 v_0，设 $i = 0$；

(2) 计算当前模型梯度 $g(v_i)$；

(3) 更新模型 v_i：$v_{i+1} = v_i - \gamma_i g(v_i)$，选择合适的步长 γ_i 确保 $E(v_{i+1}) < E(v_i)$；

(4) 设 $i = i + 1$，并回到步骤 (2) 直到达到收敛条件。

虽然概念上简单而有吸引力，但最速下降法在实践中很少使用，因为它倾向于向一个可接受的模型收敛得相当慢。这是因为一连串的下降方向是局部最优的，但从全局的角度来看不一定是最优的。

2）共轭梯度法

不同于最速下降法，共轭梯度法并没有直接采用最快下降方向作为模型更新方向，而是将其作为目标泛函的 Hessian 矩阵的共轭方向以迭代更新，其迭代公式如下所示：

$$v_{i+1} = v_i + \gamma_i \alpha^k \tag{11-109}$$

$$\alpha^k = -g^k + \beta_{k-1}^k \alpha^{k-1} \tag{11-110}$$

式中：α^k 为当前迭代次数 k 的共轭梯度方向，由目标函数最速下降方向 $-g^k$ 与前一次迭代的共轭方向 β_{k-1}^k 线性组合。关于线性参数 β_{k-1}^k 的选取有很多种[21,32,33]，可以根据反演效果进行选取：

$$\beta_k^{k+1} = \frac{\left\| g^{k+1} \right\|^2}{\left\| g^{k+1} \right\|^2} \tag{11-111}$$

$$\beta_k^{k+1} = \frac{\left(g^{k+1} \right)^T \left(g^{k+1} - g^k \right)}{\left(\alpha^k \right)^T \left(g^{k+1} - g^k \right)} \tag{11-112}$$

共轭梯度法的实现流程如下：

（1）选择初始模型 v_0，设 $i = 0, \alpha^0 = -g^0$；

（2）利用抛物线插值方法计算步长 γ_i；

（3）更新模型 v_i：$v^{i+1} = v^i - \gamma_i \alpha^i$；

（4）计算下一次迭代梯度 g^{i+1}；

（5）计算下一次迭代的共轭梯度方向 α^{i+1}；

（6）设 $i = i+1$，并回到步骤（2）直到达到收敛条件。

11.4 试 验 验 证

本节采用层析成像对岩体内部波速场进行分析，以实现岩体内部隐伏空洞异常区域的超前辨识[33]。为量化评价快速扫描法（fast sweeping method, FSM）、最短路径射线追踪方法（shortest path method, SPM）、动态短路径射线追踪法（dynamic shortest path method, DSPM）等层析成像对岩体异常区域的超前辨识能力，分别进行了针对低速异常体的数值模拟和实验室试验（表 11-1）。在模拟试验中，假设一个 200mm×440mm 的长方体包含一个 100mm×100mm 的低速异常体，24 个震源和接收器分别统一间隔 40mm 布置在两侧，成像过程共 12 个声发射事件，144 条射线。实验室试验分为二维平面试验和三维立体试验两部分，试验试块为 500mm×200mm×160mm 的长方体花岗岩试样，岩石顶部有 5 个直径 50mm 的钻孔表示低速异常体，传感器和异常体的位置如图 11-8 所示。二维试验中一端传感器发射脉冲信号作为主动震源，另一端作为接收器，成像过程共 12 个声发射事件，144 条射线。三维试验以断铅信号作为主动震源，以传感器作为接收器，成像过程共 40 个声发射事件，800 条射线。实验室试验采用 AMSY-6 多通道设备和 VS45-H 传感器，完成声发射信号的高标准采集。

(a) 二维　　　　　　　　　　　(b) 三维

图 11-8　岩石层析试验传感器布置图

异常区域超前辨识要求实现快速判别异常体分布，采用 Identify Rate(IR) 和 Cost Rate(CR) 量化评价层析成像方法对异常体的辨识效率。本书认为如果异常体分布区域速度明显低于大部分背景速度则可视为有效辨识，设 IR 为异常体范围内速度 V_{in} 小于背景速度 V_{out} 下四分位的占比，当异常体真实分布区域速度较背景速度的差异越显著时 IR 越高。

11.4.1　模拟试验

为了衡量理论条件下 SPM、DSPM、FSM 层析成像方法对于低速异常体的辨识能力，构建模拟试验及其射线追踪如图 11-9 所示。图 11-9(a) 上端三角表示震源，下端三角表示接收器，模型中间分布一个矩形低速异常体，可以看到由于其波速显著低于模型背景速度，因此在图 11-9(b) 的射线追踪过程中围绕低速异常体发生了显著的绕射现象，而对于未受异常区域影响的射线仍然沿直线传播。

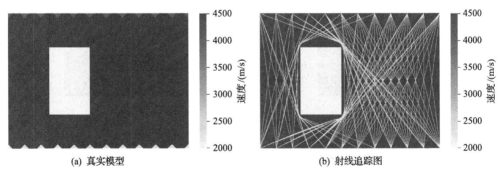

(a) 真实模型　　　　　　　　　　(b) 射线追踪图

图 11-9　数值模拟真实模型及其射线追踪图

以背景速度 $V_{out} = 4500$m/s 作为初始模型进行层析成像迭代反演，SPM、DSPM、FSM 的迭代更新结果如图 11-10～图 11-12 所示，图中用白色线表示射线传播路径。随着迭代次数的增加，反演区域内的速度逐渐得到更新，异常区域范围内速度分布较背景速度呈现较为明显的下降趋势。受其影响，途经该处的射线也逐渐呈现弯曲、绕射的变化，且随迭代次数加剧。

层析成像反演过程属于一个欠定问题的求解过程，其欠定程度与反演区域内的有效信号量和网格数量直接相关，具有多解性，因此可以看到在非异常体区域中速度也具有各种程度的下降或上升。由于震源和接收器范围内速度变化对于观测走时的影响程度较其他区域更大，因此对于该范围波速更容易在迭代过程中发生变化，如图 11-10～图 11-12 所示。但因各层析成像在走时计算等方面存在一定差异，显然 SPM 受影响程度最深，震源和接收器处出现明显的伪像，而 DSPM、FSM 虽然也有影响但程度较小。

表 11-1　试验参数

参数	模拟试验	二维试验	三维试验
模型尺度	200mm×440mm	200mm×440mm	500mm×200mm×160mm
异常体尺度	200mm×100mm	$D=100mm$, 5 个	$D=100mm$, $h=160mm$, 5 个
网格数量	40×80	60×132	50×20×16
接收器数量/个	12	12	20
震源数量/个	12	12	40
射线数/条	144	144	800

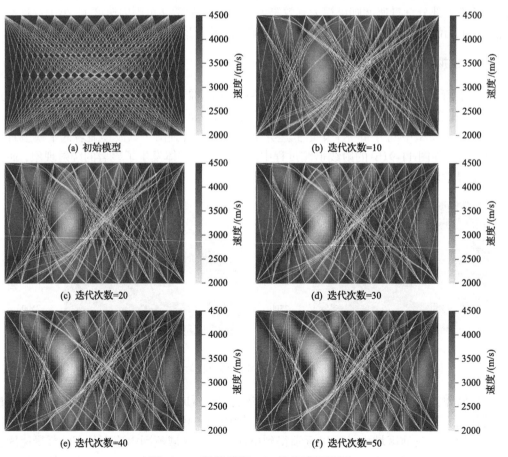

(a) 初始模型　　　(b) 迭代次数=10
(c) 迭代次数=20　　　(d) 迭代次数=30
(e) 迭代次数=40　　　(f) 迭代次数=50

图 11-10　数值模拟 SPM 迭代更新结果

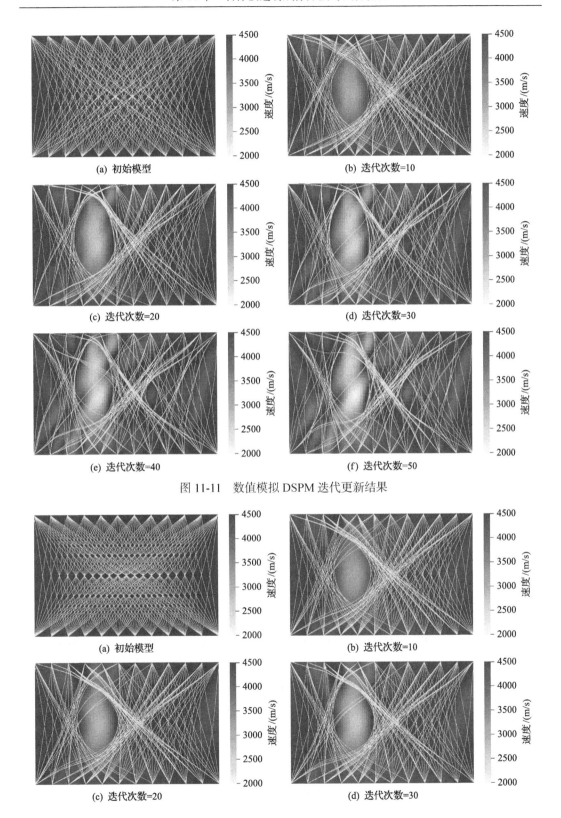

(a) 初始模型

(b) 迭代次数=10

(c) 迭代次数=20

(d) 迭代次数=30

(e) 迭代次数=40

(f) 迭代次数=50

图 11-11 数值模拟 DSPM 迭代更新结果

(a) 初始模型

(b) 迭代次数=10

(c) 迭代次数=20

(d) 迭代次数=30

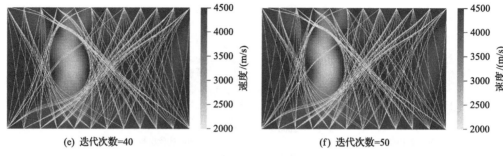

(e) 迭代次数=40　　　　　　　　　　(f) 迭代次数=50

图 11-12　数值模拟 FSM 迭代更新结果

　　图 11-13 显示数值模拟中 SPM、DSPM、FSM 层析成像结果的量化分析结果，可以看到 SPM 结果受伪像影响程度较大，其 V_{out} 范围较 DSPM、FSM 更分散，V_{in} 中小于 V_{out} 下四分位数占比 IR 比较小，不利于异常区域的辨识。在 DSPM、FSM 成像结果中，可以看到异常区域内速度较周围有显著下降，而射线绕射现象较为显著，可明显辨识低速体异常区域的分布范围。从图 11-13 中看到，DSPM 在非异常区域存在少量速度伪像，导致其 V_{out} 箱形图的上下四分位数间隔和离异值较多于 FSM，$IR_{DSPM} < IR_{FSM}$，在数值模拟中 DSPM 的异常区域的辨识能力较弱于 FSM。以 SPM 的 CR 为衡量基准，量化比较如图 11-13(a) 所示，可以看到在数值模拟计算效率中，DSPM 的计算效率要明显高于 FSM、SPM。

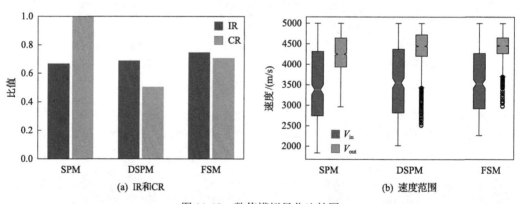

(a) IR和CR　　　　　　　　　　　　(b) 速度范围

图 11-13　数值模拟量化比较图

　　在二维层析成像数值模拟中，FSM 具有最好的辨识能力，DSPM 对异常区域辨识能力和效率有着较好的平衡，而 SPM 在迭代过程中出现较多伪像，易受震源和接收器的影响，辨识能力和计算效率都弱于其他两种层析成像方法。

11.4.2　室内试验

　　与数值模拟中的理想条件不同，层析成像在室内试验受各种因素影响而导致误差，如到时拾取误差、岩石内部波速差异、传感器与传播媒介的耦合等。因此本节开展实验室二维和三维岩石层析试验下 SPM、DSPM、FSM 层析成像方法对岩石试样内空洞异常区域辨识能力的量化评价。

1）二维岩石层析试验

试验中各传感器的布置如图 11-8(a)所示，以背景速度 V_{out} = 4500m/s 作为初始模型进行层析成像迭代反演，SPM、DSPM、FSM 的迭代更新结果如图 11-14～图 11-16 所示。可以看到，一方面由于岩石试验中空洞结构更为复杂，另一方面由于成像过程中面临波速分布不均、到时误差等多因素耦合影响，在相同震源、接收器和射线数量下，SPM 的成像效果较差，出现大量伪像。

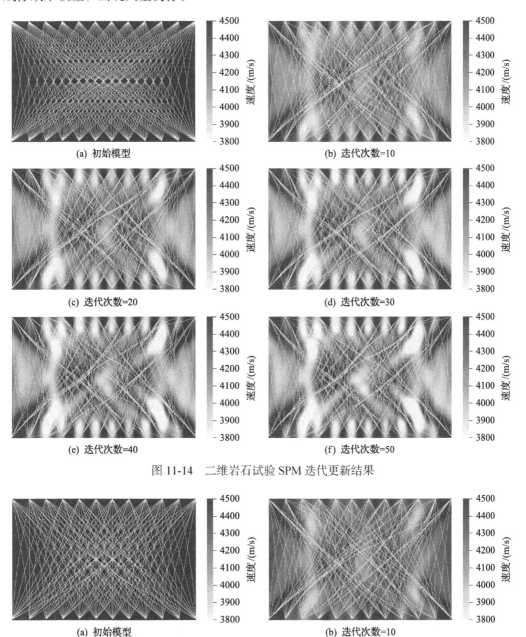

(a) 初始模型　　　　　　　　　　(b) 迭代次数=10

(c) 迭代次数=20　　　　　　　　　(d) 迭代次数=30

(e) 迭代次数=40　　　　　　　　　(f) 迭代次数=50

图 11-14　二维岩石试验 SPM 迭代更新结果

(a) 初始模型　　　　　　　　　　(b) 迭代次数=10

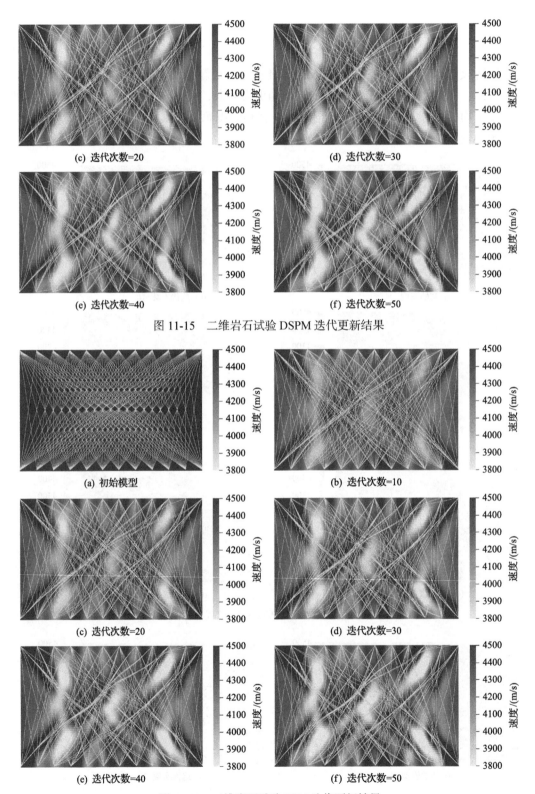

图 11-15　二维岩石试验 DSPM 迭代更新结果

图 11-16　二维岩石试验 FSM 迭代更新结果

图 11-17 显示了 SPM、DSPM、FSM 的量化分析结果，图 11-17(a) 可以看到，SPM 的辨识效果最差，而 DSPM、FSM 的辨识能力较为接近，这也体现在了图 11-17(b) 的箱形图中，SPM 的离异值分布较多，速度箱形图范围更广，而 DSPM、FSM 的主体结构较为接近，但 FSM 的离异值较少。在图 11-17(a) 计算效率比较中，DSPM 的计算效率最高、FSM 约为 DSPM 的一倍。图 11-18 比较了初始模型和各算法之间对于异常区域分布的辨识准确程度，可以看到虽然 SPM 在框中出现了较为明显的低速异常体，但其周围的伪像极大地影响了对于真实异常体分布的辨识。与 DSPM 相比，FSM 在中间低速异常体呈现了较好的分布。

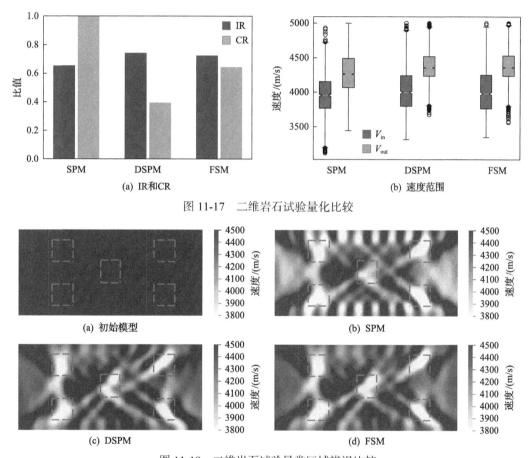

(a) IR和CR (b) 速度范围

图 11-17 二维岩石试验量化比较

(a) 初始模型 (b) SPM

(c) DSPM (d) FSM

图 11-18 二维岩石试验异常区域辨识比较

在 SPM、DSPM、FSM 的波速场中左边两个空洞区域出现一条贯通低速带，而在其他空洞区域附近也有一些延伸低速区域，可能是由于岩石试验在钻孔加工过程中不当操作等因素导致，虽然直接在岩石外观没有看到裂纹缺陷，但其内部损伤导致空洞间的波速结构与原始岩体波速结构有所下降，也因此体现在了层析成像结果中。

实验室试验中受到时拾取误差、不均匀岩石波速等多因素的影响，提高了异常区域超前辨识应用的难度，其中 SPM 受影响程度最深，反演效果不如其他算法。DSPM、FSM 异常区域超前辨识应用效果相当，但在二维试验中可以看到 DSPM 的计算效率最高。

2）三维岩石层析试验

从图 11-19 可见，在 SPM 层析成像早期迭代波速场中在震源、接收器和边界区域出

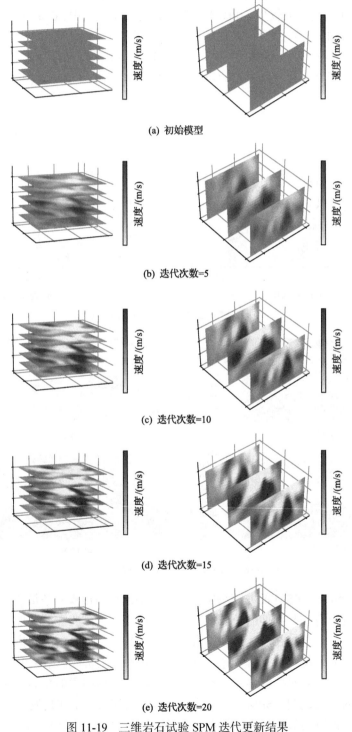

(a) 初始模型

(b) 迭代次数=5

(c) 迭代次数=10

(d) 迭代次数=15

(e) 迭代次数=20

图 11-19　三维岩石试验 SPM 迭代更新结果

现了较多伪像，随着迭代次数增加而进一步加剧，低速异常体分布范围难以有效辨识。
从图 11-20、图 11-21 中可看到 DSPM、FSM 的迭代反演结果受到震源、接收器和边界区

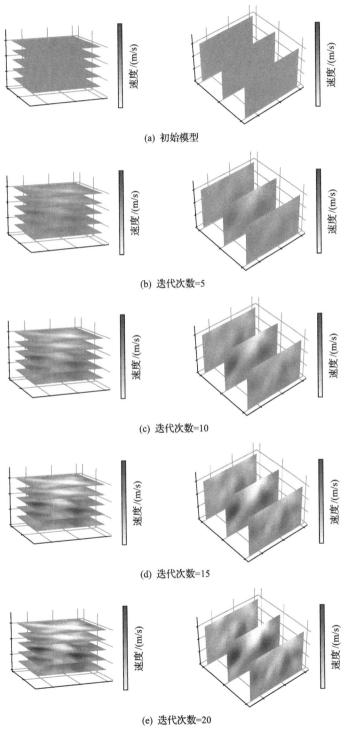

(a) 初始模型

(b) 迭代次数=5

(c) 迭代次数=10

(d) 迭代次数=15

(e) 迭代次数=20

图 11-20　三维岩石试验 DSPM 迭代更新结果

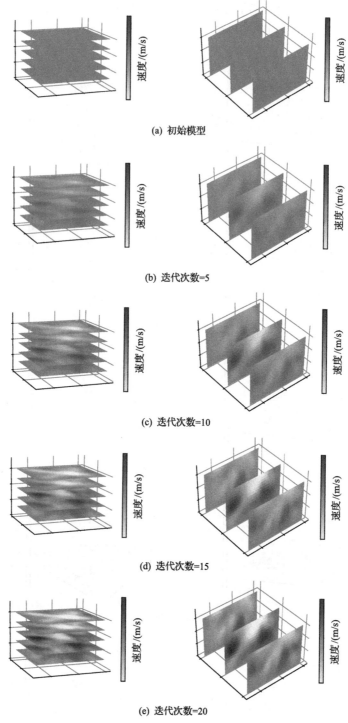

(a) 初始模型

(b) 迭代次数=5

(c) 迭代次数=10

(d) 迭代次数=15

(e) 迭代次数=20

图 11-21 三维岩石试验 FSM 迭代更新结果

域等因素影响较小，伪像程度较轻。随着迭代次数增加，低速区域、射线弯曲绕射等现象也逐渐明显。

　　试验中各传感器的布置如图 11-8(b) 所示，以背景速度 V_{out} = 4500m/s 作为初始模型进行三维层析成像迭代反演，SPM、DSPM、FSM 的迭代更新结果如图 11-19～图 11-21 所示。相比二维试验，三维岩石层析试验对于有效信号量的需求程度更高，同时也更容易受到其他因素的干扰，进一步加剧了三维异常区域辨识的难度。

　　图 11-19 显示了 SPM 三维层析成像结果，可以看到，波速场在迭代次数=10 时开始发散，并在后续迭代中出现了大量高速和低速区域，无法有效辨识实际异常区域分布。虽然成像结果伪像较少，但 DSPM、FSM 只能更新顶部前三个水平切片范围内的波速场，这可能是因为三维网格数量上升导致所需的有效信号量要多于二维网格，而源自断铅的信号射线无法有效覆盖深层空洞，因此无法实现对深层空洞的有效辨识。图 11-22、图 11-23 显示了 SPM、DSPM、FSM 的量化比较，受制于有效信号量，虽然 DSPM、FSM 在浅层能够实现较为明显的辨识，但各方法的 IR 相近，这也体现在箱形图中，DSPM、FSM 对于实际异常区域速度场更新有限。对比各层析成像方法可以看到，SPM 的计算代价要远大于 DSPM、FSM，并不满足为实现超前辨识对计算效率的要求。

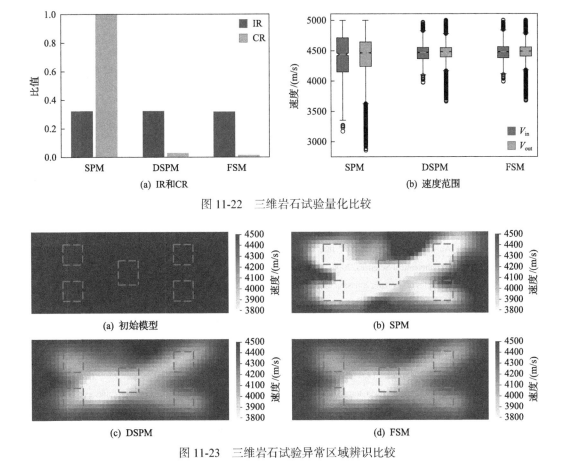

图 11-22　三维岩石试验量化比较

图 11-23　三维岩石试验异常区域辨识比较

参 考 文 献

[1] Aki K, Lee W H K. Determination of three-dimensional velocity anomalies under a seismic array using first P arrival times from local earthquakes[J]. Journal of Geophysical Research, 1976, 81 (23): 4381-4399.

[2] Aki K, Christoffersson A, Husebye E S. Determination of the three-dimensional seismic structure of the lithosphere Geophys[J]. Journal of Geophysical Research, 1977, 82: 277-296.

[3] Julian B R, Gubbins D. Three-dimensional seismic ray tracing[J]. Journal of Geophysics, 1977, 43 (1): 95-113.

[4] Nakanishi I, Yamaguchi K. A numerical experiment on nonlinear image reconstruction from first-arrival times for two-dimensional island arc structure[J]. Journal of Physics of the Earth, 1986, 34: 195-201.

[5] Dong L, Hu Q, Tong X, et al. Velocity-free MS/AE source location method for three-dimensional hole-containing structures[J]. Engineering, 2020, 6: 827-834.

[6] Dong L, Tong X, Hu Q, et al. Empty region identification method and experimental verification for the two-dimensional complex structure[J]. Journal of Rock Mechanics and Mining Sciences, 2021, 147: 104885.

[7] Asakawa E, Kawanaka T. Seismic ray tracing using linear traveltime interpolation[J]. Geophysical Prospecting, 1993, 41 (1): 99-111.

[8] Vinje V, Iversen E, Gjøystdal H. Traveltime and amplitude estimation using wavefront construction[J]. Geophysics, 1993, 58 (8): 1157-1166.

[9] Vidale J. Finite-difference calculation of travel times[J]. Bulletin of the Seismological Society of America, 1988, 78 (6): 2062-2076.

[10] Vidale J E. Finite-difference calculation of traveltimes in three dimensions. Geophysics, 1990, 55 (5): 521-526.

[11] Lelièvre P G, Farquharson C G, Hurich C A. Computing first-arrival seismic traveltimes on unstructured 3-D tetrahedral grids using the fast marching method[J]. Geophysical Journal International, 2011, 184 (2): 885-896.

[12] Zhao H. A fast sweeping method for eikonal equations[J]. Mathematics of Computation, 2005, 74 (250): 603-627.

[13] Dong L, Tong X, Ma J. Quantitative investigation of tomographic effects in abnormal regions of complex structures[J]. Engineering, 2021, 7: 1011-1022.

[14] Sethian J A. A fast marching level set method for monotonically advancing fronts[J]. Proceedings of the National Academy of Sciences, 1996, 93 (4): 1591-1595.

[15] Sethian J A, Popovici A M. 3-D traveltime computation using the fast marching method[J]. Geophysics, 1999, 64 (2): 516-523.

[16] Rawlinson N, Sambridge M. Multiple reflection and transmission phases in complex layered media using a multistage fast marching method[J]. Geophysics, 2004, 69 (5): 1338-1350.

[17] Leung S, Qian J. An adjoint state method for three-dimensional transmission traveltime tomography using first-arrivals[J]. Communications in Mathematical Sciences, 2006, 4 (1): 249-266.

[18] Schubert F. Basic principles of acoustic emission tomography[J]. Journal of Acoustic Emission, 2004, 58: 575-585.

[19] Hosseini N, Oraee K, Shahriar K, et al. Passive seismic velocity tomography on longwall mining panel based on simultaneous iterative reconstructive technique (SIRT) [J]. Journal of Central South University, 2012, 19 (8): 2297-2306.

[20] Tarantola A. Inversion of seismic reflection data in the acoustic approximation[J]. Geophysics, 1984, 49: 1259-1266.

[21] Hestenes M R, Stiefel E L. Methods of conjugate gradients for solving linear systems[J]. Journal of Research of the National Bureau of Standards (United States), 1952, 49 (6): 409.

[22] Santosa F, Symes W W, Raggio G. Inversion of band-limited reflection seismograms using stacking velocities as constraints[J]. Inverse Problems, 1987, 3 (3): 477.

[23] Shanno D F. Conditioning of quasi-Newton methods for function minimization[J]. Mathematics of Computation, 1970, 24 (111): 647-656.

[24] Plessix R E. A review of the adjoint-state method for computing the gradient of a functional with geophysical applications[J]. Geophysical Journal International, 2006, 167 (2): 495-503.

[25] 岳晓鹏. 全波形反演方法技术研究[D]. 西安: 长安大学, 2019.

[26] Gauthier O, Virieux J, Tarantola A. Two-dimensional nonlinear inversion of seismic waveforms: numerical results[J]. Geophysics, 1986, 51 (7): 1387.

[27] Robertsson J O A, Levander A, Symes W W, et al. A comparative study of free-surface boundary conditions for finite-difference simulation of elastic/viscoelastic wave propagation[J]. SEG Technical Program Expanded Abstracts, 1995: 1277-1280.

[28] 陈可洋, 杨微. 优化的三维地震波旁轴近似吸收边界条件[J]. 油气藏评价与开发, 2009, 32 (3): 179-181.

[29] Brossier R, Operto S, Virieux J. Seismic imaging of complex onshore structures by 2D elastic frequency-domain full-waveform inversion[J]. Geophysics, 2009, 74 (6): WCC105-WCC118.

[30] Huang C, Dong L, Chi B. Elastic envelope inversion using multicomponent seismic data with filtered-out low frequencies[J]. Applied Geophysics, 2015, 12 (3): 362-377.

[31] 梁煌. 基于互相关的全波形反演初始模型构建方法研究[D]. 长春: 吉林大学, 2017.

[32] Al-baali M. Descent property and global convergence of the fletcher—reeves method with inexact line search[J]. IMA Journal of Numerical Analysis, 1985, 5 (1): 121-124.

[33] Dong L, Pei Z, Xie X, et al. Early identification of abnormal regions in rock-mass using traveltime tomography[J]. Engineering, 2022. doi: 10.106/j.eng.2022.05.016.

第 12 章　岩体破裂声源辨识的波形图像机器学习应用

随着浅部资源的耗竭与地下空间工程的开发利用，人类深地资源开发与空间建设面临着规模更大、开挖扰动更剧烈、施工环境更复杂的挑战，隧道掘进、机械凿岩等工程扰动会影响岩体结构的应力分布状态，尤其是当施工区域处于地质断裂带等复杂结构时，更容易引发断层滑移等大震级地质活动，降低周围岩体结构的稳定性，直接威胁着人员和设备的作业安全。随着声发射监测技术、微震监测技术等手段在工程领域的广泛应用，越来越多的声学监测手段被用于评估开挖区域围岩稳定性，由此如何利用监测区域岩体内部的动态信息来科学预测岩体失稳阶段是现阶段安全监测领域研究的重点和热点。本章以室内声发射试验为切入点，根据波形特征提取包含声发射事件能量、上升时间在内的一系列特征参数作为岩体破裂阶段辨识模型的训练集，进一步地直接将波形图像作为输入参数进行训练，对比两种方法在辨识准确率、辨识耗时等方面的优劣，研究分析岩体破裂波形的图像学机制，将岩体破裂的声学信息与岩体当前状态的稳定性情况紧密联系，达到利用监测信息指导现场支护的工程目标，避免过度支护和支护不足导致的资源浪费和灾害频发，可为预测大震级地震事件、深入分析岩体工程失稳过程、圈定危险区域以及按照岩体稳定性状况制定相应的灾害防治手段提供一种新思路。

12.1　概　　述

辨识岩体失稳阶段的前提是掌握岩石变形特性规律，根据岩石受扰动所处的失稳阶段对其进行标准化支护，既能够最大限度地发挥岩石自身的承压性，又可以保证岩石整体结构的稳定性。国内外学者为掌握岩体破裂规律开展了一系列室内试验。基于试验结果，岩体破裂阶段可被划分为裂纹压密阶段、线弹性变形阶段、裂纹起裂及稳定扩展阶段、试样损伤和裂纹不稳定扩展阶段以及试样破坏和峰后变形阶段[1-3]。Martin 等[4,5]对岩体的破裂阶段、变形特征以及介质模型开展了大量的研究。Lajtai[6]提出花岗岩的变形机制除了弹性变形和脆性变形外还应包含压密变形，且压密变形破裂与岩石内部的微断裂有关。Nishiyama 等[7]利用荧光技术研究了花岗岩在 5MPa 围压下，峰值前、峰值及峰值后等不同阶段的微裂纹分布和发展演化情况。周辉等[8]利用不同围压下的花岗岩三轴压缩试验，分析不同围压下花岗岩断口处的微观特征，研究讨论了花岗岩脆性破裂特征与机制。高美奔等[9]提出了"试验数据+轴向应变刚度"联合方法确定岩石变形破裂各阶段的强度特征值。

尽管通过室内试验我们已经获取了足够多的岩石变形规律与破裂机制信息，但岩石自身的各向异性又决定我们不可能只凭某些固定的数值来概括岩石的损伤过程。岩体宏观破裂是其内部微裂隙萌生、发育和断裂的结果，在这个过程中还会伴随声发射等物理现象。该现象于 20 世纪 30 年代被 Obert 和 Duvall 所观察到，并在 1940 年的阿米克铜矿采集到了爆发性的声学信号[10]。声学技术是通过声学传感器来捕获岩石裂隙扩展过程中释放的声发射信号。通过分析声发射信号的波形或依据准则提取的特征参数,可以获得如震源位置[11-13]、震源机制[14-16]等震源信息。目前该技术已被广泛应用于金属矿山、地下空间工程、隧道工程及边坡尾矿坝等岩体工程的稳定性监测与灾害预警中。彭守拙等[17]通过研究花岗岩单轴压缩试验中的声学特性以及破裂机制,提出了包括脆性破裂警报线、脆性破裂线及极限破裂线在内的花岗岩变形破裂进程相关概念,并给出了相应的临界应力条件。李庶林等[18]对单轴压缩条件下岩石声学特征进行了研究,并得到了岩石力学特征和声发射参数的变化规律。付小敏[19]对矽卡岩、石英闪长岩等多种岩石进行单轴压缩试验,研究了岩石变形和声发射特征。何满潮等[20,21]设计了岩石试验机并据此研究了花岗岩岩爆过程中的声发射特征及破裂机制,并根据试验结果将岩爆分为了平静期、小颗粒弹射、片状剥落伴随颗粒弹射和全面崩垮四个阶段。艾婷等[22]将声发射时序演化过程中出现的平静期现象作为岩石失稳破裂的前兆特征。刘刚等[23]依据花岗岩单轴压缩试验中得到的应力-应变曲线和声发射信号参数,拟合得到了花岗岩损伤曲线,并将花岗岩损伤划分为三个阶段,预警时刻划分为六级区间。李安强等[24]通过对花岗岩进行压缩全过程的声发射定位试验,研究了岩石断裂过程中声发射参数的时空演化特征以及能量的释放规律,并将岩石单轴压缩全过程按照声发射参数的演化分为上升期、平静期以及波动期三个阶段,提出平静期、声发射事件能率和振铃计数率以及岩石扩容可作为预测岩体破裂的指标。

综上所述,基于岩体破裂机制与声发射特征对岩石破裂预报的研究成果较为成熟,并且已经归纳出数种验证过的岩体破裂前兆判定准则,但其中依靠单指标的判定方法在不同类型、不同环境下的岩体破裂预测中的适用性有待探索,且现有室内试验多以花岗岩、砂岩为主,而开采现场中的地质情况往往更为复杂,不同岩石结构之间颗粒的胶结方式、摩擦程度以及地下水的分布情况皆未可知,故单指标判据在复杂地质结构背景下的应用情况有待进一步的验证。另外,虽然一些多指标判据经过了现场的验证,但数据采集困难、处理过程烦琐、预测步骤多等诸多因素导致其在实际工程中难以大规模推广。随着人工智能领域的发展,众多优秀的机器学习算法被提出,借鉴该领域学科的优秀技术不仅能够提高工程类问题的计算效率,而且巧妙地解决了数据处理复杂与监测人员专业知识不匹配的难题。本章基于上述研究背景,以室内声发射试验为入手点,根据波形特征提取声学特征参数作为岩体破裂阶段辨识模型的训练集,之后直接将波形图像作为输入参数进行训练,通过准确率、敏感度等评价指标,分析岩体破裂波形的图像学机制,最终实现利用岩体破裂过程的声学特征信息来评估当前岩体所处的失稳阶段。

12.2 岩体破裂阶段分类及声学特征分析

12.2.1 岩体不同破裂阶段的力学判断依据

众所周知,岩体破裂过程伴随着几个变形阶段:压密阶段、弹性变形阶段、裂纹起始及膨胀阶段和不稳定裂纹扩展阶段[4,25]。岩石的裂纹起始及膨胀阶段和不稳定裂纹扩展阶段接近岩体破裂。与这些变形阶段相关的应力阈值对于岩体失稳时间的预测具有重要意义[26]。众多学者对裂纹应力阈值的测定与阶段分类进行了广泛的理论和试验研究，并提出了各种测定方法。以标准的花岗岩单轴压缩试验为例，应力-时间曲线如图 12-1 所示。根据岩体破裂过程中力学特性的变化，可以将岩体破裂过程分为岩石裂纹压密阶段、岩石弹性阶段和岩石不稳定扩展阶段三个阶段。

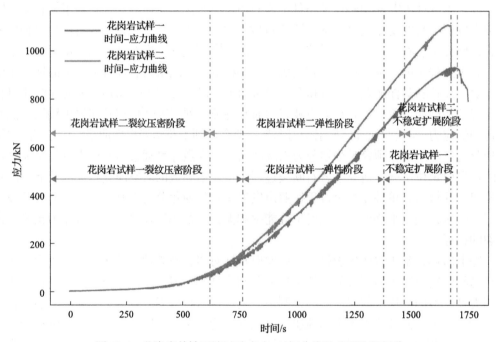

图 12-1　花岗岩单轴压缩试验应力-时间曲线及破裂阶段划分

（1）应力加载初期阶段，也称为岩石裂隙压密阶段，该阶段应力-应变曲线的特点是向上凹，随着应力的增加应变减小，岩石表现出这一特性的原因是岩石内部的微裂隙在外力的作用下逐渐闭合。

（2）随着应力-应变曲线斜率的增加，岩石进入弹性阶段，该阶段的应力-应变曲线几乎呈直线走势，该阶段产生的变形包括了弹性变形和一小部分塑性变形，弹性变形可以随着卸荷的过程而恢复，但在弹性阶段中仍然存在由于裂纹扩展带来的塑性变形。

（3）随着加载的进行，岩体破裂进入岩石宏观失稳前阶段（塑性阶段）即岩石不稳定扩展阶段，该阶段曲线偏离线性变化，并从该阶段开始随着应力的增大岩石内部裂纹逐步扩展，直至岩石内部裂隙贯通。

对地震的有效预测及防护需提前于岩体宏观断裂，岩石裂纹压密阶段产生少量的声发射事件，且该阶段产生的岩体破裂多以裂纹压密为主，对宏观断裂的贡献较小，在一定程度上处于该阶段的岩石内部构造变得更加紧密，抵抗外部冲击的能力也更强；在弹性阶段，虽然岩石变形含有部分塑性变形，但整体是以弹性变形为主，随着压力的卸载弹性变形能够恢复；我们要预测的是岩体断裂的塑性阶段，在外力扰动、内部地质运动的影响下，岩层地质构造在不停地变化，其内部会产生小震级事件，随着小事件的累积，岩体进入不稳定扩展阶段，最终产生大震级地震事件甚至会引发岩体工程失稳威胁人员和设备的安全。

12.2.2　岩体不同破裂阶段的裂纹体积应变依据

除上述应力变化外，人们普遍认为裂纹体积应变模型[27]是确定岩石应力阈值的最广泛使用的方法[28-30]。单轴压缩条件下裂纹体积应变模型的主要方程可表示如下[26,31]：

$$\varepsilon_V^e = \varepsilon_V - \frac{1-2\nu}{E}\sigma_1 \tag{12-1}$$

式中：ε_V^e 为计算得到的裂纹体积应变；ε_V 为岩石体积应变；σ_1 为单轴应力；E 和 ν 分别为岩石的弹性模量和泊松比。在式(12-1)的基础上计算裂纹体积应变，研究岩石的裂纹萌生和扩展过程。图 12-2 为单轴压缩条件下岩石材料的轴向应变、体积应变和计算得到的裂纹体积应变。总结岩体破裂全过程及各阶段应力阈值如下。

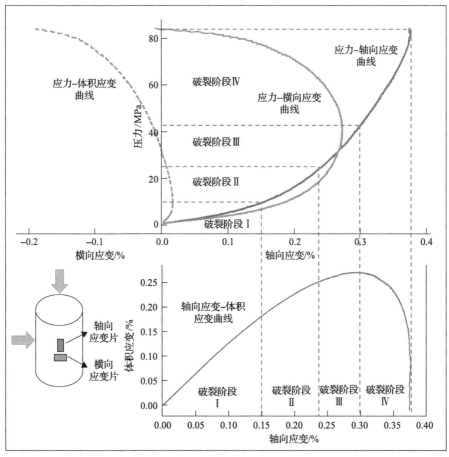

图 12-2　岩体破裂阶段的应力-应变曲线图[4,32]

（1）岩石裂纹闭合阶段（Ⅰ）结束时的应力水平约为岩石峰值应力的 0.14 倍，此外根据计算出的裂纹体积应变曲线，还可以从水平截面起始点来确定对应的应力水平。

（2）无裂纹起始阶段（Ⅱ）的轴向应力范围为 $0.14\sigma_f \sim 0.30\sigma_f$。这一阶段的应力-应变曲线保持线性关系。该阶段的声发射事件数远低于岩石裂纹闭合阶段。

（3）裂纹萌生和稳定扩展阶段（Ⅲ）的初始应力水平定义为 σ_{ci}。在这一阶段，随着应力的增加，声发射计数开始增加，这表明新的微裂纹产生并开始扩展。

（4）不稳定裂纹扩展阶段（Ⅳ）起点对应的应力水平确定为 σ_{cd}。

12.2.3 岩体不同破裂阶段的裂纹声学依据

岩石试样随着轴向应力的增大，声发射累积计数曲线大致可分为缓慢增加阶段（Ⅰ）、稳定阶段（Ⅱ）和急剧增加阶段（Ⅲ）。随着轴向应力的增加，由于岩石中的微裂纹逐渐被压缩，声发射计数增长处于一个较低的水平。在声发射累积计数曲线的稳定阶段，声发射计数相对稳定。在声发射累积计数急剧增加阶段，声发射计数随轴向应力的增加呈急剧增加的趋势，说明岩石已进入裂纹不稳定扩展阶段，值得注意的是，在声发射累积计数曲线的稳定阶段和不稳定扩展阶段之间存在一个拐点，Wu 等[32]将这个拐点定义为 PR 点。

为了准确识别声发射累积计数曲线的拐点，可根据最大轴向应力的一半将由数据点组成的声发射累积计数曲线分为两部分，将第二部分用四次多项式拟合，得到该部分的拟合函数。如果拟合函数的拟合系数小于 0.996，则研究拟合线与声发射累积计数数据点之间的最大偏差（即计算拟合值与声发射累积计数曲线中实际数据点之间的残差），之后声发射累积计数曲线中的数据点从拟合线和声发射累积计数数据点之间的最大偏差的一端以 1% 的增量减少，其余的数据点再次用四次多项式拟合，重复这一步，直到拟合函数的拟合系数大于 0.996 为止。将二阶导数最大值对应的数据点视为 PR 点，依据上述方法对单轴压缩下的岩体破裂过程进行阶段划分，如图 12-3 所示。

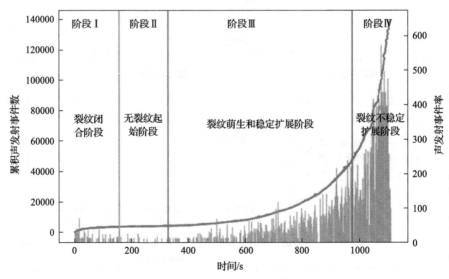

图 12-3　基于声学特征的岩体破裂扩展阶段划分图

12.2.4　岩体不同破裂阶段的声学特征

特征提取广义上是一种变换，把高维空间中的样本通过变换用低维空间来表示，其本质是从一组特征中选择对分类贡献最大的特征，删除对分类贡献甚微的特征。岩体中节理的滑移或岩石的断裂都将以应力波的形式释放能量，但随着破裂进程的推进，岩体的破裂力学机制在发生变化，它们对应的力学参数特征也会有相应的差异。

声发射事件的能量代表了声发射事件产生所释放的总弹性能，声发射采集到的能量只是岩石裂纹扩展释放能量的一小部分，但在裂纹萌生、扩展直至贯通的过程中能量的大小也会有所差异，以岩体破裂的力学阶段划分为例，在加载初期岩石裂纹压密阶段，以裂纹压密为主产生的振动能量多为岩石颗粒间的相互碰撞，相较于加载后期岩石颗粒间的挤压、剪切破裂而言这部分产生的能量处于较低的水平。从图 12-4～图 12-6 可以看出，岩石裂纹压密阶段的 lg(Energy) 的分布区间为 3.5～7.5，其概率密度的最高点对应的是 lg(Energy)=4.6；岩石弹性阶段的 lg(Energy) 的分布区间为 3.3～7.0，其概率密度的最高点对应的是 lg(Energy)=4.3；岩石不稳定扩展阶段的 lg(Energy) 的分布区间为 3.3～7.5，其概率密度的最高点对应的是 lg(Energy)=4.3。

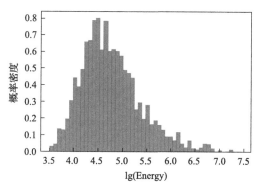

图 12-4　岩石裂纹压密阶段能量概率密度分布

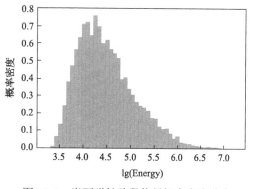

图 12-5　岩石弹性阶段能量概率密度分布

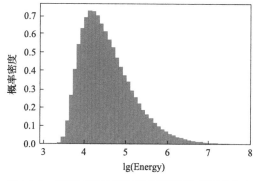

图 12-6　岩石不稳定扩展阶段能量概率密度分布

声发射事件振铃计数是指声发射事件波形越过门槛信号的振荡次数，根据统计方法又可以进一步分为声发射振铃总计数和声发射振铃计数率，该特征参数能直观地反映信号的强度和频度，可用于声发射活动性的评价，但在试验和分析过程中，应用效果受到采集门槛值设定的影响。从图 12-7～图 12-9 可以看出，岩石裂纹压密阶段的 count（振铃计数）分布区间为 10～300，其概率密度的最高点对应的是 count=25；岩石弹性阶段的 count 分布区间为 10～190，其概率密度的最高点对应的是 count=10；岩石不稳定扩展阶段的 count 分布区间为 0～210，其概率密度的最高点对应的是 count=10。

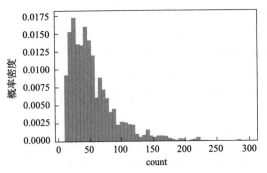

图 12-7　岩石裂纹压密阶段振铃概率密度分布

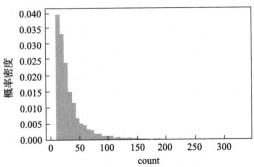

图 12-8　岩石弹性阶段振铃概率密度分布

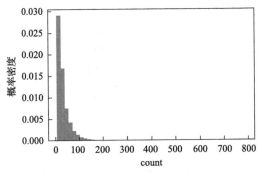

图 12-9　岩石不稳定扩展阶段振铃概率密度分布

　　声发射事件持续时间是指声发射信号首次越过门槛值与最终降低至门槛值之间所经历的时间间隔。从图 12-10～图 12-12 可以看出，岩石裂纹压密阶段的 lg(Duration) 的分布区间为 $-4.2\sim-2.5$，其概率密度的最高点对应的是 lg(Duration)=-3.1；岩石弹性阶段的

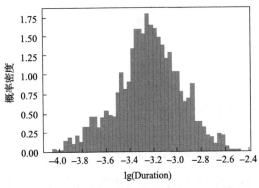

图 12-10　岩石裂纹压密阶段持续时间概率密度分布

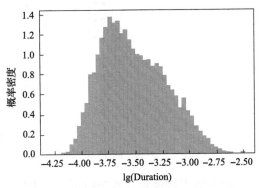

图 12-11　岩石弹性阶段持续时间概率密度分布

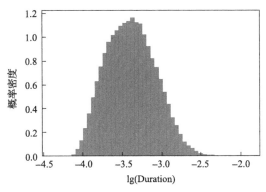

图 12-12　岩石不稳定扩展阶段持续时间概率密度分布

lg(Duration)的分布区间为-4.2~-2.4，其概率密度的最高点对应的是 lg(Duration)=-3.7；岩石不稳定扩展阶段的 lg(Duration)的分布区间为-4.2~-2.2，其概率密度的最高点对应的是 lg(Duration)=-3.3。

　　声发射事件上升时间是指声发射信号第一次越过门槛至最大幅值处所经历的时间间隔。从图 12-13~图 12-15 可以看出，岩石裂纹压密阶段的 lg(Rise time)的分布区间为-5.2~-3.0，其概率密度的最高点对应的是 lg(Rise time)=-4.2；岩石弹性阶段的

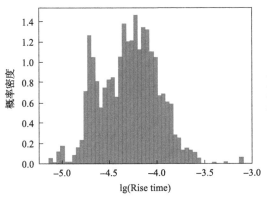

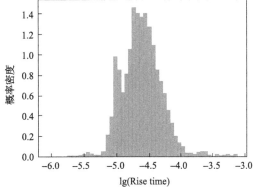

图 12-13　岩石裂纹压密阶段上升时间概率密度分布　　图 12-14　岩石弹性阶段上升时间概率密度分布

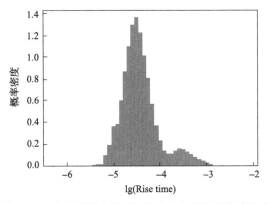

图 12-15　岩石不稳定扩展阶段上升时间概率密度分布

lg(Rise time)的分布区间为-5.7～-3.1，其概率密度的最高点对应的是 lg(Rise time)=-4.8；岩石不稳定扩展阶段的 lg(Rise time)的分布区间为-5.5～-2.8，其概率密度的最高点对应的是 lg(Rise time)=-4.5。

声发射事件峰值幅度是指波形信号振荡的最大振幅值，该特征参数与事件大小有直接的关系且不受门槛值设定的影响。从图 12-16～图 12-18 可以看出，岩石裂纹压密阶段的 lg(Amplitude)的分布区间为-3.1～-1.0，其概率密度的最高点对应的是 lg(Amplitude)=-2.4；岩石弹性阶段的 lg(Amplitude)的分布区间为-3.0～-1.0，其概率密度的最高点对应的是 lg(Amplitude)=-2.4；岩石不稳定扩展阶段的 lg(Amplitude)的分布区间为-3.1～-1.0，其概率密度的最高点对应的是 lg(Amplitude)=-2.4。

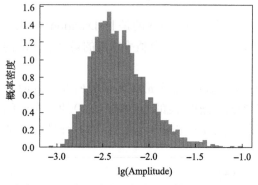

图 12-16　岩石裂纹压密阶段幅值概率密度分布　　图 12-17　岩石弹性阶段幅值概率密度分布

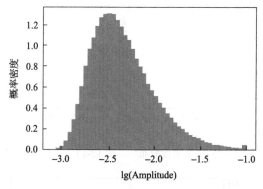

图 12-18　岩石不稳定扩展阶段幅值概率密度分布

12.3　基于原始波形的岩体破裂波形特征辨识方法

12.3.1　岩体破裂阶段辨识模型理论

1962 年哈佛医学院神经生理学家 Hubel 和 Wiese 通过对猫视觉皮层细胞的研究，提出了感受野(receptive field)的概念；1984 年日本学者 Fukushima 基于感受野的概念提出了神经认知机，这可以看作是卷积神经网络的最初形式，也是"感受野"概念在人工神经网络领域的首次应用。卷积神经网络采用了感受野和权值共享，采样对象由输入的每个像素点变为了像素区域，有效地减少了神经网络训练参数个数。标准的神经网络一般由输入层、卷积层、池化层即下采样层、全连接层及输出层构成。

在卷积神经网络中一个卷积层中可以有多个卷积面，而每个卷积面又是卷积特征图也称特征图。卷积层的操作是上一层特征图在该卷积层内通过卷积核和激活函数的共同作用输出得到新的特征图，常用的激活函数有 Sigmoid 函数、ReLU（校正线性单元）等。卷积层作为特征提取的重要部分，其前端输入可以为单张声发射波形图像也可以为一组声发射波形图像，经过卷积操作输出得到的特征图又可以作为底部卷积层或池化层的输入对象。波形图像上的像素区域在卷积核与激活函数的共同作用下采样得到新的特征图，卷积核本质上可视作一个滤波器，其工作原理是对上一层输入的特征图进行采样，与矩阵元素相乘并求和，然后叠加偏差输出结果[33]：

$$D^{l+1}(i,j) = [D^l \otimes w^{l+1}](i,j) + b = \sum_{k=1}^{K_l} \sum_{x=1}^{f} \sum_{y=1}^{f} [D_k^l(s_0 i + x, s_0 j + y) w_k^{l+1}(x,y)] + b$$

$$(i,j) \in \{0,1,\cdots,L_{l+1}\}, \quad S_{l+1} = \frac{S_l + 2p - f}{s_0} + 1 \tag{12-2}$$

式中：D^l 和 D^{l+1} 为 $l+1$ 层声发射波形图像的输入和输出特征图像；b 为该层上的偏置；S_{l+1} 为 D_{l+1} 的大小。假设声发射波形图像的长度和宽度相同，那么 $D(i,j)$ 为特征图的像素点，k 是特征图的通道数量，f、s_0 和 p 分别对应卷积核的大小、步长及填充参数。

卷积操作又可以分为"Same padding"与"Valid padding"两种，前者在采样时会给平面外部补"0"，采样结束后得到一个与原来平面大小相同的平面，后者在采样时不会超出平面外部，采样结束后得到一个比原来平面小的平面。

本章建立的岩石损伤阶段辨识模型基于卷积神经网络对声发射原始波形的特征提取，保留了辨识模型感受野与权值共享的特点，与传统机器学习算法对像素点进行提取学习不同，该方法使得像素点之间的空间关系更加密切，每个像素区域作为采样的输入端，有效地减少了神经网络训练参数的工作量。该辨识模型主要由输入层、卷积层、池化层、全连接层及输出层构成，图 12-19 展示了对波形图像特征值的提取、卷积以及池化过程。

由于卷积过程中会不可避免地丢失一些信息，故而在卷积操作之后尽可能多地提取图像特征，因此在模型中引入池化层，其目的是对声发射波形图像进行采样并以较低的数据量输出新的特征图，其操作可概括为[34]

$$D_k^l(i,j) = \left[\sum_{x=1}^{f} \sum_{y=1}^{f} D_k^l(s_0 i + x, s_0 j + y)^p \right]^{\frac{1}{p}} \tag{12-3}$$

当 p 等于 1 时，池化操作为平均池化；当 p 趋向于无穷大时，池化操作为最大池化。池化窗口大小为 $(h \times w)$，输出的特征图像大小将降为原图像的 $1/(h \times w)$。原始声发射波形图像经过数个卷积—池化过程生成较小的特征图，将最后采样得到的特征图转化为一维特征值，输入到全连接层中。

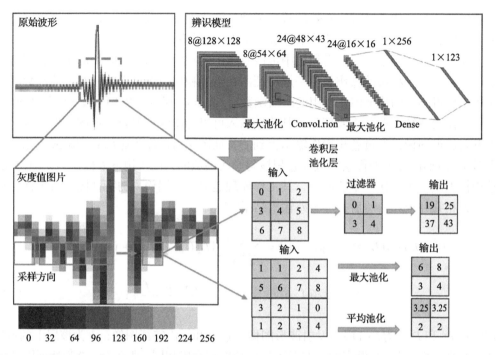

图 12-19　波形图像在辨识模型中的特征值提取、卷积及池化过程

在全连接网络中，将采样得到的二维特征图转变为一维特征量，由上一层网络结构输入全连接层，全连接层中每个节点都与上一层的所有节点相连接，其输出值为上一层的输出向量与全连接层的权重向量做内积并加上偏置，再经过激活函数得到：

$$y^i = f(\omega^i y^{i-1} + b^i) \tag{12-4}$$

式中：y^{i-1} 为上层输出的特征图；y^i 为上层特征图经过该层加权、偏置及激活函数计算得到的输出值。

在神经网络训练过程中训练样本较少或未知参数过多可能会引起过拟合现象，丢失输出(dropout)是一类简单且有效的正则化技巧。在卷积神经网络中引入 dropout 的作用是在训练模型的过程中随机地让网络中的部分节点停止工作即强制置零输出，其基本思想是通过阻止特征检测器的共同作用来提高神经网络系统的泛化能力[31]。假设神经网络中的某个神经元的输出可以表示为

$$y^i = f(\omega^i y^{i-1} + b^i) \tag{12-5}$$

那么对该层进行 dropout 操作相当于把输出 y 逐元乘以一个同样大小且服从伯努利分布的随机掩膜 r，加入 dropout 后输出值被修正为

$$y^{i'} = r \circ y^i = r \circ f(\omega^i y^{i-1} + b^i) \tag{12-6}$$

停止工作的节点可以暂时不认作为网络结构的一部分，在本质上相当于在神经网络中增加了一个具有随机性的辅助层。dropout 神经网络结构如图 12-20 所示。

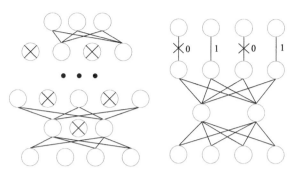

图 12-20 dropout 神经网络结构

注：带有标记"×"的神经元暂时丢失输出

dropout 让神经网络在更新权值的过程中以相同的概率接受不同节点的输出结果，使得权值的更新与节点的输出不存在固定的关系，避免了个别特征仅在某些特征下才有效。

本节将以深度学习方法为例研究岩体破裂信号的图像学特征，并用于辨识岩体破裂的潜在失稳阶段。将室内声发射试验采集到的数据集分为两类：一类为塑性阶段前的声发射事件波形，另一类为塑性阶段至宏观断裂之间产生的声发射事件波形。我们通过布置 32 个传感器用以接收声发射事件。在声发射事件筛选方面，为了保证传感器接收到的为震源信号而不是电干扰等噪声信号，我们将触发 10 个传感器的声发射事件定义为一个震源信号。

12.3.2 岩体破裂波形图像学机制应用案例

1. 试样制备及预处理

本次单轴压缩试验选取质地均匀且无节理裂纹的普通脆性花岗岩，由于花岗岩质地坚硬且结构组成较为严密，能够有效地降低岩石离散性对试验结果的影响。为了尽可能地减少试样之间的差异，从同一块花岗岩中制成两块 100mm×100mm×200mm 的标准长方体试样，并对其表面进行抛光处理以保证试样尺寸精度、表面平整度、光洁度、相对端面平行度均符合 ISRM 推荐规定，制成花岗岩试样。

2. 试验仪器及布置

应力加载设备为 MTS815 岩石力学试验系统，该设备可进行静态、动态、常温、高温、高压试验，以及岩石、混凝土等脆性材料的破坏力学试验，同时记录载荷、应力、位移及应变值，绘制载荷-位移和应力-应变曲线。声发射监测设备的中心响应频率为 125kHz，试验中同步采集声发射事件参数和波形。

试验中，分别在试样表面布置 32 个声学传感器，采用交替位错排列，记录声发射事件参数及波形(图 12-21)。试样与传感器接触处涂抹凡士林以保证耦合效果，传感器外侧用胶带固定，防止加载过程中岩石变形导致传感器脱落。声发射分析系统前置放大器设置为 40dB，阈值为 50dB，采样频率为 10MHz。试验进行前采用断铅的方法验证声学传感器的耦合程度，并对加载设备和采集设备进行最后的调试。

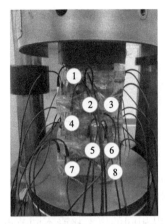 

图 12-21　声发射试验设备及安装分布图

3. 试验加载方案

为避免试样与压力板接触产生的噪声对声发射监测结果的影响，将试样提前放置在加载装置上加载 1～2kN，使试样与压力板充分接触。花岗岩在单轴压缩试验中受控制力加载。试验中设定的加载速率为 0.3mm/min，在试验过程中，保证加载试验系统与声发射监测系统的同步，并实时记录试验数据。将试样加载到峰值强度后，试验结束。

4. 模型搭建及结果讨论

我们以采集到的声发射波形为研究对象，通过将样本调整到统一大小后导入特征提取模型中，同时选择相同大小且没有被训练过的波形图像作为测试集，用以训练后分类器的验证。优化函数采用随机梯度下降法(stochastic gradient descent, SGD)，具体参数包括 learning rate、base lr、momentum、weight decay 和 Maximum number of iterations，其值分别为 0.01、0.01、0.9、1×10^{-6}、400。模型各层参数见表 12-1，经过 258 次迭代后，模型在训练集上的拟合精度逐渐在 99% 以上。

表 12-1　岩体破裂阶段辨识模型参数设置

层数	类别	Dropout	卷积核/池化窗大小	步长
1	Input layer X0		—	—
2	Convolution layer C1	0.1	2×2	1
3	Pooling layer P1		2×2	2
4	Convolution layer C2	0.25	2×2	1
5	Pooling layer P2		2×2	2
6	Convolution layer C3	0.4	2×2	1
7	Pooling layer P3		2×2	2
8	Convolution layer C4	0.25	2×2	1
9	Pooling layer P4		2×2	2
10	Fully connection layer	0.1	1×1	—
11	Output layer		—	—

为了更加清晰地查看分类器在训练集与测试上的表现，我们引入混淆矩阵，根据混淆矩阵可以得到 TP(True Positive)、TN(True Negative)、FP(False Positive)、FN(False Negative) 4 个值，分别代表着被模型预测为正的正样本、被模型预测为负的负样本、被模型预测为正的负样本和被模型预测为负的正样本。同时通过混淆矩阵又可以引出查准率(Precision)、查全率(Recall)、敏感性、特异性等评估指标。

本章建立的基于卷积神经网络的岩体破裂阶段辨识模型经过 400 次迭代在训练集上的准确率达到96.75%，在测试集上的准确率能够达到82.33%。

为了展示该模型与同类算法在辨识能力上的优势，我们在相同数据集的基础上，采用机器学习中的人工神经网络算法搭建辨识模型，虽然在训练集上的拟合效果与前者接近，能够达到 81.14%的准确率，但是在测试集上的表现只有 65.16%，两类辨识模型的拟合曲线如图 12-22 与图 12-23 所示。通过曲线可以看出虽然前者的迭代耗时较多，但可以获得比后者更为精确的分类。

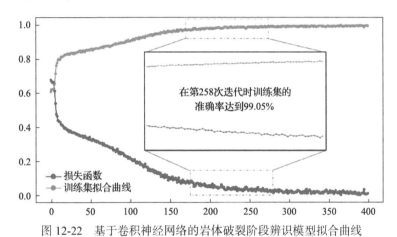

图 12-22　基于卷积神经网络的岩体破裂阶段辨识模型拟合曲线

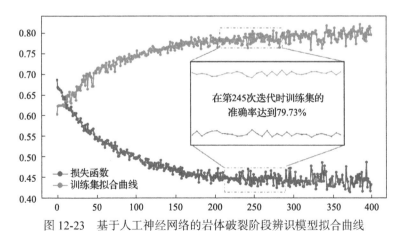

图 12-23　基于人工神经网络的岩体破裂阶段辨识模型拟合曲线

同时我们计算了两类辨识模型在各个数据集上的表现(图 12-24)、评估指标(表 12-2)以及 ROC 曲线(图 12-25)，结果显示基于卷积神经网络的岩体破裂阶段辨识模型在三类评价方法上均具有明显的优势。

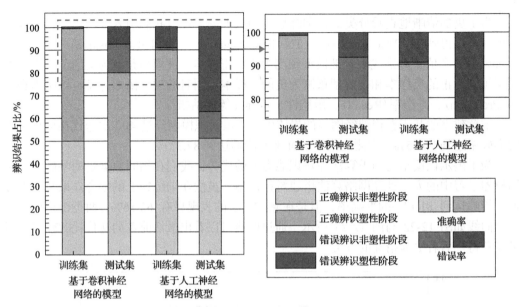

图 12-24　两类辨识模型在各数据集上的分类精度

表 12-2　两类辨识模型在各数据集上的评估指标

评价指标	基于卷积神经网络的辨识方法		基于人工神经网络的辨识方法	
	训练集	测试集	训练集	测试集
精确度(Precision)	100.00	74.11	99.76	76.33
召回率(Recall)	99.90		75.79	64.26
真阳性(TPR)	99.90	75.20	75.79	64.26
假阳性(FPR)	0		0.18	16.00
阳性预测值(PPV)	100.00	75.20	99.76	76.33
灵敏度(SEN)	99.90		75.79	64.26
阴性预测值(NPV)	99.94	15.40	80.88	74.53
特效度(SPE)	1		99.82	83.99
准确率(ACC)	99.96	74.11	87.96	75.21

　　尽管前者的预测准确率仅仅高出后者 6 个百分点，但是通过观察辨识结果在各数据集上的表现，上述模型的辨识结果显示，卷积神经网络模型对岩石破坏的塑性阶段更为敏感。反观人工神经网络分类器，对塑性阶段的辨识错误数量要远大于对非塑形阶段的辨识错误数量，一方面可以说明在对岩体塑性破裂阶段的辨识中，卷积神经网络分类器显示出了明显的优势，同时也证明虽然在波形上两个阶段差异不是很明显，但辨识的结果却显示了两阶段之间确实存在着差异性，这也为大震级事件的预测和岩体工程的支护选择提供了一个新的思路和手段。

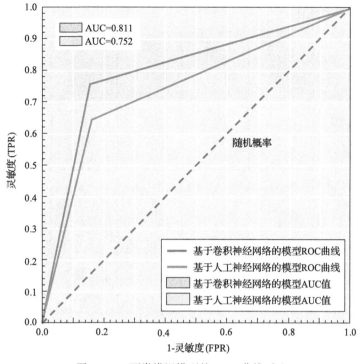

图 12-25　两类辨识模型的 ROC 曲线对比

12.4　基于波形参数的岩体破裂波形特征辨识方法

12.4.1　岩体破裂临界阶段波形参数分析

通过 12.3 节的研究发现，在一定程度上基于原始波形可以实现对岩石裂纹不稳定扩展阶段的识别，但其识别效果不如预期的准确。通过选取部分波形分析其原因发现，识别结果不理想可能是直接将原始波形作为输入数据时的背景噪声造成的。为此，我们通过分析波形提取了 7 个参数：幅值、持续时间、能量、信号强度、有效值、上升时间和振铃计数。采用特征参数对不同类别的数据进行分类的原则是同一类别的特征参数应尽可能相似，而不同类别的特征参数应尽可能不同。通过绘制图 12-26 岩石裂纹不稳定扩展阶段的概率密度函数及分布图，我们能够大体掌握岩石从稳定至失稳过程各阶段各参数的分布情况。

12.4.2　基于波形参数岩体破裂阶段辨识模型理论

随着人工智能领域算法的发展，加快了声发射监测数据等大批量数据的挖掘与利用效率，鉴于 12.1 节～12.3 节对岩体破裂过程中力学参数、声发射特征参数和频谱特征参数演化规律的分析，可以采用机器学习等算法对岩体破裂过程中的某一点甚至某些阶段进行分类，由于机器学习等方法的理论已相对成熟，本节仅对决策树、随机森林、逻辑回归、支持向量机、K 近邻、朴素贝叶斯、梯度提升决策树、AdaBoost、Bagging 以及人工神经网络进行简要概述。

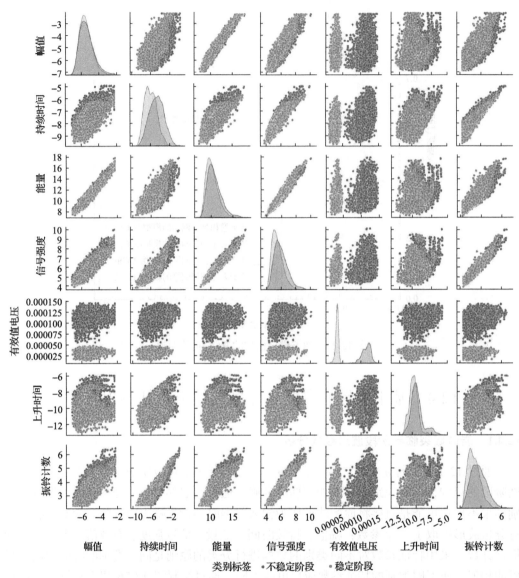

类别标签 ·不稳定阶段 ·稳定阶段

图 12-26 岩石裂纹不稳定扩展阶段概率密度函数及分布图

1. 决策树

决策树可以表示为一棵二叉树，每一个叶子节点都代表一个输入变量以及一个基于变量的分叉点，决策树预测的结果是通过在树的分叉路径上游走直至达到一个叶子节点并输出该节点的类别而得到的，其单独节点上包含一个父节点及多个子节点，每个子节点下的输出值又可作为下一层的父节点。决策树的学习过程即通过训练样本从上至下来选择决策树节点中最优的属性作为输入，在节点上进行属性值的比较并根据训练样本对应的不同属性值判断从该节点向下的分支，每个分支子集重复建立下层节点和分支，在一定条件下停止树的生长，结论形成树形结构的叶子节点，从而输出最终的决策树分类过程以不带类标的测试集数据作为输入，直到决策树训练过程最终到达一个叶子节点，其本质是使数据集划分后不确定性逐渐减小的过程。

2. 随机森林

随机森林(random forest，RF)是并行式集成学习 Bagging 的扩展变体。随机森林的本质是多个决策树共同训练并引入随机属性选择的结果，训练集经过随机采样 N 次生成 N 个采样子集，然后每个采样子集都生成一个学习器，最后依据平均值或者投票的原则对这些学习器的结果进行归纳输出。Bagging 算法的优势是使得随机森林的泛化能力显著提高，被誉为"代表集成学习技术水平的方法"。

3. 逻辑回归

逻辑回归(logistic regression method，LRM)是一种常用的非线性二分类因变量回归统计模型，该算法以极大似然估计法为基础来调整模型参数，使之具备渐进正态性的特征，其输出结果由 Sigmoid 函数激活并分布在[0,1]。

4. 支持向量机

支持向量机(support vector machine，SVM)的基本思路为在特征空间上求解能够正确划分训练集且几何间隔最大的超平面。距离超平面最近的训练样本点称为支持向量(support vector)，两个异类支持向量到超平面的距离之和称为间隔，支持向量机的学习策略即找到某一超平面，使其间隔最大化。对于非线性分类及回归问题，支持向量机引入核函数(kernel function)。核函数的选取决定了特征空间的映射，进而在很大程度上决定了支持向量机的性能。常见的核函数有线性核、多项式核、高斯核、拉普拉斯核、Sigmoid 核及常见核函数的组合等，支持向量机的训练过程实际上就是搜寻最佳类别分割的系数。

5. K 近邻

K 近邻是一种基本的分类和回归方法，其本质是通过搜寻整个训练集，找出与某个数据点最相似的 K 个实例，并总结这 K 个实例的输出变量最终得出该数据点的类别。对于回归问题而言，预测结果是输出变量的均值，而对于分类问题，预测结果是某一类。

6. 朴素贝叶斯

朴素贝叶斯是一种分类快速而精确的分类器，实现模型简单，在训练和分类过程中只需扫描一次数据集，具有较强的抗干扰能力。朴素贝叶斯分类器在分类过程中就是计算条件概率和先验概率，这个过程就是建立分类模型的过程。先验概率不同的计算方式可以将朴素贝叶斯分类器分为最大似然模型、多变量伯努利模型、多项式模型等。其中最常用的是多项式模型，也可以将它称为基于词频的模型。多项式模型在大多数情况下分类更加准确。

7. 梯度提升决策树

梯度提升决策树(gradient boosting decision tree，GBDT)与随机森林相似同作为一种集成学习模型且其结果受到多棵树输出结果的影响，其弱学习器是回归树模型，将多个回归树串联在一起，把所有树的累加结果作为最终结果。梯度提升决策树在建立时，在训练集上训练一个初始化回归树，然后不断迭代产生更多的回归树，最终的强学习器是所有树的结合。

随机森林的子分类器可以是决策树也可以是回归树，而梯度提升决策树只能是回归树，同时梯度提升决策树的输出结果只能依靠多棵树输出的累加决定。

8. AdaBoost

AdaBoost 算法中每一个子学习器都属于同一类，又可以称为同质集成学习方法，其本质是通过构建多个弱学习器，根据前一个学习器的错误率更新下一个训练样本的权重，直至满足指定最高错误率或最大迭代次数等限制条件，从而形成一个强学习器。

9. Bagging

随机采样(Bootstrap aggregating)就是从我们的训练集里面采集固定个数的样本，但是每采集一个样本后，都将样本放回。Bagging 算法会在训练集中选取多个样本并为这些样本集构建模型，对测试集进行分类时，之前建立的每个模型都会产生一个预测结果，最后会对所有模型取平均值作为最后的分类结果。

10. 人工神经网络

人工神经网络(artificial neural network，ANN)是由大量处理单元互联组成的非线性、自适应信息处理系统。神经网络中最基本的处理单位为神经元(neuron)，每个神经元通过带权重的连接(connection)与其他神经元连接，构成复杂的层状结构。神经网络的第 1 层为输入层，最后 1 层为输出层，中间层为隐藏层。在神经网络计算过程中，每个神经元接收来自前一层神经元传递过来的输入信号，这些权重信号通过带权重运算获得总输入值，该输入值将与神经元的阈值(threshold)进行对比，最后通过激励函数(activation function)处理产生该神经元的输出。人工神经网络结构包含了输入层、输出层以及至少一层的隐藏层，在隐藏层中上一层的神经元与下一层的所有神经元都有连接，在对训练样本的训练过程中不断调整隐藏层内的权重和偏置参数，使得输出值和真实值一致。

12.4.3 岩体破裂阶段波形参数辨识应用案例

通过分析岩体破裂各阶段采集到的声发射波形，提取得到了幅值、持续时间等特征参数，为了方便观察、计算不同阶段同类型数据的变化趋势，对某些最大值和最小值差距数个量级的数据采用取对数的处理方法，将处理后的数据作为训练样本输入至决策树、随机森林等10种不同的机器学习模型中，得到准确率、敏感度等6种评价指标见表 12-3。从决策树、随机森林及梯度提升决策树模型的预测结果来看，在一定程度上从波形中提取特征参数确实能过够达到提炼特征、避免干扰的目的，辨识准确率也从 81.1% 上升到了 91.2%。再有横向对比机器学习算法在该数据集上的表现，并不是所有的机器学习算法都能很好地辨识出岩体破裂过程中的不稳定扩展阶段，如逻辑回归、支持向量机等算法甚至还出现了负准确率，故而训练模型与训练数据之间还存在一定的适应性，但从表 12-3 的分类结果及各指标的表现上可见，利用波形参数对岩体破裂过程中的不稳定扩展阶段进行辨识效果优于原始波形，在获得原始数据的基础上，能够快速准确地辨识受扰动岩体所处的破裂状态，并指导工程开展相应的支护措施。

表 12-3　岩体破裂阶段波形参数辨识结果

模型	ACC	PPV	SEN	NPV	SPE	FAR
决策树	**0.912**	**1.000**	**0.850**	**0.824**	**1.000**	**0.000**
随机森林	**0.913**	**1.000**	**0.850**	**0.825**	**1.000**	**0.000**
逻辑回归	0.478	0.663	0.484	0.294	0.466	0.534
支持向量机	0.4814	0.689	0.487	0.2736	0.468	0.532
梯度提升决策树	**0.912**	**1.000**	**0.850**	**0.824**	**1.000**	**0.000**
K 近邻	0.492	0.815	0.496	0.174	0.484	0.516
AdaBoost	0.912	1.000	0.850	0.824	1.000	0.000
朴素贝叶斯	0.575	0.163	0.927	0.987	0.541	0.459
Bagging	0.477	0.692	0.483	0.262	0.459	0.540
人工神经网络	0.553	0.273	0.620	0.833	0.534	0.466

12.5　矿山开采中微震与爆破等多震源的波形图像机器学习应用

12.5.1　震奥鼎盛地声智能感知与微震监测系统

陕西震奥鼎盛矿业有限公司位于陕西省宝鸡市凤县留凤关镇，属东塘子铅锌矿床。区内构造简单，构造线呈北西西走向，总体南倾。南北向沟谷发育，横切地层。赋矿层位主要为中泥盆统古道岭组顶部薄-中厚层状含碳生物微晶灰岩与结晶灰岩和上泥盆统星红铺组第一岩性段底部含碳钙质绢云母千枚岩(夹薄层状微晶灰岩)的过渡部位，严格受铅硐山-东塘子"M"型复式背斜控制。其中，Ⅰ号矿体赋存于北枝次级背斜北翼，Ⅱ号矿体赋存于南枝次级背斜鞍部及两翼。矿体呈层状-似层状，鞍部矿体厚大，沿走向翼部向东延伸逐渐变薄至尖灭，沿倾向矿体向两翼深部变薄而趋于尖灭。Ⅱ号矿体为东塘子铅锌矿床主矿体，其探明资源量约占矿床总资源量的 93%，Ⅰ号矿体约占矿床总资源量的 7%。整个矿区水文地质条件简单，以岩溶裂隙充水为主。工程地质类型为以坚硬-半坚硬岩层为主的层状矿床，工程地质条件中等，顶底板岩石完整性及稳定性较好。

现采用主平硐-盲斜井联合开拓的地下开采方式，其中，1060m、1010m 中段已回采完毕，下一步需开展矿柱回收及采空区处理工作；960 中段为残采回收中段；910 中段、

860 中段、795 中段为供矿中段。矿山采用的采矿方法主要包括分段空场法、浅孔留矿法及房柱法。目前,前期遗留采空区正在进行嗣后充填为下一步回收顶底板、矿柱做准备。

　　随着开采深度的增加,地应力集聚区明显增多,因凿岩、爆破等开采扰动诱发垮塌、岩爆、片帮、冒顶风险明显增大,威胁井下开采安全与矿山正常生产。在充分考虑系统定位精度与系统灵敏度的基础上,参照深部矿体赋存条件和多中段开采方案,确定建立26 通道地声智能感知与微震监测系统。本套监测系统由传感器、数据采集器、信号处理器、井下数据中心和通信电缆、光纤及地表监控室等组成,如图 12-27 所示。

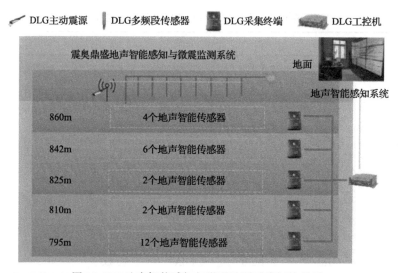

图 12-27　地声智能感知与微震监测系统拓扑关系

12.5.2　基于机器学习算法的微震与爆破信号自动辨识

　　地震矩作为表征震源强度的指标,可以通过监测波形位移谱计算得到,其计算公式如下:

$$M_0 = \frac{4\pi\rho c^3 R\Omega_0}{F_c} \tag{12-7}$$

$$\Omega_0 = \sqrt{4S_{D_2}^{3/2} S_{V_2}^{-1/2}} \tag{12-8}$$

$$S_{D_2} = 2\int_{t_p}^{t_1} D^2(t)\mathrm{d}t$$

$$S_{V_2} = 2\int_{t_p}^{t_1} V^2(t)\mathrm{d}t \tag{12-9}$$

式中:ρ 为震源密度;c 为纵波传播速度;R 为震源到传感器的距离;Ω_0 为低频频谱水平;F_c 为经验系数,一般取 0.52;t_p 为 P 波到时;t_1 为地声事件结束时刻;$V^2(t)$ 为加速度分量单次积分的平方求和得到;$D^2(t)$ 对加速度分量的二次积分平方求和得到。由于震源地震力矩差异，直接绘制地震力矩概率密度分布图难以看出其差异，因此计算震源地震力矩对数并绘制概率密度分布图(图 12-28)。

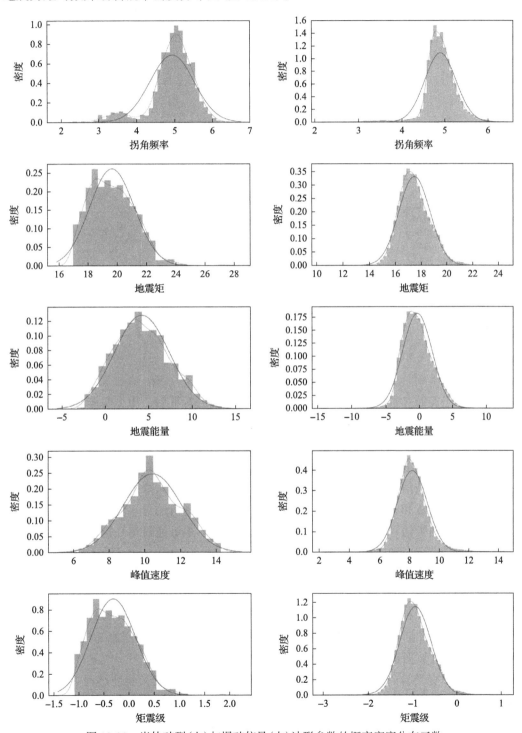

图 12-28　岩体破裂(左)与爆破信号(右)波形参数的概率密度分布函数

地声事件能量代表了该事件释放的弹性能，其在时域上的含义为一次波形中振幅的平方和，即地声信号波形自振幅大于阈值到振幅小于阈值为止，如图 12-29 所示虚线框内的振幅的平方和，与地震力矩相同由于大能量地声事件与小能量地声事件单位可能会相差数个量级，横坐标轴难以平均分布，故计算地声事件能量对数的概率密度分布图如图 12-28 所示。

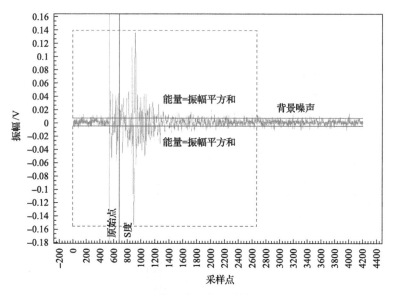

图 12-29　信号波形能量计算示意图

在分析了震源参数在岩体破裂事件与爆破事件中的特征后，根据每个震源触发传感器的波形参数还可以发现，不同震源类型的波形在时域和频域中还存在差异。例如，爆破开采作业产生的弹性波在部分距离爆炸点较近的传感器上会出现限幅现象，这证明爆破信号释放的能量本身就较强，信号的振幅一般较大且无明显的 S 波，波形集中分布于时间窗前端，爆破信号最大峰值的到时要比岩体破裂信号最大峰值的到时要早，且因为爆破作业的装药量和起爆间隔不同，导致爆破信号最大峰值的分布较为分散。通过上述分析不难发现两类信号在各个参数上的分布均有交集，很难通过单一指标对岩体破裂信号和爆破信号进行准确辨识。

12.5.3　非线性辨识机器学习模型建立

本节拟采用十种不同的机器学习算法(决策树、随机森林、逻辑回归、支持向量机、K 近邻、朴素贝叶斯、梯度提升决策树、AdaBoost、Bagging 及多层感知机)对岩体破裂事件与爆破事件波形进行辨识。

随后通过交叉验证对这十类机器学习模型进行评估，在交叉验证过程中采用 $K=10$ 为评估参数，即将整体数据随机分为 K 份，其中用 $K-1$ 份数据作为训练集训练模型，其余一份数据作为测试集评估模型，以此重复 K 次得到 K 个模型和性能评估结果，计算平均性能，岩体破裂信号与爆破信号特征参数统计分析结果见表 12-4。

表 12-4　岩体破裂信号与爆破信号特征参数的统计学规律

特征参数	岩体破裂信号		爆破信号	
	均值	标准差	均值	标准差
$\lg F_c$(拐角频率)	4.8952	0.3648	4.9315	0.5797
$\lg M_0$(地震矩)	17.4598	1.2023	19.6545	1.5269
$\lg E$(能量)	−0.2932	2.1942	4.2052	3.1165
$\lg V$(峰值速度)	8.1904	1.0016	10.4410	1.6097
$\lg M$(矩震级)	−0.9437	0.3495	−0.3091	0.4420

训练样本和测试样本采用数据库中的 1000 个岩体破裂信号样本和 1000 个爆破信号样本，训练后采用 ACC、PPV、SEN、NPV、SPE、FAR 作为评估指标分析分类结果。

12.5.4　信号辨识效果测试

采用十种机器学习算法对岩体破裂事件与爆破事件进行分类，结果表明虽然多种机器学习算法在训练集上表现出了较高的准确率，但是其在测试集上的准确率往往并没有同样高，出现了明显的过拟合现象，这也说明在非大量样本数据集的条件下部分算法不能很好地达到我们对样本拟合的要求，十种算法在测试集上的准确率及各类评估指标见表 12-5。对于测试集样本的分类结果，随机森林和 K 近邻的 ACC、PPV、SEN、NPV 和 SPE 指标皆大于 0.900，其次对于逻辑回归和 Bagging 算法除了 PPV 和 SPE 两指标小于 0.900 外，其余指标也超过了 0.900。因此，在该样本条件下，随机森林等数种机器学习算法可以有效地根据震源参数对岩体破裂与爆破事件进行自动辨识。

表 12-5　机器学习模型在测试集上的评估结果

分类模型	ACC	PPV	SEN	NPV	SPE	FAR
决策树	0.820	0.780	0.890	0.920	0.840	0.156
随机森林	0.940	0.910	0.942	0.920	0.920	0.100
逻辑回归	0.900	0.870	0.930	0.940	0.880	0.100
支持向量机	0.540	0.300	0.820	0.920	0.720	0.420
梯度提升决策树	0.850	0.700	0.870	0.900	0.811	0.156
K 近邻	0.920	0.910	0.940	0.920	0.9100	0.056
AdaBoost	0.860	0.810	0.920	0.900	0.856	0.198
朴素贝叶斯	0.800	0.640	0.94	0.920	0.730	0.220
Bagging	0.900	0.820	0.940	0.920	0.842	0.156
多层感知机	0.920	0.860	0.940	0.940	0.840	0.156

12.5.5　基于深度学习算法的微震与爆破信号自动辨识研究

开采环境中的岩体因外界扰动导致其自身应力状态发生改变，从而岩体变形甚至开裂，这个过程中岩体内部存储的弹性势能急剧释放以应力波的形式在岩石介质中传播继而被传感器接收到，典型岩体破裂信号如图 12-30 所示，岩体破裂信号的每个独立波形之间没有规律，且能较为清晰地分辨信号波形的 P 波与 S 波震相；反观爆破信号，由于其来源为爆破开采作业释放出的压缩波，故而信号的振幅一般较大且无明显的 S 波，波形集中分布于时间窗前端，典型的爆破信号如图 12-30 所示。故而从信号波形的时域特征上着手分析，既可以避免因提取特征参数导致难以涵盖波形内部蕴含的震源信息，同时也减少了参数提取所消耗的时间。

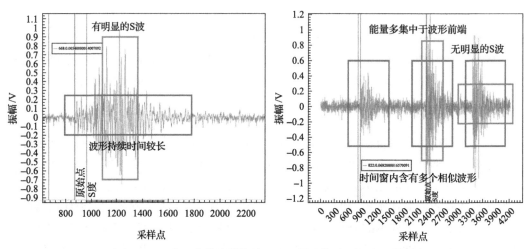

图 12-30　典型岩体破裂信号(左)和爆破信号(右)波形特征

　　本节构建的岩体破裂与爆破信号辨识模型如图 12-31 所示，将爆破信号测试集、岩体破裂信号测试集输入模型进行验证，准确率最终稳定在 94%以上。此外再将爆破信号验证集、岩体破裂信号验证集(两者皆无标签)输入模型进行识别分类，分类辨识准确率分别为 96.00%和 98.00%，本次参与试验的数据集数量及辨识结果见表 12-6。

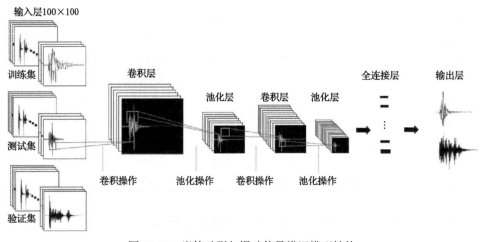

图 12-31　岩体破裂与爆破信号辨识模型结构

表 12-6　岩体破裂与爆破信号辨识结果

参数	训练集	总测试集	爆破信号测试集	岩体破裂信号测试集	爆破信号验证集	岩体破裂信号验证集
样本数	1200	600	300	300	50	50
准确率	0.9999	0.9533	0.9633	0.9433	0.9600	0.9800
训练时间	68s/step	—	—	—	—	—
测试时间	—	7s	4s	4s	—	—
误差	—	—	—	—	2/50	1/50

　　对岩体破裂信号和爆破信号的分类是利用微震监测数据分析各类问题的前提，数据集来自地声智能感知与微震监测系统采集的全波形数据，并据此分成了包括训练集、测试集在内的六个数据集，以深度学习算法为基础的辨识模型几乎能学习并识别出训练集中的所有数据，而在测试集、爆破信号测试集、岩体破裂信号测试集上的辨识准确率均能超过 99%；在此基础之上，选取之前未采用的 100 张图片作为两组未加标签的验证集，经模型识别后 50 张爆破信号波形共有 1 张图片识别错误，50 张岩体破裂波形共有 2 张图片识别错误。

12.5.6　基于深度学习算法的采区多源信号辨识应用

　　目前已有的微震监测系统收集和监测到的信号复杂多样、变化不一。已有的研究多为两类，但实际矿山信号不止微震和爆破，还有凿岩、风机、电源干扰等噪声信号。本节依据矿山研究对象主要分为四类：①爆破事件；②微震事件；③凿岩事件；④其他噪声事件。爆破事件是指因炸药爆炸产生冲击波直接造成岩体破碎产生的事件。微震事件是指由岩石变形和岩体内部裂纹扩展产生的结构失稳所导致的地震现象。凿岩事件是指在岩石(或矿石)上钻凿钻孔的工程作业。噪声事件则主要是指非爆破、非微震、非凿岩等无法识别的其他信号。不同种类的事件被触发时，地声器所接收到的数据信息会有所不同。根据相应的数据信息生成的波形图如图 12-32 所示。

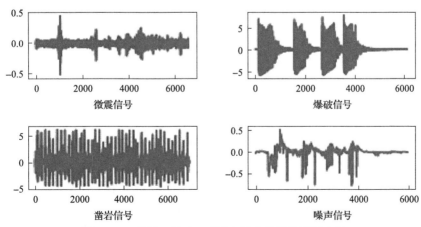

图 12-32　微震、爆破、凿岩和噪声信号的波形实例

本节采用 ResNet50（Residual Network）进行图像分类识别的迁移学习。如图 12-33 所示，每个网络都包括三个主要部分：输入部分、输出部分和中间卷积部分。

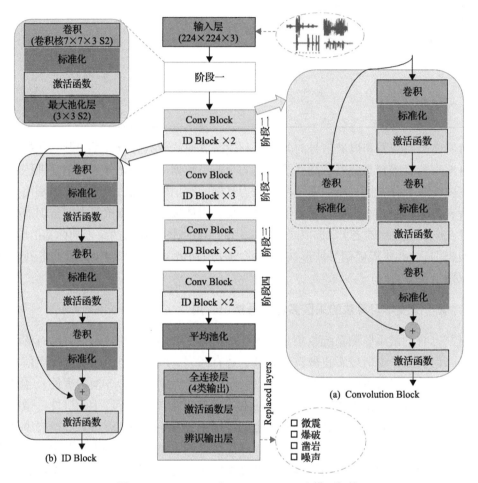

图 12-33　ResNet50（Residual Network）模型架构

在第一阶段即 Stage0 中，输入大小为 224×224×3 的图片，先后经过卷积层（由 64 个大小为 7×7×3、步长为 2 的卷积核组成）、正则化、激活函数和大小为 3×3 的最大池化层，得到输出为 56×56×64 大小的特征图。ResNet50 有两个基本模块：卷积区域（Conv Block）和辨识区域（ID Block），前者是改变网络的维度，由多个层构成，后者的输入维度和输出维度（通道数和尺寸）相同，可以串联，用于加深网络。ResNet50 模型的深度为 50，共有 177 层。

为较好地描述模型在实验数据集下的分类效果，我们记录了模型在训练集和验证集上的准确率及损失率（误差），具体训练结果如图 12-34 所示。

为了更准确地评估模型的分类能力，我们采用训练时长和测试集的精度、召回率、F1 score 及准确度，这五个指标作为评估图像分类模型好坏的度量。其中精度、召回率和 F1 score 是单类评估指标，准确度和训练时长则是对模型的整体评价指标。

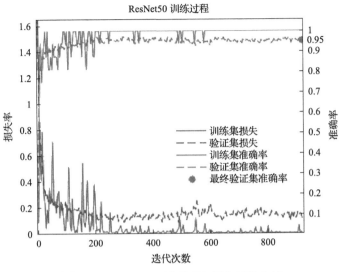

图 12-34 ResNet50 准确率与损失函数曲线

为清楚地展示模型在测试集中对各个事件的识别结果，我们引入了混淆矩阵对试验结果进行直观展示。图 12-35 显示了模型测试时生成的混淆矩阵。在图 12-35 中，行对应于真实类(目标)，列对应于预测类(输出)。其主对角线单元格的数字代表该模型对每一类信号波形图正确分类的样本数(即正确分类的预测值)。非对角线的单元格则对应错误分类的预测结果。图表最右边的两列显示了正确分类和错误分类的每个类别的所有示例的百分比。这些指标通常分别称为召回率(或真阳性率)和假阴性率。图表最底部的两行则显示了正确分类和错误分类的所有类别的所有示例的百分比。这些度量通常分别称为精度(或正预测值)和错误发现率。

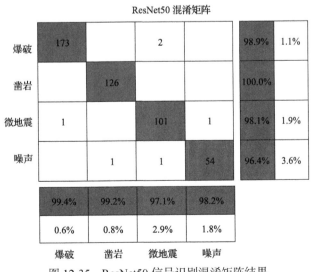

图 12-35 ResNet50 信号识别混淆矩阵结果

ResNet50 模型在训练集和测试集上的性能评价指标结果见表 12-7。

表 12-7　ResNet50 模型性能评价指标

微地震事件		爆破事件		凿岩事件		噪声事件		测试集数据	
103 事件数		175 事件数		126 事件数		56 事件数		460 事件数	
准确数	召回率	准确数	召回率	准确数	召回率	准确数	召回率	准确数	召回率
101	98%	173	99%	126	100%	54	96%	454	98.7%

从不同类别的角度看，分析四类事件波形图的识别难度。模型对微震、爆破、凿岩和噪声的平均召回率分别为 98%、99%、100% 和 96%，由此可知，凿岩、爆破和微震的预测能力相对较强，而噪声事件的预测能力较弱。之后分析该模型的 ROC 曲线如图 12-36 所示，ROC 曲线是反映敏感性与特异性之间关系的曲线。横坐标 X 轴为 1-特异性，也称为假阳性率(误报率)，X 轴越接近零准确率越高。纵坐标 Y 轴称为敏感度，也称为真阳性率(敏感度)，Y 轴越大代表准确率越好。根据曲线位置，把整个图划分成两部分，曲线下方部分的面积被称为 AUC(area under curve)，用来表示预测准确性，AUC值越高，也就是曲线下方面积越大，说明预测准确率越高。曲线越接近左上角(X 越小，Y 越大)，预测准确率越高。

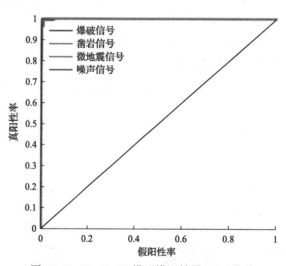

图 12-36　ResNet50 模型辨识结果 ROC 曲线

研究表明，虽然矿山现场环境复杂，但通过对图像特征的精细提取，再加以深层的机器学习或深度学习算法，能够消除由震源参数和频谱分析带来的一些干扰且可以准确快速地区分监测过程中常见的几类事件，节约了人工辨识的成本，可有效提高地声智能监测数据处理的速度和精度。

参 考 文 献

[1] Brown E T. Rock characterization testing and monitoring[J]. Biospectroscopy, 1981, 4(4): 107-127.

[2] Bieniawski Z T. Mechanism of brittle fracture of rock, part I-theory of the fracture process[J]. International Journal of Rock Mechanics and Mining Sciences and Geomechanics Abstracts, 1967, 4(4): 395-406.

[3] Bieniawski Z T. Mechanism of brittle fracture of rock, part Ⅱ-experimental studies[J]. International Journal of Rock Mechanics and Mining Sciences and Geomechanics Abstracts, 1967, 4(4): 407-423.

[4] Martin C D. Seventeenth Canadian geotechnical colloquium: the effect of cohesion loss and stress path on brittle rock strength[J]. Canadian Geotechnical Journal, 1997, 34(5): 698-725.

[5] Hajiabdolmajida V, Kaiser P K, Martin C D. Modeling brittle failure of rock[J]. International Journal of Rock Mechanics and Mining Sciences, 2002, 39(6): 731-741.

[6] Lajtai E Z. Microscopic fracture processes in a granite[J]. Rock Mechanics and Rock Engineering, 1998, 31(4): 237-250.

[7] Nishiyama T, Chen Y, Kusuda H, et al. The examination of fracturing process subjected to triaxial compression test in Inada granite[J]. Engineering Geology, 2002, 66(3): 257-269.

[8] 周辉, 孟凡震, 刘海涛, 等. 花岗岩脆性破坏特征与机制试验研究[J]. 岩石力学与工程学报, 2014, 33(9): 1822-1827.

[9] 高美奔, 李天斌, 孟陆波, 等. 岩石变形破坏各阶段强度特征值确定方法[J]. 岩石力学与工程学报, 2016(S2): 138-149.

[10] Blake W. Microseismic applications for mining-a practical guide[R]. S.L.: Bureau of Miners, 1982.

[11] Dong L, Shu W, Han G, et al. A multi-step source localization method with narrowing velocity interval of cyber-physical systems in buildings[J]. IEEE Access, 2017, 5: 20207-20219.

[12] Dong L, Li X, Ma J, et al. Three-dimensional analytical comprehensive solutions for acoustic emission/microseismic sources of unknown velocity system[J]. Chinese Journal of Rock Mechanics and Engineering, 2017, 36(1): 186-197.

[13] Dong L. Mathematical functions and parameters for microseismic source location without premeasuring speed[J]. Chinese Journal of Rock Mechanics and Engineering, 2011, 30(10): 2057-2067.

[14] Ma J, Dong L, Zhao G, et al. Discrimination of seismic sources in an underground mine using full waveform inversion[J]. International Journal of Rock Mechanics and Mining Sciences, 2018, 106: 213-222.

[15] 张楚旋, 李夕兵, 董陇军, 等. 顶板冒落前后微震活动性参数分析及预警[J]. 岩石力学与工程学报, 2016, 35(S1): 3214-3221.

[16] Aminzadeh F, Tafti T A, Maity D. An integrated methodology for sub-surface fracture characterization using microseismic data: a case study at the NW Geysers[J]. Computers & Geosciences, 2013, 54: 39-49.

[17] 彭守拙, 谷兆祺. 花岗岩声发射特性和破坏机制的实验研究[J]. 岩石力学与工程学报, 1901, 3: 281-290.

[18] 李庶林, 尹贤刚, 王泳嘉, 等. 单轴受压岩石破坏全过程声发射特征研究[J]. 岩石力学与工程学报, 2004(15): 2499-2503.

[19] 付小敏. 典型岩石单轴压缩变形及声发射特性试验研究[J]. 成都理工大学学报(自然科学版), 2005(1): 17-21.

[20] 何满潮, 苗金丽, 李德建, 等. 深部花岗岩试样岩爆过程实验研究[J]. 岩石力学与工程学报, 2007(5): 865-876.

[21] 苗金丽, 何满潮, 李德建, 等. 花岗岩应变岩爆声发射特征及微观断裂机制[J]. 岩石力学与工程学报, 2009, 28(8): 1593-1603.

[22] 艾婷, 张茹, 刘建锋, 等. 三轴压缩煤岩破裂过程中声发射时空演化规律[J]. 煤炭学报, 2011, 36(12): 2048-2057.

[23] 刘刚, 张艳军, 申志亮, 等. 花岗岩损伤破坏的声发射评价[J]. 黑龙江科技学院学报, 2015, 25(6): 615-620.

[24] 李安强, 张茹, 艾婷, 等. 花岗岩单轴压缩全过程发射时空演化行为及破坏前兆研究[J]. 岩土工程学报, 2016, 38(z2): 306-311.

[25] Martin C D. The strength of massive Lac du Bonnet granite around underground openings.[D]. Winnipeg: University of Manitoba. 1993.

[26] Cai M, Kaiser P K, Tasaka Y, et al. Generalized crack initiation and crack damage stress thresholds of brittle rock masses near underground excavations[J]. International Journal of Rock Mechanics & Mining Sciences, 2004, 41(5): 833-847.

[27] Martin C D, Chandler N A. The progressive fracture of Lac du Bonnet granite[J]. International Journal of Rock Mechanics & Mining Science & Geomechanics Abstracts, 1994, 31(6): 643-659.

[28] Eberhardt E, Stead D, Stimpson B, et al. Identifying crack initiation and propagation thresholds in brittle rock[J]. Canadian Geotechnical Journal, 1998, 35(2): 222-233.

[29] 汪斌, 朱杰兵, 严鹏, 等. 大理岩损伤强度的识别及基于损伤控制的参数演化规律[J]. 岩石力学与工程学报, 2012(S2): 3967-3973.

[30] Wen T, Tang H, Ma J, et al. Evaluation of methods for determining crack initiation stress under compression[J]. Engineering Geology, 2018, 235: 81-97.

[31] Cai M. Practical estimates of tensile strength and Hoek–Brown strength parameter mi of brittle rocks[J]. Rock Mechanics and Rock Engineering, 2010, 43(2): 167-184.

[32] Wu C, Gong F, Luo Y. A new quantitative method to identify the crack damage stress of rock using AE detection parameters[J]. Bulletin of Engineering Geology and the Environment, 2021, 80: 519-531.

[33] Goodfellow I, Bengio Y, Courville A. Deep Learning (Vol. 1)[M]. Cambridge: MIT Press, 2016: 326-366.

[34] Bruna J, Szlam A D, Lecun Y. Signal recovery from pooling representations[J]. International Conference on Machine Learning, Beijing. 2014.

第 13 章 岩体失稳的声学前兆特征

频发的岩爆、垮塌等失稳灾害严重制约着岩土工程的发展[1-3]。目前，我国已经成为世界上工程地质灾害损失最严重的国家之一。宏观的岩体破裂都是大量复杂多样的微破裂叠加演化的结果。岩体内部微破裂的发生伴随着声发射信号的快速释放和传播。岩体声学信号不仅蕴含了材料内部复杂结构分布的空间信息[4,5]，而且携带了岩石破裂演化过程中的诸多关键信息[6]。综合各种声学时频特征参数，研究不同类型岩石在损伤演化过程中的声学时序规律[7,8]以及岩体失稳前兆信息[9]的成果被大量报道。

针对岩体失稳前不同阶段识别及其对应的声发射特征信息的研究多从应力关系及信号时频参数入手[10-12]。Meng 等[13]分析了砂岩在不同加载速率的单轴加卸载试验中声发射与能量演化的规律。Chmel 和 Shcherbakov[14,15]比较了花岗岩在压缩和冲击破裂下的声发射特征和 b 值的差异，即加载速率对于岩体损伤的影响。Liu 等[16]定量评估了累积声发射计数、频谱特征、幅值频率分布、裂纹断裂模式与应变加载速率的关系。Dong 等[17]通过分析矿山微震序列，联合 b 值、Hurst 指数和累积贝尼奥夫应变对可能发生的大震级微震事件进行预警。Lee 等[18]认为无论岩石损伤程度的高低，均应以累积绝对能量和初始频率作为岩体损伤评价和破裂预测的重要参数。此外，基于上升角和平均频率(RA-AF)的声发射参数分析方法，也被广泛用于确定各向异性页岩、致密花岗岩等在不同载荷方式下的破裂演化模式和前兆信息[19-22]。一次微破裂事件中以主要能量为载体的频率成分是多样的，在频谱中还应关注到次主频、频率质心的存在[23,24]。

上述研究成果丰富了人们对岩体破裂震源时空演化及失稳前兆特征的认识。然而，由于影响岩体破裂各阶段特征参数变化的因素多样，且岩体破裂演化过程复杂，单纯采用一种参数或少量几种参数的组合分析其破裂特征极易遗漏重要信息。为此，本章对岩体破裂过程中声学前兆特征开展分析，首先讨论声学基本时频特征参数、不同方向的波速在岩体失稳过程中表现出的前兆特征，在此基础上，探讨二次计算得到的 b 值、声发射活跃度(S 值)、RA 值、AF 值、频率质心等声学参量前兆特征；其次综合频谱波形和能级频次两大指标簇构建岩体破裂的多参量指标体系和失稳判据；最后采用集成学习算法构建裂纹稳定扩展阶段和不稳定扩展阶段判别模型，该模型可为岩体破裂阶段辨识和预警提供参考。

13.1 一次计算指标的前兆特征

13.1.1 声发射特征参数变化的一般规律

声发射事件触发多个通道同时记录声发射撞击，将声发射事件的特征参数值定义为其对应的声发射撞击特征参数值的平均值。声发射事件率和幅值分别代表了花岗岩损伤累积过程中微破裂的程度和尺度。声发射事件的主频反映了花岗岩损伤断裂的类型。上述特征参数能有效表征单轴压缩下裂纹的渐进状态。从图 13-1 中声发射事件的累积趋势可以看出，花岗岩破裂的萌生、成核和扩展与单轴应力加载的变化呈正相关关系，声发射事件的主频出现在三个连续的密集频段：高频（280kHz, 320kHz）、低频（85kHz, 125kHz）和中频（145kHz, 195kHz）。

　　岩石临近失稳时，声发射事件率的迅速增加伴随着大量的高幅值、中高频事件产生，次生裂纹萌生与大裂纹贯通同步，直至失稳破裂。

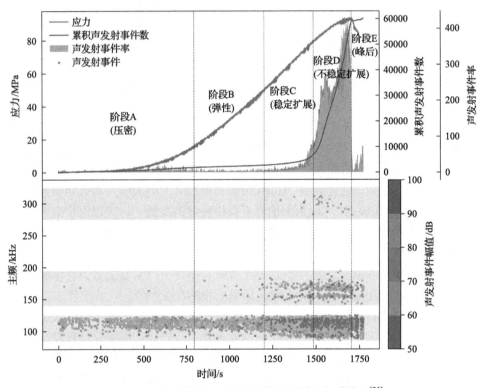

图 13-1　花岗岩单轴压缩声发射信号时域与频谱特征[25]

13.1.2　事件数和能量的前兆特征

　　声发射事件作为岩石内部裂纹活动最直接的反映，其变化可以捕捉岩体应力状态并划分岩石变形失稳演化阶段。图 13-2 和图 13-3 展示了应力控制和位移控制下 100mm×100mm×200mm 尺寸花岗岩声发射事件率和累积声发射事件数在不同岩石破裂演化阶段中的变化规律，图中五角星按照时间依次表示单轴压缩条件下花岗岩闭合应力点、起裂应力点和损伤应力点。结合声发射事件和应力-应变曲线的变化特征，分别将自然状态花岗岩和含水状态花岗岩的整个加载过程划分为 4 个和 5 个演化阶段，与自然状态不同，含水状态花岗岩在峰值应力点后仍然表现出一定的延性。考虑到两种加载方式引起的时间效应，相比应力控制条件，在加载初始阶段位移控制放大了时间区间，在塑性变形过程中表现出更快的时间尺度，自然状态花岗岩和含水状态花岗岩的声发射活动仍然呈现一致的时序变化特征，表明岩石破裂的萌生、成核和扩展与单轴应力加载呈现正相关。以图 13-2 为例，裂纹闭合和压密过程中，累积声发射事件数开始缓慢增加；声发射事件率维持在 20 个/s 以下，到达峰值后开始下降。闭合应力点过后，累积声发射事件数曲线几乎保持恒定，每秒产生的声发射事件数下降并徘徊至个位数。塑性阶段中声发射事件率逐渐增加并接近第一阶段的水平，累积声发射事件数曲线出现拐点，并且声发射事件率迅速增加至 200～300 个/s，岩石失稳瞬间到达峰值。

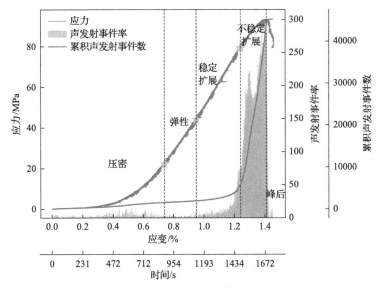

图 13-2　位移控制下含水状态花岗岩声发射事件演化

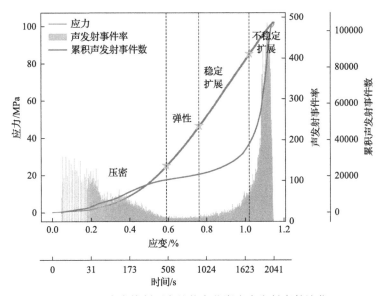

图 13-3　应力控制下自然状态花岗岩声发射事件演化

岩体中微破裂释放的声发射能量与裂纹扩展尺度成正比，声发射事件能量的大小表征了岩体内部微破裂尺度的大小。图 13-4 和图 13-5 展示了不同加载方式下花岗岩在

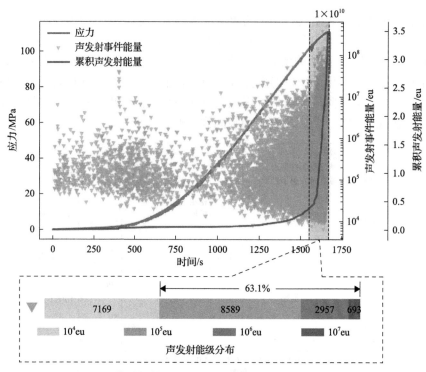

图 13-4　位移控制下自然状态花岗岩声发射能量释放过程

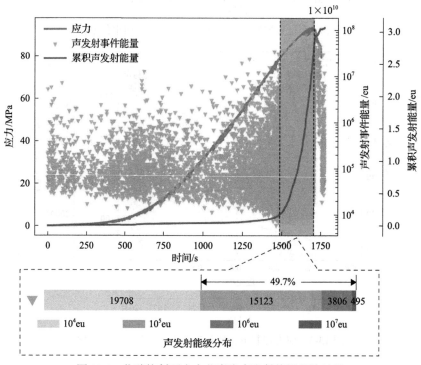

图 13-5　位移控制下含水花岗岩声发射能量释放过程

单轴加载过程中声发射事件能量的分布和累积声发射能量曲线，其中高亮区域对应于裂纹不稳定扩展阶段中能量的集中释放。花岗岩能量释放规律基本一致，表现出极强的脆性，失稳瞬间能量集中释放。轴向载荷伊始，以低能级的声发射事件产生为主，在弹性阶段声发射事件能量的累积近乎停滞，直至进入塑性阶段，累积声发射能量曲线产生明显变化；声发射事件能量在临近破裂前井喷，花岗岩声发射事件能量的累积呈现指数式增加，累积声发射能量曲线的拐点可以作为岩石内部裂纹不稳定扩展的重要标志。对比累积声发射能量曲线的变化特征，不同于起裂应力点处，声发射事件率出现明显变化，声发射事件能量的峰值区域在时间维度上更为滞后。自然状态下花岗岩的能量释放过程在整个加载中都呈现出活跃状态，岩体局部缺陷在低应力水平下发生了剧烈破裂，出现了能量的突然释放现象。

13.1.3 主频幅值的前兆特征

声发射事件的幅值表征了花岗岩损伤破裂的尺度，声发射主频则是作为频谱中信号能量集中区域的体现，与花岗岩损伤破裂的类型和机制联系紧密。一方面，高频声发射信号对应了剪切裂纹，低频声发射信号标志着张拉裂纹的产生，声发射主频成分的丰富表明岩体内部多种破裂模式的产生；另一方面，塑性阶段高频声发射事件的产生反映出次生裂纹的萌生，低频声发射事件则对应了大裂纹贯通。图 13-6 和图 13-7 展示了声发射事件主频的演化过程，考虑到传播路径上应力波能量和频率的衰减，距离声发射源越近的通道采集到的撞击更能反映真实的信号特征，文中所指的声发射事件主频是指首个触发通道的撞击主频，声发射事件主频呈现出 3 条连续密集条带状分

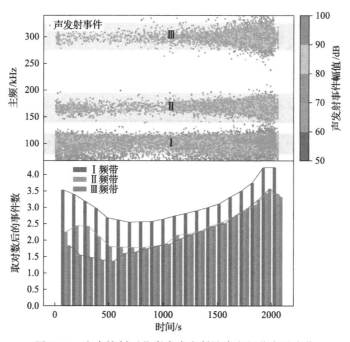

图 13-6 应力控制下花岗岩声发射撞击主频分布及变化

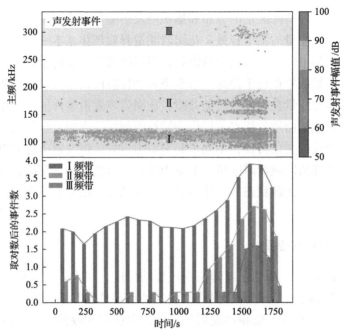

图 13-7　位移控制下花岗岩声发射撞击主频分布及变化

布, 定义为Ⅰ型低频带(85～125kHz)、Ⅱ型中频带(145～195kHz)、Ⅲ型高频带(280～320kHz)。

以图 13-7 为例, 裂纹稳定扩展阶段(1485～1629s), 花岗岩内部不同尺度和多种破裂方式并存的次生裂纹萌生并稳定扩展带来了高幅值、中高频的声发射事件大量涌现。裂纹不稳定扩展阶段(1630～1702s), 高能级的声发射事件急剧增加, 主频带变宽且低、中和高频段共存。花岗岩裂纹加速扩展, 微裂纹萌生、大裂纹贯通具有同步性。峰后阶段(1703～1770s), 高频带声发射事件基本消失, 以低频高幅值声发射事件的产生为主。裂纹贯通在花岗岩内部形成大量的不连续面以及传感器与岩石表面的耦合程度下降, 上述两点导致采集波频的衰减, 对高频带信号的影响更为显著。裂纹花岗岩内部累积的次生裂纹进一步贯通, 花岗岩逐步失去承载能力。

图 13-8 和图 13-9 对破裂演化过程中两种状态花岗岩各主频带的占比进行了对比, 表现出一致的规律。声发射主频分布于Ⅰ型低频带中的声发射信号作为最显著组成, 不同加载方式下Ⅰ型低频带在整个破裂演化过程中的占比分别高达 90%、75%以上, 按照岩石各个阶段的时间划分, Ⅰ型低频带从弹性阶段开始出现变化, 进入塑性阶段呈现出明显下降趋势, 这种趋势一直持续到整个加载过程结束。Ⅱ型中频带的占比在整个演化过程中分别为 0%～8%、5%～20%, Ⅲ型高频带占比在峰值分别达到了 0.5%、20%; 各条曲线的演化特征表现出明显的阶段性, 呈现出平台波动期—迅速上升期—平台波动期的特点, 弹性阶段和裂纹稳定扩展阶段是Ⅱ型中频带、Ⅲ型高频带占比显著变化的时期, 两者均在塑性阶段中后期上升达到峰值。

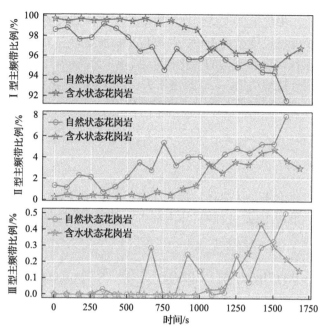

图 13-8 位移控制加载下自然状态花岗岩与含水状态花岗岩各声发射主频带占比对比

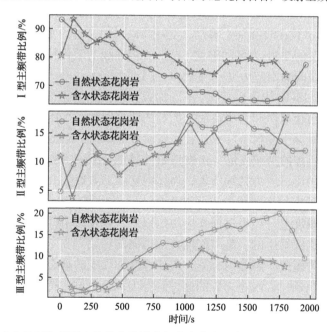

图 13-9 应力控制加载下自然状态花岗岩与含水状态花岗岩各声发射主频带占比对比

13.2 二次计算指标的前兆特征

根据基本声发射时频特征参数计算得到能级-频次分布、波形-频谱变化两类前兆指标，可以解读出岩体不同裂纹演化阶段下内部实际损伤状态。声发射 b 值与裂纹尺度的渐进过程呈现负相关，失稳前低位持续性下降对应了岩体裂纹不稳定持续扩展；S 值的演化与破裂源密度及能量尺度呈现正相关，高位平稳波动对应了岩体失稳前的内部动态调整；RA-AF 值与裂纹尺度和类型的演化相联系，AF 值高位降低、RA 值低位攀升对应了花岗岩内部剪切成分持续增加、裂纹尺度扩大；频率质心变化直接反映了微破裂产生、成核及贯通过程，由平台期突然下降对应了裂纹累积加剧。

13.2.1 能级频次分布

1. S

声发射活动度 S 综合考量了岩体内部破裂时、空、强因素，是一个由声发射事件频次、平均能级、最大能级组成，反映岩体内部声发射源集中程度和能量尺度的物理量，由式 (13-1) 计算得到[26]：

$$S = 0.117 \lg(N+1) + 0.029 \lg \frac{1}{N} \sum_{i=1}^{N} 10^{0.075 m_{si}} + 0.00075 m_s \qquad (13\text{-}1)$$

式中：S 为声发射活动度；N 为统计窗口内声发射事件的总数；m_{si} 为每个声发射事件的幅值的震级；m_s 为统计窗口最大声发射事件幅值的震级。

图 13-10～图 13-13 中，选取峰值应变的 5% 作为采样窗口计算声发射 S 值，然后以峰值应变的 2.5% 为步长在时间轴上滑动，反复计算得到 S 值的变化规律。每个 S 值对应的横坐标以峰后应变的 2.5% 为区间递增，按照 S 值曲线的演化特征，利用不同的灰度划分成 4 个部分，虚线间隔出应力-应变曲线的各个阶段。

从图 13-10～图 13-13 中可以看出，不同加载方式和含水状态下花岗岩各条 S 值曲线呈现出基本一致的演化规律和前兆特征。加载初期，原生裂纹压密闭合，低能级的声发射事件迅速产生，直至声发射事件率达到压密阶段的峰值，S 值从低水平开始保持波动上升；伴随着原生孔隙的持续压缩，声发射事件数也会减少，S 值小幅度下降；弹性阶段至裂纹稳定扩展阶段，应力持续增加，岩体内部伴随着原生裂纹的贯通、晶体颗粒间的摩擦和次生裂纹逐渐发育扩展等一系列变化，声发射事件数和能量开始持续增加，S 值开始了长时间大幅度上升；经过损伤应力点以后，声发射事件数和能量持续高位，岩体破裂过程并不是连续发生的，是"储能释放再储能释放"和"多个坚固体分级间隔破裂"的过程，可以理解此时岩体内部处于损伤程度和尺度的动态调整之中，进入了失稳前能量最终释放的瓶颈，含水花岗岩的这种趋势出现得更早，持续时间更长，图中的 S 值在高水平波动；而图 13-10 中 S 值变化特征不同，虽保持迅速上升的趋势，但上升趋势开始放缓，反映出花岗岩本身脆性明显，临近失稳前相邻两个统计时间窗口内的声发射事件总数和平均能级持续增加，受到了统计窗口的选取对计算结果的影响，利用 S 值未能很好地判断自然状态花岗岩急剧变化过程中的前兆信息。

综上所述，声发射 S 值表现出"低位波动上升—S 值下降—S 值持续大幅度升高—高水平平稳波动"的趋势，分别对应了花岗岩"原生裂纹压密—岩体压实弹性变形—次生裂纹扩展—临近失稳动态调整"的演化行为(图 13-14)。将声发射 S 值作为岩体失稳前兆因子，当数值在高水平平稳波动时预示着岩体失稳灾害的产生。

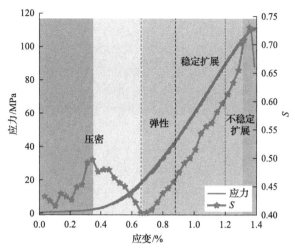

图 13-10　位移控制下自然状态花岗岩声发射 S 值变化曲线[27]

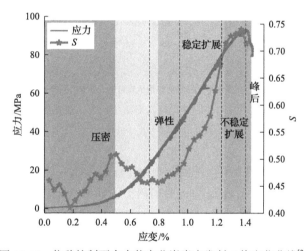

图 13-11　位移控制下含水状态花岗岩声发射 S 值变化曲线[27]

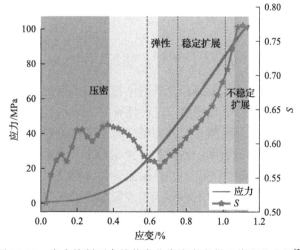

图 13-12　应力控制下自然状态花岗岩声发射 S 值变化曲线[27]

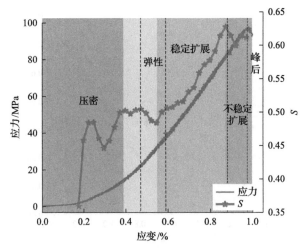

图 13-13　应力控制下含水状态花岗岩声发射 S 值变化曲线[27]

当 S 值在高水平平稳波动时预示着岩体失稳灾害的产生

图 13-14　声发射 S 值变化与岩石演化行为、前兆特征关系

2. b 值

本章中定义声发射事件的绝对能量和绝对幅值是指一次事件中对应的多次撞击信号能量或幅值的最大值，平均能量和平均幅值为所对应的多次撞击信号能量或幅值的平均值。在之前计算岩体声发射 b 值的方法中，为了得到与地震震级相匹配的等效声发射震级目录，G-R 关系式中的震级通常由撞击信号的幅值和能量标准化后的数值代替[28-30]：

$$\lg N(A/20) = a - b \times (A/20)$$

$$\lg N(\lg E) = a - b \times \lg E$$

虽然利用事件数计算的 b 值能够保证各时间窗口内拟合的稳定，但是将压密阶段和弹性阶段的声发射事件记为一个时间窗口进行计算时，导致了加载前期 b 值时间分布上的空缺，变化曲线并不能很好地契合岩体完整的失稳变化过程。同时，基于声发射事件能量计算的 b 值曲线，在加载后期的变化趋势说明最小二乘法存在一定的局限性。为了便于统一明确前兆特征的时间优先级，并且保证 b 值计算结果的客观真实性，在以下的前兆分析中，统一选取峰值应变的 10% 作为声发射事件采样窗口计算 b 值，然后以峰值应变的 5% 为步长在时间轴上滑动，反复计算得到 b 值的变化规律。

图 13-15～图 13-18 中，每个 b 值对应的横坐标是以峰后应变的 5% 为区间递增，按

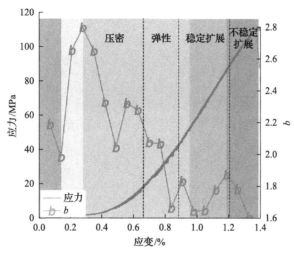

图 13-15　位移控制下自然状态花岗岩声发射 b 值变化曲线[27]

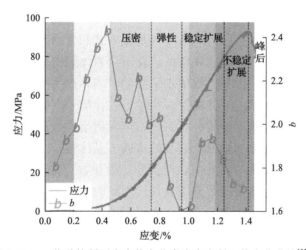

图 13-16　位移控制下含水状态花岗岩声发射 b 值变化曲线[27]

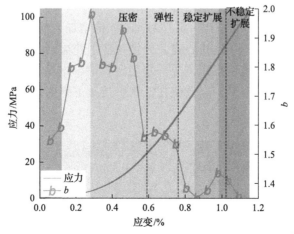

图 13-17　应力控制下自然状态花岗岩声发射 b 值变化曲线[27]

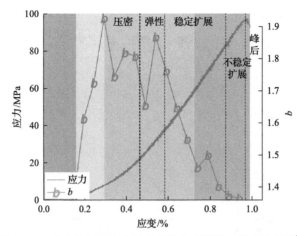

图 13-18　应力控制下含水状态花岗岩声发射 b 值变化曲线[27]

照 b 值曲线的演化特征，利用不同的灰度划分成 5 个部分，虚线间隔出应力-应变曲线的各个阶段。

从图 13-15～图 13-18 中可以看出，不同加载方式和含水状态下花岗岩各条 b 值曲线呈现出大体一致的演化规律和前兆特征。花岗岩岩体致密，在加载初期保持了岩体内部微结构的基本稳定，b 值在低数值水平波动；岩体产生一定的应变时，原生裂纹开始闭合，声发射信号以低能、低幅信号为主，并伴随了声发射事件数增加，b 值小幅度地增加；原生裂缝进入完全闭合状态后，声发射事件数迅速减小，岩体进入弹性阶段，但应力的持续增加伴随了原生裂纹的贯通、晶体颗粒间的摩擦和次生裂纹的缓慢发育，内部的一系列变化造成 b 值在调整波动后开始了长时间大幅度降低；到达起裂应力点后，小破裂的大量累积孕育着大尺度裂纹的产生，b 值在裂纹稳定扩展阶段中出现了抬升；应力加载至损伤应力点，大尺度裂纹尖端的应力集中分布着大量小尺度微裂纹，载荷增加下裂纹尺度不断增大，声发射信号的幅值持续增高，剧烈变化下不同尺度的裂纹逐渐贯通形成宏观裂纹面，b 值在低水平持续性下降，岩体处于失稳临界状态。

综上所述，声发射 b 值表现出"低位波动—b 值增加—b 值波动大幅度降低—b 值小幅度抬升—低位持续性下降"的趋势，分别对应了花岗岩"内部微结构基本稳定—原生压密—弹性变形—小破裂累积主导—不稳定扩展"的演化行为（图 13-19）。声发射 b 值作为岩体失稳前兆因子，当数值在低水平持续下降时预示着岩体失稳灾害可能产生。

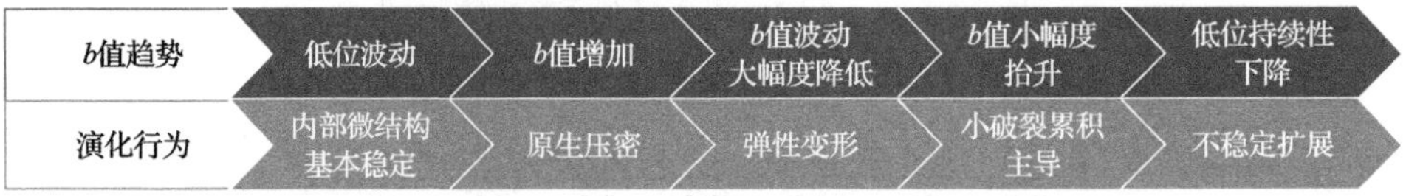

b 值趋势	低位波动	b 值增加	b 值波动大幅度降低	b 值小幅度抬升	低位持续性下降
演化行为	内部微结构基本稳定	原生压密	弹性变形	小破裂累积主导	不稳定扩展

当 b 值在低水平持续下降时预示着岩体失稳灾害的产生

图 13-19　声发射 b 值变化与岩体演化行为、前兆特征关系

13.2.2　波形频谱变化

1. AF-RA

RA 值作为一种波形形状定义参数，表示了声发射波形上升趋势线斜率的倒数，AF 值表示了声发射信号的平均频率，RA-AF 通常用于表征岩体震源类型，已经在岩石和混凝土材料的裂纹模式分类中广泛使用。裂纹在拉伸模式下的扩展对应于高 AF 值、低 RA 值，这主要是以 P 波的形式能量快速释放。相反地，低 AF 值、高 RA 值对应于剪切模式下裂纹的扩展，其主要形式是以传播较慢的剪切波的形式释放能量。此外，AF 值从高到低的变化对应了大尺度的裂纹产生。

在本节中，取首触发通道声发射撞击的持续时间、上升时间、幅值和振铃计数计算了声发射事件的 AF 值和 RA 值，图 13-20～图 13-23 中按照 5s 的统计间隔计算了 AF 值

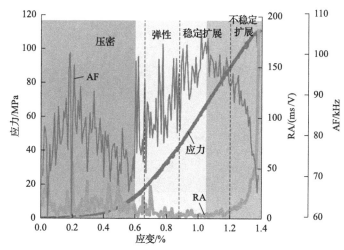

图 13-20　位移控制下自然状态花岗岩声发射 RA-AF 值变化曲线[27]

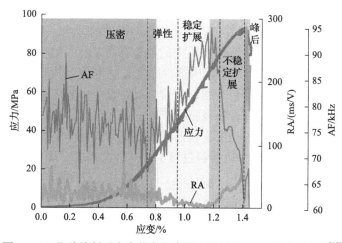

图 13-21　位移控制下含水状态花岗岩声发射 RA-AF 值变化曲线[27]

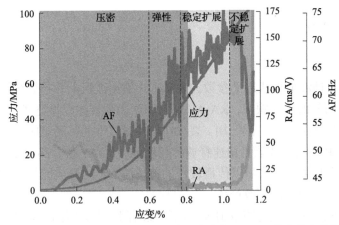

图 13-22　应力控制下自然状态花岗岩声发射 RA-AF 值变化曲线[27]

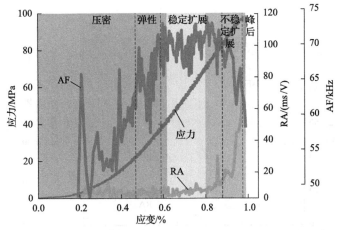

图 13-23　应力控制加载下含水状态花岗岩声发射 RA-AF 值变化曲线[27]

和 RA 值的平均值，绘制到得了 AF 值和 RA 值的变化规律，按照其演化特征，利用不同的灰度划分成了 3 个部分，虚线间隔出应力-应变曲线的各个阶段。

　　从图 13-20~图 13-23 中可以看出，受到岩石离散性的影响，不同加载方式和状态下花岗岩 AF 值和 RA 值在前两个变化阶段中的趋势有所差异，但在临破裂前仍然保持了一致的变化趋势。在压密阶段中，岩体内部以原生裂纹闭合、小尺度的形式为主导，AF 值和 RA 值均处于相对低位并平稳变化；张拉裂纹在整个单轴压缩试验持续占据主导地位，小尺度破裂的大量积累孕育着断裂面的产生，AF 值波动升高，RA 值基本维持在低位变化；接近损伤应力点时，小尺度裂纹已经成核，大尺度微裂纹集中出现，损伤加剧的过程中，岩体逐渐从张拉到剪切断裂过渡，AF 值大幅度下降和 RA 值迅速上升。

　　综上所述，声发射 AF 值表现出"波动或上升—持续波动升高—突然下降"的趋势，分别对应了花岗岩裂纹"小尺度裂纹萌生—多种形式尺度裂纹的渐进—大尺度裂纹贯通"的演化行为。声发射 RA 值表现出"下降或波动—低位持续稳定—突然上升"的趋势，分别对应了花岗岩破裂类型"拉伸闭合裂纹主导—剪切成分迅速增长"的演化行为(图 13-24)。将声发射 RA-AF 值作为岩体失稳前兆因子，当 RA 值和 AF 值分别从低水平迅速攀升、高水平突然下降时预示着岩体失稳灾害的产生。

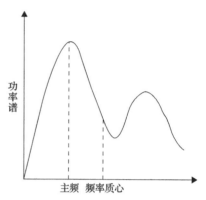

当RA值和AF值从低水平迅速攀升、高水平突然下降时预示着岩体失稳灾害的产生

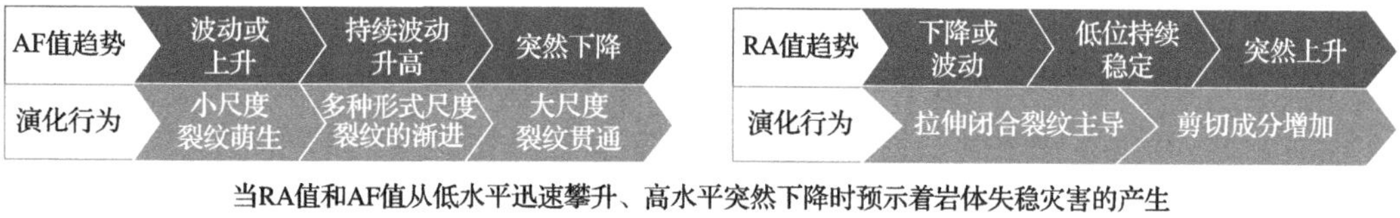

图 13-24　声发射 AF 值和 RA 值变化与岩体演化行为、前兆特征关系

2. 频率质心

频率质心指将声发射信号频谱划分为高低频能量相等两部分时对应的频率，将单位时间内有效声发射撞击频率质心的平均值表示为平均频率质心(图 13-25)。声发射信号中高频能量成分占比越多，其频率质心就会越高。按照 5s 的统计间隔计算了声发射事件的平均频率质心，绘制得到了平均频率质心的变化规律，按照平均频率重心的演化特征，利用不同的灰度划分成了 4 个部分，虚线间隔出应力-应变曲线的各个阶段。

从图 13-26～图 13-29 可以看出，花岗岩声发射平均频率质心变化基本诠释了花岗岩内部不同类型、不同尺度的微裂纹萌生、扩展及贯通的全过程，各条平均频率质心曲线呈现出基本一致的演化规律。加载初期，以原生裂纹闭合作为内部破裂的

图 13-25　声发射信号峰值频率和频率质心示意图

主导形式，小尺度、低频成分为主的声发射信号占据主导，平均频率质心维持在低水平；伴随着原生孔隙的持续压缩，声发射事件的数量也会减少，平均频率质心小幅度下降；整个弹性阶段的平均频率质心均持续升高，这一过程中岩石声发射信号的衰减进一步减

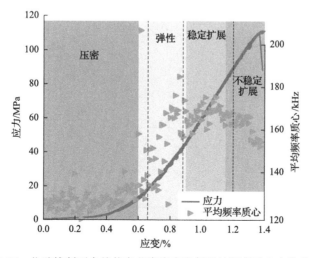

图 13-26　位移控制下自然状态花岗岩声发射平均频率质心变化曲线[27]

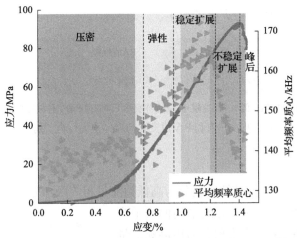

图 13-27　位移控制下含水状态花岗岩声发射平均频率质心变化曲线[27]

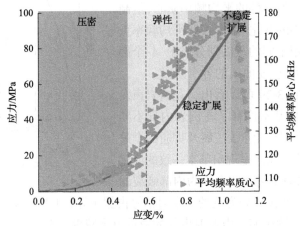

图 13-28　应力控制下自然状态花岗岩声发射平均频率质心变化曲线[27]

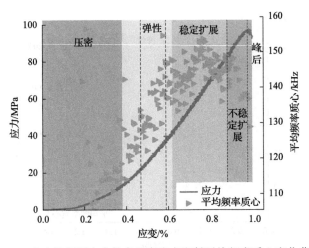

图 13-29　应力控制下含水状态花岗岩声发射平均频率质心变化曲线[27]

弱，多种形式的裂纹开始萌生；随着加载的进行，声发射事件高低频信号能量占比保持了相对稳定，平均频率质心的上升趋势停止，此时出现的"高位平台期"基本对应了内部裂纹的稳定扩展阶段；在损伤应力点至峰值应力的大致区间内，大尺度的微裂纹相互贯通，岩体损伤程度逐渐加剧，导致加快声发射频谱信息在传播过程中的衰减速率，特别是高频成分缺失明显，平均频率质心开始呈下降趋势。

综上所述，声发射平均频率重心表现出"低位维持平稳—持续升高—高位维持稳定—突然下降"的趋势，分别对应了花岗岩"原生裂纹闭合—多种形式裂纹萌生—裂纹稳定扩展—损伤加剧"的演化行为(图 13-30)。将声发射平均频率质心作为岩体失稳前兆指标，当数值从高水平突然下降时预示着岩体失稳灾害的产生。

当数值从高水平突然下降时预示着岩体失稳灾害的产生

图 13-30 声发射平均频率质心变化与岩体演化行为、前兆特征关系

13.3 声发射源类型的前兆特征

13.3.1 破裂类型

图 13-31 和图 13-32 显示了花岗岩在破裂过程中，将矩张量反演结果分别按照优势判别法和概率模型划分得到的声发射事件类型随加载时间的变化关系。根据 Ohtsu 等提出的优势判别法[31]，将震源类型分为张拉震源、混合震源与剪切震源 3 种。Ma 等[32]基于哈德森图中不同类型事件的概率位置分布，提出了一种震源事件分类的概率模型，该方法将震源分为膨胀、张拉、剪切、压缩和塌陷主导的 5 种破裂类型。

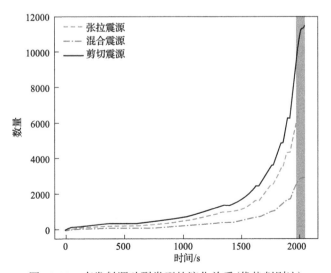

图 13-31 声发射源破裂类型的演化关系(优势判别法)

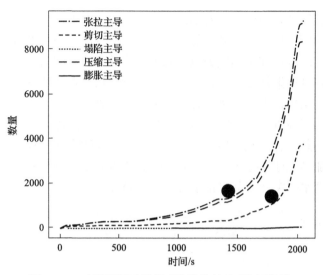

图 13-32　声发射源破裂类型的演化关系(概率模型)

膨胀主导的震源在加载的中后期出现,而塌陷主导的震源在加载的整个过程中出现,两者均是以极少的比例存在,这与岩石本身受力方式、非均质性相关。张拉主导的和压缩主导的震源数量基本相当,是整个加载过程中的优势震源,两者在图 13-32 中圆点的位置出现了增长的拐点,即偏离线性段的起始点。剪切主导的震源数量增加的拐点相对滞后,更接近于岩体失稳破裂时间点。花岗岩张拉主导的和压缩主导的震源数快速增长对应的起始应力小于剪切主导的震源,在一定程度上可将剪切主导的震源数快速增长起始区域作为岩石失稳的前兆特征。

图 13-31 中加载初期的压密阶段中,剪切震源、张拉震源与混合震源均有不同程度的呈现,该特征与各试样初始微孔隙、微裂隙状态有关。随着加载应力的增大,试样步入弹性变形阶段。此时剪切震源、张拉震源与混合震源数量增长缓慢,其累积曲线近似"水平"。随着应力的进一步增加,塑性阶段中,3 种类型的震源均进入"快速"增长期,剪切震源数量累积更为迅速,张拉震源与混合震源数量增长相对缓慢。岩石临近失稳的瞬间,对应于图 13-31 中阴影区域,剪切震源的增加速度急剧增加,拉大了与其他两类震源的增长速度差,这一变化可以作为岩体失稳前兆的特征。

上述结论给出了基于震源类型变化特征分析岩石失稳前兆的定性认识,还应通过大量的试验数据进一步论证,确定不同岩性、试验方式和加载应力下的岩体失稳前兆特征。

13.3.2　矩张量分量

矩张量分解后可以得到各向同性分量、纯双力偶分量和补偿线性矢量偶极分量 3 部分,其中,各向同性分量表示了震源体积的变化,其特征值的正负对应了理想状态下膨胀和塌陷类型;纯双力偶分量是由两个线性矢量偶极组合而成,描述了震源发生剪切破裂的相对错动机制;补偿线性矢量偶极分量可以解释为体积变化而在平行于最大主应力的平面上产生质点运动。

　　震源类型是基于矩张量分量确定的，分量的变化直接描述了点源受力状态和变化特征。图 13-33 和图 13-34 展示了加载过程中 3 个分量的演化过程，各向同性分量作为整体震源机制的主要成分，在加载的前期，即压密和弹性阶段，处于较高的数值，伴随加载的进行，其占比开始下降。而纯双力偶分量和补偿线性矢量偶极分量则在整个加载过程与各向同性分量表现出截然相反的变化规律。塑性阶段岩体内部大量新生破裂涌现、成核，裂纹扩展贯通直至岩体失去承载能力的过程中，剪切分量占比增加，对整体震源机制的影响开始变得显著起来，是岩体失稳的重要标志。

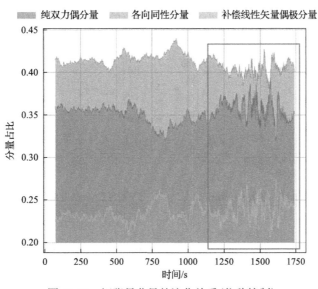

图 13-33　矩张量分量的演化关系（位移控制）

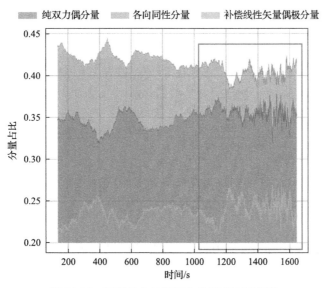

图 13-34　矩张量分量的演化关系（应力控制）

13.4　声发射波速的前兆特征

如图 13-35 所示，波速的前兆特征是，特定方向的波速显著降低，直到岩体出现宏观裂纹并失去承载能力。基于波速分析可以认为，第一，应力垂直方向上的波速相较于应力平行方向上的波速会更早地出现变化。进入裂纹的扩展阶段以后，声发射事件率随着应力的增长而增加，在应力垂直方向上部分路径的波速出现下降，且下降率逐渐增大，与之对应的，应力平行方向的波速小幅度增加。第二，裂纹不稳定扩展后，应力平行方向上的波速变化很小，而应力垂直方向的波速变化量比应力平行方向的波速变化量大得多。这种不同方向上波速在变化大小和时间先后上的差异提供了岩体失稳的前兆信息。

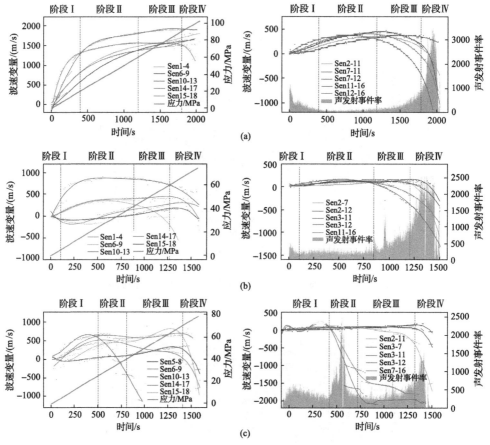

图 13-35　花岗岩单轴压缩条件下波速变化[21]

左：平行应力；右：垂直应力

13.5　基于多元声发射参量的花岗岩破裂失稳评价建议

基于花岗岩 b 值、S 值、平均频率质心(AFG)、AF 值、RA 值等多元参量与岩体破裂各特征应力点的时序对应关系，建立了实验室视角下多元声发射指标评价体系。集合能级-频次分布、波形-频谱变化两个维度前兆指标的风险评价判据，从损伤整体程度、破裂尺度变化和震源类型的综合视角，更为全面地捕捉岩体失稳的前兆信息，更为可靠地诠释岩体破裂所处阶段；判据模型中的数学关系、指标权重系数和工程岩体风险划定方法有待结合现场数据和试验的深入研究。

13.5.1 岩体破裂失稳的多指标评价体系

岩体工程失稳性评价的关键难点在于认知破裂行为与各项参数演化规律和变化特征的潜在联系，并获取多元化、有效的预警指标。一般而言，基于部分或单一指标的预警方案往往具有较为显著的不确定性。其一，岩体失稳在宏观层面上可以理解成局部应力集中、局部薄弱区域预先破裂等各类情况的集合，伴随着震源特征、波形特征、频谱特征等参量的变化调整，而单一指标通常只能局限于某个视角来反映岩体内部损伤累积过程，其适应范围有局限性。其二，在实际应用中，单一指标容易受到某些特定或偶然因素的影响，变化规律不尽相同，对内部损伤状态的判断存在偏差，造成预测预警误差。依托多元化的预警指标来构建综合性的预警方法，能够更加全面地捕捉岩体失稳的前兆信息，更为可靠地诠释岩体的破裂阶段，有助于失稳评价效果的提升。

声发射活跃度(S)的变化与岩石破裂渐进过程呈现正相关关系，而 b 值的变化呈现负相关，能级分布前兆指标集中于对岩体内部损伤的整体程度和破裂尺度变化的评估，频谱变化前兆指标的关注点聚焦于岩体内部震源类型分布和破裂尺度的演化。根据前文中对各前兆指标的统计分析，确定了能级分布前兆指标(b 值、S 值)、频谱变化指数(RA-AF、频率质心)两类前兆信息指标。如图 13-36 所示，在此基础上综合各前兆指标的时序变化特征，以及同裂纹演化阶段的对应关系，构建了实验室尺度下脆性岩体失稳的多指标评价体系。

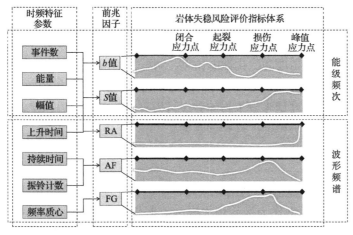

图 13-36 花岗岩失稳风险多元指标评价体系[27]

13.5.2 花岗岩失稳风险评价判据模型

综合波形频谱变化前兆指标 f_f 和能级频次分布前兆指标 f_e 构建岩体失稳风险判据，

给出了包括 b、S、AFG(平均频率质心)、AF、RA 等参数构成的风险判定函数模型,该风险判定函数可用于实验室尺度下花岗岩失稳破裂各阶段识别和前兆预警,判据中涵盖的具体指标可根据试验或工程现场情况进行调整:

$$R = F \left\{ \begin{array}{l} f_\mathrm{e}(b, S, \cdots) \\ f_\mathrm{f}(\mathrm{AFG}, \mathrm{AF\text{-}RA}, \cdots) \end{array} \right\} \tag{13-2}$$

基于该判据的微震/声发射失稳风险评价应用研究,一方面需要依据监测区域内微震/声发射不同类型参量指标的变化曲线,在现有基础上引入新的前兆指标对整个失稳风险判据进行扩充丰富,以此提高判据的可靠性;另一方面在未来研究中结合室内试验数据和现场监测数据,明晰判据数学关系模型、各指标权重系数和岩体不同风险等级下的判断依据。

(1)各前兆指标并非完全独立,在整个损伤演化过程中相互之间存在怎样的联系,又是如何相互影响,各种内在机制有待深入探究,以此明确各指标间的函数关系,构建出一套线性或非线性的预警模型。

(2)各前兆指标与内部损伤状态的映射关系目前还更多地停留在定性的认知层面,需要通过量化的数学物理方程来诠释这种数理关系,从而确定预警模型中各指标的具体权重系数。

(3)各前兆指标数值曲线变化中的拐点、特征点、范围,以及与岩体风险等级的对应关系,各个评价指标在不同阶段的判断依据,均缺乏大数据的验证和修正,应进一步定量失稳孕育不同阶段或状态下指标经验区间的数值范围。

13.6　失稳阶段裂纹稳定扩展和不稳定扩展状态辨识

基于集成学习 AdaBoost 和随机森林构建的分类模型能够较为准确地识别裂纹扩展状态,两种模型的辨识精度和泛化性能相近,测试集的辨识精度达到了 94.0%和 95.1%,AUC 计算结果分别为 0.987 和 0.989,该分类模型有效综合了能级频次分布、波形频谱变化两类前兆指标,多维度地考量了岩体破裂行为,论证了前述思路建议的有效性,对于工程现场岩体失稳状态辨识推广具有重要意义。

13.6.1　数据集构建

基于 13.4 节提出的思路,利用 4 块塑性阶段下花岗岩的声发射多元前兆指标作为特征和所处裂纹扩展状态作为标签构成样本数据集。另外,在前文声发射能级频次前兆指标 f_e 和波形频谱前兆指标 f_f 的基础上分别引入了 $A(b)$ 和主频带宽 W 扩充数据集。单个样本分别按照 1s 为统计时窗计算样本特征,其中,AF、RA、AFG、S 分别取 1s 单位时窗所有声发射事件的平均值;主频带宽 W 取分布于低频带(85~130kHz)、中频带(140~200kHz)和高频带(275~320kHz)3 条基准主频带声发射事件的主频跨度与基准主频带宽的比值之和;样本 b、$A(b)$ 的计算过程中,考虑到声发射数量过少时带来的拟合误差，向前取 30s 时间窗口按照 1s 为步长滑动计算得到。训练集由 4 块花岗岩中共计 1578 个处于稳定扩展阶段和 742 个处于不稳定扩展阶段的声发射特征指标组成，另选取 383 个处于稳定扩展阶段和 197 个处于不稳定扩展阶段的声发射特征指标组成的测试集对训练模型进行测试。样本各特征具有不同的分布维度，为了保证模型训练中每个特征对距离计算的贡献是成比例的，采用最小值归一化的方法将原始数据标定到[0,1]的范围。

图 13-37 中通过增强盒形图来展示样本归一化数据的分布，除 b 值外各组特征分布范围都存在了明显差异。几乎所有特征的数据集中都包括了异常值的存在，且中位线两侧的对称置信区间长度各不一致，表明数据分布的不对称性。花岗岩波形频谱和能级频次两类特征归一化的时序趋势如图 13-38 和图 13-39 所示，背景颜色代表岩石内部裂纹

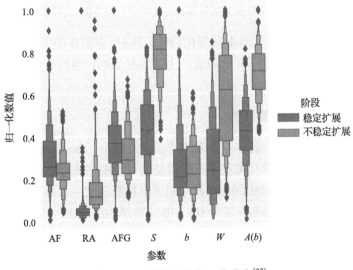

图 13-37　样本特征归一化分布[27]

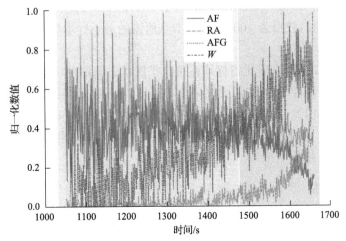

图 13-38　样本数据集波形频谱变化时序趋势特征(试样 1)[27]

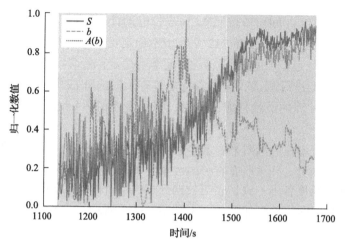

图 13-39 样本数据集能级频次变化时序趋势特征(试样 2)[27]

扩展的两种状态，7 组特征表现出不同变化趋势，其中，b 值在图 13-39 中的分布范围出现重叠，时序趋势由升高和下降部分组成。上述信息表明，各特征指标在区分花岗岩所处不同状态具有明显差异。

13.6.2 机器学习模型和特征重要性

集成学习是通过综合多个弱学习器来构建强学习模型，Boosting 算法中，各学习器之间存在强依赖关系，利用学习误差率不断调整学习器中训练样本权重，通过 Boosting 集合策略组合成强学习器，AdaBoost 是其中最著名的算法之一。本研究训练得到的模型中，基分类器为决策树，学习率设置为 0.8，基分类器的提升次数为 1000 次，模型提升准则为 SAMME 算法。

Bagging 算法思想强调的是弱学习器并行生成，相互之间不存在依赖关系，通过随机采样的方式获得弱学习器的训练集，随机森林通过构造大量的决策树作为基学习器来操作分类过程，利用 Bagging 策略的同时满足了样本和特征随机性。本研究训练得到的模型中，随机森林树的数目为 1000，叶子节点所需的最小样本数为 2，拆分内部节点所需的最小样本数为 1。

由图 13-40 可知，所有前兆指标均在裂纹扩展状态识别中贡献了一定占比，但训练得到的不同分类模型中各特征的重要性体现出差异。AdaBoost 中各特征重要性占比更为均衡，分布在 0.2～0.12。在随机森林中各特征重要性虽然具有明显差异，特别是 S 值的重要性达到了 0.35，但是能级频次和波形频谱两类前兆指标的重要性之和分别为 0.62 和 0.38，在模型内部贡献基本相当。

13.6.3 辨识性能评估

利用混淆矩阵得到的二级指标对构建模型的准确度进行了评价，其结果如图 13-40 所示，AdaBoost 和随机森林的辨识模型性能接近，测试集下随机森林模型的准确率、精确率、灵敏度和特异度依次为 94.0%、98.2%、93.1%、96.0%，而 AdaBoost 的各项评价指标的数值略高，分别达到了 95.1%、98.2%、94.7%和 96.1%，基于能级频次和波形频谱前兆指标构建的机器学习模型在识别裂纹扩展状态方面具有较高的准确性。图 13-40 中 ROC 曲线的结果体现了两种模型良好的泛化性能，AUC 结果相近，分别达到 0.987 和 0.989。

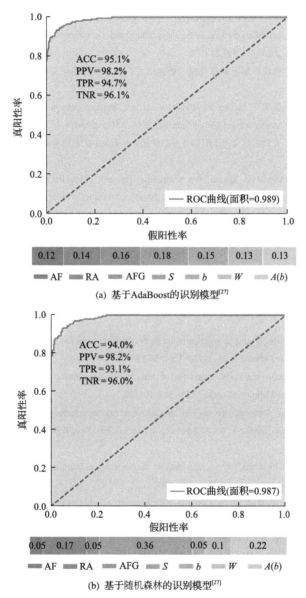

图 13-40　模型分类准确度评价统计、ROC 曲线、AUC 及特征权重占比

AUC 为 ROC 曲线与坐标轴围成的面积；ACC 为准确率，PPV 为精确率，TPR 为灵敏度，TNR 为特异度

参 考 文 献

[1] 钱七虎. 岩爆、冲击地压的定义、机制、分类及其定量预测模型[J]. 岩土力学, 2014, 35(1): 1-6.

[2] 何满潮, 谢和平, 彭苏萍, 等. 深部开采岩体力学研究[J]. 岩石力学与工程学报, 2005, 24(16): 2803-2813.

[3] 冯夏庭, 王泳嘉. 深部开采诱发的岩爆及其防治策略的研究进展[J]. 中国矿业, 1998, 7(5): 42-45.

[4] Dong L, Tong X, Ma J. Quantitative investigation of tomographic effects in abnormal regions of complex structures[J]. Engineering, 2021, 7(7): 1011-1022.

[5] Dong L, Tong X, Hu Q, et al. Empty region identification method and experimental verification for the two-dimensional complex structure[J]. International Journal of Rock Mechanics and Mining Sciences, 2000, 147: 104885.

[6] Peng K, Zhou J, Zou Q, et al. Deformation characteristics and failure modes of sandstones under discontinuous multi-level cyclic loads[J]. Powder Technology, 2020, 373: 599-613.

[7] 张艳博, 梁鹏, 孙林, 等. 单轴压缩下饱水花岗岩破裂过程声发射频谱特征实验研究[J]. 岩土力学, 2019, 40(7): 2497-2506.

[8] Rudajev V, Vilhelm J, Lokajíček T. Laboratory studies of acoustic emission prior to uniaxial compressive rock failure[J]. International Journal of Rock Mechanics and Mining Sciences, 2000, 37(4): 699-704.

[9] 张艳博, 梁鹏, 田宝柱, 等. 花岗岩灾变声发射信号多参量耦合分析及主破裂前兆特征试验研究[J]. 岩石力学与工程学报, 2016, 35(11): 2248-2258.

[10] Eberhardt E, Stead D, Stimpson B. Quantifying progressive pre-peak brittle fracture damage in rock during uniaxial compression[J]. International Journal of Rock Mechanics and Mining Sciences, 1999, 36(3): 361-380.

[11] 曾鹏, 刘阳军, 纪洪广, 等. 单轴压缩下粗砂岩临界破坏的多频段声发射耦合判据和前兆识别特征[J]. 岩土工程学报, 2017, 39(3): 509-517.

[12] 刘祥鑫, 张艳博, 梁正召, 等. 岩石破裂失稳声发射监测频段信息识别研究[J]. 岩土工程学报, 2017, 39(6): 1096-1105.

[13] Meng Q, Zhang M, Han L, et al. Effects of acoustic emission and energy evolution of rock specimens under the uniaxial cyclic loading and unloading compression[J]. Rock Mechanics and Rock Engineering, 2016, 49(10): 3873-3886.

[14] Chmel A, Shcherbakov I. Temperature dependence of acoustic emission from impact fractured granites[J]. Tectonophysics, 2014, 632: 218-223.

[15] Chmel A, Shcherbakov I. A comparative acoustic emission study of compression and impact fracture in granite[J]. International Journal of Rock Mechanics and Mining Sciences, 2013, 64: 56-59.

[16] Liu X, Liu Z, Li X, et al. Experimental study on the effect of strain rate on rock acoustic emission characteristics[J]. International Journal of Rock Mechanics and Mining Sciences, 2020, 133: 104420.

[17] Dong L, Sun D, Shu W, et al. Statistical precursor of induced seismicity using temporal and spatial characteristics of seismic sequence in mines[C]// Shen G, Zhang J, Wu Z. Advances in Acoustic Emission Technology. S. L.: Springer Proceedings in Physics, 2019, 218: 409-420.

[18] Lee H, Kim J, Hong C, et al. Ensemble learning approach for the prediction of quantitative rock damage using various acoustic emission parameters[J]. Applied Sciences, 2021, 11(9): 4008.

[19] Du K, Li X, Tao M, et al. Experimental study on acoustic emission (AE) characteristics and crack classification during rock fracture in several basic lab tests[J]. International Journal of Rock Mechanics and Mining Sciences, 2020, 133: 104411.

[20] Wang M, Tang C, Meng J, et al. Crack classification and evolution in anisotropic shale during cyclic loading tests by acoustic emission[J]. Journal of Geophysics and Engineering, 2017, 14(4): 930-938.

[21] Dong L, Chen Y, Sun D, et al. Implications for rock instability precursors and principal stress direction from rock acoustic experiments[J]. International Journal of Mining Science and Technology, 2021, 31(5): 789-798.

[22] 刘希灵, 刘周, 李夕兵, 等. 劈裂荷载下的岩石声发射及微观破裂特性[J]. 工程科学学报, 2019, 41(11): 65-75.

[23] 苏国韶, 石焱炯, 冯夏庭, 等. 岩爆过程的声音信号特征研究[J]. 岩石力学与工程学报, 2016, 35(6): 1190-1201.

[24] 赵奎, 杨道学, 曾鹏, 等. 单轴压缩条件下花岗岩声学信号频域特征分析[J]. 岩土工程学报, 2020, 42(12): 2189-2197.

[25] Dong L, Zhang Y, Ma J. Micro-Crack mechanism in the fracture evolution of saturated granite and enlightenment to the precursors of instability[J]. Sensors, 2020, 20(16): 4595.

[26] 谷继成, 魏富胜. 论地震活动性的定量化地震活动度[J]. 中国地震, 1987, 10(3): 14-24.

[27] 董陇军, 张义涵, 孙道元, 等. 花岗岩破裂的声发射阶段特征及裂纹不稳定扩展状态识别[J]. 岩石力学与工程学报, 2022, 41(1): 120-131.

[28] 刘希灵, 潘梦成, 李夕兵, 等. 动静加载条件下花岗岩声发射 b 值特征的研究[J]. 岩石力学与工程学报, 2017, 36(增 1): 3148-3155.

[29] 董陇军, 张凌云. 岩石破坏声发射 b 值的误差分析[J]. 长江科学院院报, 2020, 37(8): 75-81.

[30] Sagasta F, Zitto M E, Piotrkowski R, et al. Acoustic emission energy b -value for local damage evaluation in reinforced concrete structures subjected to seismic loadings[J]. Mechanical Systems & Signal Processing, 2018, 102: 262-277.

[31] Ohtsu M, Okamoto T, Yuyama S. Moment tensor analysis of acoustic emission for cracking mechanisms in concrete[J]. Aci Structural Journal, 1998, 95(2): 87-95.

[32] Ma J, Dong L, Zhao G, et al. Focal mechanism of mining-induced seismicity in fault zones: a case study of Yongshaba mine in China[J]. Rock Mechanics and Rock Engineering, 2019, 52(9): 3341-3352.

第14章 稀土矿边坡区域相对波速场成像案例分析

本章采用地声智能监测技术通过声波层析成像方法来探测稀土矿边坡内部真实情况。声波层析成像是一种通过图像的形式研究对象内部情况的技术，具有分辨率高、直观等特点。这种技术通常用于探测地下矿山或岩体内部等存在的异常地质区域，并通过波速的异常值来反映岩体结构内的异常区域，是一种准确、无损伤地探知区域危险性的方法。因此，本章通过快速扫描法结合阻尼最小二乘 QR 分解算法（FSM+DLSQR）和最短路径法结合阻尼最小二乘 QR 分解算法（SPM+DLSQR）对稀土矿边坡区域进行正演、反演计算，通过计算获得区域内的相对异常波速，实现对该地声监测边坡区域内的相对波速场三维成像，并对成像结果进行分析。

14.1　工　程　概　况

钟山-富川县花山稀土矿区南矿段地处广西东北方向，地貌主要为花岗岩风化侵蚀形成的低山区，矿区的西侧和北侧地势较高，北部山脊标高可达 700～900m，西北部山脊标高最高可达 1052m（古冲岭）。东侧为思勤江，由北向南蜿蜒流过，地势较低，北部两安街一带标高为 250～260m，南部俄柳村一带标高为 197～204m，西南近矿区的花山河地面标高为 208～250m。矿区内水资源较丰富，小支流多发源于矿区西侧的山区内，由西北向东南流动，呈枝状分布，其中穿越矿区的溪流自北向南分别为北曹冲、汤水冲及扑冲，流量在 300～550L/s，水质类型为 HCO_3-Na•Ca，矿化度一般在 37.94～59.38mg/L，pH 为 6.83～7.62，水质优良。这些河流均汇入矿区东北侧最大的河流思勤江，思勤江水流量为 1170～6170L/s。南侧 3.6km 处有花山水库，蓄水量为 3775 万 m³。可见，区内溪流河长较短，年均径流量不大，影响面较小，未曾查到历史最高洪水位等相关资料。矿区归属南华活动带的桂中-桂东北褶皱系内的大瑶山隆起北侧，与海洋山凸起处接壤，侏罗纪至白垩纪的燕山运动十分强烈，以断裂运动和大规模岩浆活动为特色，有花山岩体、姑婆山岩体侵入。本区地质构造主要受加里东期、印支期、燕山期构造运动影响，形成东西向、南北向、北东向、北西向的地质构造带。东西向构造主要表现为一系列次级褶皱及一些花岗岩体组成，花山-姑婆山花岗岩带受东西向的花山-姑婆山深断裂控制。区内构造断裂不发育，无大断层出露，偶见小断层，且因风化带覆盖，断裂出露情况不好。构造裂隙水常以散流式渗出，未见股状泉水出露，富水性不强。

矿区的地下水由大气降水补给，以顺坡径流为主，就近向沟谷内汇集，并由此各自汇成小体系，在切割稍深的沟谷内出露地表，形成地表细流在区内汇于北曹冲、汤水冲及扑冲内，并最终流入思勤江。矿体埋藏在低山丘陵的坡地上，均在当地侵蚀基准面以上，并基本在地下水面之上，受地下水充水的影响极小，地形也有利于自然排水，地表水体对矿体开采基本无影响，矿床水文地质条件简单。

矿区地震基本烈度为Ⅵ度，地震动峰值加速度为 0.05g，地震动反应谱特征周期为 0.35s。矿区内无大的区域性断裂通过，也未发现第四系新构造活动痕迹，近 30 年贺州市区在 2006 年 6 月 29 日发生过 2.6 级地震。矿区属地壳相对稳定性区。

14.2　试验区域基本情况

本研究选取的未开采稀土矿边坡位于钟山-富川县花山稀土矿区南矿段的西南方向，位于该矿区内已建成的第一水冶车间的南边。选取的稀土矿边坡长约 50m，宽约 40m，高约 20m，在矿区内的 Q4 区域中，边坡现场如图 14-1 所示。所选边坡距现场勘探的 87 号勘探线较近，因此，以 87 号勘探线的地质结构为参考基准，其剖面如图 14-2 所示。

图 14-1　边坡现场图

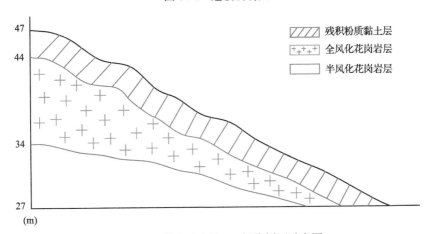

图 14-2　稀土矿边坡 Q4 部分剖面示意图

稀土矿边坡 Q4 坡脚的标高约为 427m，坡顶标高约为 447m，高差为 20m。从实际情况来看，边坡的分类方式繁多，如按形成方式、坡体组成、坡长、坡高、坡度等分类，而离子型稀土矿边坡由于其特殊的矿物组成和地层条件，一般按其下卧基岩的位置进行分类，对于基岩在坡脚处有裸露情况的，为裸脚式稀土矿边坡；对于基岩被上层土体完全覆盖的，为稀土矿全覆盖式边坡[1,2]。由图 14-2 可以看出，选取的边坡属于全覆盖式边坡，从上至下依次有 4 个地层，分别为残积粉质黏土层、全风化花岗岩层、半风化花岗岩层和基岩层，基岩为未风化或微风化的花岗岩，在该边坡中，稀土矿主要分布在全风化花岗岩层中。

该边坡大部分表面土层裸露，仅有少量植被和杂草覆盖，而该地区降雨较多，降雨量充沛，尤其在雨季(每年 6 月、7 月)，因此，在对该区域内的稀土矿进行原地浸矿生产前，必须做好潜在危险区域评估与边坡稳定性分析，在保证稀土矿边坡稳定的情况下，使其安全地投入开采并使用。

14.3　稀土矿边坡稳定性分析与岩体声学试验

地声监测技术能够有效监测到岩体内部的潜在危险区域，这种技术作为具有先进性、适应性、有效性的地压监测手段，目前已广泛应用于岩土工程、矿山工程和隧道工程等领域中，成为深部地压研究和地压管理的一个基本手段[3]。通过微震试验监测岩土体内部的声波，并利用数据分析判断稀土矿边坡 Q4 的潜在危险区域，进而对边坡失稳灾害进行预警和防控。本研究所采用的地声智能与微震监测系统——岩土工程灾害多信息智能监测与预警系统，是由中南大学硬岩灾害防控团队开发的具有我国自主知识产权的整体技术。

14.3.1　现场监测试验准备

在选取的 Q4 区域稀土矿边坡上铺设通信光缆以及传感器供电电缆，设置每个监测台站的动态采集仪串口，完成传感器安装前的准备工作。根据稀土矿边坡 Q4 的具体情况，本试验计划分散布置 4 个监测台站，在距 4 个台站相近距离布置总站，将 4 个台站与总站相连，同时，有序连接各站内的电源、网络、32 通道动态采集仪等部件，并将总站接入计算机。对每个台站采取保护措施，防止突然降雨使设备损坏。由于稀土矿边坡土质较为疏松，且尺度较大，本试验选用了 16 个地声传感器，并为每个传感器配备了长1m 的导波杆，用螺旋的方式将传感器与导波杆的一端相连，并将导波杆的另一端竖直插入边坡中，出露小于 10cm，使边坡中传播的声波更好地被传感器接收，如图 14-3 所示。选取的 16 个地声传感器按照如图 14-4 所示的方式分散布置在稀土矿边坡中。16 个传感

传感器安装
导波杆

图 14-3　传感器布置图

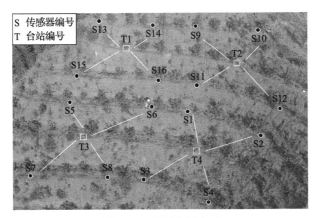

图 14-4　现场布置方式

器(S1、S2…S16)坐标见表 14-1。将 16 个传感器分为 4 组，分别与 4 个台站相连以传输接收到的信号。采样频率为 6000Hz，采样分辨率为 24bit。试验开始之前，检查微震设备的连接情况以及每个传感器的安装耦合情况，对稀土矿边坡进行试敲，以确定每个传感器均能有效接收到微震信号。

表 14-1　传感器坐标

传感器编号	传感器坐标/m			传感器编号	传感器坐标/m		
	X	Y	Z		X	Y	Z
S1	28.424	15.236	36.602	S9	41.073	7.597	45.783
S2	18.608	7.994	36.822	S10	34.437	−3.049	45.552
S3	26.015	26.569	29.908	S11	31.572	12.637	39.561
S4	16.337	19.782	30.211	S12	21.615	4.322	39.239
S5	40.505	32.598	36.996	S13	54.067	23.867	46.036
S6	33.105	20.544	36.797	S14	45.021	13.599	45.605
S7	34.437	41.996	30.289	S15	43.966	30.098	39.877
S8	28.667	30.702	29.939	S16	35.897	18.108	39.500

14.3.2　数据采集

地声监测是利用地声传感器对结构表面和内部情况进行监测,是一种动态监测技术,可以在一定范围内探测到结构中因裂纹扩展、变形等原因引起能量释放而产生的应力波,这些应力波中携带了大量与岩体内部状态密切相关的信息。数据采集环节就是将岩体在外部或内部环境变动作用下产生的应力波转化为电信号,并将相关数据储存在计算机的过程。使用者可以利用数据处理与分析技术对电信号中储存的信息进行挖掘,进而推断出产生震源信号的机制。本试验所采用的岩土工程灾害多信息智能监测与预警系统的数据采集过程如图 14-5 所示。

本试验在稀土矿边坡 Q4 进行重锤敲击,以重锤敲击发出的声波作为本试验的微震震源,敲击点分散在稀土矿边坡上,且范围覆盖了整个传感器布置区域。试验中,分别

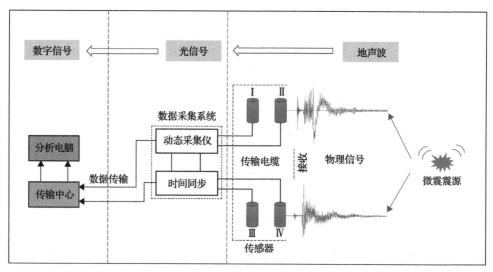

图 14-5　数据采集过程

在 32 个敲击点共敲击 193 下，筛选出有效敲击 136 次，再在每个敲击点选取 1 个进行敲击（共 32 次敲击），记为 1 号、2 号…32 号敲击点，将 32 次敲击作为本次试验的 32 个震源事件，其点坐标见表 14-2。图 14-6 为传感器与敲击点的三维图示。在敲击过程中同步进行地声信号的采集，并同时对地声事件的特征参数及波形进行采集。通过对数据的采集发现，32 次敲击中，每次敲击都至少触发了 4 个传感器，确保数据真实有效。

表 14-2　敲击点坐标

敲击点编号	敲击点坐标/m			敲击点编号	敲击点坐标/m		
	X	Y	Z		X	Y	Z
1 号	34.437	−3.049	45.552	17 号	40.505	32.598	36.996
2 号	37.33	1.774	45.641	18 号	36.687	26.175	36.839
3 号	41.073	7.597	45.783	19 号	33.105	20.544	36.797
4 号	45.021	13.599	45.605	20 号	28.424	15.236	36.602
5 号	49.264	18.946	45.868	21 号	24.669	11.291	36.661
6 号	54.067	23.867	46.036	22 号	18.608	7.994	36.822
7 号	47.821	26.138	43.508	23 号	18.578	13.866	33.515
8 号	39.22	15.624	42.464	24 号	29.071	22.999	33.35
9 号	34.916	9.913	42.342	25 号	32.581	27.795	33.58
10 号	25.92	−0.772	42.956	26 号	36.97	34.758	33.819
11 号	21.615	4.322	39.239	27 号	34.437	41.996	30.289
12 号	26.648	7.933	39.334	28 号	32.031	37.183	30.198
13 号	31.572	12.637	39.561	29 号	28.667	30.702	29.939
14 号	35.897	18.108	39.5	30 号	26.015	26.569	29.908
15 号	40.016	23.92	39.665	31 号	21.753	22.438	29.951
16 号	43.966	30.098	39.877	32 号	16.337	19.782	30.211

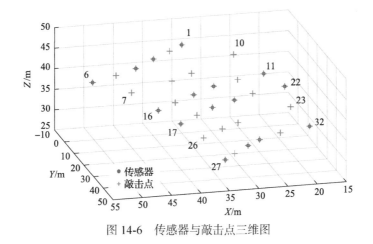

图 14-6　传感器与敲击点三维图

通过数据采集获得 6 号敲击点处的地声事件波形如图 14-7 所示。

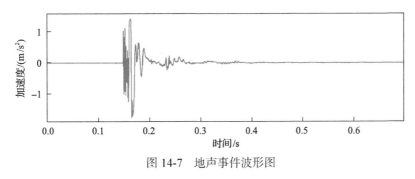

图 14-7　地声事件波形图

14.4　稀土矿边坡地震层析成像方法原理

目前在地震层析成像技术中，常用的正演方法包括波动方程的成像和射线方程的成像，其中波动方程的成像是通过地震波的各种参数如走时、频率、振幅等，以地震波的大量信息为基础进行的。这种方法能够提高正演过程因信息不全而导致结果失真的情况，但同时由于其需要的基本参数过多，而这些参数在实际的监测过程中会由于设备、噪声等各种因素而与真实值出现较大偏差。考虑到研究的稀土矿边坡结构和成分的特殊性，本节选用只需要走时为基本参数的射线方程成像方法对稀土矿边坡监测区域进行正演，该方法能够有效减少波形参数带来的偏差，可以获得区域内较为准确的射线路径及其理论走时。在射线方程的成像中，选择了快速扫描法和最短路径法，通过这两种方法进行边坡区域内的射线追踪，获得微震震源在模型下的射线传播路径以及到模型所有网格节点的理论走时。

在反演过程中，常用的方法有代数重建技术、迭代重建技术等。对于稀土矿边坡，由于其非线性、异常特征较一般岩体更为明显，因此，本节选用了具有较高反演准确度和数值稳定性的阻尼最小二乘 QR 分解算法（DLSQR）[4]，通过迭代计算不断修正模型，进而获得区域内可信度较高的波速反演结果。

14.4.1 射线追踪的正演模拟方法

1. 快速扫描法

快速扫描法是 Zhao[5]在 2005 年提出的。这种方法是一种通过逆风差分进行离散的迭代方法，同时利用交替扫描的 Gauss-Seidel 迭代公式计算求解，每一次迭代中的扫描沿某一路径方向可以解得这一方向的走时。其程函方程如下[5]，其中 $f(x) > 0$：

$$\left|\nabla\sigma(x)\right| = f(x), \quad x \in R^n \tag{14-1}$$

$$\sigma(x) = 0, \quad x \in \Gamma \subset R^n \tag{14-2}$$

式中：R^n 为网格节点集合。

用 Godunov 逆风差分离散网格内部的偏微分方程：

$$[(\sigma_{i,j,k}^w - \sigma_{x,\min}^w)^+]^2 + [(\sigma_{i,j,k}^w - \sigma_{y,\min}^w)^+]^2 + [(\sigma_{i,j,k}^w - \sigma_{z,\min}^w)^+]^2 = f_{i,j,k}^2 w^2 \tag{14-3}$$

式中：$i = 2,\cdots,I-1; j = 2,\cdots,J-1; k = 2,\cdots,K-1$；$w$ 为网格的大小；$\sigma_{i,j,k}^w$ 为在 $x(i,j,k)$ 处的函数解。

同时：

$$\begin{cases} \sigma_{x,\min}^w = \min(\sigma_{i-1,j,k}^w, \ \sigma_{i+1,j,k}^w) \\ \sigma_{y,\min}^w = \min(\sigma_{i,j-1,k}^w, \ \sigma_{i,j+1,k}^w) \\ \sigma_{z,\min}^w = \min(\sigma_{i,j,k-1}^w, \ \sigma_{i,j,k+1}^w) \end{cases} \tag{14-4}$$

$$(N)^+ = \begin{cases} N, & N > 0 \\ 0, & N \leqslant 0 \end{cases} \tag{14-5}$$

快速扫描法的优势在于能够很好地适应在各向异性介质中传播速度变化起伏很快的情况，并可以保证较好的稳定性。同时，该方法计算速度更快，对计算机性能的要求不高，耗时更短，一般配置的计算机均能很好开展计算[6]。

2. 最短路径法

最短路径法是 1986 年 Nakanishi 和 Yamaguchi 共同提出的一种基于网格理论的 Dijkstra 方法求解源在网格节点模型中的射线路径和走时的射线追踪方法[7]，这种方法以 Fermat 最小走时为依据，对源传播的最短路径进行射线追踪。其基本原理为：确定网格模型，并在所有网格边界上设置网格节点，模型内的任意一网格节点均可以直接或通过其他节点到达另一边界网格节点上，通过节点间的距离和网格设置的慢度值，即可计算出走时，若网格节点数足够大，那么总能在计算走时中获得最短走时，该走时所对应的传播路径(传播所经历的网格节点)，即源传播的最短路径。这一走时是源在最短路径下的最小走时。

不难看出，网格节点足够多或网格划分充足，都能够使最短路径法获得最短路径及走时结果更佳，但采取这种方法会牺牲一定的计算时间，导致计算机运行效率降低。因此，最短路径法在划分更多的网格下，具有更大的优势，同时，这种方法不用求解方程即可获得结果，在结构复杂的介质中也体现出了较好稳定性和准确度[8]，但计算负担较大。

14.4.2　阻尼最小二乘 QR 分解算法

为了在地声监测区域内搜索到最佳走时，需要使初始模型在搜索中找到最佳的模型修正量，使初始模型在不断的迭代过程中满足理论走时与实际观测走时的偏差最小，目标函数表达式为

$$G(x)_{\min} = \sum_{k,l}[t_{k,l}^{\text{th}}(x) - t_{k,l}^{\text{ac}}]^2 \tag{14-6}$$

式中：x 为某一射线路径下的模型修正值，其与多个参数 α 有关，$x = (\alpha_1, \alpha_2, \alpha_3, ..., \alpha_n)^{\text{T}}$，T 表示矩阵转置；$t_{k,l}^{\text{th}}(x)$ 为第 k 个微震震源在该射线路径下传递至第 l 个传感器的与 x 相关的理论走时；$t_{k,l}^{\text{ac}}$ 为第 k 个微震震源在这一射线路径下传递至第 l 个传感器的实际走时。$G(x)_{\min}$ 即理论走时与实际走时的最小偏差。

通过定位结果、设置的初始速度模型及其初始值 x_0，区域三维层析成像的问题就变为了在初始速度模型及初始值 x_0 条件下以迭代方式求得模型修正值 x 的问题，再通过修正值修正模型以获得新的速度模型并求解理论走时。将式(14-6)中涉及的每一项按照泰勒公式展开，获得线性化公式。

以修正初始值 x_0 为例：

$$g(x)_{\min} = \sum_{k,l}\left\{t_{k,l}^{\text{th}}(x_0) - t_{k,l}^{\text{ac}} - \nabla[t_{k,l}^{\text{th}}(x_0)]\Delta x\right\}^2 \tag{14-7}$$

式中：$g(x)$ 为 $G(x)$ 在修正下的目标函数；$\nabla[t_{k,l}^{\text{th}}(x_0)]$ 为理论走时在初始值下的波动幅度；Δx 为涉及多个参数的 x_0 的调整值，即在此次修正后，修正值为 $x = x_0 + \Delta x$。对于某一微震震源，假设有 m 个射线路径，修正值 x 的 Jacobi 矩阵 $A(x_0)$ 的表达式为

$$A(x_0) = \begin{bmatrix} -\dfrac{\partial t_1^{\text{th}}(x_0)}{\alpha_1} & \cdots & -\dfrac{\partial t_1^{\text{th}}(x_0)}{\alpha_n} \\ \vdots & & \vdots \\ -\dfrac{\partial t_m^{\text{th}}(x_0)}{\alpha_1} & \cdots & -\dfrac{\partial t_m^{\text{th}}(x_0)}{\alpha_n} \end{bmatrix} \tag{14-8}$$

假设 $d(x_0)$ 是在初始值 x_0 下的偏差矩阵，则：

$$d(x_0) = \begin{bmatrix} t_1^{th}(x_0) - t_1^{ac} \\ \vdots \\ t_n^{th}(x_0) - t_n^{ac} \end{bmatrix} \tag{14-9}$$

将式(14-8)和式(14-9)代入式(14-7)，则可改写为

$$g(x)_{min} = [A(x_0)\Delta x + d(x_0)]^T [A(x_0)\Delta x + d(x_0)] \tag{14-10}$$

则式(14-10)的最小二乘解为

$$\Delta x = -\frac{A(x_0)^T d(x_0)}{A(x_0)^T A(x_0)} \tag{14-11}$$

为保证结果的稳定性，引入阻尼系数 δ，因此，式(14-11)表示为

$$[A(x_0)^T A(x_0) + \delta I]\Delta x = -A(x_0)^T d(x_0) \tag{14-12}$$

以上即为阻尼最小二乘 QR 分解法的过程，通过上述步骤，可以在多次迭代计算后获得较为准确的修正后模型，进而输出最贴合真实情况的理论走时和波速值。

14.4.3　稀土矿边坡声波层析成像步骤

声波层析成像的步骤大致如下：

(1)拾取稀土矿声波信号实际走时；

(2)建立稀土矿声波监测波速初始模型，采用快速扫描法和动态最短路径法对模型进行正演计算，获得射线路径和走时；

(3)判断实际走时与理论走时的偏差，构建走时反演方程式；

(4)求解反演方程，修正模型，计算路径及走时，重复步骤(3)，直到偏差值最小，得到反演结果。

流程如图 14-8 所示。

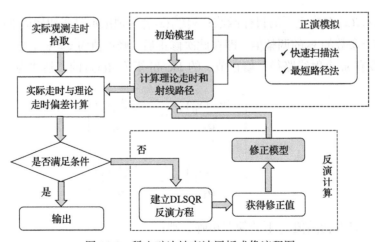

图 14-8　稀土矿边坡声波层析成像流程图

14.5 稀土矿边坡三维成像结果与讨论

本节针对稀土矿边坡现场微震试验获得的数据，对边坡区域进行声波层析成像研究与分析[9,10]，建立了一个尺度为 40m×50m×27m 的成像初始模型，在初始模型中，波速取值为 700m/s，初始速度是利用已知的微震坐标与到时数据计算出波速后，获得的波速在正态分布下的均值。同时，通过对比不同的迭代次数，得出迭代次数参数对成像结果的影响。由于本节所用坐标为绝对坐标，为了更加直观清晰地反映边坡在坐标系中的具体情况，稀土矿边坡在三维坐标系里的摆放位置如图 14-9 所示，其中边坡的高度约为27m，其传感器、敲击点及相对低波速区域在图 14-9 中均有体现。

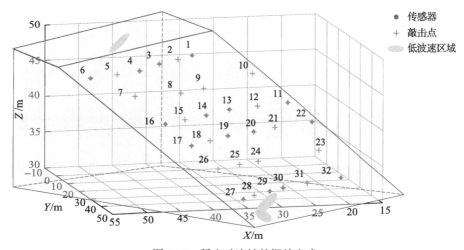

图 14-9 稀土矿边坡的摆放方式

14.5.1 快速扫描法结合阻尼最小二乘 QR 分解算法三维成像结果

利用快速扫描法结合阻尼最小二乘 QR 分解算法(FSM+DLSQR)的三维成像结果如图 14-10 所示。由于本次现场声波监测试验所选取的稀土矿边坡土质较软，查看场地土分类标准推测采集到的波中 S 波占比偏多，因此，引入波速相对变化系数 ζ 来描述三维空间中的相对波速变化情况，系数越小，说明波在该点处的相对速度越小。在模型中，垂直于 Z 轴划分了 7 个切平面，垂直于 Y 轴划分了 3 个切平面，在每一个迭代次数下，都以该 10 个切平面来展示边坡的三维成像结果。

从图 14-10 整体来看，无论是横向切平面还是纵向切平面，随着迭代次数的提高，成像结果中波速相对变化系数小的区域即相对异常波速区域逐渐变扩大、变明显。其中，图 14-10(b)、(c)、(d)左侧三个分图均表现出相对低波速区域在横向切平面上相同的变化特征，即在所建立的三维坐标系下，从上至下看，相对低波速区域面积在第 1 层至第 4 层中逐渐增大，又从第 4 层开始至第 7 层逐渐缩小，且整体走向是从里向外，从左至右。将该规律放入稀土矿边坡中(结合图 14-9)，可以发现，相对低波速区域面积在边坡约中部高度的位置(约 37m 处)达到最大，其走向为沿坡面的倾斜方向，且整体分布大约为从坡顶中部延伸至坡脚左侧，约 28 号敲击点附近。同样地，图 14-10(b)、(c)、(d) 右侧三个分图在相对低波速区域上的特征也是相近的，从最里层至最外层，相对低波速区域出现了

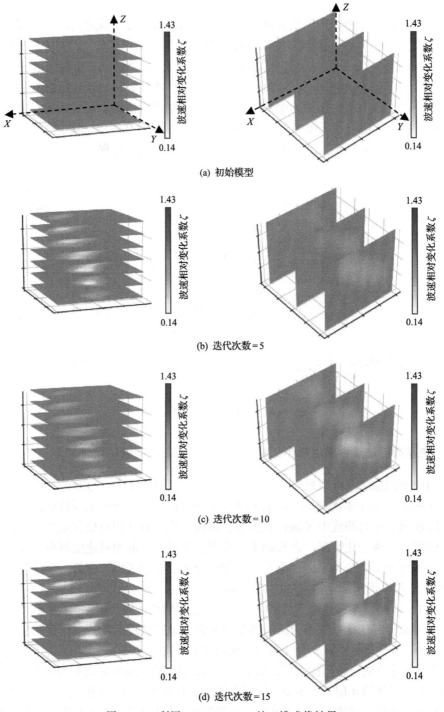

图 14-10　利用 FSM+DLSQR 的三维成像结果

左侧图为垂直于 Z 轴划分的 7 个切平面的成像结果，右侧图为垂直于 Y 轴划分的 3 个切平面的成像结果

逐渐左移、下移的现象，结合图 14-9 也可以观察到相对异常波速区域的走向依然是沿坡面倾斜。

为了更加清晰地观察稀土矿边坡内部相对波速情况，现将迭代次数为 15 次的 40m×50m×20m 的立方体模型沿垂直于 Z 轴方向切为 10 层，每一层高度为 2m，具体情况如图 14-11 所示。

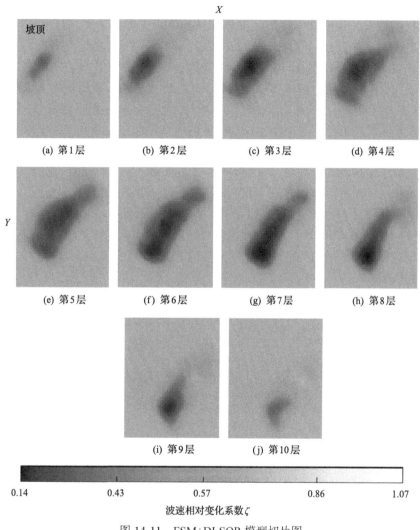

图 14-11　FSM+DLSQR 模型切片图

图 14-11 和图 14-10 的结果一致，相对低波速区域从第 1 层开始就出现了，在这一区域的外延部分相对波速有一定的提高，形成了相对较低波速区域。整体来看，异常波速区域面积在第 1 层至第 4 层呈现出"上部大、下部小"的情况，而从第 5 层开始，这一情况就变为了"上部小、下部大"，也说明边坡内的异常波速区域在逐渐左移。

从第 2 层开始出现相对波速深色成核区域，即相对波速特别小的区域，该层出现的相对波速突变"跳跃"的情况，说明边坡在该层极有可能存在潜在危险。深色成核区域在第 2 层至第 7 层中逐渐扩大。第 2 层至第 4 层，深色成核区域的重心位置基本不变，位于沿边坡走向的中部，其深色成核区域、相对低波速区域和相对较低波速区域的面积均在逐渐增大。

在第 5 层中可以看到，在原本有的沿边坡走向中部的深色成核区域基础上，在靠近边坡边界的左侧处突然出现了一个新的深色成核区域，即相对波速又出现了"跳跃"，且这两个深色成核区域在第 6 层处连成一片，可见在第 5 层和第 6 层处相对波速出现了快速变化的情况，说明在该区域处的岩体结构不均匀，需要尤其注意该层次下结构的损伤情况。

从第 6 层开始，边坡成像的深色成核区域重心逐渐向边坡边界左侧移动，说明边坡的损伤区域重点监测位置也应该要逐渐左移，才能够更好地发现边坡内土体结构的真实情况。第 6 层至第 10 层中，深色成核区域和相对低波速区域面积明显减小，第 8 层之后相对较低波速区域也开始明显减小，说明边坡的内部损伤在逐渐变少，土体逐渐压密，结构逐渐稳定，到第 10 层，深色成核区域消失。

本节选取了边坡的两个切面，分别编号为切面 1 和切面 2，其中切面 1 为 $Z=36\text{m}$，切面 2 为 $Y=16\text{m}$。在这两个切面上，圈定出深色成核区域的位置及范围坐标，如图 14-12、图 14-13 所示。

从图 14-12 和图 14-13 可以发现，深色成核区域的位置基本处在切面的中部，波在边坡中的相对传播速度从边界往中心是逐渐降低的，直到中部聚拢形成深色成核区域（白色曲线内部区域）。

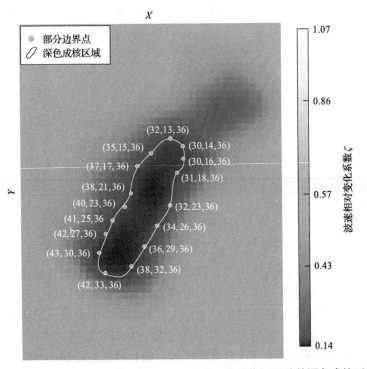

图 14-12　FSM+DLSQR 模型在 $Z=36\text{m}$ 处的三维成像切面及其深色成核区域

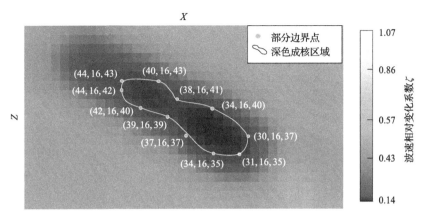

图 14-13　FSM+DLSQR 模型在 Y=16m 处的三维成像切面及其深色成核区域

在 Z=36m 的切面上，深色成核区域所处的范围 X 在 30～43m，Y 在 13～33m，横向跨度和纵向跨度分别为 13m 和 20m，相对波速随着 X 和 Y 的增大而逐渐减小至深色成核区域后又有小范围的增大，这说明从边坡的右侧(1 号敲击点侧)沿边坡走向至边坡的左侧(6 号敲击点侧)，相对波速总体在不断减小，且深色成核区域主要分布在边坡的左侧，证明边坡左侧的稳定性不如右侧，因此，需要对边坡的左侧岩土体采取一定的防控措施。

在 Y=16m 的切面上，深色成核区域所处的范围 X 在 30～44m，Z 在 35～43m，横向跨度和高度跨度分别为 14m 和 8m。可以发现，深色成核区域分布在边坡的中间高度位置，且深色成核区域的中部有一个凹陷区，即点(38，18，41)处，说明在切面 2 的该部位处存在相对波速不均匀的情况，岩土体的结构在此处可能存在隐患。随着高度的降低，波的相对传播速度在逐渐减小后又开始增大，其相对异常波速区域分布的角度与边坡的倾斜角度基本一致，方向为从边坡 5 号敲击点指向 32 号敲击点，整体处在边坡左侧。该区域靠近边坡浅层，主要分布在边坡的残积粉质黏土层和部分全风化花岗岩层中，这也与实际的情况相符，由于稀土矿边坡黏土层及半风化花岗岩中的土体相对松散，波在经过这两层土体时波速就相对更小，这也解释了在该边坡内的监测获得的波速较一般岩体内波速低的情况。

14.5.2　最短路径法结合阻尼最小二乘 QR 分解算法三维成像结果

利用相同的初始模型，用最短路径法结合阻尼最小二乘 QR 分解算法(SPM+DLSQR)划分相同切平面，同样引入波速相对变化系数 ζ 描述三维空间中的相对波速变化情况，该稀土矿边坡的三维成像结果如图 14-14 所示。

从图 14-14 整体来看，其相对异常波速区域的位置分布与图 14-10 基本一致，展示出的趋势也大致相同，但采用 SPM+DLSQR 的相对异常波速区域面积要比采用 FSM+DLSQR 的面积更大，尤其在坡顶和坡脚位置，相对异常波速区域更明显。

同样地，为了更加清晰地观察该方法获得的稀土矿边坡内部的相对波速情况，选取迭代次数为 15 次的结果，用同样的方式将模型切为 10 层，每一层高度为 2m，具体情况如图 14-15 所示。

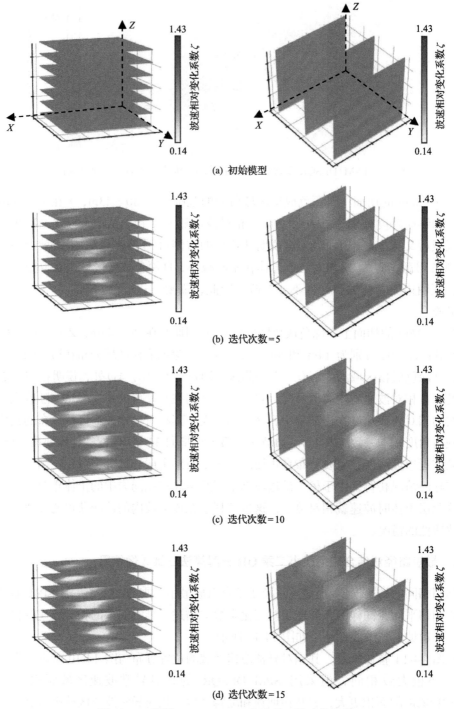

图 14-14　利用 SPM+DLSQR 方法的三维成像结果

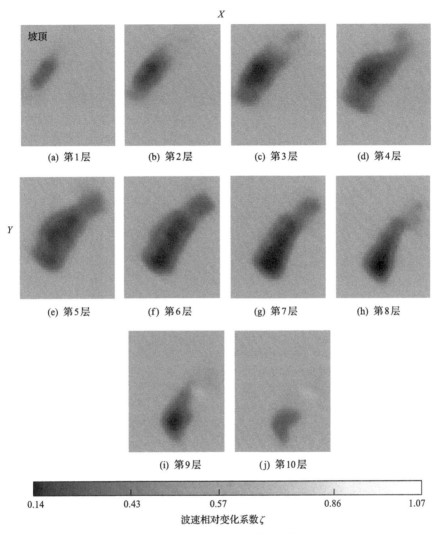

(a) 第1层　　　(b) 第2层　　　(c) 第3层　　　(d) 第4层

(e) 第5层　　　(f) 第6层　　　(g) 第7层　　　(h) 第8层

(i) 第9层　　　(j) 第10层

0.14　　　　0.43　　　　0.57　　　　0.86　　　　1.07

波速相对变化系数ζ

图 14-15　SPM+DLSQR 模型切片图

由图 14-15 可以发现，其与图 14-11 相比，采用 SPM+DLSQR 的结果相对异常波速区域面积更大，在第 1 层与第 10 层的相对波速比采用 FSM+DLSQR 获得的相对波速值明显更小。但整体来看，两种成像方法得到的切片图呈现的规律和趋势接近，在第 1 层和第 10 层均并未出现深色成核区域，从第 2 层开始出现相对波速"跳跃"情况，深色成核区域出现直到第 9 层，面积逐步扩大再减小，且其重心也在不断下移，这也说明在边坡的潜在不稳定区域是从坡顶中部逐渐向坡脚左侧移动。需要注意的是，在图 14-11 中，两个深色成核区域开始出现是在第 5 层，而在图 14-15 中是在第 4 层，即相对波速的"跳跃"，因此，尽管第 4 层的相对波速比第 3 层的低，也需要重点关注第 4 层岩土体的情况。

在该种方法下，本节同样选取了边坡的两个切面，分别编号为切面 3 和切面 4，其中切面 3 为 Z=36m，切面 4 为 Y=16m。在这两个切面上，圈定出深色成核区域的位置及范围坐标，如图 14-16、图 14-17 所示。

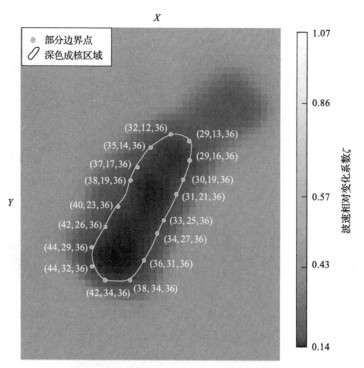

图 14-16　SPM+DLSQR 模型在 Z=36m 处的三维成像切面及其深色成核区域

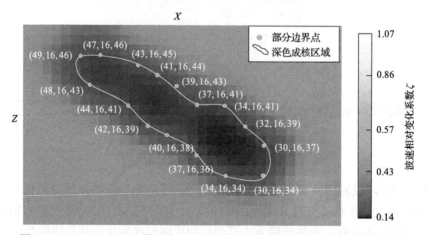

图 14-17　SPM+DLSQR 模型在 Y=16m 处的三维成像切面及其深色成核区域

　　从图 14-16 和图 14-17 可以发现，在 Z=36m 的切面上，深色成核区域的位置(曲线内部区域)与 FSM-DLSQR 结果一致，基本处在切面的中部，深色成核区域所处的范围 X 在 29～44m，Y 在 12～34m，横向跨度和纵向跨度分别为 15m 和 22m。该切面上的相对波速随着 X 和 Y 的增大先减小，在深色成核区域后相对速度又开始逐渐增大，这也与图 14-12 的规律一致。

　　而在 Y=16m 的切面上，可以看到深部成核区域出现了显著扩大，与 FSM-DLSQR 相比，出现了上扩现象，把稀土矿边坡的危险区域高度从 43m 提高到了 46m。不难看出，相对异常波速区域的方向仍然与边坡的倾斜方向一致，且靠近表层，在深色成核区域中部点(37,16,41)处,能观察到一个凹陷区,这一结果与利用 FSM-DLSQR 得到的结果基本一样。在该切面上,深色成核区域所处的范围 X 在 30~49m,Z 在 34~46m,横向跨度和高度跨度分别为 19m 和 12m。

　　通过本节的分析,获得了稀土矿边坡内部结构的潜在危险区域,阐明了稀土矿边坡中不稳定土体的分布情况及规律,其结果与边坡真实情况相符,可为稀土矿边坡的稳定性防控提供一定参考。

参 考 文 献

[1] 池汝安, 田君, 罗仙平, 等. 风化壳淋积型稀土矿的基础研究[J]. 有色金属科学与工程, 2012, 3(4): 1-13.

[2] 王观石, 罗嗣海, 胡世丽, 等. 裸脚式稀土矿山原地浸矿渗流过程及边坡变形[J]. 稀土, 2017, 38(3): 35-46.

[3] 李庶林, 尹贤刚, 郑文达, 等. 凡口铅锌矿多通道微震监测系统及其应用研究[J]. 岩石力学与工程学报, 2005(12): 2048-2053.

[4] 赵连锋. 井间地震波速与衰减联合层析成像方法研究[D]. 成都: 成都理工大学, 2002.

[5] Zhao H. A fast sweeping method for eikonal equations[J]. Mathematics of Computation, 2005, 74(250): 603-627.

[6] 兰海强, 张智, 徐涛, 等. 地震波走时场模拟的快速推进法和快速扫描法比较研究[J]. 地球物理学进展, 2012, 27(5): 1863-1870.

[7] Nakanishi I, Yamaguchi K. A numerical experiment on nonlinear image reconstruction from first-arrival times for two-dimensional island arc structure[J]. Journal of Physics of the Earth, 1986, 34(2): 195-201.

[8] 赵后越, 张美根. 起伏地表条件下各向异性地震波最短路径射线追踪[J]. 地球物理学报, 2014, 57(9): 2910-2917.

[9] 董陇军, 张义涵. 地声事件定位及失稳灾害预警方法、感知仪、监测系统: CN112904414B[P]. 2022-04-01.

[10] 邓思佳. 稀土矿边坡微震稳定性测试及区域危险性分析[D]. 长沙: 中南大学, 2022.

第15章 铅锌矿震源定位与波速结构成像案例分析

随着深部矿山采矿条件愈加复杂，开采诱发的岩体失稳灾害造成的人员伤亡与经济损失也愈发严重。岩体声学监测作为一种无损探测技术，在矿山灾害预警与防控领域的应用逐渐被重视起来。陕西震奥鼎盛矿业有限公司是典型的深部开采硬岩铅锌矿山企业，随着其开采作业面不断向深部转移，矿体赋存条件愈发复杂，安全开采难度极大，矿山通过留设大量矿柱以保障开采安全，但同时后期矿柱的安全回收面临很大挑战。近年来，该矿山在井下建立充填系统一定程度上释放了部分矿量。2021年，该矿山与中南大学硬岩灾害防控团队合作，在矿山795中段建立了深部地压控制与灾害防控样板示范系统，采用团队自主研发的多频段灾源智能感知系统和采场实时连续智能预警系统对开采过程中的岩体声学信号进行监测，并利用团队发明的定位及预警技术对潜在的岩体失稳灾害进行了预警和防控。

15.1 矿山开采现状

通过现场调研，发现随着开采深度的增加，地应力集聚区明显增多，因凿岩、爆破等开采扰动诱发的垮塌、岩爆、片帮、冒顶风险明显增大，严重制约着矿山的安全高效开采，主要问题总结如下。

1. 地应力突显问题

随着震奥鼎盛铅锌矿生产工作面不断向深部推进，上部采空区、巷道及硐室的稳定性受到了高地应力、强开采扰动和围岩体交叉节理裂隙切割等内外部多重因素带来的考验，岩体工程失稳风险加剧，开采过程中岩体结构极易发生松动剥落，形成冒顶、片帮、岩爆等地压问题。目前，部分巷道、空区和矿柱附近的围岩地应力显现，侧壁围岩出现片帮，巷道底部发生底臌；加之矿区的成矿构造特点，目前在背斜区域已经出现了明显的应力集中现象。上述问题对采矿作业人员安全及生产设备运行造成了安全隐患，矿区地压监测与控制方案亟待改善，因此有必要对巷道采场进行实时监测，深入研究开采区域三维地应力场分布规律，提出合理的地压防控思路和对策。

2. 采场作业安全问题

采场生产作业过程中面临着来自巷道开挖二次应力的转移集中、采场顶板暴露面积大、空区地压管理压力等问题，发生岩体失稳垮落灾害的风险与日俱增。该矿区矿体深埋地下近700m，矿山开采深度较深，目前已经开拓至井下795中段，该中段矿体厚大，地压明显，严重影响着矿山资源安全回收。矿山开采在地下遗留了大量未充填的采空区群，在采空区影响范围内掘进巷道时，巷道掌子面的开挖扰动会使得原岩应力发生二次调整，在应力不断积聚和转移的过程中，围岩中储存了大量的应变能。矿区以千枚岩为主的围岩相对坚硬，具备岩爆等动力灾害发生的先决条件。随着开采工作面推进，采场暴露面积不断增大，发生动力失稳灾害的可能越来越大。因此，对采场地压活动的监控，建立岩体变形失稳风险预警机制，可为安全生产提供重要的安全保障。

15.2　现场岩石声学参数测试及结果分析

15.2.1　岩石试样制备

陕西震奥鼎盛矿业有限公司多频段地声智能感知与灾害防控系统构建前期，测试了岩石的基本声学参数。岩石试样取自 80 线至 90 线的 795 中段，取样后在实验室利用 ZS-50 型岩石钻孔机沿同一层理钻取直径为 50mm 的岩心，运用 SYQ-6 型岩石切割机和双端面磨石机制取高度为 100mm 和 25mm 的岩石试样，保证试样直径误差不大于 0.3mm；两端面不平整度误差不大于 0.05mm；沿试样高度方向，两端面垂直于试样轴线，最大偏差不大于 0.25°。图 15-1 为加工好的岩石试样和波速测量实验所用的声学传感器。

 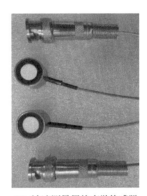

(a) 岩石试样　　　　　　　　　　　(b) 波速测量用的声学传感器

图 15-1　岩石试样与波速测量用的声学传感器

15.2.2　试验方法

1. 岩石波速

声波速度对于反映岩体物理力学性能具有重要的意义，由于岩体中所含节理、孔隙、裂隙、矿物成分等各不相同，对岩石波速的影响也不相同。因此，岩体声波速度被广泛应用于岩体工程的密度、泊松比、弹性模量等宏观参数测定、质量评价等领域。

声波测试理论基础建立在固体介质中应力波的传播理论，如图 15-2 所示，该方法就是利用一种声源信号发射器(发射系统)，向压电材料制成的发射换能器发射电脉冲，激励晶片振动，发射出的声波在测试材料中传播，后经接收器接收，把声能转换成微弱的电信号送至接收系统，经信号放大后在屏幕上显示出波形。根据传感器接收的到时差 t 和已知的岩石试样长度 L，便可计算出声波在岩石试样中传播的纵波波速(v_p)，即

$$v_{\mathrm{p}} = L/t \tag{15-1}$$

图 15-2　岩石试样波速测量示意图

2. 岩石声阻抗

声波在岩石中传播，由于内摩擦使得声波能量衰减，衰减的大小与声耦合率有关，而声耦合率是不同岩体介质的声阻抗 Z 的比值 Z_1/Z_2。其中岩石声阻抗 Z 为岩体密度 ρ 和声速 v 的乘积，即 $Z = \rho v$。

两种岩性之间声阻抗值相差越大，二者之间声耦合越差，将在两者之间的界面上产生多次折射与反射，从而声波衰减率越大。

15.2.3　试验测试结果

1. 波速测试结果

利用声发射监测设备，分别采用脉冲法和断铅法进行岩石试样波速测试。两种方法的介绍及测量结果如下所述。

1）脉冲法

两个声学传感器放置在岩石两个端面，当脉冲发生器产生的高压电脉冲信号加在声学传感器探头上时，探头受到激发，产生一个瞬态的振动（P 波或者 S 波取决于探头的振动方式），该振动经过传感器与岩石之间的耦合后，在岩石试样中传播，到达岩石试样另一端时，被接收传感器所接收。通过计算脉冲发生时间与传感器接收时间之差的到时差，可以计算出岩石 P 波速度。对于每一个岩石试样，采用脉冲法测量波速时，每一端分别作为发射端向接收端的传感器发射两次脉冲信号，取 4 次测试结果的平均值作为最终的岩石试样的波速。脉冲法测得的 100mm 和 25mm 岩石试样的声波波速见表 15-1 和表 15-2。

通过观察表 15-1、表 15-2 可以发现，脉冲法测试下 100mm 岩石试样平均波速在 3241～6134m/s，25mm 岩石试样平均波速在 1938～5002m/s，试样 4 和试样 8 波速最小，主要因为试样 4 和试样 8 表面有清晰的裂缝，导致脉冲信号在裂纹处衰减，测得的波速最小；同时测得的试样 5 和试样 10 波速最大，表明试样 5 和试样 10 最致密，质地比较均匀，所以波速最大。

表 15-1　脉冲法测得的 100mm 岩石试样的声波波速

试样编号	脉冲方向	距离/m	时间/10^{-5}s	波速/(m/s)	平均波速/(m/s)
1	A~B	0.1	1.85	5405	
	A~B	0.1	1.85	5405	
	B~A	0.1	1.85	5405	5405
	B~A	0.1	1.85	5405	
2	A~B	0.1	1.68	5952	
	A~B	0.1	1.68	5952	
	B~A	0.1	1.68	5952	5952
	B~A	0.1	1.68	5952	
3	A~B	0.1	2.11	4739	
	A~B	0.1	2.11	4739	
	B~A	0.1	2.11	4739	4739
	B~A	0.1	2.11	4739	
4	A~B	0.1	3.09	3236	
	A~B	0.1	3.09	3236	
	B~A	0.1	3.08	3246	3241
	B~A	0.1	3.08	3246	
5	A~B	0.1	1.63	6134	
	A~B	0.1	1.63	6134	
	B~A	0.1	1.63	6134	6134
	B~A	0.1	1.63	6134	

表 15-2　脉冲法测得的 25mm 岩石试样的声波波速

试样编号	脉冲方向	距离/m	时间/10^{-6}s	波速/(m/s)	平均波速/(m/s)
6	A~B	0.025	5.4	4630	
	A~B	0.025	5.4	4630	
	B~A	0.025	5.4	4630	4630
	B~A	0.025	5.4	4630	
7	A~B	0.025	5.9	4237	
	A~B	0.025	5.9	4237	
	B~A	0.025	6.3	3968	4170
	B~A	0.025	5.9	4237	

试样编号	脉冲方向	距离/m	时间/10^{-6}s	波速/(m/s)	平均波速/(m/s)
8	A~B	0.025	12.9	1953	1938
	A~B	0.025	12.8	1953	
	B~A	0.025	13.0	1923	
	B~A	0.025	13.0	1923	
9	A~B	0.025	5.4	4630	4567
	A~B	0.025	5.4	4630	
	B~A	0.025	5.5	4545	
	B~A	0.025	5.6	4464	
10	A~B	0.025	4.9	5102	5002
	A~B	0.025	4.9	5102	
	B~A	0.025	5.1	4902	
	B~A	0.025	5.1	4902	

2) 断铅法

两个传感器探头放置在岩石两个端面,在其中一个传感器 5mm 距离周围连续断铅 4 次。铅芯伸出长度约为 2.5mm,与岩石试样表面夹角为 30°左右。断铅模拟突发型的脉冲波源,产生一个瞬态的振动,该振动在岩石试样中传播,到达岩石另一端时,被接收传感器所接收。通过计算脉冲发生时间与传感器接收时间之差的到时差,可以计算出岩石 P 波速度。采用断铅法测得的 100mm 和 25mm 岩石试样的声波波速见表 15-3 和表 15-4。

表 15-3　断铅法测得的 100mm 岩石试样声波波速

试样编号	断铅方向	距离/m	时间/10^{-5}s	波速/(m/s)	平均波速/(m/s)
1	A~B	0.1	1.98	5050	5436
	A~B	0.1	1.78	5618	
	B~A	0.1	1.90	5263	
	B~A	0.1	1.72	5814	
2	A~B	0.1	1.85	5405	5469
	A~B	0.1	1.58	6329	
	B~A	0.1	2.11	4739	
	B~A	0.1	1.85	5405	
3	A~B	0.1	1.95	5128	5399
	A~B	0.1	1.91	5235	
	B~A	0.1	1.77	5649	
	B~A	0.1	1.79	5586	

续表

试样编号	断铅方向	距离/m	时间/10^{-5}s	波速/(m/s)	平均波速/(m/s)
4	A～B	0.1	3.01	3319	
	A～B	0.1	2.91	3434	
	B～A	0.1	2.29	4369	3738
	B～A	0.1	2.61	3830	
5	A～B	0.1	1.87	5347	
	A～B	0.1	2.02	4950	
	B～A	0.1	1.87	5347	5611
	B～A	0.1	1.47	6802	

表 15-4　断铅法测得的 25mm 岩石试样声波波速

试样编号	断铅方向	距离/m	时间/10^{-6}s	波速/(m/s)	平均波速/(m/s)
6	A～B	0.025	5.6	4464	
	A～B	0.025	4.0	6250	
	B～A	0.025	7.7	3247	4396
	B～A	0.025	6.9	3623	
7	A～B	0.025	5.7	4385	
	A～B	0.025	4.7	5319	
	B～A	0.025	5.7	4385	4469
	B～A	0.025	6.6	3788	
8	A～B	0.025	4.6	5434	
	A～B	0.025	4.3	5814	
	B～A	0.025	7.6	3425	4491
	B～A	0.025	7.6	3289	
9	A～B	0.025	7.5	3333	
	A～B	0.025	5.1	4902	
	B～A	0.025	7.6	3289	3873
	B～A	0.025	6.3	3968	
10	A～B	0.025	8.0	3125	
	A～B	0.025	5.5	4545	
	B～A	0.025	5.7	4385	3913
	B～A	0.025	3.9	6410	

通过观察表 15-3、表 15-4 可以发现，断铅法测试下 100mm 岩石试样平均波速在 3738～5611m/s，25mm 岩石试样平均波速在 3873～4491m/s，试样 4 波速最小，测得的试样 5 波速最大，因为试样 4 表面有清晰的裂缝，导致声学信号在裂纹处衰减，测得的波速最小；同时表明试样 5 最致密，质地比较均匀，所以波速最大。其余岩石试样波速差异较小。

2. 声阻抗测试结果

通过采用游标卡尺测量岩石试样的直径和高度,并对岩石进行称重,确定岩石的密度,声速 v 与密度 ρ 的乘积表示岩石的声阻抗,单位是 $kg/(m^2 \cdot s)$,100mm 和 25mm 岩石试样的各物理参数及声阻抗见表 15-5 和表 15-6。

表 15-5　100mm 岩石试样基本物理参数及声阻抗

试样编号	试样质量/kg	试样体积/m³	试样密度/(kg/m³)	声阻抗/[10⁷kg/(m²·s)]
1	0.562	196.145	2865	1.55
2	0.543	195.552	2776	1.65
3	0.527	196.34	2684	1.27
4	0.647	196.34	3295	1.07
5	0.552	195.951	2817	1.73

表 15-6　25mm 岩石试样基本物理参数及声阻抗

试样编号	试样质量/kg	试样体积/cm³	试样密度/(kg/m³)	声阻抗/[10⁷kg/(m²·s)]
6	0.165	49.669	3321	1.54
7	0.132	49.474	2668	1.11
8	0.137	49.279	2780	1.53
9	0.169	49.474	3415	1.56
10	0.139	49.279	2820	1.41

通过观察表 15-5、表 15-6 可以发现,100mm 岩石试样的声阻抗在 $1.07 \times 10^7 \sim 1.73 \times 10^7 kg/(m^2 \cdot s)$,25mm 岩石试样的声阻抗在 $1.11 \times 10^7 \sim 1.56 \times 10^7 kg/(m^2 \cdot s)$,声波在通过不同岩石的界面时,会产生反射、折射及透射现象,能量的分配由声阻抗决定,试样 4 和试样 7 的声阻抗最小,表明试样 4 和试样 7 内部裂纹较为发育,声波发生的反射、折射及透射现象更多;试样 5 和试样 9 的声阻抗最小,表明试样内部较为致密。

15.3　现场地声智能监测系统构建与方案实施

陕西震奥鼎盛矿业有限公司采用中南大学硬岩灾害防控团队自主研发的多频段灾源智能感知系统和采场实时连续智能监测预警系统构建地声智能监测系统,选取具有代表性的开采中段和采场进行现场试验,通过理论和数据分析,实现中段地压分布的透明化。进一步开展矿区岩体质量等级分区分级,对监测区域应力集中与岩体失稳垮塌预警。最后根据确定的高应力集中区域和潜在失稳区域对开采设计方案和采矿生产工艺进行了调整和优化,为安全生产实时监管提供了指导性意见。具体的现场地声智能监测方案如下所述。

(1)构建 795 中段区域多频段灾源监测感知网络,形成兼顾长辐射和短辐射覆盖、低频段和中高频段采集、固定式和移动式组合的矿井灾源智能感知体系,确保灾害孕育过程中小能级释放事件和岩体变形失稳大能级事件全面捕捉,为开展地压状况评估及防治提供数据支撑,辅助采场灾源预警。

(2)现场调试采场岩体灾害感知预警系统，从时间、空间、强度和频域四个维度着手剖析灾源孕育及演化特征，构建监测范围内潜在失稳灾害多指标联合预警判据，实现震源特征参数自动处理及灾害实时预警，为采场人员、设备安全提供技术保障。

(3)构建覆盖80线至90线的795中段至860中段各分层的多频段地声智能感知系统，并根据现场调研结果将795中段作为首选试验区域，通过探究该中段多分层区域的地压变化规律及存在的采场安全隐患，结合数据分析与理论验证，实现多频段地声智能感知系统，并向其他中段推广应用。

首先，通过现场考察和调研，确定了地声智能监测系统信号采集设备和地声智能感知传感器的安装位置，具体如图 15-3～图 15-10 所示。然后，采用地质钻机进行传感器安装钻孔施工，采用注浆机进行注浆，安装传感器，并采用全站仪精确测量传感器的安装坐标，结果见表 15-7。最后，敷设信号采集和传输所需的电缆和光缆，组网建成高精度地声智能监测系统。

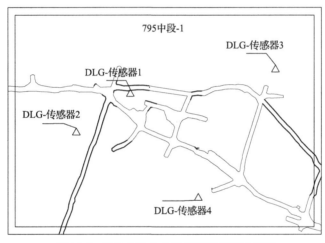

图 15-3　795 中段 1 分层传感器布设示意图

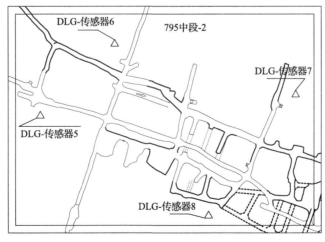

图 15-4　795 中段 2 分层传感器布设示意图

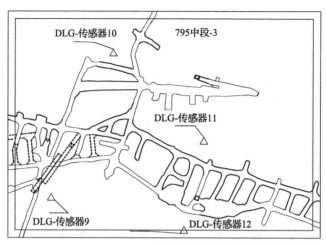

图 15-5　795 中段 3 分层传感器布设示意图

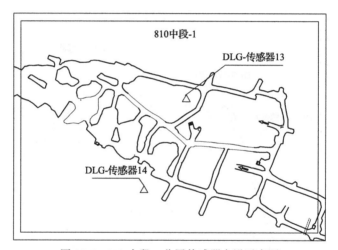

图 15-6　810 中段 1 分层传感器布设示意图

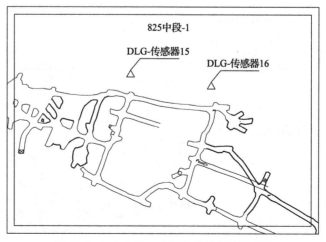

图 15-7　825 中段 1 分层传感器布设示意图

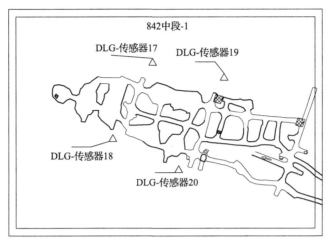

图 15-8　842 中段 1 分层 80～83 线传感器布设示意图

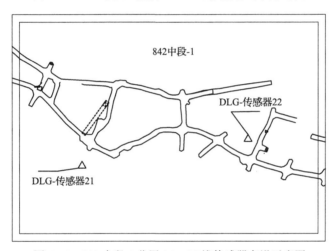

图 15-9　842 中段 1 分层 84～87 线传感器布设示意图

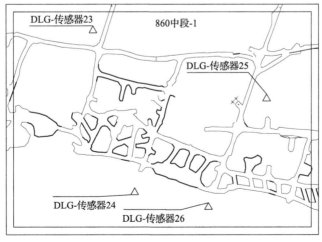

图 15-10　860 中段 1 分层传感器布设示意图

表 15-7　地声智能监测系统传感器安装坐标

钻孔编号	测量方位角/(°)	测量倾斜角度/(°)	孔口坐标 X	孔口坐标 Y	孔口坐标 Z
1	104.01		3749990.13	373344.36	798.63
2	288.76		3749959.75	373330.52	798.68
3	17.12		3749995.35	373447.14	798.38
4	252.38		3749927.02	373409.91	798.88
5	195.27		3749902.34	373476.31	799.20
6	257.13		3749937.08	373535.95	799.25
7	108.88		3749908.68	373634.73	797.84
8	208.94		3749834.31	373594.46	798.22
9	106.11		3749812.62	373703.75	796.84
10	266.70		3749900.66	373766.27	796.22
11	23.23		3749834.21	373808.67	797.31
12	192.74		3749797.37	373803.54	797.14
13	324.57	50.60	3749937.74	373532.98	813.44
14	292.74	15.70	3749883.88	373514.04	811.97
15	8.65	28.80	3749946.64	373595.93	827.88
16	18.44	14.15	3749956.03	373543.77	827.33
17	25.75	18.00	3749950.60	373541.78	844.62
18	228.65	15.30	3749919.26	373528.17	844.49
19	17.63		3749940.28	373590.69	844.70
20	203.77		3749901.18	373569.27	844.15
21	211.58	14.15	3749826.23	373703.02	845.12
22	8.89	14.40	3749822.74	373811.00	844.90
23	10.25	13.80	3749903.74	373777.81	861.27
24	200.17	13.70	3749818.50	373812.06	861.15
25	109.80	16.40	3749870.56	373886.42	860.90
26	14.33	14.60	3749807.85	373860.94	861.22

15.4　现场地声震源定位结果分析

15.4.1　爆破震源坐标情况

陕西震奥鼎盛矿业有限公司地声智能监测系统建成后，在现场开采区域开展了多次爆破试验，记录了爆破的时间、爆破药量、爆破震源坐标以及每次爆破触发传感器的数量，结果见表 15-8，利用系统监测数据对定位方法精度进行了分析。

各试验点选取依据如下：2022 年 4 月 1 日 15:27 的爆破试验 1 为 795m 中段传感器较为密集的区域，选取该点可以保证在首次测试的时候尽量多触发传感器，获得更多的数据，进一步提高定位精度；4 月 2 日至 4 日的爆破试验 2~4 选取的位置为 825m 中段远离当日井下生产爆破区域，该位置位于传感器网络较密集的区域，受到的生产爆破施工干扰较小，能够获取更精准的数据；8 月 9 日爆破试验 5 选取的位置为 860m 中段，主要是为了测试传感器网络相对较为稀疏的区域定位精度是否受到影响。

表 15-8　5 次爆破的时间、爆破药量、爆破震源坐标和触发传感器的数量

序号	时间	爆破药量/kg	坐标			触发传感器数量
			X/m	Y/m	Z/m	
1	2022-4-1 15:27	54	3749971.46	373550.71	796.62	20
2	2022-4-2 23:32	60	3749800.03	373890.79	825.79	15
3	2022-4-3 23:50	60	3749798.24	373898.09	826.11	19
4	2022-4-4 23:37	60	3749795.41	373889.61	825.94	17
5	2022-8-9 1:23	1.5	3749901.76	373687.54	860.99	16

15.4.2　爆破定位结果分析

分别采用传统时差定位方法和中南大学硬岩灾害防控团队提出的未知波速系统三维解析解定位方法与无需预先测量波速定位方法对爆破试验进行了定位，三种定位方法得到的定位结果分别见表 15-9～表 15-11，从表中结果可知，传统时差定位方法的平均误差为 295.29m，最小定位误差为 61.04m，波动区间为 61.04～464.71m，误差较大，波动较大；未知波速系统三维解析解定位方法的平均误差为 115.62m，最小定位误差为 65.63m，波动区间为 65.63～268.87m，误差较大；无需预先测量波速定位方法的平均误差为 17.53m，最小定位误差为 8.15m，波动区间为 8.15～21.56m，且大部分结果定位误差较为稳定，误差较小。

表 15-9　传统时差定位方法定位结果

序号	定位结果			定位误差			
	x/m	y/m	z/m	x_{err}/m	y_{err}/m	z_{err}/m	D_{err}/m
1	3749939.18	373575.05	842.34	32.28	24.34	45.72	61.04
2	3749899.22	373836.79	948.07	99.19	54.01	122.28	166.46
3	3749924.00	374014.25	451.18	125.76	116.16	374.93	412.17
4	3750222.08	373851.41	1006.07	426.67	38.21	180.13	464.71
5	3749933.98	373724.53	492.11	32.22	36.99	368.88	372.13
平均值							295.29

表 15-10　未知波速系统三维解析解定位方法定位结果

序号	定位结果			定位误差			
	x/m	y/m	z/m	x_{err}/m	y_{err}/m	z_{err}/m	D_{err}/m
1	3749929.36	373494.92	803.85	42.10	55.79	7.23	70.27
2	3749868.95	373840.28	1080.72	68.92	50.52	254.93	268.87
3	3749867.18	373895.81	863.84	68.94	2.28	37.73	78.62
4	3749775.11	373951.51	817.87	20.30	61.89	8.07	65.63
5	3749984.64	373648.84	836.52	82.88	38.71	24.47	94.69
平均值							115.62

表 15-11　无需预先测量波速定位方法定位结果

序号	定位结果			定位误差			
	x/m	y/m	z/m	x_{err}/m	y_{err}/m	z_{err}/m	D_{err}/m
1	3749960.24	373562.77	783.69	11.22	12.06	12.93	20.94
2	3749785.71	373893.21	810.79	14.33	2.41	15.00	20.88
3	3749786.73	373893.21	815.92	11.51	4.88	10.19	16.13
4	3749790.86	373893.21	820.21	4.55	3.59	5.73	8.15
5	3749907.38	373682.88	881.28	5.61	4.66	20.29	21.56
平均值							17.53

从以上定位结果可以看出，爆破事件 4 定位精度最高，无需预先测量波速定位方法定位误差为 8.15m，未知波速系统三维解析解定位方法误差为 65.63m，传统时差定位方法误差为 464.71m，其主要原因在于爆破位置处于传感器监测网络较为密集区域，爆破产生的应力波到各个传感器的传播路程较短，传播过程中受到空区、破碎带等影响较小，且爆破药量较大（60kg）能够触发的传感器更多，因此，未知波速系统三维解析解定位方法和无需预先测量波速定位方法精度较高，而传统时差定位方法误差较大的原因在于没有考虑波速的时空差异，导致该事件定位精度较低。爆破事件 1 与事件 5 定位精度相对较差，无需预先测量波速精定位方法误差分别为 20.94m 与 21.56m，未知波速系统三维解析解定位方法误差分别为 70.27m 与 94.69m，传统时差定位方法误差分别为 61.04m 与 372.13m，其主要原因在于爆破位置处于传感器监测网络较为稀疏的边界区域，可能使微震设备采集到的数据存在异常值，导致定位结果精度较低。

从整体上看，虽然传统时差定位方法通过拟合与求解最优值的方法求解，也能够充分利用较多的传感器不断优化定位结果，但是通常受波速时空差异的影响，精度较低，很难实时给出定位结果。无需预先测定波速精定位方法节约了因微震定位前期通过大量爆破使用测量速度造成的人员、时间和经济成本，避免了因测量区域波速与实际微震区域波速的差异造成的定位误差，相对传统时差定位方法定位更加精确实用。根据爆破试验结果可以得出，无需预先测量波速定位方法的定位结果整体明显优于传统时差定位方法和未知波速系统三维解析解定位方法，大幅提升了定位精度。

15.5　现场震源参数统计分析

随着陕西震奥鼎盛矿业有限公司开采深度增加，岩体的破裂过程也越来越复杂。因此，通过统计分析震源参数的时空变化规律，能够进一步深入了解矿山灾害发生的过程。本节分别统计了 2022 年 4 月 1 日至 7 日、6 月 13 日至 19 日、7 月 18 日至 24 日监测系统覆盖区域的地声监测数据，对震源参数变化及现场情况进行了分析。

15.5.1　开采区域 4 月 1 日至 7 日地声事件空间分布情况与震源参数统计分析

图 15-11 显示了 4 月 1 日至 7 日地声事件空间分布情况，图中球表示地声事件，颜

色表示事件矩震级，颜色越深代表震级越大。从图 15-11 中可以看出，4 月初整体上地声事件较为分散，795～860m 中段均有发生，主要集中在 82～88 线，大多数事件为小震级绿色地声事件，主要由爆破等开采活动影响产生，这与井下生产活动范围一致。

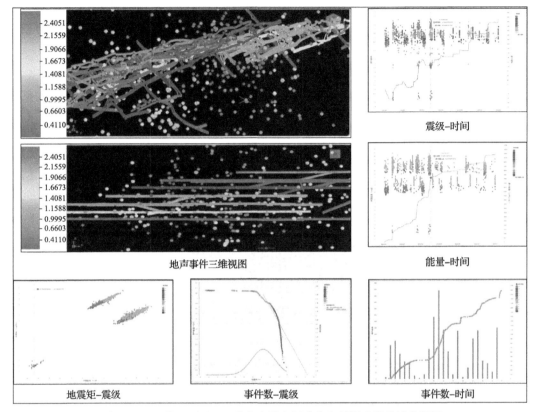

图 15-11　4 月 1 日至 7 日地声事件空间分布与震源参数统计分析图

　　图 15-11 中震级-时间与能量-时间变化图可以看出，4 月 1 日至 3 日地声事件较密集，虽然大部分事件为小震级事件，但是在每天 16:00 左右会记录到一些大震级事件，这与井下集中爆破施工有关，由爆破施工产生了大量的地声事件，可以看出每天这个时间段累积能量曲线与累积震级曲线明显上升；4 月 4 日至 7 日则累积能量与震级增长相对缓慢，因此累积能量曲线与累积震级曲线相对平缓，这是由于这几天井下减少了爆破施工，以运输出矿为主，从而地声事件相对减少。从事件数-时间图可以看出，每天 9:00 左右开始至 15:00 左右，17:00 左右至 23:00 左右事件数明显较高，根据矿山三班倒工作安排，13:00 至 14:00 为白班人员休息时间，6:00 至 8:00，15:00 至 17:00 与 23:00 至次日 1:00 为交接班时间，这些时间段事件数明显较低，大部分事件为小震级事件，因此显而易见可以得出，微震事件的活跃程度与井下施工开采活动有关，其中白班以爆破、凿岩施工为主，产生的事件较多、震级较大、释放的能量也较多，晚班以出矿、运输为主，产生的事件相对较少，震级也较小。从事件数-时间图可以得出 4 月 1 日至 7 日统计 b 值为 0.62，处于中等水平，说明该时间段地声活动正常。

需要注意的是其中 795m 与 810m 中段明显有几次大震级事件分布在 82～84 线，原因与该时间段 82～83 线进行了多次进尺爆破施工有关，大量的爆破施工会对地下结构产生持续强烈的开采扰动，这些开采扰动可能会对断层构造产生反应，同时也对相邻的 810m 中段产生了影响，在 15.6.1 节的成像结果中可以看出该区域显示为高速区域，这可能是由爆破施工产生了大量的微震事件，大量事件射线交叉引起速度扰动较大。因此在现阶段及今后开采阶段上述地区危险性较大，需要注意进行支护。

15.5.2　开采区域 6 月 13 日至 19 日地声事件空间分布情况与震源参数统计分析

从图 15-12 可以看出地声事件空间分布主要集中在 82～86 线，根据能量–时间与震级–时间的关系曲线可以看出在爆破施工作用下，地声监测系统所监测到的事件震级急剧增加，并且由此引发的岩体微破裂事件数量也在爆破作业后的 1～2h 内增加，岩体释放的能量急剧增大，岩体处于卸压状态，而当爆破过后，岩体内部微裂纹随着应力波传播距离以及应力重分布才逐渐显现；累积震级逐渐降低，说明该时间段小震级事件较多，大量事件震级为负数，所以累积震级曲线降低，累积能量与微震事件产生规律相一致。

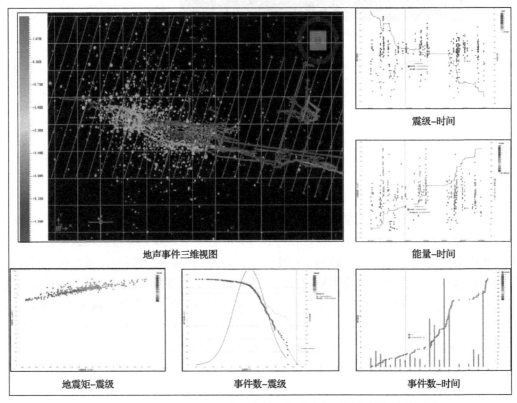

图 15-12　6 月 13 日至 19 日微震事件空间分布与震源参数统计分析图

爆破作业直接影响了地声事件的数量及量级，而地震矩、事件数与震级之间的关系则可以反映小震级微震事件与大震级微震事件之间的动态关系，并据此分析一段时间内监测区域岩体震源参数的演化规律，通过地声事件群的数量和大小来判断未来一段时间发生大震级微震事件的概率。从事件数-时间图可以看出，该时间段 12：00 至 16：00 左右事件率显然高于其他时间段，从生产工作站日志看出，进一步增加了爆破施工的区域，对应增加了钻孔凿岩施工区域，因此事件率上升显著，晚班以出矿、运输为主，产生的事件相对较少，震级也较小。从事件数-时间图可以得出 6 月 13 日至 19 日统计 b 值为 2.41，处于较高水平，说明该时间段微震活动较活跃，故而建议实际作业过程中当能量曲线区域平缓后，再进入采场作业，同时需要注意冒顶、片帮等事故发生。

15.5.3　开采区域 7 月 18 日至 24 日地声事件空间分布情况与震源参数统计分析

地声智能监测系统 7 月 18 日至 24 日共 847 个事件，其中事件信号 695 个，爆破事件 152 个。处理过后的地声事件空间分布与巷道三维结构关系如图 15-13 所示。地声事件在矿区多个中段分层发生，整体上出现比较明显的地声事件聚集区域，其中 795m 中段的 83 线和 88~89 线、825m 中段 80 线和 84~85 线、842m 中段 81 线和 83 线、860m 中段一层 81 线和 79 线附近区域事件数量相对集中，与矿山的日常采掘活动基本一致。

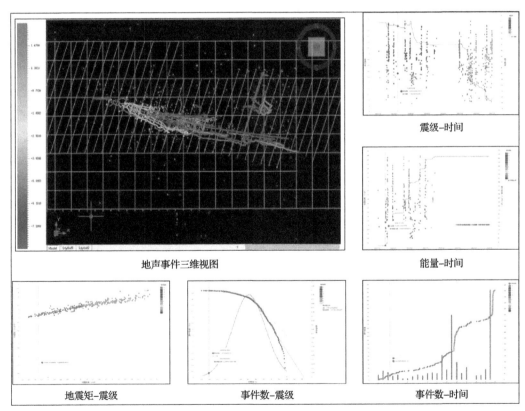

图 15-13　7 月 18 日至 24 日微震事件空间分布与震源参数统计分析图

进一步分析能量与时间、震级与时间的关系曲线，可以看出 7 月 18 至 21 日爆破事件较多，震级曲线有先上升再下降的趋势，说明中等-大震级事件占大多数，随后 7 月 22 日至 24 日震级曲线显著下降，说明爆破事件相对减少，该时间段以出矿运输为主。从事件数-时间图可以看出，该时间段 22:00 至 23:00 左右事件率显然高于其他时间段，从生产工作站日志看出，矿山调整了生产计划，增加了晚班爆破施工的区域，因此 23:00 左右事件率上升显著，白班以出矿、运输为主，产生的事件相对较少，震级也较小。从事件数-时间图可以得出 7 月 18 日至 24 日统计 b 值为 1.98，处于较高水平，说明该时间段微震活动也较活跃，故而建议实际作业过程中当能量曲线区域平缓后，再进入采场作业，同时需要注意冒顶、片帮等事故发生。

15.6 现场地声波速成像结果分析

15.4 节中采用中南大学硬岩灾害防控团队提出的无需预先测量波速定位方法对爆破试验进行了定位，定位精度较高，表明提出的定位方法可以很好地适用于矿山复杂条件。本节首先结合 4 月初的爆破事件试验定位结果、15.5 节震源参数统计分析结果和走时层析成像方法对陕西震奥鼎盛矿业有限公司监测区域进行工程尺度的 P 波波速结构成像，成像分析中既利用了井下各类爆破事件、凿岩事件，也利用岩体破裂事件，成像范围为 80～90 线，795～860m 中段，随后对 6 月、7 月井下活动区域进行了现场调研情况分析并结合震源参数统计结果与走时层析成像结果提出了安全建议。

15.6.1 震奥鼎盛开采区域 4 月初爆破试验成像结果分析

图 15-14 给出了陕西震奥鼎盛矿业有限公司 2022 年 4 月初爆事件走时层析成像图，从图 15-14 中可以清楚地看到 795m 中段不同未知区域速度有明显的不同。从空间上来看，结果展现的最显著特征为沿着巷道与采空区分布的大范围低速区以及位于 82～83 线进尺爆破施工区域。平面结果可以看出，在 795 水平 1 分层，低速异常区主要存在西侧和东侧，西侧低速区分布于 84～88 线，东侧低速区分布于 80～82 线。在 82～84 线有一片高速区，主要是在进尺爆破施工区域。另外，在西侧低速区和东侧低速区附近也存在着

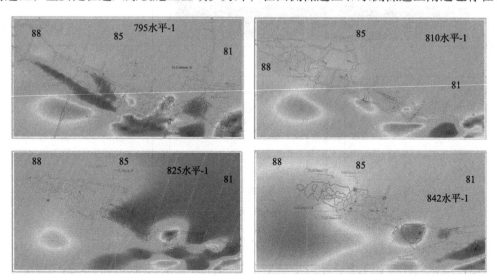

图 15-14 4 月初爆破数据走时层析成像图

较为集中的高速区域。810m 中段不同位置区域速度有明显的不同。从空间上来看,结果展现的最显著特征为沿着巷道与采空区分布大范围中高速区以及部分低速区域。平面结果显示,在 810m 中段低速异常区主要存在于东侧南部 81~80 线。另外,在巷道南侧(85~86 线、83~85 线、83~82 线、80~79 线)存在着部分较为集中的中高速区域。

825m 中段东侧存在着大范围低速区,部分巷道走向存在零星分散的高速区,大范围低速区主要存在于 85 线东侧,平面结果显示,在 825m 中段,掘进巷道 82~83 线、79~80 线存在大范围高速区域。842m 中段东侧存在着大范围中低速区,部分巷道走向存在零星分散的中低速区。从空间上来看,大范围中低速区主要存在于 85 线东侧。平面结果显示,在 842m 中段,掘进巷道 82~83 线、79~80 线存在大范围高速区域。

从上面的走时层析成像结果中可以看出,沿着巷道分布着大范围的低速异常区,这个低速区与矿脉分布基本契合。对于巷道周边的低速区可能是由于集中于矿脉附近的开采、爆破等活动引起的采空区,以及由此引发的应力释放与岩体破裂造成的速度下降。对于低速区出现的高速区幅度一般都不大,可以认为,这些高速是由人为开挖扰动导致的区域应力重分布引起的。另外,该成像结果揭示了在矿区内连续变化的高速区和低速区的位置分布,这些位置分别代表了应力重分布导致的应力集中区域和由于进一步开采活动引起的岩体破裂与扩展的区域,这些结果与矿区内的微地震活动性有显著的相关性,可以为矿山支护设计优化及灾害防控提供指导。

15.6.2　震奥鼎盛开采区域 6 月成像结果与现场调研情况分析

图 15-15 为 795~860m 中段 6 月 13 日至 19 日走时层析成像图,红色区域为监测范围内应力较为集中的岩体位置,通过现场调研上述位置多为采空区、采场、围岩产状较为破碎且岩体质量不稳固的区域,但也不乏已采取支护措施、围岩较为稳固的岩体工程结构,其波速场变化的结果可直接反映当前岩体内部应力的集中程度,其原因又可分为岩体开挖后的应力重分布以及爆破作业对近远场岩体结构的工程扰动。现场调研对照发现 795m 中段人员通行、矿料运输的主要运输阶段,整体应力分布较为平均,几乎没有应力集中区域;810m 中段在 85 线至 87 线之间显现出应力集中区域,通过现场对照无明显岩体裂纹扩展或大范围岩体破裂垮落现象,该高速区域极大程度是由三分层 85 线附近爆破作业和当前分层 80 线附近爆破作业诱发所致;825m 中段的高速区域出现在 83 线至86 线之间,通过图 15-16(a)所示的现场对照图可以看出,高速区域附近岩体质量较为破碎,并且在巷道两侧出现了不同程度的岩体垮塌现象,顶板也有小块千枚岩掉落,该现象的出现其一是因为该部分岩石强度并不高,使得开挖之后围岩应力向巷道中心集中,迫使部分层状千枚岩向巷道中心垮落;其二是由于近一周内在当前分层 85 线附近进行了多次爆破作业,使得岩体原始应力状态再次发生转移;842m 中段高速区域分成了两部分,分别是 84 线至 85 线、81 线至 82 线,前者是由于下分层在 85 线附近频繁的爆破作业诱使该区域围岩应力集中,后者是由于当前分层在 82 线附近进行的爆破作业。

通过图 15-16(b)和(c)所示的现场对照图可以看出,该区域岩体十分破碎,在锚杆+锚网支护下仍存在岩体片落并悬挂在锚网上的现象;经过前期调研发现 860m 中段高速区域附近多为大面积采空区,下分层的爆破作业使得采空区围岩的应力发生转移,进而产生高速区域，同时在现场对照的过程中发现采空区中存在少量大块落石如图 15-16（d）所示。

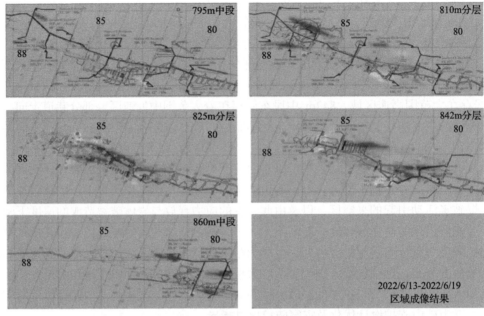

图 15-15　795～860m 中段 6 月 13 日至 19 日走时层析成像图

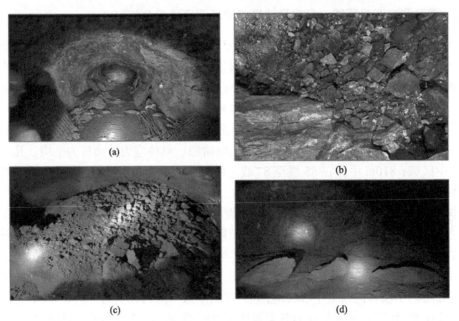

图 15-16　6 月现场调研对照图

(a)波速场成像高速区两帮岩体垮落对照图；(b)、(c)波速场成像高速区回采对照图；
(d)波速场成像高速区采空区岩体垮落对照图

　　综上所述，通过深部多频段地声智能感知系统对监测区域内的波速场结构进行成像，可以直观且有效地观测到波速异常区域，发现应力集中位置，结合震源参数分析结果和波速场成像结果，建议参考监测数据中的震级和能量曲线，在爆破作业 1～2h 后震级与能量曲线趋于平缓后相关人员再进入采场进行出矿，并且作业位置建议对照波速场成像结果，在波速正常区域可按生产计划有序出矿，在波速异常区域尤其是没有爆破作业的巷道、采空区中，则需排查相关隐患，例如围岩是否支护、采空区顶板是否存在浮石，在如图 15-16(a)所示的岩体破裂较多的巷道中建议优先支护，在确保支护完毕且当前区域地声事件震级和能量的增长曲线趋于平缓或当前波速结构由高波速向中等波速甚至低波速区域转变后，人员再行进入进行相关活动。

15.6.3　震奥鼎盛开采区域 7 月成像结果与现场调研情况分析

图 15-17 为 795～860m 中段 7 月 18 日至 24 日波速场成像结果图，黄色区域为监测范围内应力较为集中的岩体位置，通过现场调研上述位置多为采空区、采场、围岩产状较为破碎且岩体质量不稳固的区域，但也不乏已采取支护措施、围岩较为稳固的岩体工程结构，其波速场变化的结果可直接反映当前岩体内部应力的集中程度，其原因又可分为岩体开挖后的应力重分布以及爆破作业对近远场岩体结构的工程扰动。

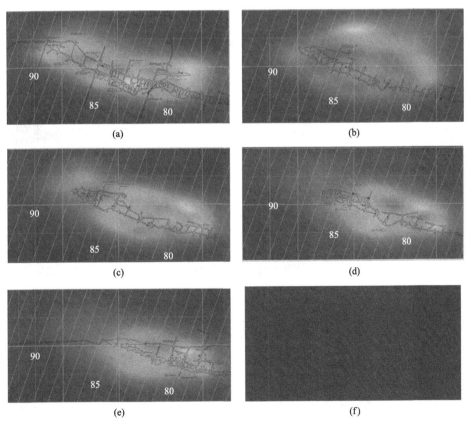

图 15-17　795～860m 中段 7 月 18 日至 24 日走时层析成像图
(a)795m 中段；(b)810m 中段；(c)825m 中段；(d)842m 中段；(e)860m 中段

现场调研对照发现 795m 中段为人员通行、矿料运输的主要运输阶段，但在监测范围内仍存在应力集中区域，其中如图 15-18（a）所示 795m 中段 88～89 线南部岩体产状较为破碎且岩体质量不稳固，再加之受到附近爆破作业的影响使得该部分应力重分布且产生了较高的地压，且在监测数据中已出现小范围的地声事件聚集现象，按照地声事件的演化趋势在该区域附近将会持续有破碎岩体的片落等小范围小震级事件，建议及时支护；此外如图 15-18(b)、(d)所示在该分层中存在钻孔等施工作业，使得 83 线及其余高速区域岩体内应力发生变化。810m 中段整体波速场结果较为平均且无明显的高速区，其中在 85 线至 86 线之间所监测到的高波速区域风险系数在 7 月 18 日至 24 日有所下降，如图 15-18(e)所示位该分层应力相对集中区域附近支护的岩体工程结构。825m 中段 80 线附近出现应力集中区域，如图 15-18(g)通过现场对照发现该区域附近存在大量的落石，在巷道两侧出现了不同程度的岩体失稳垮塌现象，顶板也有小块千枚岩掉落，该现象的出现其一是因为该部分岩石强度并不高，使得开挖之后围岩应力向巷道中心集中，迫使部分层状千枚岩向巷道中心垮落；其二是由于近一周内在附近进行了多次爆破作业，使得岩体原始应力状态再次发生转移；此外在 84～85 线附近存在相对较高的应力集中区域，经过与井下爆破作业记录对照发现该区域附近进行了中深孔的爆破且经过锚杆+锚网的组合支护方式，应力集中现象较前次监测结果相比已有了明显的改善，如图 15-18(h)所示。

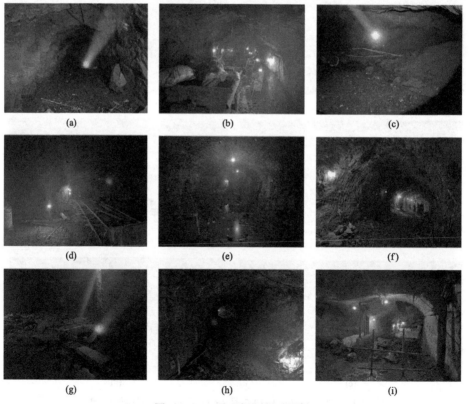

图 15-18　7 月现场调研对照图

(a)高速区域现场对照图；(b)高速区域钻孔现场对照图；(c)应力集中区域采空区现场对照图；(d)高速区域施工现场对照图；(e)应力较为集中穿脉区域岩体支护结构图；(f)应力集岩体破碎区域支护现场对照图；(g)应力较为集中区域岩体垮落现场图；(h)应力较为集中区域岩体结构支护图；(i)高速区穿脉现场对照图

842m 中段 81 线和 83 线附近的应力集中区域分别为采空区和岩体较为破碎的支护钻孔施工现场，如图 15-18(c) 和 (f) 所示，其原因是爆破作业使得采空区围岩及破碎巷道岩体结构的应力发生转移，进而产生高速区域。860m 中段 81 线和 79 线如图 15-18(i) 所示为采空区，经过现场对照发现两处采空区围岩相对较为稳固，但在该分层上部 (六中段三分层) 进行出矿巷道的掘进爆破，诱使该区域围岩应力集中。

综上所述，通过深部多频段地声智能感知系统对监测区域内的波速场结构进行成像，可以直观且有效地观测到波速异常区域，发现应力集中位置，根据震源参数分析结果和波速场成像结果，建议优先参考依照地声智能监测数据所绘制的震级和能量曲线，在爆破作业 1～2h 后震级与能量曲线趋于平缓后相关人员再进入采场进行出矿，并且作业位置建议对照波速场成像结果，在波速正常区域可以按生产计划有序出矿，在波速异常区域尤其是没有爆破作业的巷道、采空区中，则需排查相关隐患，例如围岩是否支护、采空区顶变是否存在浮石，观测其发展趋势，注意正在回采采场围岩的稳定性问题。其中地压情况突显需注意的区域为 795m 中段 88～89 线南部围岩状况较为破碎的巷道中，针对以千枚岩为主的岩体结构建议优先支护，在确保支护完毕且当前区域地声事件震级和能量的增长曲线趋于平缓或当前波速结构由高波速向中等波速甚至低波速区域转变后，人员再行进入进行相关活动。此外还有 825m 中段应力较为集中区域，尽管此处已对部分巷道结构进行了锚网+锚杆的支护，但仍存在小块岩体、落石从顶板垮落的风险，必须注意现场空区顶板岩体状况，井下管理人员应加强此区域的巡视检查。最后则是 860m 中段采空区的问题，虽然在前期调研中发现该中段的几个大面积采空区围岩质量较为稳固，且有部分传感器安装在采空区内，无明显浮石、两帮岩体垮落等现象，但由于附近爆破作业的影响，也监测到了岩体破裂信号并发生了少许岩石的掉落现象，鉴于对充填体与空区围岩波速场成像结果的分析发现采场充填对围岩稳定性作用非常明显，建议对回采结束的采空区应及时充填和封闭。

第16章 岩体多源声学在地震学中的应用

地震是地壳运动中快速释放能量时产生的震动，是严重威胁着人类生命财产安全的自然灾害现象。地球物理学中，将研究天然地震与人为诱发地震的发生规律、地震波传播特性、地球内部构造、地震灾害防控等问题的综合性科学称为地震学。在地震学领域，地震岩石物理学的研究至关重要，通过岩石状态、岩性、岩层压力、孔隙度、温度等的研究，建立岩石物理特性与地震的联系，可以帮助理解和解释地震属性、地震机制等问题[1]。

声学是岩石物理学研究的必要手段，通过分析岩体中的多类多个声源特性以研究地震波的特性，这不仅可以应用于地层压力分析、地震勘探、储层预测中，还可以应用于地震灾害评估、地震预报多个方面。本章将详细介绍岩体多源声学与地震学的联系、岩体多源声学研究地震学的重要意义及岩体多源声学在地震学中的具体应用，此外对实验室地震研究中基于声学技术对地震前兆探索的数据结果进行分析讨论。

16.1 岩体多源声学与地震学

16.1.1 岩体破裂滑移与地震

地震是一种具有严重破坏力的自然灾害，其是板块构造运动致使岩体破裂而引起的。由构造运动引起的这种岩体破裂发生得很突然，但实际上破裂之前应变能已经有长达几千年、几万年的积累，所涉及的范围达到几十至几百千米以上，深度也达到几十千米。地球内部和地壳的运动，使岩层受到巨大的挤压力而发生形变。当岩层所受的作用力使其产生弯曲时，岩层发生褶皱，此时岩层尚未丧失其连续完整形态；当岩层脆弱部分所受的作用力使其断开时，岩层发生断裂甚至错动。岩石的断裂和错动引发的震动传到地面后使地面震动，这就是地震。断层上许多连续的不规则的破裂随机组合，穿过复杂的地下环境，经过多次反射、折射和衰减到达地面，这就是地震运动过程。岩层受力变形过程中，积蓄了巨大的应变能，当岩层破裂时，应变能被释放出来。一次大地震所释放出来的能量可达 5×10^{18}J。如前所言，应变能经历了长达几千年、几万年的持续累积，一次错动只会释放应变能总能量的一小部分，总能量的剩余部分则被错动面上很大的动摩擦力所平衡。地震后，岩石断层两侧有摩擦力使之固结，可以再积累应力而致使地震再发生[2]。

断层面两侧岩层的相对运动以沿地表断裂的走向为主时，称为走滑断层；或横推断层以沿断层面向地下倾斜方向滑动(倾向)为主时，称为倾滑断层[3,4]。若断层的上盘块体相对下盘作向下滑动时，为正断层；反之为逆断层[3,4]。图 16-1 展示了这四种断层的走向示意图[4,5]。在走滑断层中，从空中向下看地表，若相对滑动是顺时针转时，为右旋；反之，为左旋。若断层两侧的相对位移既有走向滑动又有倾向滑动，则为斜向滑动断层[3]。地震通常分为天然地震和诱发地震两大类。天然地震产生的原因是多方面的，主要有构造地震、火山地震等。诱发地震，主要指石油、天然气、矿产、地热等资源开采及其他工程活动所引起的地震。地震尺度的变化很大，小的颤动可在几英尺①断层上发生零点几英寸②的滑动；大震可涉及几百英里③长的破裂和几十英尺的滑动。地震时地面运动加速度可高达 1g（重力加速度），断层两侧的移动速度只有 0.45~4.5m/s，但是破裂锋沿断层传播的速度将近 2235m/s[6]。

(a) 正断层　　　　　(b) 逆断层　　　　　(c) 走滑断层　　　　　(d) 倾滑断层

图 16-1　四种滑移方式的断层类型[4,5]

地震是岩体破裂和断层活动的结果，岩石力学与声学实验是地震研究的关键手段。通过岩石形变、破裂、滑移等力学实验，模拟和分析震前、震中、震后岩体运动的过程，即实验室地震研究。实验室地震是小尺度的地震，在天然地震和诱发地震的研究中占据重要作用。

16.1.2　地震波与地震速度

地震发生时，震源区的介质发生急速的破裂和运动，这种扰动构成一个波源，由地震震源产生向四周辐射的应力波，即地震波。地震学的主要内容之一就是研究地震波所带来的信息，相较于电磁、热流等，根据地震波所获得的信息是更直接和具体的。地震波的性质和声波很接近，因此又称为地声波。但是地震波是在地下介质中传播的，所以地震波的研究又比普通的声波复杂得多。

地震波向四周传播的过程中，会在分界面上产生反射、折射及透射现象，由于岩石弹性模量存在上小下大的特征，所以向上传播的地震波传播方向会逐渐倾向于竖向，而向下传播的地震波传播方向会逐渐倾向于横向[3]。地震波包括体波（纵波、横波）和面波。纵波（P 波）也称为压缩波，在介质中纵向传播，振幅较小，周期较短，其传播速度与传播的介质密度、反抗压缩及形变的阻力有关，为 5~7km/s；横波（S 波）又称为剪切波，在介质中横向传播，振幅较大，周期较长，其传播速度只与传播的介质密度及反抗形变的阻力有关，为 3~4km/s。当 P 波和 S 波传播至地表面或内部界面时，会激起沿着地表面或内界面传播的次生波，即面波。目前所观测到的面波包括瑞利波（R 波）、勒夫波（L 波）及一些短周期面波。R 波在各向同性的半无限弹性体表面传播，而 L 波在半无限弹性体与其上面另一种均匀厚度弹性体的两层交界面传播。由于传播介质的不均匀性，地震波传播时还会发生干涉、极化、绕射和衰减现象。根据观察到的地震波数据，S 波的周期比 P 波的周期更长，而 P 波的衰减大于 S 波的衰减，因此 S 波振幅通常大于 P 波[7]。

---

① 英尺为长度单位，1f=3.048×10⁻¹m。
② 英寸为长度单位，1in=2.54cm。
③ 英里为长度单位，1mi=1.609344km。

即使 P 波和 S 波在震源处的振幅相同,在到达地表时,P 波的振幅也必然小于 S 波的振幅。面波的传播跟随着 S 波,也具有更大的振幅和更长的周期。

地震波的传播本质上是一种动能的传递,能量从震源处依据其震源机制向外辐射,部分能量会转化为热能而损失,能量传递过程中优先沿高速区传播,绕过波速较低的区域。在地震学中,地震波在地震震源形成的时刻称为发震时刻,地震波到达观测点的时间称为到时,地震波到达观测点时地表质点的最初振动方向称为初动方向,到时与发震时刻的差称为走时,走时曲线与走时图是描述地震波传播的直接形式。已知 P 波和 S 波的初动方向,可以确定震源方位和震源错动方向;已知 P 波和 S 波的到时差,可以计算波速及震源距离。在地震学中,测量和计算地震波速度的方法主要有以下几种:①垂直地震剖面测井法,测量初至波时间,获取平均速度数据;②声波测井,将声波测量仪器放入井中,沿井壁测量岩层中的声波活动;③速度谱计算,利用地震资料的反射波数据,每 1km 或 0.5km 制作速度谱,以计算地震层速度与平均速度[8]。

16.1.3 地震波速度的影响因素

地震波在岩体内部传播过程中由于地质结构突变(节理裂隙、采空区等)导致其自身动力学特性发生变化,这种突变一方面是自身含水率、温度、密度、泊松比等岩石力学参数的变化,另一方面是岩体节理裂隙的发育引起的变化,不论是由哪类因素引发的岩石物理力学性质的变化,都会影响地震波在岩石介质中的速度,以下介绍几个关键因素对地震波速度的影响。

1. 岩性

由于矿物成分、地质环境、孔隙结构等差异,地震波在不同类型的岩石中传播时,波速分布也不相同。如在火成岩中波速变化范围小于在沉积岩和变质岩中,但火成岩中的波速平均值大于沉积岩和变质岩中的波速平均值,变质岩中的波速变化范围普遍较大,而沉积岩中的波速变化主要取决于岩石自身。《勘探地震学教程》[8]中详细列出了不同沉积岩、变质岩及火成岩的纵横波速度分布。

2. 岩石密度

岩石密度与波速变化的关系十分密切,两者之间存在着良好的定量关系。基于不同的数据资料,可获得密度与波速的关系式,这些关系式都显示波速随岩石密度的增加而增加。目前常用到的如 Gardner 经验公式[9],其是基于北美地区大量野外观测与试验测量数据所得到的,表示岩石密度 ρ 与波速 V_{p} 的 1/4 次方成正比,具体表达式如下:

$$\rho = 0.31 V_{\mathrm{p}}^{\frac{1}{4}} \tag{16-1}$$

3. 弹性模量

根据经典弹性力学,介质的弹性模量直接影响着地震波在其中传播的波速大小,假

设介质是各向同性完全均匀弹性的，波速与弹性模量的关系表示为[8,10]

$$
\begin{cases}
V_{\mathrm{p}} = \sqrt{\dfrac{E(1-\nu)}{\rho_{\mathrm{r}}(1+\nu)(1-2\nu)}} = \sqrt{\dfrac{k+\dfrac{4}{3}\mu}{\rho_{\mathrm{r}}}} = \sqrt{\dfrac{\lambda+2\mu}{\rho_{\mathrm{r}}}} \\[4mm]
V_{\mathrm{s}} = \sqrt{\dfrac{E}{2\rho_{\mathrm{r}}(1+\nu)}} = \sqrt{\dfrac{\mu}{\rho_{\mathrm{r}}}}
\end{cases}
\tag{16-2}
$$

式中：V_{p} 为纵波速度；V_{s} 为横波速度；ρ_{r} 为介质体积密度；ν 为泊松比；E 为杨氏模量；μ 为剪切模量；k 为体积模量；λ 为拉梅常数。

4. 岩层压力与孔隙压力

地震速度受岩层压力与孔隙压力的综合变化情况影响。当深度增加时，若岩层压力与孔隙压力呈相同的梯度增大，两者之差(有效压力)为常量时，地震速度不受影响；若岩层压力增大的梯度大于孔隙压力，两者之差也逐渐增加，固体基质将被挤压，岩石密度变大，弹性模量增加，从而会导致波速增大[11]。

5. 孔隙度及流体介质

岩石由颗粒状的各类矿物构成，颗粒之间会产生孔隙。孔隙的存在会改变岩石密度和弹性模量，因此岩石的孔隙度影响着波在岩层中的传播速度。1956 年，Wyllie 等[12]提出了时间平均方程，其描述了含孔隙的岩石中波速与孔隙度的关系：

$$
\frac{1}{V_{\mathrm{s}}} = \frac{\varphi}{V_{\mathrm{f}}} + \frac{1-\varphi}{V_{\mathrm{r}}}
\tag{16-3}
$$

式中：V_{s} 为波在岩石中传播的实际速度；V_{f} 为波在孔隙流体中的速度；V_{r} 为波在岩石基质中的速度；φ 为岩石的孔隙度。

6. 气饱和度

在浅层地表，相较于饱和固体沉积物而言，含有气体的固体沉积物中的波速会明显减小。当气体占比较少时，气饱和度的增加对波速的影响比较显著；当气体占比较多时，气饱和度的增加对波速的影响会变得比较微小[11]。

7. 温度

随着深度变化，岩层温度呈梯度变化，地震波速也会随温度的变化而变化。目前还没有统一的经验公式表示，根据试验分析，温度每升高 100℃，波速的降低范围为 22%~40%[8]。

8. 节理裂隙

在漫长的时间进程中，由于地壳运动、风化作用等地质作用，岩体受力断裂，表面生成各类节理裂隙。这些节理裂隙的形成和发育使得波速发生显著变化，裂隙越明显的区域，波速越小。

16.2　与岩体多源声学相关的地震学研究

16.2.1　地震勘探与储层预测

在油气、矿藏等资源的开采中，地震勘探方法是最重要的勘探方法之一。充分了解地下岩石对地震波场的响应特征，准确识别这些响应特征中所包含的不同信息，进而根据地震参数预测地层岩性等地质性质，从而确定各类资源的分布并预估其储量，是地震勘探及储层预测中重要的研究内容[13]。

近地表区域地形起伏明显、结构复杂，岩性变化大，给数据处理、深层构造成像、储层预测和地质问题解释等带来了极大的困难。而且随着地下资源勘探深度的增加，人们要求勘探的目的层深度更大、精度更高，但由于地表面覆盖层的屏蔽作用，几乎所有地面物探方法得到的资料都难以满足这种需求。地震层析成像技术，以其分辨率高的特点应用于精细构造和目标的探测，是探测地下结构的有效方法，在地震学和地下工程各个领域中得到了广泛的重视。层析成像技术包括模型参数化、正演、反演等步骤[14]，通过研究地震波的传播特征来分析地下结构。

利用地震层析成像技术，地下结构的探测取得了进一步的发展，如：Lurka[15]基于被动震源成像获得了二维速度结构，进而对地震灾害进行评估；Hosseini 等[16]利用地表平面阵列接收到的微震事件，实现了三维速度结构成像。Tong 等[17]利用福岛核电站附近的多个近震进行了反演，获得了该地区地下结构的高精度速度结构图像；Koulakov 等[18]以断层带为研究对象，根据求得的速度和 S 波衰减图像可知断层块是地震的发震原因；Huang 等[19]对北京附近的区域进行了 P 波成像，利用多个到时数据推测可知地下结构中的流体与该区域内发生的大地震有关。

孔隙度、渗透率、饱和度和地层压力是储层参数中最重要的几个参数。就目前地震勘探水平来讲，地震资料可以较好地做出孔隙度和地层压力预测。为促进深海深地科学钻探测量技术的发展，基于岩体声学发展出储层声学这一年轻分支。储层声学的主要研究内容包括声波在含孔隙、裂缝的储层介质中的传播特征，储层中各组分对声波传播的影响，声学特征如何反映储层组分等方面的内容[20]。

16.2.2　震源机制反演

探讨断层震源的形成过程，如作用在断层面上的力的形式(即力学模型)、表征震源运动过程的各类物理参数、断层面的取向、震源运动的尺度、破裂速度、错动距离以及应力降、地震矩等，就是震源机制问题的具体内容。以断层力学为基础，直接表征震源特征的参数有震源错动力的方向和主应力轴的方向，断层面的走向、倾向和倾角[21]。通常应用地震台网所记录到的地震波初动资料来研究震源处的断层面解。将大范围内多次地震的断层面解进行统计，可以得到等效应力场的结果，该结果接近或一定程度上代表了该区域的构造应力场。因此，它是目前研究构造应力场的最主要方法之一[22]。

根据震源机制解可得到断层面两侧的相对滑动方向。考虑到地震波在震源处的辐射模式受震源机制的影响，且地震波在传播过程中与地质间断面之间存在复杂的折射和反射过程，在设计地下硐室的支持系统时，需考虑地震影响下的围岩动态承载需求[23]。在实际工程岩体支持需求评估中，为简单起见，经常忽略地震震源的辐射模式，并且假设 P 波和 S 波的强度在所有方向上都是恒定的。根据 Aki 等[24]提出的地震理论，P 波和 S 波所诱发的岩体震动在空间分布上有很大差异，且在方位分布上与震源的断层面解紧密相关。Potvin 等[25]在此基础上研究了 S 波诱发震动的地震峰值速度(PGV)分布规律。震源模型对 PGV 的空间分布影响明显，且在固定震源模型下，PGV 在空间上不是均匀分布的。

事件的位置、震级、时间和空间变化对诱发地震的机制的了解是有限的。对岩体断裂、破裂及其与地质结构的关系的理解，可以通过震源机制反演来加强[26-29]。常用于确定震源机制的方法可分为推断技术和波形技术。推断技术利用经验主义来提示震源机制，一般是在大量的事件中考察震源参数的时间和空间趋势。譬如高精度地震数据的空间绘图可用于推断地质结构附近的岩体破裂[30]和矿柱位置[31]，S 波与 P 波能量的比值可用于划分断层滑移事件和非剪切事件[32]。

16.2.3　地应力测量及地层压力分析

岩体多源声学研究一方面的应用是地应力的测量。地应力指地壳内的天然应力，其未受工程扰动，因此也称原岩应力。地应力主要包括由引力和地球惯性离心力引起的覆盖岩石的自重引力，以及邻近岩体传递的构造应力。地应力具有三向应力状态，其作用是地壳运动及构造活动的原因。通过在地面上布置多个地应力观测点，对表层及不同深度的地应力进行观测，从而可得到三维空间应力场图像[22]。地应力长期、连续变化过程的监测，是地震学各种理论假说与地震预测研究的基础，也是岩体稳定性评价和岩体工程设计的重要因素。随着深部开采、地下空间开发等地下工程的发展，工程扰动不断影响着地应力的平衡状态，引发一系列诱发地震、微地震活动，严重威胁着人员和设备安全。准确确定岩体中的天然应力状态，对合理预防和控制工程灾害有着重要的意义。

在地应力测量的长期研究中，岩石 Kaiser 效应的发现为地应力测量提供了新的方法[33]。对岩样进行室内加载试验，通过声发射特性还原岩石记忆的最大应力值，从而测定岩石所经受过的应力及作用方式。目前，广泛应用的用地震资料预测地层压力的方法原理是：地层孔隙压力增大时，地震波速度降低；地层孔隙压力越高，速度越低。Pennebaker[34]研究威利斯顿盆地多口井的资料发现在异常高压段存在纵波声波时差增大的现象，认为可以通过预测低速度异常区来预测异常高压发育区。随后很多学者在不同地区开展了地层压力预测方法研究，并提出了一些经典的经验公式来预测地层压力。近年来，随着非常规油气勘探的需求与储层预测技术的进步，越来越多的学者开始关心地层压力预测技术，人们认识到波速的重要性，因此出现了很多利用纵横波速度联合预测地层压力的方法。其中 Sayers 等[35]在墨西哥湾提出利用共同图像点(common image point, CIP)层析成像建立高精度速度模型，并利用横波速度消除岩性影响计算地层压力的方法；冯福平等[36]通过研究区内地层压力和纵横波速度以及密度之间的经验公式，提高了钻前地层压力预测的精度。王斌等[37]推导了多参数联合预测有效应力的方法，并通过引入双相介质有效应力定理提高了压力预测的精度。

16.2.4　地震前兆及预警预报

地震前的全过程可概括为几个重要阶段：耦合状态、准备状态、临界状态。耦合状态意指固锁状态，准备状态意指断层正缓慢地开始滑动，临界状态则是很快的加速阶段。其中，准备状态和临界状态的全过程也称为"震源成核"过程。长期以来，如何实现地震预测受到广泛关注，20 世纪 70 年代以来，地震预报被认为是一个可实现的目标[38]。地震预报主要是要求在"震源成核"阶段预报出今后将发生地震的时间、地点和强度。预报的时、空、强都必须在一个明确有效的范围内，过大则失去意义。另外，由于预报还不能必然正确，所以还可以再加上一个预报说明，说明预报的精度或正确的概率。地震发生之前的时间长、范围广的力学变化，可能引起其他物理场的变化，这就是地震预报的物理基础之一。在大地震前，地壳岩石层内已积累了很大应变能，岩石层的力学性质会有相应的变化，因而该处岩石层中的波速或波速比发生显著的变化。所以，测量并对比地壳中波速的变化，也是地震前兆研究的手段之一。

近几十年来，研究人员通过探索实验室滑移前兆的物理特征，为推断真正的地震前兆做出了一些努力。地震前兆的成因研究得出以下四类：力学前兆(包括地震活动性前兆、地壳形变前兆等)；物理前兆(包括地电前兆、地磁前兆、重力前兆等)；水文地球化学前兆(应力集中区内的水文地质与水文地球化学特征变化)；触发前兆(微小的内外因素作用下的产物)。固体(包括岩石在内)的一个最普遍的性质是：在其中 P 波比 S 波传播得快，波速比 V_p/V_s 为 1.75。但是在中亚塔吉克斯坦加尔姆地区工作的苏联地震学家发现，在那里发生中等强度地震的前几个月，V_p/V_s 的值有很大变化，然后在地震发生前不久，又恢复到其原来的值。通过长期现场监测及实验室研究，声学传输特性[39]、波速变化[40]、波长和频率[41,42]等声学特征被认为是可能的前兆。

在一些实验室地震中考虑了前兆信号的捕获。Johnson 等[41]描述了对颗粒岩石和玻璃微珠模拟的断层泥的剪切试验，剪切时同时受到声波的瞬态应力扰动，试验发现超声波可以动态地触发缓慢而无声的滑动，凿槽材料的非线性动力响应是触发慢滑的主要原因；Kaproth 等[40]记录了黏滑事件发生前活动剪切带内一个固定方向的 V_p 降低。Johnson 等[41]也通过双直剪试验探索了地震前兆的物理性质，在 3MPa 载荷以上，声发射和剪切微裂纹前兆的发生率呈指数增长，最终导致断层黏滑，前兆出现后材料仍然适度膨胀，而宏观摩擦强度不再增加；Leeman 等[43]报道了超声波可以动态诱发缓慢而无声的滑移，摩擦失效期间产生的电信号可以为监测应力发生和滑动断裂提供思路；Scuderi 等[38]系统地改变加载系统的刚度，以再现从慢速黏滑到快速黏滑的转变，并监测摩擦滑移过程中的超声波速度，发现实验室断层中的波速发生了滑移前兆性变化。此外，在现场观测中，Niu 等[44]研究了地震波速度的应力依赖性，观察到剪切波通过固定路径所需时间的变化与气压的变化存在反相关关系。

如今，机器学习等人工智能方法已广泛应用于各个领域，也被应用于地震数据分析中[45,46]。利用人工智能技术在数据分析和挖掘方面的优势，相关研究主要集中在滑移信号提取[47]、地震特征发现[48]和地震震源机制确定[49]。机器学习方法极大地提高了地震大数据的利用率，有助于获得有效的地震信息。曾有研究用机器学习处理实验室试验的声学数据集[47]，他们的结果证实了基于连续地震数据来识别和预测地震前隐藏信号是可能的。机器学习、数据挖掘和其他人工智能方法是捕捉滑移信号的关键技术，如果进一步与现场观测数据相结合，将是地震预测的新突破。

16.3　基于岩体多源声学技术探索地震前兆

16.3.1　实验室地震中的声学特征参数变化

我们在全岩环境下，基于独立封闭的实验系统进行了滑移试验，以还原实验室地震全过程。在试验过程中，连续记录各种参数，如应力、位移和声发射信号。试验观察到多次不同复发时间的黏滑事件，再现了断层失稳和地震成核的全过程(图 16-2)。这些黏滑事件显示出不同的周期、低速、小位移，其中最后 5 个事件两两间隔时间分别为 53s、69s、95s、136s 和 581s。使用滑移事件开始至结束的时间计算平均滑移速度。黏滑事件的位移、平均滑移速度和相应的应力降分别从 $2\mu m$ 至 $20\mu m$、$0.16\mu m/s$ 至 $16.93\mu m/s$、$0.002MPa$ 至 $0.06MPa$。小于 $3\mu m/s$ 的速度占 76%。特别是，有 5 个事件的速度小于 $1\mu m/s$，分别为 $0.16\mu m/s$、$0.42\mu m/s$、$0.51\mu m/s$、$0.66\mu m/s$ 和 $0.83\mu m/s$。在小于 $3\mu m/s$ 的滑移速度下，黏滑事件频繁发生，位移较低，同时动态摩擦系数分布广泛且不稳定。当达到 $3\sim17\mu m/s$ 时，发生的事件数减少，位移逐渐增加。

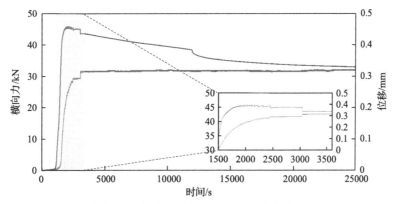

图 16-2　具有多个黏滑事件的滑移全过程

声发射事件的分布特征有助于观察滑移过程。我们计算了间隔 30s 的声发射事件率（图 16-3）。滑移发生的时间范围与声发射事件的活跃期相对应。声发射事件的累积表明，在滑移过程中产生了大量的声发射信号。从垂直力稳定到最后一次黏滑事件结束，声发射事件的分布可分为 3 个阶段。在 2200s 之前，位移没有显著变化，声发射事件率呈现逐渐下降的状态。大多数声发射事件是由水平膨胀剂的加载引起的。加载后，声发射事件率降低。在 2200～2954s，横向力急剧上升，断层持续滑移，声发射事件发生率也增加。2954s 后，黏滑事件的复发时间变长，声发射事件的总发生率显著降低。这种趋势在声发射事件能量的变化中更为明显（图 16-3）。声发射事件的能量集中在 $10^2 \sim 10^5$eu。能量较高的阶段分别为横向力加载、持续黏滑和最后一次大黏滑。

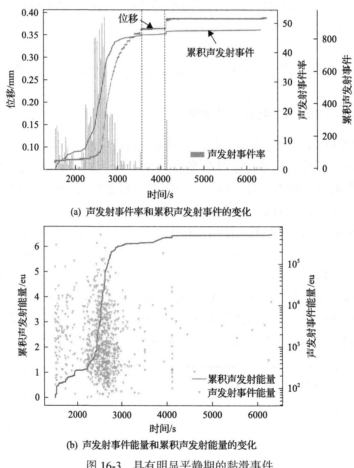

(a) 声发射事件率和累积声发射事件的变化

(b) 声发射事件能量和累积声发射能量的变化

图 16-3　具有明显平静期的黏滑事件

结合声发射事件率和能量的变化，在最后一次黏滑事件之前有一个相对平静期。从倒数第二次黏滑事件到最后一次黏滑事件，平静期持续 581s。我们根据国际地震中心对一些破坏性地震的参数进行统计，以主震震中为中心，以 50km 为搜索半径进行检索，并计算地震震级、累积贝尼奥夫应变和累积事件数。这些数据显示该试验平静期与自然地震前的平静期是一致的。例如，2008 年中国汶川地震前明显存在平静期；2005 年巴基斯坦克什米尔地震；2013 年巴基斯坦地震；2013 年中国雅安地震；2010 年海地地震；以及 2016 年中国青海地震亦存在明显的平静期(图 16-4)。

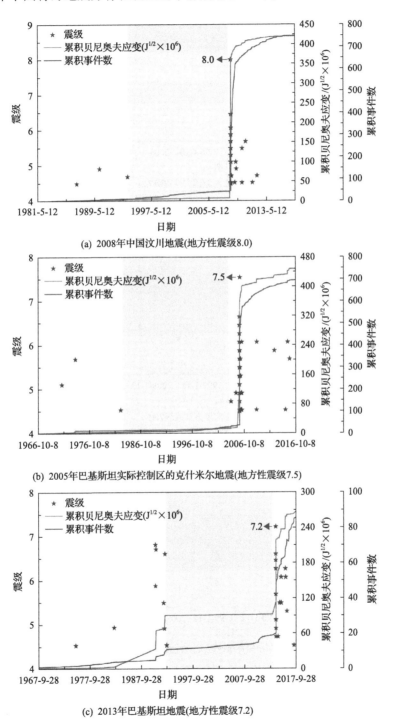

(a) 2008年中国汶川地震(地方性震级8.0)

(b) 2005年巴基斯坦实际控制区的克什米尔地震(地方性震级7.5)

(c) 2013年巴基斯坦地震(地方性震级7.2)

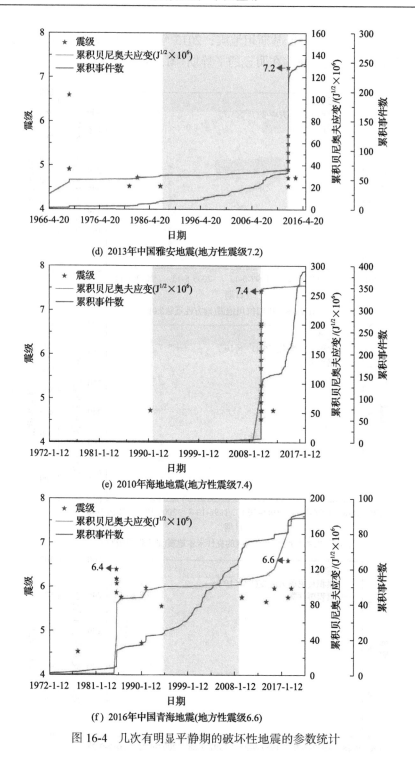

(d) 2013年中国雅安地震(地方性震级7.2)

(e) 2010年海地地震(地方性震级7.4)

(f) 2016年中国青海地震(地方性震级6.6)

图 16-4 几次有明显平静期的破坏性地震的参数统计

16.3.2 滑移平静期的波速变化

当剪应力达到断层的最大静摩擦强度时，剪应力会持续增加，从而激活断层并有助于断层滑移,然后黏滑开始。此时,地应力累积的部分能量立即释放。当剪应力小于最大静摩擦强度时,滑移终止。之后,应力需要再次累积,以促进下一次滑移。断层被锁定,相对较长的时间间隔是大滑移事件之前的平静期。平静期的持续时间与应力积累和能量储存的时间相对应。由于两个相邻滑移事件的静摩擦强度和动摩擦强度之间的差异是动态变化的,因此每个剪应力的累积时间是不同的。

图 16-5 显示了穿过滑移面的路径上 V_p 与位移随时间的变化,以及 V_p 随时间的下降。在整个滑移过程中,断层中微凸体的频繁摩擦和蠕动引起 V_p 的明显波动,总体呈下降趋势。当 V_p 在 0.01% 到 0.02% 之间轻微波动时,断层不会滑移。此外,我们可以很容易地观察到,V_p 在三个滑移周期中具有显著和主导的波动和偶尔的下降特征,包括小滑移周期(从 2600s 到 2954s)、持续黏滑周期(从 2954s 到 3550s)和大黏滑周期(从 4131s 到 4207s)。值得注意的是,V_p 的变化可以满足黏滑事件的前兆特征。对于位移最大的黏滑事件,平静期的 V_p 明显降低,波动明显。第一次显著下降为 109.86m/s。在平静期的后期,V_p 显著下降,偶尔波动。前兆期和滑移期以外的 V_p 变化接近一个恒定值,波动较小,表明在平静期断层附近存在应力变化。这表明 V_p 的变化对捕捉滑移的发生更为敏感。可以得出结论,在平静期 V_p 的大幅度下降是发生滑移的重要和必要条件,我们可以通过分析声发射事件的数据来获得大滑移事件的前兆。地震监测时,平静期内地震速度的变化可以为地震的发生提供更有效的信息,这可为天然地震预测提供有益的指导。

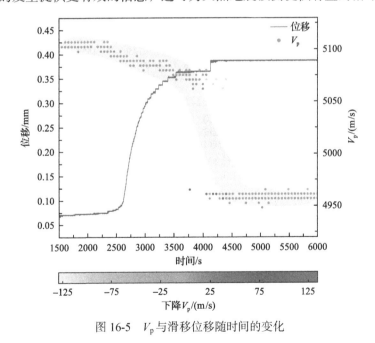

图 16-5 V_p 与滑移位移随时间的变化

16.3.3 波速作为地震前兆的空间异质性

为了测量 V_p 在不同空间方向上的动态变化。我们在滑移和静止的岩石上布置了 24 个声学传感器,观察了总共 576 个传播方向的波速,探讨了黏滑事件中 V_p 在代表性空间方向上的演化规律。在试验中，每个传感器以 0.5s 的间隔发射 4 个脉冲。一轮约为 57s（包括 24 个传感器脉冲轮的累积时间加上传感器的切换时间）。受声发射设备脉冲信号间隔设置的限制，V_p 的采样间隔较大，无法满足详细分析每个滑移事件速度变化的要求。因此，对于持续的黏滑事件和最后一个黏滑事件进行了详细解释。我们从 576 个监测方向组成的空间 V_p 监测网络中选择了 5 个监测方向，其 V_p 的变化可以满足滑移位移相对较大的黏滑事件的前兆特征。图 16-6 显示了位移、剪应力和波速在 5 个监测方向上随时间的演变。

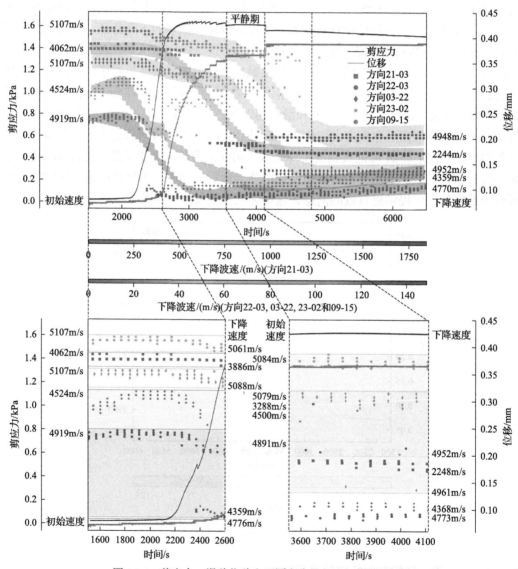

图 16-6　剪应力、滑移位移和不同方向上 V_p 随时间的变化

从时间角度来看，V_p 在 5 个监测方向上呈下降趋势。对于持续的黏滑事件，V_p 在 5 个监测方向上明显减少，在最后一次黏滑事件之前，V_p 在 3 个监测方向上明显减少，在

2 个监测方向上明显波动。断层中凹凸体的频繁摩擦和蠕变导致 V_p 的明显波动(在大多数情况下降低),在整个滑移过程中,V_p 的波动范围为 3.02%~44.74%(图 16-6)。在整个滑移过程中,V_p 在 5 个监测方向上的变化相似,在滑移前显著降低,偶尔波动;从空间角度来看,576 个监测方向中 5 个监测方向存在这个特征,其中 4 个监测方向(方向 22-03、03-22、21-03 和 09-15)与滑移面斜交,1 个监测方向(方向 23-02)与滑移面垂直相交。特别是在滑移事件发生之前,V_p 在固定的 5 个监测方向上也有显著的变化,当 V_p 在 0.01% 到 0.02%轻微波动时,不会滑移。

根据滑移和应力特征,在剪切应力快速增加后出现规则的应力降,最大应力降出现在 4112s。前兆和滑移周期外 V_p 的变化近似于一个具有轻微波动的恒定值。在两次明显的滑移事件之前,前兆阶段持续 400~600s。具体来看下降幅度,在持续黏滑之前,位移曲线的斜率较低,但 V_p 在 21-03、23-02、09-15、22-03 和 03-22 监测方向上分别降低了 2.5%、0.9%、3.5%、0.5%和 2%;在最后一次黏滑事件之前,位移略有波动,但 V_p 在 21-03、22-03 和 03-22 监测方向上分别降低 32.8%、2.6%和 2%,在 23-02 和 09-15 监测方向上分别波动 2.9%和 2.4%。此外,可以很容易地观察到 V_p 在两个滑移周期中具有显著和主导的波动和偶尔的下降特征,包括持续的黏滑周期(2600~3550s)和大的黏滑周期(4112~4207s)。

由上面的分析可知,滑移前 V_p 的突然降低出现在某些特定的监测方向上,而有效监测方向上的前兆也仅出现在某些特定的黏滑事件之前。V_p 的变化可能与地震前后的断层扩张、应力变化、体积应变变化以及同震损伤有关,V_p 的显著下降可能与通过应力集中区的监测方向有关。也就是说,前兆的有效获取取决于对滑移监测方向的选择。我们进一步分析了持续黏滑期之前的前兆阶段的 V_p 变化,发现 79 个监测方向的 V_p 变化可被视为断层滑移的充分必要条件。79 个监测方向(如 22-03 方向)中,有一部分的 V_p 在大黏滑事件发生前的相对平静期发生了显著变化。由此来看,只有在特定监测方向上 V_p 降低才是断层滑移前兆观测的关键。

进一步地,我们使用无需预先测量波速的定位方法[50]定位了 745 个声发射事件(图 16-7),并根据定位结果统计每个网格中的声发射事件(图 16-8),以进一步解释 V_p 的空间变化。根据声发射事件的定位结果,我们发现声发射事件集中在断层附近的两个簇中(图 16-7)。由图 16-7 所示,与断层滑移前兆相对应的几乎所有监测方向都通过两个集中群(成核区),在通过成核区的监测方向上,V_p 显示出显著的减少或波动,在未穿过成核区的两个方向上,V_p 的变化与其他时间一致,V_p 随成核区岩体的弹性性质而变化。根据 V_p 的监测方向与断层滑移前兆之间的关系,可以得出以下观点:如果监测方向完全穿过断层面的成核区域,波速的降低是断层滑移的充分必要条件;如果监测方向刚好穿过成核区的边缘,当断层滑移时,波速可能会波动,但不够明显;如果监测方向与成核区绝对不接触,则 V_p 基本不受断层滑移事件的影响。在这种情况下,V_p 保持在恒定范围内,不能对应于断层滑移事件的前兆。造成这种现象的主要原因是,在横向力累积的过程中产生了更多的声发射事件,监测区域内的应力变化对诱发更多监测方向的 V_p 变化具有重要意义。

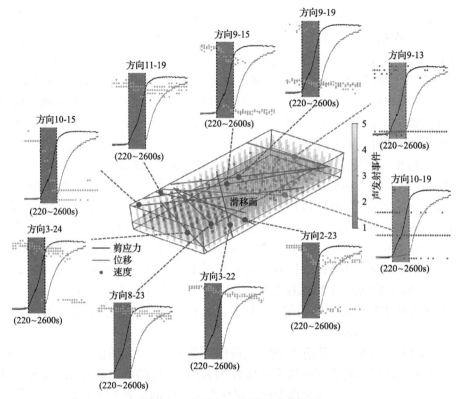

图 16-7 各方向 V_p 变化的空间差异

注：9-13 和 10-19 为未穿越成核区的波速监测方向，其他方向为穿越成核区的波速监测方向

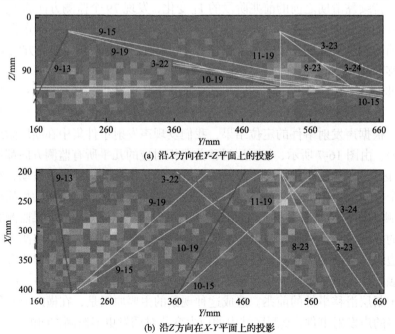

(a) 沿 X 方向在 Y-Z 平面上的投影

(b) 沿 Z 方向在 X-Y 平面上的投影

图 16-8 声发射事件的统计结果

注：椭圆环绕区域为事件相对集中的区域，实线表示波速监测的方向

我们应用层析成像方法来反演 4 个具有代表性时间点的 V_p 结构(图 16-9)。虽然层析成像结果不能提供某一时刻特定位置的准确速度,但它可以反映一个时期 V_p 的时间和空间变化。由图 16-9 发现,V_p 结构的分布也发生了一定程度的变化。在 V_p 的演化时间尺度上,滑动面 $X=230\text{mm}$、$X=300\text{mm}$ 和 $X=370\text{mm}$ 4 个阶段的比较结果表明,

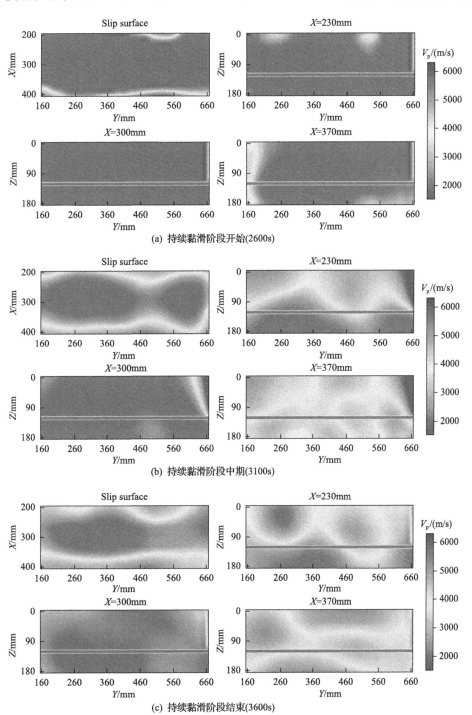

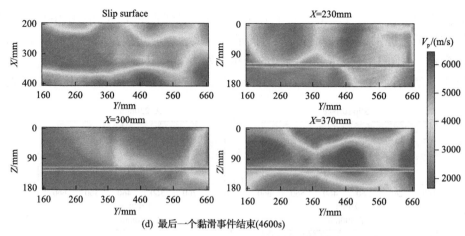

(d) 最后一个黏滑事件结束(4600s)

图 16-9　不同阶段波速结构的层析成像结果

不同区域的 V_p 在试验中是不断变化的。从对比结果可以看出，在第一次滑移发生之前，V_p 在不同的空间位置上是几乎一致的，在滑移发生之后，V_p 从断层边缘开始呈下降趋势。从第一阶段到第四阶段，低 V_p 区域的比例不断增加。随着黏滑事件的逐渐发生，V_p 的降低逐渐扩展到断层的中心区域。同时，在最后一次黏滑事件中，高 V_p 区的分布明显处于动态波动中，并与低 V_p 区局部相互转换。因此，常规的单方向速度监测很难获得复发时间长的大型黏滑事件的前兆。在这种情况下，V_p 的变化可以为预测大黏滑事件提供一些宝贵的信息，V_p 的减少可以作为大黏滑事件发生的可靠前兆。

总的来说，V_p 的变化能够捕捉滑移发生前兆。因此，可以认为复发期内特定方向上 V_p 的大幅度下降是滑移发生的充分必要条件。如果这种机制类似于某一类型的自然地震，这些发现就有可能为地震监测提供有益的指导。当关注区域发生一系列地震时，根据地震记录可以反演 V_p 场。进而得到潜在成核区和应力集中区，从而寻找震前 V_p 监测的充分必要方向。此外，如果关注区域发生前震较少，可将现场震源与实验主动震源相结合，反演 V_p 结构来确定有效的监测方向。通过监测这些方向在后续时间内的 V_p 变化，有可能提前预测地震。

参 考 文 献

[1] 熊晓军. 地震岩石物理分析方法及应用实践[M]. 成都: 四川科学技术出版社, 2016.

[2] 顾淦臣, 沈长松, 岑威钧. 土石坝地震工程学[M]. 北京: 中国水利水电出版社, 2009.

[3] Dong L, Luo Q. Investigations and new insights on earthquake mechanics from fault slip experiments[J]. Earth Science Reviews, 2022, 228: 104019.

[4] Zaheri M, Ranjbarnia M, Dias D, et al. Performance of segmental and shotcrete linings in shallow tunnels crossing a transverse strike-slip faulting[J]. Transportation Geotechnics, 2020, 23: 100333.

[5] 胡聿贤. 地震工程学[M]. 北京: 地震出版社, 2006.

[6] 国外地震部. 地震预报和地震学[M]. 北京: 科学技术文献出版社, 1979.

[7] 金井清著, 常宝琦, 张虎男. 工程地震学[M]. 北京: 地震出版社, 1987.

[8] 朱广生, 陈传仁, 桂志先. 勘探地震学教程[M]. 北京: 石油工业出版社, 2011.

[9] Gardner G, Gardner L W, Gregory A R. Formation velocity and density: the diagnostic basics for stratigraphic traps[J]. Geophysics, 1974, 39(6): 770-780.

[10] Cordier J P. Velocities in Reflection Seismology[M]. Dordrecht: Kluwer Academic Publishers, 1985.

[11] 格劳尔 M, 等. 地震岩性学[M]. 谢剑鸣, 译. 北京: 石油工业出版社, 1987.

[12] Wyllie M, Gregory A R, Gardner L W. Elastic wave velocities in heterogeneous and porous media[J]. Geophysics, 1956, 21(1): 41-70.

[13] 岳旭媛. 低孔低渗砂岩储层岩石声学特性研究[D]. 北京: 中国地质大学(北京), 2016.

[14] 郭浩. 板块边界断层区高精度地震定位和层析成像研究[D]. 合肥: 中国科学技术大学, 2019.

[15] Lurka A. Location of high seismic activity zones and seismic hazard assessment in Zabrze Bielszowice coal mine using passive tomography[J]. Journal of China University of Mining and Technology, 2008, 18(2): 177-181.

[16] Hosseini N, Oraee K, Shahriar K, et al. Studying the stress redistribution around the longwall mining panel using passive seismic velocity tomography and geostatistical estimation[J]. Arabian Journal of Geosciences, 2013, 6(5): 1407-1416.

[17] Tong P, Zhao D, Yang D. Tomography of the 2011 Iwaki earthquake (M 7.0) and Fukushima nuclear power plant area[J]. Solid Earth, 2012, 3(1): 43-51.

[18] Koulakov I, Bindi D, Parolai S, et al. Distribution of seismic velocities and attenuation in the crust beneath the North Anatolian Fault (Turkey) from local earthquake tomography[J]. Bulletin of the Seismological Society of America, 2010, 100(1): 207-224.

[19] Huang J, Zhao D P. Fine three-dimensional P-wave velocity structure beneath the capital region and deep environment for the nucleation of strong earthquakes[J]. Chinese Science Bulletin, 2005, 50(6): 544-552.

[20] 王秀明. 发展储层声学理论, 创新深部钻测技术——"储层声学论文专栏"主编序言[J]. 应用声学, 2020, 39(1): 5.

[21] 傅淑芳. 地震学教程[M]. 北京: 地震出版社, 1991.

[22] 黄培华. 地震地质学基础[M]. 北京: 地震出版社, 1982.

[23] 董陇军, 王钧晖, 马举. 不同微震震源机制下地下硐室围岩响应及支护建议[J]. 隧道与地下工程灾害防治, 2019, 1(3): 68-76.

[24] Aki K, Richards P G. Quantitative Seismology Theory and Methods[M]. San Francisco: Freeman WH, 1980.

[25] Potvin Y, Wesseloo J. Towards an understanding of dynamic demand on ground support[J]. Journal of the Southern African Institute of Mining and Metallurgy, 2013, 113(12): 913-922.

[26] Ma J, Dong L, Zhao G, et al. Focal mechanism of mining-induced seismicity in fault zones: a case study of Yongshaba Mine in China[J]. Rock Mechanics and Rock Engineering, 2019, 52: 3341-3352.

[27] Li J C, Li H B, Zhao J. An improved equivalent viscoelastic medium method for wave propagation across layered rock masses[J]. International Journal of Rock Mechanics and Mining Sciences, 2015, 73(1): 62-69.

[28] Ma J, Dong L, Zhao G, et al. Discrimination of seismic sources in an underground mine using full waveform inversion[J]. International Journal of Rock Mechanics and Mining Sciences, 2018, 106: 213-222.

[29] Dong L J, Sun D Y, Li X B, et al. Interval non-probabilistic reliability of surrounding jointed rockmass considering microseismic loads in mining tunnels[J]. Tunnelling and Underground Space Technology, 2018, 81: 326-335.

[30] Leslie I, Vezina F. Seismic data analysis in underground mining operations using ESG's Hyperion systems[C]//Proceedings of the 16th Quebec Mining Association Ground Control Colloque, Quebec: 2001.

[31] Hudyma M R, Milne D, Grant D R. Geomechanics of sill pillar mining in rockburst prone conditions[R]. Final Report: Sill Pillar Monitoring Using Conventional Methods. Mining Research Directorate, 1995: 104.

[32] Boatwright J, Fletcher J B. The partition of radiated energy between P and S waves[J]. Bulletin of the Seismological Society of America, 1984, 74: 361-376.

[33] 蔡美峰. 岩石力学与工程[M]. 北京: 科学出版社, 2002.

[34] Pennebaker E S. Seismic data depth magnitude of abnormal pressure[J]. World Oil, 1968, (6): 73-77.

[35] Sayers C M, Johnson G M, Denyer G. Predrill pore-pressure prediction using seismic data[J]. Geophysics, 2002, 67(4): 1286-1292.

[36] 冯福平, 李召兵, 刘小明. 基于岩石力学理论的测井地层压力预测[J]. 石油地质与工程, 2009, 23(3): 101-103.

[37] 王斌, 雍学善, 潘建国, 等. 纵横波速度联合预测地层压力的方法及应用[J]. 天然气地球科学, 2015, 26(2): 367-370.

[38] Scuderi M M, Marone C, Tinti E, et al. Precursory changes in seismic velocity for the spectrum of earthquake failure modes[J]. Nature Geoscience, 2016, 9: 695-700.

[39] Nagata K, Nakatani M, Yoshida S. Monitoring frictional strength with acoustic wave transmission[J]. Geophysical Research Letters, 2008, 35(6): L06310.

[40] Kaproth B M, Marone C. Slow earthquakes, preseismic velocity changes, and the origin of slow frictional stick-slip[J]. Science, 2013, 341: 1229-1232.

[41] Johnson P A, Carpenter B, Knuth M. Nonlinear dynamical triggering of slow slipon simulated earthquake faults with implications to Earth[J]. Journal of Geophysical Research: Solid Earth, 2012, 117: B0431.

[42] Yoshioka N, Iwasa K. A laboratory experiment to monitor the contact state of a fault by transmission waves[J]. Tectonophysics, 2006, 413: 221-238.

[43] Leeman J R, Saffer D M, Scuderi M M, et al. Laboratory observations of slow earthquakes and the spectrum of tectonic fault slip modes[J]. Nature Communications, 2016, 7: 11104.

[44] Niu F, Silver P G, Daley T M, et al. Preseismic velocity changes observed from active source monitoring at the parkfield safod drill site[J]. Nature, 2008, 454: 204-208.

[45] Perol T, Gharbi M, Denolle M. Convolutional neural network for earthquake detection and location[J]. Science Advance, 2018, 4(2): e1700578.

[46] Hulbert C, Rouet-Leduc B, Johnson P A, et al. Similarity of fast and slow earthquakes illuminated by machine learning[J]. Nature Geoscience, 2019, 12(1): 69-74.

[47] Rouet-Leduc B, Hulbert C, Lubbers N. Machine learning predicts laboratory earthquakes[J]. Geophysical Research Letters, 2017, 44: 9276-9282.

[48] Hulbert C, Rouet-Leduc B, Jolivet R, et al. An exponential build-up in seismic energy suggests a months-long nucleation of slow slip in Cascadia[J]. Nature Communications, 2020, 11: 4139.

[49] Kuang W, Yuan C, Zhang J. Real-time determination of earthquake focal mechanism via deep learning[J]. Nature Communications, 2021, 12: 1432.

[50] Dong L, Zou W, Li X, et al. Collaborative localization method using analytical and iterative solutions for microseismic/acoustic emission sources in the rockmass structure for underground mining[J]. Engineering Fracture Mechanics, 2019, 210: 95-112.